高等学校建筑电气技术系列教材

建 筑 供 配 电

刘思亮　主编

U0249801

中国建筑工业出版社

图书在版编目（CIP）数据

建筑供配电/刘思亮主编 .—北京：中国建筑工业出
版社，1998

高等学校建筑电气技术系列教材

ISBN 978-7-112-03407-9

Ⅰ.建… Ⅱ.刘… Ⅲ.① 房屋建筑设备：机电设
备-供电-高等学校-教材 ② 房屋建筑设备：机电设备-
配电系统-高等学校-教材 Ⅳ.TU852

中国版本图书馆 CIP 数据核字（97）第 26620 号

本书是高等院校建筑类电气技术、自动化专业的教学用书。

全书共分十一章，主要内容包括：建筑供配电系统及负荷计算；建筑
供配电所的主接线、结构与布置；电网短路电流计算及电气设备选择；导
线及电缆的选择；高层建筑防雷与接地系统；节约电能与无功补偿方法；
建筑供配电系统的自动装置与自动监控系统；城市小区规划及建筑施工现
场临时用电等。

本书也可作高等院校相关专业教材，还可供从事建筑供配电、工矿企
业供配电设计、施工及运行管理人员参考。

高等学校建筑电气技术系列教材

建 筑 供 配 电

刘思亮 主编

*

中国建筑工业出版社出版、发行（北京西郊百万庄）

各地新华书店、建筑书店经销

北京圣夫亚美印刷有限公司印刷

*

开本：787×1092 毫米 1/16 印张：26 字数：632 千字
1998 年 5 月第一版 2012 年 1 月第十二次印刷
定价：**35.00** 元

ISBN 978-7-112-03407-9
（14973）

序　言

　　高等学校建筑电气技术系列教材是根据 1995 年 7 月 31 日至 8 月 2 日在沈阳召开的建设部部分高等学校建筑电气技术系列教材研讨会的会议精神，由高等学校建筑电气技术系列教材编审委员会组织编写的。

　　本系列教材以适应和满足高等学校电气技术专业（建筑电气技术）教学和科研的需要，培养建筑电气技术专业人才为主要目标，同时也面向从事建筑电气自动化技术的科研、设计、运行及施工单位，提供建筑电气技术标准、规范以及必备的基础理论知识。

　　本系列教材努力做到内容充实，重点突出，条理清楚，叙述严谨。参加本系列教材编写的教师，均长期工作在电气技术专业的教学、科研、开发与应用的第一线。多年的教学与科研实践，使他们具备了扎实的理论基础及较丰富的实践经验。

　　我们真诚地希望，使用本系列教材的广大读者提出宝贵的批评意见，以便改进我们的工作。

　　我们深信，为加速我国建筑电气技术的全面发展，完善与提高我国高等学校建筑电气技术教学与科研工作的建设，高等学校建筑电气技术系列教材的出版将是及时的，也是完全必要的。

高等学校建筑电气技术系列教材

编审委员会

1996 年 10 月 6 日

3

高等学校建筑电气技术系列教材
编审委员会成员

前　　言

　　本书是根据 1995 年 8 月在沈阳召开的建设部系统部分高等院校电气技术专业系列教材研讨会的决定编写的，供电气技术、自动化专业作教材用，也可作相近专业教材，及从事配电设计、科研、运行的工程技术人员的参考书。

　　本教材中，针对民用建筑、高层建筑及工业企业供配电系统的研究、设计及运行的需要，在重点讲授电气基本理论和基本知识的同时，侧重供配电系统的设计与计算；重视供配电系统运行管理；在有关章节内介绍了新技术应用和供电技术的发展趋势；注意城网小区用电规划和施工现场用电的内容介绍；有关的技术数据、资料均按现行设计规范及新产品样本整理修订，图形、符号也采用新国标。

　　本教材共分十一章。其中第一章、第十一章由沈阳建筑工程学院刘思亮执笔；第二章、第六章由辽宁工学院王建立执笔；第三章由西北建筑工程学院郎录平执笔；第四章、第八章由重庆建筑大学覃考执笔；第七章由南京建筑工程学院刘春明执笔；第九章由南京建筑工程学院张九根执笔；第五章、第十章由安徽建筑工业学院刘宏宇执笔。全书由刘思亮负责主编。

　　本教材由辽宁工学院李尔学教授主审。对本书初稿提出了很多宝贵意见，在此表示衷心的感谢。

　　本书还得到一些单位和同志的大力支持和帮助，在此表示诚挚的谢意。

　　由于水平有限，加之编写时间仓促和一些规程、标准正在修订完善之中，书中一定会有错漏和不妥之处，请读者批评指正。

目　　录

第一章　绪　　论

第一节　建筑供配电系统

一、电力系统的基本概念

电能是国民经济各部门和社会生活中的主要能源和动力。电能是由发电厂生产的，发电厂又多建在一次能源所在地，可能距离城市及工业企业很远，现将电能生产到使用的几个环节加于说明。

（一）发电厂

发电厂是生产电能的工厂，是将自然界蕴藏的各种一次能源（如热能、水能、原子能、太阳能等）转变为电能。目前以火力发电厂和水力发电厂为主，我国也很重视核电站的建设，核电发电量的比重正在逐年增长。

（二）电力网

是输送和分配电能的渠道。为了充分利用资源，降低发电成本，一般在有动力资源的地方建造发电厂，而这些地方往往远离城市或工业企业，所以必须用高压输电线路进行远距离输电。

（三）变电站

变电站是变换电压和交换电能的场所。由变压器和配电装置组成。按变压的性质和作用又可分为升压变电站和降压变电站。对仅装有受、配电设备而没有变压器的称为配电所。

（四）电能用户

电能用户就是电能消耗的场所。所有用电单位称为电能用户。

由发电厂、变电站、电力网和用户组成的系统称为电力系统，它们之间的关系如图1-1所示。建立大型电力系统，可更经济合理地利用动力资源，减少电能损耗，降低发电成本，并大大提高供电可靠性，有利于国民经济发展需要。

二、建筑供配电系统及其组成

各类建筑为了接受从电力系统送来的电能，就需要有一个内部的供配电系统。建筑供配电系统由高压及低压配电线路、变电站（包括配电站）和用电设备组成，图1-1中虚线部分表示建筑供配电系统，也同时表示工业企业内部供电系统。

一些大型、特大型建筑设有总降压变电站，把35～110kV电压降为6～10kV电压，向各楼宇小变电站供电，小变电站把6～10kV降为380/220V电压，对低压用电设备供电。

中型建筑设施的供电，一般电源进线为6～10kV，经过高压配电站，再由高压配电站分出几路高压配电线将电能分别送到各建筑物变电所，降为380/220V低压，供给用电设备。

小型建筑设施的供电，一般只需一个6～10kV降为380/220V的变电所。

对于100kW以下用电负荷的建筑，一般不设变电站，只设一个低压配电室向设备供电。

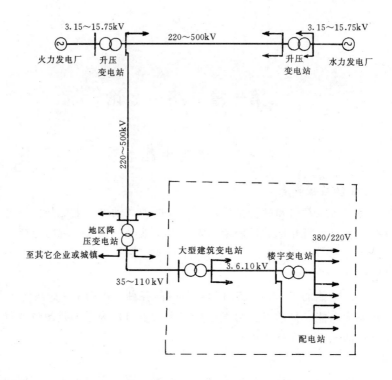

图 1-1　电力系统示意图

第二节　电力系统额定电压

我国电力系统额定电压是根据国民经济发展的需要、电力工业发展水平及参考国际电力系统的额定电压，经技术经济分析研究确定的。依国标 GB156—80 规定，三相交流电网和电力设备常用的额定电压，如表 1-1 所示。下面结合此表对电网和各类电力设备的额定电压作一些说明。

我国三相交流电网和电力设备的额定电压　　　　　　　　表 1-1

分　类	电网和用电设备额定电压（kV）	发电机额定电压（kV）	电力变压器额定电压（kV）	
			一次绕组	二次绕组
低　压	0.22	0.23	0.22	0.23
	0.38	0.40	0.38	0.40
	0.66	0.69	0.66	0.69
高　压	3	3.15	3 及 3.15	3.15 及 3.3
	6	6.3	6 及 6.3	6.3 及 6.6
	10	10.5	10 及 10.5	10.5 及 11
	—	13.8，15.75，18，20	13.8，15.75，18，20	—
	35	—	35	38.5
	63	—	63	69
	110	—	110	121
	220	—	220	242
	330	—	330	363
	500	—	500	550

用电设备额定电压。由于用电设备运行时在线路上各点电压略有不同,如图1-2虚线所示。用电设备的额定电压不可能按线路上各点的实际电压来制造,而只能按线路始端与末端的平均电压来制造。所以用电设备的额定电压与同级电网的额定电压相同。

发电机的额定电压。由于同一电压的线路一般允许电压偏移±5%,整个线路允许有10%的电压损耗值。作为线路始端的发电机,它的额定电压应较电网额定电压高5%,所以规定发电机额定电压高于同级电网额定电压5%,如图1-2所示。

电力变压器一次绕组的额定电压。一种情况是变压器直接与发电机相连,其一次绕组额定电压与发电机额定电压相同。另一种情况是变压器不与发电机相连,而是接在线路上,此时可视为线路的受电设备,其一次绕组额定电压应与电网额定电压相同。

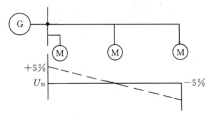

图1-2 供电线路上的电压变化

电力变压器二次绕组额定电压。此额定电压是指空载电压,在满载时,二次绕组约有5%的阻抗电压降,如果变压器二次侧供电线路较长(如较大的高压电网)时,二次绕组额定电压一方面要考虑满载时内部5%的阻抗电压降,另一方面要考虑补偿线路上5%的电压降,所以它要比电网额定电压高10%。如果变压器二次供电线路不太长(如为低压网)时,可只考虑变压器内部5%的电压降,则变压器二次绕组额定电压只需高于电网额定电压5%。

第三节 建筑供配电的负荷分级及其对供电要求

一、负荷分级

电力负荷依其供电可靠性及中断供电在政治上、经济上所造成的损失或影响程度,分为三个等级:

(一)一级负荷

一级负荷为中断供电将造成人身伤亡者;中断供电将在政治上、经济上造成重大损失者,如重大设备损坏、重大产品报废、用重要原料生产的产品大量报废、国民经济中重点企业的连续生产过程被打乱需要长时间才能恢复等;中断供电将影响有重大政治、经济意义的用电单位的正常工作者,如重要铁路枢纽、重要通信枢纽、重要宾馆、经常用于国际活动的大量人员集中的公共场所等用电单位中的重要电力负荷。

在一级负荷中,当中断供电将发生中毒、爆炸和火灾等情况的负荷,以及特别重要场所的不允许中断供电的负荷应为特别重要负荷,如民用建筑中大型金融中心的关键电子计算机系统和防盗报警系统、大型国际比赛场(馆)的记分系统及监控系统等;工业生产中正常电源中断时处理安全停产所必须的应急照明、通信系统、保证安全停产的自动控制装置等。

(二)二级负荷

二级负荷为中断供电将在政治、经济上造成较大损失的负荷,如主要设备损坏、大量产品报废、连续生产过程被打乱需较长时间才能恢复、重点企业大量减产等;中断供电将影响重要用电单位正常工作的负荷，如交通枢纽、通信枢纽等用电单位中的重要电力负荷，以及中断供电将造成大型影剧院、大型商场等较多人员集中的重要公共场所秩序混乱的负荷。

（三）三级负荷

三级负荷为一般的电力负荷，所有不属于一、二级负荷者。

二、一级负荷对供电电源的要求

一级负荷要求两个电源供电，当一个电源发生故障时，另一个电源应不致同时受到损坏，以维持继续供电。

对一级负荷中特别重要的负荷，除上述两个电源外，还必须增设应急电源。常用的应急电源可使用独立于正常电源的发电机组、干电池、蓄电池或供电网络中有效地独立于正常电源的专用馈电线路。

三、二级负荷对供电电源的要求

二级负荷要求两回路供电，供电变压器亦应有两台（两台变压器不一定在同一变电所）。做到当发生电力变压器故障或电力线路常见故障（不包括铁塔倾倒或龙卷风引起的极少见故障）时不致中断供电或中断后能迅速恢复。在负荷较小或地区供电条件困难时，可由一回 6kV 及以上专用架空线供电；当采用电缆线路时，应采用两根电缆供电，其每根电缆应能承受 100% 的二级负荷。

四、三级负荷对供电电源的要求

三级负荷属不重要负荷，对供电电源无特殊要求。

第四节 建筑供配电设计的内容、程序与要求

建筑供配电设计必须根据上级批件的内容进行，还应有建设单位的设计要求和工艺设备清单；建筑供配电设计必须贯彻国家有关工程建设的政策和法令，符合现行的国家标准和设计规范，对某些行业、部门和地区的规程及特殊规定，设计时都应该遵守；注意节约能源，根据工程特点、规模和发展规划，正确处理近期建设和远期发展的关系、作到远、近结合，以近期为主，适当考虑扩建的可能。

一、建筑供配电设计的内容

建筑供配电设计的内容一般包括：输电线路、变配电所、电力、照明、防雷与接地、电气信号及自动控制等项目。

（一）输电线路设计

输电线路设计一般指电气外线设计。包括供电电源线路设计和建筑间内部配电线路设计。其设计内容应包括：线路路径及线路结构型式（架空线路还是电缆线路）的确定，线路截面选择，架空线路杆位确定及标准电杆与绝缘子、金具的选择、线路的导线或电缆及配电设备和保护设备选择，架空线路的防雷保护及接地装置的设计等。最后需编制设计说明书、设备材料清单及工程概算，绘制供配电系统图、平面图和电杆总装图及其他施工图纸。

（二）变配电所设计

高压配电所，低压配电所，除了没有变压器选择外，其余部分的设计内容与变电所设

计基本相同。变配电所的设计内容包括：变（配）电所负荷的计算及无功功率的补偿的计算，变（配）电所所址的选择，变压器台数和容量、型式的确定，变（配）电所主接线方案的选择，短路计算和开关设备的选择，二次回路方案的确定及继电保护的选择与整定，防雷保护与接地装置设计，以及变（配）电所电气照明的设计。最后编制设计说明书、设备材料清单及工程概算，绘制变（配）电所主电路图、平剖面图、二次回路图及其他施工图纸。

（三）电气照明设计

建筑电气照明设计，包括室外照明系统设计和室内照明系统设计。无论是室外照明设计还是室内照明设计，其设计内容均应包括：照明光源和灯具的选择，灯具布置方案的确定和照度计算，照明线路截面选择，保护与控制设备选择等。最后编写说明书、设备材料清单及工程概算、绘制照明系统图和平面图及其他施工图纸。

（四）电力设计

电力设计一般指动力设计。依据建筑物平面图，确定电源引向，确定电压、负荷等级及保证供电的措施，确定配电系统形式，配电设备的选择，导线及线路敷设方式选择，确定防止触电的安全措施。最后编制设计说明书、设备材料清单及工程概算，绘制电力系统图、控制及信号装置原理图及其他施工图纸。

（五）防雷与接地设计

依据建构筑物大小、复杂形状、用途、当地的雷电日数等因素确定防雷等级和采取的防雷措施，确定接地装置及冲击接地电阻要求和埋设方法。最后编制设计说明书、设备清单及工程概算，绘制屋顶平面图（大型复杂形状建筑物还应绘制立面图）、接地装置平面图等其他施工图。

（六）电气信号及自动控制设计

依据工艺要求确定自动、手动、远动等控制方法，确定集中控制还是分散控制的控制原则，控制设备和仪表的选择。最后编制设计说明书，工程概算，绘制系统方框图、原理图、配电系统图、控制室平面图、控制室剖面图和管线敷设图等施工图纸。

二、建筑供配电设计的程序与要求

建筑供配电设计，通常分为初步设计和施工设计两个阶段，但对设计规模较小且设计任务紧迫的情况下，经技术论证许可时，也可合并为一个阶段，直接进行施工设计。

（一）初步设计

初步设计的任务，主要是根据任务书的要求，进行负荷计算，确定建筑工程用电量，确定供配电系统的原则性方案，提出主要设备及材料清单，满足订货要求，并编制工程概算，控制工程投资，报上级主管部门审批。因此，初步设计资料应包括设计说明书和工程概算两部分。

1．收集资料

为了进行初步设计，在设计前必须收集以下资料：

（1）建筑总平面图，各建筑（车间）的土建平、剖面图。

（2）工艺、给水、排水、通风、供暖及动力等工种的用电设备平面图及主要剖面图，并附有各用电设备的名称及其有关技术数据。

（3）用电负荷对供电可靠性的要求及工艺允许停电时间。

（4）向当地供电部门收集下列资料：可供的电源容量和备用电源容量；供电电源的电压、供电方式（架空线还是电缆，专用线还是公用线）、供电电源线路的回路数、导线型号规格、长度以及进入用户的方向及具体布置；电力系统的短路容量数据或供电电源线路首端的开关断流容量；供电电源线路首端的继电保护方式及动作电流和动作时限的整定值，电力系统对用户进线端继电保护方式及动作时限配合的要求；供电部门对用户电能计量方式的要求及电费收取办法；对用户功率因数的要求；电源线路设计与施工的分工及用户应负担的投资费用等。

（5）向当地气象、地质等部门收集下列资料：当地气温数据，如最高年平均温度，最热月平均温度，最热月平均最高温度以及最热月地下约 1m 处的土壤平均温度等，以供选择电器和导线之用；当地年雷电日数，供防雷设计用；当地土壤性质、土壤电阻率、供设计接地装置用；当地曾经出现过或可能出现的最高地震烈度，供考虑防震措施用；当地常年主导风向、地下水位及最高洪水位等，供选择变配电所所址用。

（6）向当地消防主管部门收集资料。由于建筑的防火需要，设计前，必须走访当地消防主管部门，了解地方法规。

2. 编制初步设计文件

建筑方案经上级主管部门批准以后，即可进行初步设计。

初步设计文件一般包括：图纸目录、设计说明书、设计图纸、主要设备表和概算（概算一般由建筑经济专业编制）。

（1）图纸目录：列出现制图的名称、图别、图号、规格和数量。

（2）设计说明书包括下列内容：

1）设计依据。摘录设计总说明所列批准文件和依据性资料中与本专业设计有关的内容（包括当地供电部门的技术规定），本工程其他专业提供的设计资料等。

2）设计范围。根据设计任务要求和有关设计资料，说明本专业设计的内容和分工（当有其他单位共同设计时）。

3）供电设计

① 供电电源及电压：供电来源，与设计工程的关系（方位、距离），专用线或非专用线，电缆或架空，供电可靠程度，供电系统短路数据和远期发展情况；用电负荷性质、负荷等级、工作班制，供电措施，总电力供应主要指标。

② 供电系统：叙述供电系统形式，正常电源与备用电源之间的切换，变压器低压侧之间的联络方式及容量，对供电安全所采取的措施等。

③ 变配电所：叙述总电力负荷分配情况及计算结果，给出总设备容量、计算容量、计算电流、补偿前后功率因数，变电所之间备用容量分配的原则；变配电所数量、容量、位置及结构形式。

④ 继电保护与计量：继电保护装置的原则和要求，测量与计量仪表的配置。

⑤ 控制与信号：主要设备运行情况，信号装置，操作电源，设备控制方式等。

⑥ 功率因数补偿方法：叙述功率因数是否达到供电规程要求，应补偿容量和采取的补偿方式及补偿结果。

⑦ 输电线路：高低压供配电线路的形式和敷设方法。

⑧ 过电压与接地保护：设备过电压和防雷保护的措施，接地的基本原则，接地电阻的

要求，对跨步电压所采取的措施等。

4）电力设计

① 电源电压和配电系统：电源由何处引来及其他情况，根据负荷类别采取保证供电的措施；配电系统形式（树干式、放射式、混合式）。

② 配电设备选择：根据用电设备类别和环境特点，说明选择控制设备的原则和对大容量用电设备的起动和控制方法。

③ 选择导线及线路敷设方式。

④ 防止触电危险所采取的安全措施（如采用 TN-S 系统、触电保护开关等）

5）电气照明设计

① 选择照明电源、电压、容量、照度及配电系统形式。

② 光源与照明灯具的选择。

③ 选择导线及线路敷设方式。

④ 应急照明电源切换方式。

6）建筑物的防雷保护

① 建筑物防雷等级：按自然条件、当地雷电日数和建筑物的重要程度，划分类别，确定防雷等级和防雷措施。

② 防雷接闪器的型式和安装方法：按防雷等级和安装位置，确定接闪器和引下线的型式和安装方法。如利用建筑物的构件防雷时，应阐述设计确定的原则和采取的措施。

③ 接地装置：接地电阻的确定，接地极处理方法和采用的材料。

7）电气信号与自动控制

① 叙述工艺要求采用的自动、手动、远动控制，叙述联锁系统及信号装置的种类和原则。

② 控制原则：说明设计对集中控制和分散控制的设置依据。

③ 仪表和控制设备的选择：对检测和调节系统采取的措施，选择的原则、装置的位置、能达到的使用条件。

（3）设计图纸

1）供电总平面图。标出建筑物名称及电力、照明容量，定出架空线的导线、走向、杆位、路灯、接地等，电缆线路表示出敷设方法；变、配电所位置编号和容量。

2）高低压供电系统图。需确定主要设备以满足定货要求。

3）变配电所平面图。变压器、高低压开关柜、控制盘等设备平剖面排列布置；母线布置、主要电气设备材料表。

4）电力平面及系统图。配电干线、滑触线、接地干线的平面布置，导线型号、规格，敷设方式；配电箱、起动器、开关等位置；系统图应注明设备编号、容量、型号、规格及用户名称。

5）照明平面及系统图。照明干线、配电箱、灯具、开关的平面布置，并注明房间名称和照度；由配电箱引至各个灯具和开关的支线；仅画标准房间，多层建筑仅画标准层。

6）电气信号和自动控制。自动控制和自动调节方框图或原理图，控制室平面图（简单自控系统在设计说明书中说明即可）。这些图中应包括控制环节的组成、精度要求、电源选择、设备与仪表的型号规格等。

7）主要设备、材料表。

8）计算书（不对外）。应包括负荷计算、照度计算、保护配合计算、主要设备选择计算以及特殊部分的计算。各种计算的结果分别列入设计说明书和设计图纸。

（二）施工图设计

初步设计文件经有关部门审查批准后，就可以进行施工图设计。在施工图设计阶段要做好准备工作和完成施工图设计文件。

1. 准备工作

在进行编制施工图设计文件前，先做一些准备工作：核对各种设计参数、资料的正确性；补充必要的技术资料，如收集有关的设备样本；进一步核对和调整初步设计阶段中的各种设计计算；对初步设计阶段各专业间互提供的资料，进行补充和深化。

2. 编制施工图设计文件

施工图设计文件的深度应达到可以编制施工图预算，可以安排材料及设备和非标准设备的制作，可以进行施工和安装。

施工图设计文件一般由图纸目录、设计说明、设计图纸、主要设备及材料表、工程预算等组成。

图纸目录中，应先列出新绘制的图纸，然后列出选用的标准图、重复利用图及套用的工程设计图。

设计说明中，当本专业有总说明时，在各子项工程图纸中应加以附注说明；当子项工程先后出图时，应分别在各子项工程图纸中写出设计说明；图例一般在总说明中。

（1）供电总平面

1）说明：电源电压、进线方向、线路结构、敷设方式；杆型选择、杆型种类、高低压线路是否共杆、电杆距路边的距离、杆顶装置引用标准图的索引号；架空线路的敷设、导线型号规格、档数、入户线的架设和保护；路灯的控制、路灯方位和照向、路灯型号规格和容量、路灯的保护；重复接地装置的电阻值、型式、材料和埋置方法。

2）图纸内容：标出建筑子项名称（或编号）、层数（或标高）、等高线和用户的设备容量等；画出变配电所位置、线路走向、电杆、路灯、拉线、重复接地和避雷器、室外电缆等；标出回路编号、电缆、导线截面、根数、路灯型号和容量；绘制杆型选择表。

（2）变配变所

1）高低压供电系统图：画单线图，标明继电保护、电工仪表、电压等级、母线和设备元件的型号规格；系统标栏从上到下依次为：开关柜编号、开关柜型号、回路编号、设备容量（kW）、计算电流（A）、导线型号及规格、用户名称、二次接线方案编号。

2）变配电所平、剖面图：按比例画出变压器、开关柜、控制柜、电容器柜、母线、穿墙套管、支架等平剖布置、安装尺寸；进出线的编号、方向位置、线路型号规格、敷设方法；变电所选用标准图时，应注明选用标准图编号和页数。

3）变配电所照明和接地平面：接地极和接地线的平面布置、材料规格、埋设深度、接地电阻值等；选用的标准安装图编号、页数。

（3）电力

1）说明：电源电压、引入方式；导线选型和敷设方式；设备安装高度（也可在平面图上标注）；保安措施（接地系统）。

2）电力平面图：画出建筑物平面轮廓（由建筑专业提供工作图）、用电设备位置、编号、容量及进出线位置；配电箱、开关、起动器、线路及接地平面布置，注明回路编号、配电箱编号、型号规格、总容量等。不出电力系统图时，必须在平面图上注明自动开关整定电流或熔体电流；注明选用的标准安装图的编号和页次。

3）电力系统图：用单线图绘制，标出配电箱编号、型号规格、开关、熔断器、导线型号规格、保护管管径和敷设方法、用电设备编号、名称及容量。

4）控制及信号装置原理图：包括控制原理图和设备元件布置图、接线图、外引端子板图。

5）安装图：包括设备安装图和非标准件制作图、设备材料明细。一般不出图，尽量选用安装标准图和标准件。

（4）电气照明

1）照明平面图：配电箱、灯具、开关、插座、线路等平面布置（在建筑专业提供的建筑平面图上作业）；标注线路、灯具型号安装方式及高度、配电设备的编号、型号规格；复杂工程的照明需要局部大样图，多层建筑有标准层时可只绘出标准层照明平面图；说明主要包括电源电压、引入线方式、导线选型及敷设方式、保安措施等。

2）照明系统图：用单线图绘制，标出配电箱、开关、熔断器、导线型号、规格、保护管管径和敷设方式等。

3）安装图：为照明灯具，配电设备、线路安装图。一般不出图，尽量选用安装标准图。

（5）电气信号及自动控制

1）配电系统图、控制系统方框图、原理图，要注明系统电器元件符号、接线端子编号、环节名称、列出设备材料表。

2）控制室平、剖面和管线敷设图。

3）安装、制作图尽量选用标准设备。一般不出图。

（6）建筑物防雷保护

1）建筑物防雷接地平面图。一般小型建筑物绘顶视平面图（在建筑屋顶平面图的基础上作业），复杂形状的大型建筑物应绘立面图，注出标高和主要尺寸；避雷针或避雷带（网）引下线，接地装置平面图、材料规格、相对位置尺寸；注明选用的标准图编号、页次；说明主要包括建筑物和构筑物防雷等级和采取的防雷措施；接地装置的电阻值要求及型式、材料和埋设方法等。

2）如果利用建筑物（构筑物）的钢筋混凝土构件或其他金属构件作防雷措施时，应在相关专业的设计图纸上进行呼应。

（7）计算书（不对外）。各部分的计算书应经校审并签字，作为技术文件归档。

第二章 建筑供配电的负荷计算

第一节 计算负荷的意义和计算目的

在进行建筑供配电设计时，基本的原始资料是各种用电设备的产品铭牌数据，如额定容量、额定电压等，这是设计的依据。但是，这种原始资料要变成供配电系统设计所需要的假想负荷——计算负荷，从而根据计算负荷按照允许发热条件选择供配电系统的导线截面，确定变压器容量，制订提高功率因数的措施，选择及整定保护设备以及校验供电电压的质量等，是一项较复杂的工作。

为什么不能简单地用设备额定容量做为计算负荷，选择导体和各种供电设备呢？这是因为所安装的设备并非都同时运行，而且运行着的设备实际需要用的负荷也并不是每一时刻都等于设备的额定容量，而是在不超过额定容量的范围内，时大时小地变化着。所以直接用额定容量（也称安装容量）来选择供电设备和供配电系统，必将估算过高，导致有色金属的浪费和工程投资的增加。反之，如估算过低，又会使供电系统的线路及电气设备由于承担不了实际负荷电流而过热，加速其绝缘老化的速度，降低使用寿命，增大电能损耗，影响供配电系统的正常可靠运行。

因此，求计算负荷意义重大。

求计算负荷的这项工作称为负荷计算。负荷计算主要包括：

（1）求计算负荷，也称需用负荷。目的是为了合理的选择供配电系统各级电压供电网络、变压器容量和电器设备型号等。

（2）求尖峰电流。用于计算电压波动、电压损失、选择熔断器和保护元件等。

（3）求平均负荷。用来计算供配电系统中电能需要量、电能损耗和选择无功补偿装置等。

第二节 用电设备的主要特征

用电设备按电流可分为直流与交流，而大多数设备为交流；按电压可分为低压与高压，1000V 及以下属于低压，高于 1000V 属于高压；按频率可分为低频（50Hz 以下）、工频（50Hz）、中频（50～1000Hz）和高频（10000Hz 以上）。绝大部分设备用工频。

按工作制分有连续运行、短时运行和反复短时运行三类。

（1）连续运行工作制：是指工作时间较长，连续运行的用电设备，绝大多数用电设备属于此类工作制。如通风机、压缩机、各种泵类、各种电炉、机床、电解电镀设备、照明等。

（2）短时运行工作制：是指工作时间短，停歇时间相当长的用电设备的工作制。如金属切削机床用的辅助机械（横梁升降，刀架快速移动装置等）、水闸用电机等，这类设备的数量很少。

（3）反复短时工作制：是指有规律性的、时而工作、时而停歇、反复运行的用电设备的工作制，如吊车用电动机、电焊用变压器等。

由于各用电设备的额定工作制不同，因而在求计算负荷时，不能将额定功率直接相加，而需将不同工作制的用电设备额定功率换算为统一规定工作制下的功率，这个功率称为用电设备的设备功率（或设备容量），并用 P_e 表示。

确定各种用电设备的设备容量 P_e 的方法如下：

（1）对于连续运行工作制用电设备的设备容量 P_e（kW）即等于其额定功率 P_N（kW）。

（2）对于短时运行工作制用电设备，求计算负荷时一般不考虑。

（3）对于反复短时工作制的用电设备的设备容量，是将用某一暂载率下的铭牌额定功率统一换算到一个标准暂载率下的功率。

暂载率（JC％）又称为负载持续率（FC％），或接电率（ε％），是指用电设备工作时间与整个工作周期时间之比值，用 JC 表示，

即
$$JC = \frac{t_w'}{t_w + t_0} \cdot 100\% \tag{2-1}$$

式中　t_w——工作时间；

　　　t_0——停歇时间；

　　　JC——暂载率。设备铭牌上所给的额定功率时的暂载率用 JC_N 表示，称额定暂载率。

1）对于电动机的设备容量，因电动机是满负荷起动，所以统一规定换算到暂载率 JC_{25}＝25％时的功率。即

$$P_e = \sqrt{\frac{JC_N}{JC_{25}}} \cdot P_N = 2P_N \cdot \sqrt{JC_N} \tag{2-2}$$

式中　P_e——换算到 JC_{25} 时的电动机设备容量（kW）；

　　　P_N——换算前电动机铭牌额定功率（kW）；

　　　JC_N——对应于 P_N 的暂载率，用百分值代入公式计算。

2）对电焊机及电焊装置的设备容量，是指统一换算到暂载率 JC＝100％时的额定功率，若其 JC 不等于 100％，用下式换算：

$$P_e = \sqrt{\frac{JC}{JC_{100}}} \cdot P_N = \sqrt{JC} \cdot S_N \cdot \cos\phi_N \tag{2-3}$$

式中　P_e——换算到 JC_{100} 时的电焊机或电焊装置的设备容量（kW）；

　　　P_N——换算前交流电焊机的额定功率（kW）；

　　　S_N——换算前交流电焊机及电焊装置的额定容量（kVA）；

　　$\cos\phi_N$——在 S_N 时的额定功率因数；

　　　JC_N——与 P_N 或 S_N 对应的铭牌暂载率，用百分值代入公式计算。

（4）照明的设备容量

1）对白炽灯和碘钨灯的设备容量是指灯泡上标出的额定功率（W），即

$$P_e = P_N \cdot 10^{-3} (kW) \tag{2-4}$$

2）对气体放电灯的设备容量是指灯管功率（W）加镇流器中的功率损失，即

$$P_e = (1.1 \sim 1.2)P_N \cdot 10^{-3}(\text{kW}) \tag{2-5}$$

式中系数对高压水银灯、金属卤化物灯取 1.1；对荧光灯、日光灯取 1.2。

3）对不同性质的建筑物估算照明的设备容量，可采用单位面积照明容量法来计算，即

$$P_e = \frac{S \times \omega}{1000}(\text{kW}) \tag{2-6}$$

式中　S——建筑物的平面面积（m²）；

　　　ω——照明单位容量（单位安装功率，W/m²），它与许多因素有关：如最低照度、计算高度、灯具型式、布灯方式、反射系数及发光效率等。但在初步设计时，ω（W/m²）的估算值，可参考表 2-1。

单位建筑面积照明容量(W/m²)　　　　　　　　　表 2-1

序 号	房 间 名 称	单位容量（ω）	序 号	房 间 名 称	单位容量（ω）
1	金工车间	6	16	锅炉房	4
2	装配车间	9	17	机车库	8
3	工具修理车间	8	18	汽车库	8
4	金属结构车间	10	19	住　宅	4
5	焊接车间	8	20	学　校	6
6	锻工车间	7	21	办公楼	8
7	热处理车间	8	22	单身宿舍	4
8	铸钢车间	8	23	食　堂	4
9	铸铁车间	8	24	托儿所	5
10	木工车间	11	25	商　店	10
11	实验室	10	26	浴　室	3
12	煤气站	7	27	旅　社	10
13	压缩空气站	5	28	宾　馆	50
14	各种仓库（平均）	5	29	变配电所	12
15	生活间	8	30	厂区照明	0.075

第三节　负荷曲线及计算负荷

一、负荷曲线

负荷曲线是用来表示一组用电设备的用电功率随时间变化关系的图形。它反映了用户用电的特点和规律。该曲线绘制在直角坐标系内，纵坐标表示电力负荷，横坐标表示时间。

根据纵坐标表示的负荷性质不同，可分有功负荷曲线和无功负荷曲线。根据横坐标表示的持续工作时间的不同，又可分为日负荷曲线和年负荷曲线。日负荷曲线代表用户一昼夜（0 时～24 时）实际用电负荷的变化情况。如图 2-1(a)所示。年负荷曲线代表用户全年（8760h）内用电负荷变化规律。当然如果工作需要也可绘制月负荷曲线，或某一工作月的负荷曲线等。

通常，为了使用方便，负荷曲线多绘制成阶梯形。如图 2-1(b) 为某工厂的阶梯形的日负荷曲线。

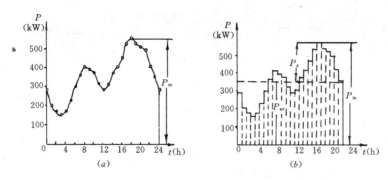

图 2-1 某厂日负荷曲线

(a) 逐点描绘的日有功负荷曲线；(b) 阶梯形的日有功负荷曲线

日负荷曲线可用测量的方法来绘制。绘制的方法是，先将横坐标按一定时间间隔（一般为 0.5h）分格。再根据功率表读数，将每一时间间隔内功率的平均值，对应于横坐标相应的时间间隔绘在图上，即得阶梯形日负荷曲线。其时间间隔取的愈短，功率的最大值愈高且变化愈显著，曲线愈能反映负荷的实际变化情况。图 2-2 为不同时间间隔绘制的负荷曲线的比较示意图。日负荷曲线与坐标所包络的面积代表全日所消费的电能数。

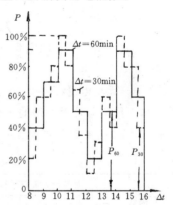

图 2-2　不同间隔时间 Δt 下的
负荷曲线比较示意图

年负荷曲线又分日最大负荷全年时间变化曲线（又称运行年负荷曲线），和年持续负荷曲线。前种曲线可根据全年日负荷曲线间接制成。年负荷持续曲线的绘制，需借助一年中具有代表性的夏季和冬季日负荷曲线。一般取冬季为 213d，夏季为 152d，全年 365d，共 8760h。绘制的方法示于图 2-3，先由图 2-3(a) 和 (b) 中功率最大值开始，依功率递减，逐一绘制在图 2-3(c) 中。例如功率为 P_1（最大值）时，其工作小时数仅在冬季日负荷曲线 (a) 上有 t_1h，全年以 P_1 运行的总时数 $T_1 = t_1 \times 213$h，在图 2-3(c) 中的横坐标（时间轴）上按一定比例取 T_1 点作垂直于横坐标的直线，该线与过功率 P_1 的水平线相交于 a_1 点，$a_1 a_1' O T_1$ 矩形面积即为以 P_1 运行 T_1h 所消费的电能。同理可得 a_2、a_3、a_4……，连接各点可得年持续负荷曲线。但功率为 P_5 时，以 P_5 在冬季日负荷曲线上运行 $t_5 + t_5'$h，在夏季日负荷曲线上运行 t_5''h，所以全年运行总时数 $T_5 = (t_5 + t_5') \times 213 + t_5'' \times 152$h。图 2-3(c) 中年持续负荷曲线与直角坐标所包络的面积代表用户全年消费的电能。

负荷曲线可直观地反映出用户用电特点和规律。对于同类型的电力用户，其负荷曲线形状大致相同，这对从事供电设计和运行的人员来说，是很有帮助的。

二、与负荷计算有关的几个物理量

分析负荷曲线，可以得到下列各量：

（一）年最大负荷和最大负荷利用小时数

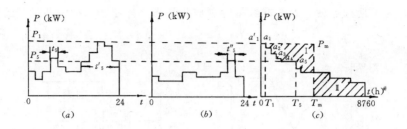

图 2-3 年持续负荷曲线

(a) 冬季代表日负荷曲线;(b) 夏季代表日负荷曲线;(c) 年持续负荷曲线

年最大负荷是指全年中最大工作班内半小时平均功率的最大值,并用符号 P_m、Q_m 和 S_m 分别表示年有功、无功和视在最大负荷。

所谓最大工作班,是指一年中最大负荷月份内最少出现 2～3 次的最大负荷工作班,而不是偶然出现的某一个工作班。

年最大负荷利用小时数 T_m,是一个假想时间。其物理意义是,如果用户以年最大负荷(如 P_m)持续运行 T_mh,则所消耗的电能恰好等于全年实际消耗的电能。如图 2-3(c) 所示,年持续负荷曲线与两轴所包络的面积,等于 P_m 与 T_m 的乘积(即面积 I 等于面积 II),所以 T_m 可表达为:

$$T_m = W_p/P_m \quad (h) \tag{2-7}$$

$$T_m(无功) = W_q/Q_m \quad (h) \tag{2-8}$$

式中 W——为全年消耗的电量(kW·h 或 kvar·h);

W_p——有功电量;

W_q——无功电量。

T_m 是标志工厂负荷是否均匀的一个重要指标。这一概念在计算电能损耗和电气设备选择中均要用到。表 2-2 给出了各类工厂的最大负荷年利用小时数,可供参考。

各类工厂的最大负荷年利用小时数 　　　　　　　　　　　　表 2-2

工厂类别	计算最大负荷利用小时数		工厂类别	计算最大负荷年利用小时数	
	有功负荷年利用小时数	无功负荷年利用小时数		有功负荷年利用小时数	无功负荷年利用小时数
化工厂	6200	7000	汽车拖拉机厂	4960	5240
苯胺颜料工厂	7100	—	农业机械制造厂	5330	4220
石油提炼工厂	7100	—	仪器制造厂	3080	3180
重型机械制造厂	3770	4840	汽车修理厂	4370	3200
机床厂	4345	4750	车辆修理厂	3560	3660
工具厂	4140	4960	电器工厂	4280	6420
滚珠轴承厂	5300	6130	氮肥厂	7000～8000	—
起重运输设备厂	3300	3880	金属加工厂	4355	5880

（二）平均负荷和负荷系数

平均负荷是指电力用户在一段时间内消耗功率的平均值,记作 P_{av},Q_{av},S_{av}。如图 2-1(b) 所示为平均有功负荷,其值为用户在由 0 到 t 时间内所消耗的电能 W_P(kWh)除以时间 t,

即

$$P_{av} = W_P/t \quad (\text{kW}) \tag{2-9}$$

对于年平均负荷，t 取 8760（h），W_P 是全年消耗的总电能（kW·h）。

在最大工作班内，平均负荷与最大负荷之比，称为负荷系数。用 α、β 分别表示有功、无功负荷系数，其关系式为：

$$\left.\begin{array}{l} \alpha = P_{av}/P_m \\ \beta = Q_{av}/Q_m \end{array}\right\} \tag{2-10}$$

负荷系数也称负荷率，又叫负荷曲线填充系数。它是表征负荷变化规律的一个参数，其值愈大，则负荷曲线愈平坦，负荷波动愈小。根据经验数字，一般工厂负荷系数年平均值多为：

$$\alpha = 0.70 \sim 0.75;$$
$$\beta = 0.76 \sim 0.82$$

上述数据说明无功负荷曲线的变化比有功负荷曲线平坦。除了大量使用电焊设备的工厂或车间外，一般 β 值比 α 值高 10%～15% 左右。相同类型的电力用户具有近似的负荷系数。

（三）需用系数

在供配电系统设计和运行中，常使用需用系数 K_d，其定义为：

$$K_d = \frac{P_m}{P_e} \tag{2-11}$$

式中　P_m——用电设备组负荷曲线上最大有功负荷（kW）；

　　　　P_e——用电设备组设备容量（kW）；

其物理意义为：

$$K_d = \frac{K_\Sigma K_L}{\eta_l \eta_{rl}} \tag{2-12}$$

式中　K_Σ——同期系数。用电设备组的设备并非同时都运行。该设备组在最大负荷时工作着的用电设备容量与该组用电设备总容量之比即为同期系数，$K_\Sigma < 1$，参见表 2-10，对于一台电动机而言 $K_\Sigma = 1$；

　　　　K_L——负荷系数。工作着的用电设备，一般并非全在满负荷下运行。该设备组在最大负荷时，工作着的用电设备实际所需功率与工作着的用电设备总功率之比称为负荷系数。$K_L < 1$；

　　　　η_l——线路供电效率。线路末端功率与始端功率之比。一般为 0.95～0.98；

　　　　η_{rl}——用电设备在实际运行功率时的效率。$\eta_{rl} < 1$。

可见，需用系数是一个综合系数，它标志着用电设备组投入运行时，从供电网络实际取用的功率与用电设备组设备功率之比。实际上，上述系数对于成组用电设备是很难确定的，何况操作者的熟练程度、材料的供应、工具的质量等随机因素，都对 K_d 有影响。所以 K_d 只能靠测量统计确定。上述各种因素可供设计人员在变动的系数范围内选用时参考。表 2-3 为某些工厂的全厂需用系数及功率因数。表 2-4 为用电设备组的需用系数。表 2-5 为照明用电设备需用系数。表 2-6 电气光源的功率因数。表 2-7 为民用建筑用电设备需用系数；表 2-8 为单机负载率。

某些工厂的全厂需用系数及功率因数

表 2-3

工 厂 类 别	需 要 系 数		最大负荷时功率因数	
	变动范围	建议采用	变动范围	建议采用
汽轮机制造厂	0.38～0.49	0.38	—	0.88
锅炉制造厂	0.26～0.33	0.27	0.73～0.75	0.73
柴油机制造厂	0.32～0.34	0.32	0.74～0.84	0.74
重型机械制造厂	0.25～0.47	0.35	—	0.79
机床制造厂	0.13～0.3	0.2	—	—
重型机床制造厂	0.32	0.32	—	0.71
工具制造厂	0.34～0.35	0.34	—	—
仪器仪表制造厂	0.31～0.42	0.37	0.8～0.82	0.81
滚珠轴承制造厂	0.24～0.34	0.28	—	—
量具刃具制造厂	0.26～0.35	0.26	—	—
电机制造厂	0.25～0.38	0.33	—	—
石油机械制造厂	0.45～0.5	0.45	—	0.78
电线电缆制造厂	0.35～0.36	0.35	0.65～0.8	0.73
电气开关制造厂	0.3～0.6	0.35	—	0.75
阀门制造厂	0.38	0.38	—	—
铸管厂	—	0.5	—	0.78
橡胶厂	0.5	0.5	0.72	0.72
通用机器厂	0.34～0.43	0.4	—	—

用电设备组的需用系数 K_d 及 $\cos\varphi$

表 2-4

用 电 设 备 组 名 称	K_d	$\cos\varphi$	$\text{tg}\varphi$
单独传动的金属加工机床:			
小批生产的金属冷加工机床	0.12～0.16	0.5	1.73
大批生产的金属冷加工机床	0.17～0.2	0.5	0.73
小批生产的金属热加工机床	0.2～0.25	0.55～0.6	1.51～1.33
大批生产的金属热加工机床	0.25～0.28	0.65	1.17
锻锤、压床、剪床及其他锻工机械	0.25	0.6	1.33
木工机械	0.2～0.3	0.5～0.6	1.73～1.33
液压机	0.3	0.6	1.33
生产用通风机	0.75～0.85	0.8～0.85	0.75～0.62
卫生用通风机	0.65～0.7	0.8	0.75
泵、活塞型压缩机、电动发电机组	0.75～0.85	0.8	0.75
球磨机、破碎机、筛选机、搅拌机等	0.75～0.85	0.8～0.85	0.75～0.62

用 电 设 备 组 名 称	K_d	$\cos\varphi$	$\mathrm{tg}\varphi$
电阻炉（带调压器或变压器）			
非自动装料	0.6～0.7	0.95～0.98	0.33～0.2
自动装料	0.7～0.8	0.95～0.98	0.33～0.2
干燥箱　加热器等	0.4～0.7	1	0
工频感应电炉（不带无功补偿装置）	0.8	0.35	2.67
高频感应电炉（不带无功补偿装置）	0.8	0.6	1.33
焊接和加热用高频加热设备	0.5～0.65	0.7	1.02
熔炼用高频加热设备	0.8～0.85	0.8～0.85	0.75～0.62
表面淬火电炉（带无功补偿装置）：			
电动发电机	0.65	0.7	1.02
真空管振荡器	0.8	0.85	0.62
中频电炉（中频机组）	0.65～0.75	0.8	0.75
氢气炉（带调压器或变压器）	0.4～0.5	0.85～0.9	0.62～0.48
真空炉（带调压器或变压器）	0.55～0.65	0.85～0.9	0.62～0.48
电弧炼钢炉变压器	0.9	0.85	0.62
电弧炼钢炉的辅助设备	0.15	0.5	1.73
点焊机、缝焊机	0.35，0.2*	0.6	1.33
对焊机	0.35	0.7	1.02
自动弧焊变压器	0.5	0.5	1.73
单头手动弧焊变压器	0.35	0.35	2.68
多头手动弧焊变压器	0.4	0.35	2.68
单头直流弧焊机	0.35	0.6	1.33
多头直流弧焊机	0.7	0.7	0.88
金属、机修、装配车间、锅炉房用起重机（JC＝25％）	0.1～0.15	0.5	1.73
铸造车间用起重机（JC＝25％）	0.15～0.3	0.5	1.73
联锁的连续运输机械	0.65	0.75	0.88
非联锁的连续运输机械	0.5～0.6	0.75	0.88
一般工业用硅整流装置	0.5	0.7	1.02
电镀用硅整流装置	0.5	0.75	0.88
电解用硅整流装置	0.7	0.8	0.75
红外线干燥装置	0.85～0.9	1	0
电火花加工装置	0.5	0.6	1.33
超声波装置	0.7	0.7	1.02
X光设备	0.3	0.55	1.52

照明用电设备的需要系数 K_d

表 2-5

序号	照 明 类 别	K_d	序号	照 明 类 别	K_d
	住宅建筑(照明负荷用 ω 指标求出)		18	火车站	0.76
1	20 户以下及单身宿舍	0.7～0.6	19	文化馆	0.71
2	20～50 户	0.6～0.5	20	一般体育馆	0.86
3	50～100 户	0.5～0.4	21	大型体育馆	0.65
4	100 户以上	0.4～0.3	22	博物馆	0.82～0.92
5	白炽灯总安装容量为 10kW 以下	0.95～0.85	23	展览馆、影剧院	0.7～0.8
6	日光灯总安装容量为 5kW 以下	1.0～0.95	24	高层建筑	0.4～0.5
7	碘钨灯、霓虹灯	1.0～0.9	25	农村及市郊	0.25～0.85
8	通道照明	0.95		工业建筑	
	公共建筑		26	生产厂房(有天然采光)	0.8～0.9
9	商店	0.85～0.95	27	生产厂房(无天然采光)	0.8～1.0
10	医院	0.5～0.6	28	厂房面积为 5000m² 以下的车间或工段	0.9
11	学校	0.6～0.7	29	厂房面积为 2000m² 以下的车间工段	1.0
12	旅社、饭店	0.7～0.8	30	安装高压水银灯的厂房	0.95～1.0
13	旅游宾馆	0.45～0.65	31	锅炉房	0.9
14	餐厅、宴会厅	0.9～1.0	32	仓库	0.5～0.7
15	设计室	0.9～0.95	33	办公室,试验室	0.7～0.8
16	科研楼、教室	0.8～0.9	34	生活区,宿舍区	0.6～0.8
17	大会堂	0.51	35	道路照明,事故照明	1.0

电气光源的功率因数

表 2-6

光 源 类 别	$\cos\varphi$	$\text{tg}\varphi$	光 源 类 别	$\cos\varphi$	$\text{tg}\varphi$
白炽灯,卤钨灯	1.0	0	高压钠灯	0.45	1.98
荧光灯(无补偿)	0.55	1.52	金属卤化物灯	0.4～0.61	2.29～1.29
荧光灯(有补偿)	0.9	0.48	镝灯	0.52	1.6
高压水银灯(50～175W)	0.45～0.5	1.98～1.73	氙灯	0.9	0.48
高压水银灯(200～1000W)	0.65～0.67	1.16～1.10	霓虹灯	0.4～0.5	2.29～1.73

注:本表按《工厂配电设计手册》、《住宅电气设计》编制。

民用建筑用电设备的需要系数 K_d

表 2-7

序号	用 电 设 备 分 类	K_d	$\cos\varphi$	$\text{tg}\varphi$
1	通风和采暖用电			
	各种风机,空调器	0.7～0.8	0.8	0.75
	恒温空调箱	0.6～0.7	0.95	0.33
	冷冻机	0.85～0.9	0.8	0.75
	集中式电热器	1.0	1.0	0
	分散式电热器(20kW 以下)	0.85～0.95	1.0	0
	分散式电热器(100kW 以上)	0.75～0.85	1.0	0
	小型电热设备	0.3～0.5	0.95	0.33
2	给排水用电			
	各种水泵(15kW 以下)	0.75～0.8	0.8	0.75
	各种水泵(17kW 以上)	0.6～0.7	0.87	0.57

序号	用 电 设 备 分 类	K_d	$\cos\varphi$	$tg\varphi$
3	起重运输用电			
	客梯(1.5t 及以下)	0.35～0.5	0.5	1.73
	客梯(2t 及以上)	0.6	0.7	1.02
	货梯	0.25～0.35	0.5	1.73
	输送带	0.6～0.65	0.75	0.88
	起重机械	0.1～0.2	0.5	1.73
4	锅炉房用电	0.75～0.85	0.85	0.62
5	消防用电	0.4～0.6	0.8	0.75
6	厨房及卫生用电			
	食品加工机械	0.5～0.7	0.80	0.75
	电饭锅、电烤箱	0.85	1.0	0
	电炒锅	0.70	1.0	0
	电冰箱	0.60～0.7	0.7	1.02
	热水器(淋浴用)	0.65	1.0	0
	除尘器	0.3	0.85	0.62
7	机修用电			
	修理间机械设备	0.15～0.20	0.5	1.73
	电焊机	0.35	0.35	2.68
	移动式电动工具	0.2	0.5	1.73
8	其他动力用电			
	打包机	0.20	0.60	1.33
	洗衣房动力	0.65～0.75	0.50	1.73
	天窗开闭机	0.1	0.5	1.73
9	家用电器(包括:电视机、收录机、洗衣机、电冰箱、风扇、吊扇、冷热风扇、电吹风、电熨斗、电褥、电钟、电铃)	0.5～0.55	0.75	0.88
10	通讯及信号设备			
	载波机	0.85～0.95	0.8	0.75
	收讯机	0.8～0.9	0.8	0.75
	发讯机	0.7～0.8	0.8	0.75
	电话交换台	0.75～0.85	0.8	0.75
	客房床头电气控制箱	0.15～0.25	0.6	1.33

注:本表参照若干工程、杂志资料等汇编制成,仅供参考。

单 机 负 载 率　　　　　　　　　　　　　表 2-8

类　　别	需用系数	功率因数	类　　别	需用系数	功率因数
冷冻机	0.65～0.75	0.75～0.8	影　院	0.7～0.8	0.8～0.85
水　泵	0.7～0.8	0.8～0.85	剧　院	0.6～0.7	0.75
风　机	0.75～0.85	0.8	体育馆*	0.65～0.75	0.75～0.8

* 只有一个比赛大厅的非综合性体育建筑。

（四）利用系数

利用系数可定义为

$$K_u = \frac{P_{av}}{P_e} \tag{2-13}$$

式中　P_{av}——用电设备组在最大负荷工作班消耗的平均功率（kW）；

　　　P_e——该用电设备组的总设备容量（kW）。

由上式可以看出：对某一用电设备组，统计其在最大负荷工作班的耗电量，除以该工作班的时数，便可以求出在该工作班下的平均负荷。所以利用系数是极容易测得的。表2-9为工厂中部分用电设备组的利用系数K_u值。

利用系数 K_u 值　　　　　　　　　　　　　　表 2-9

用 电 设 备 组 名 称	K_u	$\cos\varphi$	$\tan\varphi$
一般工作制小批生产用金属切削机床 小型车、刨、插、铣、钻床、砂轮机等	0.1~0.12	0.5	1.73
同上，但为大批生产用	0.14	0.5	1.73
重工作制金属切削机床 冲床、自动车床、六角车床、粗磨、铣齿、大型车床、刨、铣、立车、镗床等	0.16	0.55	1.51
小批生产金属热加工机床 锻锤传动装置、锻造机、拉丝机、清理转磨筒、碾磨机等	0.17	0.6	1.33
大批生产金属热加工机床	0.2	0.65	1.17
生产用通风机	0.55	0.8	0.75
卫生用通风机	0.5	0.8	0.75
泵、空气压缩机、电动发电机组	0.55	0.8	0.75
移动式电动工具	0.05	0.5	1.73
不联锁的提升机、带式运输机、螺旋运输机等连续运输机械	0.35	0.75	0.88
联锁的提升机、带式运输机、螺旋运输机等连续运输机械	0.5	0.75	0.88
吊车及电葫芦（JC%=100%）	0.15~0.2	0.5	1.73
电阻炉、干燥箱、加热设备	0.55~0.65	0.95	0.33
试验室用小型电热设备	0.35	1.0	0
电弧炼钢炉 3~10t	0.6~0.65	0.8	0.75
电弧炼钢炉 0.5~1.5t	0.5	0.8	0.75
电弧炼钢炉 0.25~0.5t	0.65	0.85	0.62
单头电焊用电动发电机组	0.25	0.6	1.33
多头电焊用电动发电机组	0.5	0.7	1.02
单头电焊变压器	0.25	0.35	2.67
多头电焊变压器	0.3	0.35	2.67
自动弧焊机	0.3	0.5	1.73
缝焊机及点焊机	0.25	0.6	1.33
对焊机及铆钉加热器	0.25	0.7	1.02
低频感应电炉	0.75	0.35	2.67
高频感应电炉（用电动发电机组）	0.7	0.8	0.75
高频感应电炉（用真空管振荡器）	0.65	0.65	1.10

三、计算负荷定义

"计算负荷"是按照发热条件选择导体和电器设备时使用的一个假想负荷。其物理意义：

按这个"计算负荷"持续运行所产生的热效应，与按实际变动负荷长期运行所产生的最大热效应相等。换句话说，当导体持续流过"计算负荷"时所产生的导体恒定温升，恰好等于导体流过实际变动负荷所产生的平均最高温升，从发热的结果来看，二者是等效的。

通常规定取 30min 平均最大负荷 P_{30}、Q_{30} 和 S_{30} 作为该用户的"计算负荷"，并用 P_c、Q_c、S_c 分别表示其有功、无功和视在计算负荷。为什么取用"30min 平均最大负荷"呢？这是考虑：对于中、小截面的导体，其发热时间常数（即表示发热过程进行快慢的时间数值）τ_0 约为 10min 左右，在短暂的时间内通过尖峰负荷时，导体温度来不及升高到相应值而尖峰负荷就消失了，所以尖峰负荷虽比 P_{30}、Q_{30}、S_{30} 大，但不是造成导体达到最高温升的主要原因；实验表明，导体达到稳定温升的时间约为 $3\sim4\tau_0$，所以对于中小截面导体达到稳定温升的时间可近似为 $3\tau\approx3\times10=30$min；对于较大截面的导体，发热时间常数 τ 多大于 10min，因而在 30min 时间内，一般达不到稳定温升，取 30min 平均最大负荷为计算负荷偏于保守，但为选择计算的方便和一致性，如上规定还是合理的。因此，计算负荷是按发热条件选择导线和电器设备的依据，并有如下关系：

$$\left.\begin{array}{l} P_c = P_{30} = P_m \\ Q_c = Q_{30} = Q_m \\ S_c = S_{30} = S_m \end{array}\right\} \tag{2-14}$$

式中 P_c、P_{30}、P_m——最大工作班的有功计算负荷、30min 平均最大负荷、最大负荷。

【例 2-1】 某汽车制造厂全厂计算负荷 $P_c=7000$kW，$Q_c=500$kW，求该厂全年有功及无功电能需要量是多少？

【解】 由表 2-2 查得该类型工厂年最大有功负荷利用小时数 $T_m=4960$（h），可得全年有功电能需要量 W_p 为：

$$W_p = T_m \cdot P_m = T_m \cdot P_c$$
$$= 4960 \times 7000 = 34.7 \times 10^6 (\text{kW} \cdot \text{h}) = 34.7 \text{ 百万度}$$

同理，查表 2-1 得无功 $T_m=5240$（h），全年无功电能需要量则为：

$$W_q = T_m \cdot Q_m = T_m \cdot Q_c$$
$$= 5290 \times 5000 = 26.5 \times 10^6 (\text{kvar} \cdot \text{h}) = 26.5 \text{ 百万度}$$

【例 2-2】 某工厂最大工作班的负荷曲线如图 2-4 所示，全厂设备额定功率为 $P_N=60$kW，试求该厂有功计算负荷，负荷填充系数，需用系数和利用系数各是多少？

【解】 由图 2-4 所示

$$P_m = 52\text{kW}$$
$$P_{av} = 34\text{kW}$$

∴ 有功计算负荷为：

$$P_c = P_{30} = P_m = 52\text{kW}$$

负荷填充系数为

$$\alpha = P_{av}/P_m = 34/52 = 0.65$$

需用系数 $K_d = P_m/P_e = P_m/P_N$
$$= 52/60 = 0.867$$

利用系数 $K_u = P_{av}/P_e = 34/60 = 0.567$

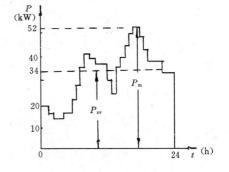

图 2-4 某厂负荷曲线

第四节 求计算负荷的方法

一、按需用系数法确定计算负荷

需用系数法，是将用电设备容量 P_e 乘以需用系数和同时系数，直接求出计算负荷的一种简便计算方法。

在确定各用电设备容量之后，分别按下述情况计算：

（一）用电设备组的计算负荷

用电设备组，是由工艺性质相同、需用系数相近的一些设备合并成组的用电设备。在某一民用建筑或工厂某一车间中，可根据具体情况将用电设备分为若干组。再分别计算各用电设备组的计算负荷。其计算公式为：

$$\left.\begin{aligned}
P_c &= K_d \cdot P_e \qquad \text{(kW)}\\
Q_c &= P_c \cdot \text{tg}\phi \qquad \text{(kvar)}\\
S_c &= \sqrt{P_c{}^2 + Q_c{}^2} \qquad \text{(kVA)}\\
I_c &= S_c/(\sqrt{3}\,U_N) \qquad \text{(A)}
\end{aligned}\right\} \qquad (2\text{-}15)$$

式中　P_c、Q_c、S_c——该用电设备组的有功、无功、和视在计算负荷。

　　　　P_e——该用电设备组的设备容量总和，但不包括备用设备容量（kW）

　　　　U_N——额定电压（kV）；

　　　　$\text{tg}\phi$——与运行功率因数角相对应的正切值；

　　　　I_c——该用电设备组的计算电流（A）；

　　　　K_d——该用电设备组的需用系数，参见表 2-4～表 2-8。

【例2-3】　已知一小批生产的冷加工机床组，拥有电压 380V 的三相交流电动机 7kW 的 3 台，4.5kW 的 8 台，2.8kW 的 17 台，1.7kW 的 10 台。试求其计算负荷。

【解】　由于该组用电设备为连续工作制，所以其设备容量为

$$P_e = \Sigma P_N$$

$$= 7 \times 3 + 4.5 \times 8 + 2.8 \times 17 + 1.7 \times 10 = 122\text{kW}$$

查表 2-3 可得 $K_d = 0.17 \sim 0.2$，取 $K_d = 0.2$；又 $\cos\phi = 0.5$，$\text{tg}\phi = 1.73$。
因此可由式（2-15）求得

$$P_c = K_d \cdot P_e = 0.2 \times 1.22 = 24.4\text{kW}$$

$$Q_c = P_c \cdot \text{tg}\phi = 24.4 \times 1.73 = 42.2\text{kvar}$$

$$S_c = \sqrt{24.4^2 + 42.2^2} = 48.8\text{kVA}$$

$$I_c = S_c/(\sqrt{3}\,U_N) = 48.8/(\sqrt{3} \times 0.38) = 74.5\text{A}$$

（二）多个用电设备组的计算负荷

在配电干线上或车间变电所低压母线上，常有多个用电设备组同时工作，但是各个用电设备组的最大负荷也非同时出现，因此在求配电干线或车间变电所低压母线的计算负荷时，应再计入一个同时系数（或叫同期系数，混合系数）K_Σ。具体计算如下：

$$\left.\begin{aligned}
P_c &= K_\Sigma \sum_{i=1}^{m}(K_{di}P_{ei}) \qquad \text{(kW)} \\
&\qquad\qquad i = 1,2,\cdots,m \\
Q_c &= K_\Sigma \sum_{i=1}^{m}(K_{di}\operatorname{tg}\phi_i P_{ei}) \qquad \text{(kvar)} \\
S_c &= \sqrt{P_c{}^2 + Q_c{}^2} \qquad \text{(kVA)} \\
I_c &= S_c/(\sqrt{3}\,U_N) \qquad \text{(A)}
\end{aligned}\right\} \qquad (2\text{-}16)$$

式中　P_c、Q_c、S_c——为配电干线或车间变电所低压母线的有功、无功、视在计算负荷；

K_Σ——同时系数，其取值参考表 2-10；

m——该配电干线或车间变电所低压母线上所接用电设备组总数；

K_{di}、$\operatorname{tg}\phi_i$、P_{ei}——对应于某一用电设备组的需用系数、功率因数角正切，总设备容量；

I_c——该干线或低压母线上的计算电流（A）；

U_N——该干线或低压母线的额定电压（kV）。

这些计算功率和计算电流是选择车间变压器容量和导体截面等的依据。

需要系数法的同时系数 K_Σ 　　　　表 2-10

应　用　范　围	K_Σ
一、确定车间变电所低压母线的最大负荷时，所采用的有功负荷同时系数	
1. 冷加工车间	$0.7 \sim 0.8$
2. 热加工车间	$0.7 \sim 0.9$
3. 动力站	$0.8 \sim 1.0$
二、确定配电所母线的最大负荷时，所采用的有功负荷同时系数	
1. 计算负荷小于 5000kW	$0.9 \sim 1.0$
2. 计算负荷为 5000～10000kW	0.85
3. 计算负荷超过 10000kW	0.80

注　1. 无功负荷的同时系数一般采用与有功负荷的同时系数 K_Σ 相同数值；

　　2. 当由全厂各车间的设备容量直接计算全厂最大负荷时，应同时乘以表中两种同时系数。

如果在低压母线上装有无功补偿用的静电电容器组时，则低压母线上的无功计算负荷应为：

$$Q_c = K_\Sigma \sum_{i=1}^{m}(K_{di}\operatorname{tg}\phi_i P_{ei}) - Q_c$$
$$(i = 1,2\cdots m) \qquad (2\text{-}17)$$

其中　Q_c——低压母线上静电电容组的容量（kvar）。

【例2-4】 某机修车间380V线路上，接有冷加工机床电动机20台，共50kW（其中较大容量电动机2kW—1台，4.5kW—2台，2.8kW—7台）；通风机2台，共5.6kW，电炉1台2kW。母线装电容器$Q_c = 10$kvar，试确定该线路的计算负荷。

【解】 先求各组的计算负荷

1. 冷加工机床组

查表2-4，取$K_{d1} = 0.2$，$\cos\phi_1 = 0.5$，$\text{tg}\phi_1 = 1.73$。

$$P_{c1} = K_{d1} \cdot P_{e1} = 0.2 \times 50 = 10\text{kW}$$

$$Q_{c1} = P_{c1} \cdot \text{tg}\phi_1 = 10 \times 1.73 = 17.3\text{kvar}$$

2. 通风机组

查表2-4，取$K_{d2} = 0.8$，$\cos\phi_2 = 0.8$，$\text{tg}\phi_2 = 0.75$

$$P_{c2} = K_{d2} \cdot P_{e2} = 0.8 \times 5.6 = 4.48\text{kW}$$

$$Q_{c2} = P_{c2} \cdot \text{tg}\phi_2 = 4.48 \times 0.75 = 3.36\text{kvar}$$

3. 电炉组

查表2-4，取$K_{d3} = 0.7$，$\cos\phi_3 = 1$，$\text{tg}\phi_3 = 0$

$$P_{c3} = K_{d3} \cdot P_{e3} = 0.7 \times 2 = 1.4\text{kW}$$

$$Q_{c3} = P_{c3} \cdot \text{tg}\phi_3 = 0$$

取$K_\Sigma = 0.9$。可得总的计算负荷：

$$P_c = K_\Sigma \sum_{i=1}^{3} P_{ci} = 0.9(10 + 4.48 + 1.4) = 14.3\text{kW}$$

$$Q_c = K_\Sigma \sum_{i=1}^{3} Q_{ci} = 0.9(17.3 + 3.36) - 10 = 8.6\text{kvar}$$

$$S_c = \sqrt{P_c^2 + Q_c^2} = \sqrt{14.3^2 + 8.6^2} = 16.7\text{kVA}$$

$$I_c = S_c / (\sqrt{3} U_N) = 16.7 / (\sqrt{3} \times 0.38) = 25.4\text{A}$$

其计算结果如列表表示更为清晰。

二、按二项式法确定计算负荷

上述需用系数法、计算简便，因此至今仍普遍应用于供电设计中。但需用系数法未考虑用电设备组中少数容量特别大的设备对计算负荷"举足轻重"的影响，因而在确定用电设备台数较少而容量差别相当大的低压分支线和干线的计算负荷时，按需用系数法计算所得的结果往往偏小，于是人们提出了二项式法。

二项式法将用电设备组的计算负荷分为两项计算：第一项是用电设备组的平均最大负荷值，该项为基本负荷值；第二项是考虑数台大容量用电设备对总计算负荷的影响而计入的附加功率值，故称二项式法。

同样，在已知各用电设备的设备容量之后，分别按下述情况计算：

（一）同一工作制的单组用电设备的计算负荷

$$
\left.\begin{array}{ll}
P_{\mathrm{c}} = bP_{\mathrm{e}} + cP_{\mathrm{x}} & (\mathrm{kW}) \\[2mm]
Q_{\mathrm{c}} = P_{\mathrm{c}} \cdot \mathrm{tg}\phi & (\mathrm{kvar}) \\[2mm]
S_{\mathrm{c}} = \sqrt{P_{\mathrm{c}}{}^{2} + Q_{\mathrm{c}}{}^{2}} & (\mathrm{kVA}) \\[2mm]
I_{\mathrm{c}} = S_{\mathrm{c}}/\left(\sqrt{3} \cdot U_{\mathrm{N}}\right) & (\mathrm{A})
\end{array}\right\}
\qquad (2\text{-}18)
$$

式中　P_{e}——该用电设备组的设备容量总和（kW）

P_{x}——为该组中，x 台大容量用电设备的设备容量之和（kW），如 P_5 为 5 台大容量用电设备的设备容量之和；

x——为该组取用大容量用电设备的台数，对于不同工作制、不同类型的用电设备，x 取值也不同。如金属冷加工机床 $x=5$，短时反复工作制设备 $x=3$，加热炉 $x=2$，电焊设备 $x=1$ 等，详见表 2-11；

U_{N}——额定电压（kV）；

b、c——为二项式系数，对于不同类型的设备取值不同，表 2-11 列出了根据多年统计的经验数字，可供计算参考。

二项式系数、功率因数及功率因数角的正切值　　　　表 2-11

负荷种类	用电设备组名称	二项式系数			$\cos\varphi$	$\mathrm{tg}\phi$
		b	c	x		
金属切削机床	小批及单件金属冷加工	0.14	0.4	5	0.5	1.73
	大批及流水生产的金属冷加工	0.14	0.5	5	0.5	1.73
	大批及流水生产的金属热加工	0.26	0.5	5	0.65	1.16
长期运转机械	通风机、泵、电动发电机	0.65	0.25	5	0.8	0.75
铸工车间连续运输及整砂机械	非联锁连续运输及整砂机械	0.4	0.4	5	0.75	0.88
	联锁连续运输及整砂机械	0.6	0.2	5	0.75	0.88
反复短时负荷	锅炉、装配、机修的起重机	0.06	0.2	3	0.5	1.73
	铸造车间的起重机	0.09	0.3	3	0.5	1.73
	平炉车间的起重机	0.11	0.3	3	0.5	1.73
	压延、脱模、修整间的起重机	0.18	0.3	3	0.5	1.73
电热设备	定期装料电阻炉	0.5	0.5	1	1	0
	自动连续装料电阻炉	0.7	0.3	2	1	0
	实验室小型干燥箱、加热器	0.7			1	0
	熔炼炉	0.9			0.87	0.56
	工频感应炉	0.8			0.35	2.67
	高频感应炉	0.8			0.6	1.33
焊接设备	单头手动弧焊变压器	0.35			0.25	2.67
	多头手动弧焊变压器	0.7～0.9			0.75	0.88
	自动弧焊变压器	0.5			0.5	1.73
	点焊机及缝焊机	0.35			0.6	1.33
	对焊机	0.35			0.7	1.02
	平焊机	0.35			0.7	1.02
	铆钉加热器	0.7			0.65	1.16
	单头直流弧焊机	0.35			0.6	1.33
	多头直流弧焊机	0.5～0.9			0.65	1.16
电镀	硅整流装置	0.5	0.35	3	0.75	0.88

二项式系数 b、c 的物理意义：

由日负荷曲线可以看出，最大有功负荷 P_m 可以表达为

$$P_m = P_c = P_{av} + P_a \qquad (kW)$$

$$= K_u \cdot P_N + P_a$$

式中　P_{av}——日平均负荷（kW）；

　　　P_N——用电设备的额定功率（kW），当考虑用电设备的额定工作制不同时 P_N 应由设备容量 P_e 代替；

　　　K_u——利用系数；

　　　P_a——附加功率，表示日负荷曲线的尖峰部分（kW）。

在式中 K_u 如果用 b 代替，则平均负荷 $P_{av} = bP_e$。长期运行统计数字表明，在运行中，若干台大容量电动机同时在某一段时间内满载运行或频繁同时起动，是出现"尖峰负荷"的主要原因。且该"尖峰负荷"的大小不仅与大容量电动机台数有关，还与电动机所传动的机械设备性质有关。所以计算中引入一个附加功率 $P_a = cP_x$，P_x 表示 x 台大容量电动机容量的总和，c 为 x 台大容量电动机综合影响系数，c、x 的取值与用电设备的性质有关。所以用 $P_c = bP_e + cP_x$ 来计算用电设备组的计算负荷，是可行的。特别是用电设备总容量小，而大容量电动机占的比重大的用户，用该法计算更接近实际。

【例2-5】　试用二项式法确定［例2-3］所列机床组的计算负荷。

【解】　由表2-11查得 $b = 0.14$，$c = 0.4$，$x = 5$。

$$\cos\phi = 0.5, \mathrm{tg}\phi = 1.73 \qquad P_e = 122kW$$

$$P_x = P_5 = 7 \times 3 + 4.5 \times 2 = 30kW$$

$$P_c = bP_e + cP_x = 0.14 \times 122 + 0.4 \times 30 = 29kW$$

$$Q_c = P_c \cdot \mathrm{tg}\phi = 29 \times 1.73 = 50kvar$$

$$S_c = \sqrt{P_c^2 + Q_c^2} = \sqrt{29^2 + 50^2} = 58kVA$$

$$I_c = S_c / (\sqrt{3} U_N) = 58 / (\sqrt{3} \times 0.38) = 88A$$

由上两例可以看出，二者所求计算负荷并不相等，二项式法计算结果偏大。这是由于在计算中所用系数均为经验统计数字，有一定的近似性。且二项式系数的统计数字也只限于机械加工行业。所以，二项式法一般仅用于该行业的低压分支线或干线计算负荷的确定。

（二）不同工作制的多个用电设备组的计算负荷

不同类型的 m 个用电设备组，其二项式表达式为

$$\left.\begin{array}{l} P_c = \displaystyle\sum_{i=1}^{m} b_i P_{ei} + (cP_k)_m \qquad (kW) \\[2mm] Q_c = \displaystyle\sum_{i=1}^{m} b_i \mathrm{tg}\phi_i P_{ei} + (cP_x)_m \cdot \mathrm{tg}\phi_x \quad (kvar) \\[2mm] S_c = \sqrt{P_c^2 + Q_c^2} \qquad (kVA) \\[2mm] I_c = S_c / (\sqrt{3} U_N) \qquad (A) \end{array}\right\} \qquad (2\text{-}19)$$

式中　b_i、$\mathrm{tg}\phi_i$、P_{ei}——对应于某一用电设备组 i 的 b 系数、功率因数角正切值和设备功率；

$(cP_x)_m$——各用电设备组中，(cP_x) 项的最大值（kW）；

$\mathrm{tg}\phi_x$——与 $(cP_x)_m$ 相对应的功率因数角正切值。

（三）其他情况

1. 当用电设备的台数 n 等于最大容量用电设备的台数 x，且 $n=x\leqslant 3$ 时，则取

$$P_c = \Sigma P_e \tag{2-20}$$

式中　ΣP_e——在计算范围内的设备容量总和（kW），但不包括备用设备容量。

2. 如果多组用电设备中每组数量均小于最大容量用电设备的台数 x，则采用小于 x 的两组或更多组中最大的用电设备的第一项的总和作为 $(cP_x)_m$。

三、计算负荷的估算方法

（一）单位产品耗电量法

当已知企业年生产量为 n，每生产单位产品电能消耗量为 ω（见表 2-12），则

年电能需要量　　$W_a = \omega n$　（kW·h）

最大有功功率　　$P_m = W_a/T_m$　（kW）

$$\left.\begin{array}{l} W_a = \omega n \quad (kW \cdot h) \\ P_m = W_a/T_m \quad (kW) \end{array}\right\} \tag{2-21}$$

式中　T_m——最大有功负荷年利用小时（h）；参见表 2-2。

各种单位产品的电能消耗量　　　　表 2-12

标准产品	单　　位	单位产品耗电量 （kW·h）	标准产品	单　　位	单位产品耗电量 （kW·h）
有色金属铸件	1t	600～1000	变压器	1kVA	2.5
铸铁件	1t	300	电动机	1kW	14
锻铁件	1t	30～80	量具刃具	1t	6300～8500
拖拉机	1台	5000～8000	工作母机	1t	1000
汽　车	1辆	1500～2500	重型机床	1t	1600
轴　承	1套	1～2.5～4	纱	1t	40
电　表	1只	7	橡胶制品	1t	250～400
静电电容器	1kvar	3			

（二）负荷密度法

当已知车间生产面积或某建筑面积负荷密度 ρ 时，车间的平均负荷或某建筑的平均负荷可按下式计算

$$P_{av} = \rho \cdot A \quad (kW) \tag{2-22}$$

式中　ρ——负荷密度（kW/m²）；

A——车间生产面积或某建筑面积（m²）。

若能统计出企业的负荷密度指标，也可用此方法估算企业的用电负荷。

（三）其他估算法

若已知企业或车间的其他指标，如设备每 1kW 安装功率所需要的平均电量 α（单位为 kW·h/kW）也可进行负荷计算，此时

$$P_{av} = \alpha P_N / T_a \qquad (kW) \qquad\qquad (2\text{-}23)$$

式中　P_N——设备总安装容量（kW）；

T_a——年工作小时数（h）。

四、民用建筑负荷计算

（一）普通中小学负荷计算

1. 照明负荷采用需用系数法计算。

2. 一般用电插座每个可按 100W 计算，实验室用电插座除特殊要求外每个可按 50W 计算。

3. 教学楼负荷需用系数可根据教室与实验室的比例和插座设置的数量，在 0.6～0.9 范围内选取。

4. 全校照明负荷需用系数可在 0.5～0.8 间选取。

5. 全校如有动力负荷时，一般可采取负荷分析的方法，了解设备运行工况，确定计算负荷。风机的负载率可取 0.75～0.85，水泵的负载率可取 0.7～0.8。

（二）高层住宅、办公及科研建筑负荷计算

1. 多层住宅的负荷计算

（1）一般采用需用系数计算负荷。

（2）当层间或组合单元间接于相电压的单相负荷三相不平衡时，可按最大负荷的 3 倍计算。

（3）每个电源插座可按 100W 计算。

（4）功率因数可按使用的光源及插座的数量在 0.6～0.9 的范围内选取。

（5）采用荧光灯时，其镇流器的附加功率可简化为每盏灯按 10W 计算。

（6）按一般用电水平，干线的需用系数可由接在同一相电源上的户数范围选取：

20 户以下取 0.6 以上；

20 户～50 户取 0.5～0.6；

50 户～100 户取 0.4～0.5；

2. 高层住宅的负荷计算

（1）照明负荷计算

1）同上（1）；

2）同上（3）；

3）同上（5）；

4）同上（6）。

100 户以上，干线的需用系数取 0.4 以下。

照明负荷（包括生活用电插座）的功率因数，可按使用的光源和插座的数量在 0.6～0.9 范围内选取。

（2）动力负荷计算　需了解各种动力设备的运行情况确定计算负荷。一般情况下，楼内电梯考虑全部运行，生活水泵除备用外考虑全部运行。当电源容量有限，消防用各种机泵与电梯、生活水泵可不同时运行。消防时，一般考虑消防用各种机泵及消防电梯同时运行。水泵的负载率可取 0.7～0.8，风机的负载率可取 0.75～0.85。

（三）高层旅游宾馆、饭店动力负荷计算

动力负荷的计算是供电设计的依据，各因规模、用途不同而异。重要的是合理选择控制设备，安全、经济运行等。但客观因素很多，故不可能计算得十分准确，只能是近似的预测。

国内外的计算方法很多，有负荷密度法、单位指标耗电法、需用系数法、二项式法及数理统计分析法等。但是无论采用哪种方法，都有其局限性，各有其适用的特定场合。就现代旅游宾馆、饭店高层建筑而言，其用电设备已不再局限于一般的动力、照明和空调，而是增加了很多现代化的服务设施、要求电气化程度相当高，如电讯、电脑、音响、电传、电传呼、电冰箱、电热水器、电淋浴、电吹风、电吸尘、电吸湿、负离子发生器、家庭电灶、洗衣机、洗碗机、电动窗帘、电熨斗、电动电子游戏机等。对于需用电项目的供电内容，如表 2-13 所示。

需用电设备项目表   表 2-13

设 施 名 称	商业大厦	普通饭店	高级宾馆	高层普通住宅	高级高层住宅
空调系统	集中空调	集中空调	集中空调	窗口式空调机	分整体式空调机
通风系统	集中通风	集中通风	集中通风	抽 风 扇	抽 风 扇
消火栓（含水龙头）	○	○	○	○	○
自动喷水系统	○	○	○	○	×
烟雾检测	○	○	○	×	×
气体自动灭火系统	变压器室设	变压器室设	变压器室设	△	△
生活用水	△	○	○	△	△
污水排放	○	○	○	○	○
雨水排出	○	○	○	○	○
游泳池（有滤水处理）	△	△	○	×	○
污水处理站	△	△	△	△	△
升 降 机	○	○	○/观景	超过8层○	△
自动扶梯	○	○	○	○	○
自动步行带	△	×	×	×	×
擦 窗 机	○	○	○	×	△
变压器及配电系统	○	○	○	△	△
紧急发电机	八层以上○	○	○	×	△
保安系统闭路电视	○	○	○	×	○
通道监控	○	×	○	×	△
共用天线	△	○	○	△	○
电视、有线广播	△	○	○	×	×
公共广播	○	○	○	×	×
音响系统	△	△	○	×	×
电 传	○	○	○	×	×
电 话	○	○	○	○	○
内线对讲	○	○	○	×	×
传呼系统	△	△	○	×	×
大厦自动管理系统	△	△	○	×	×
酒店管理及记帐系统	×	×	○	×	×

注：○—须设置；△—考虑设置；×—不设置。

关于旅游宾馆的炊事机械用电量，在不能提供设计资料时，可参考表 2-14 所示。

炊事机械用电量参考表

表 2-14

名　　　称	型号及产地	电　压 (V)	功　率 (kW)	控制设备
和　面　机	WTA-81 型江苏	三相 380	2.2	
和　面　机	HW-25 型陕西	三相 380	2.2	
和　面　机	HB-1 型上海	三相 380	2.2	
和　面　机	W60-2 型哈尔滨	三相 380	2.2	
包饺子机	HA81-3B 型哈尔滨	三相 380	1.5	有
馒　头　机	M-750B 型陕西	三相 380	4	有
馒　头　机	M-4 铁狮型河北	三相 380	3	有
台式切肉机	J741-A 型江苏	三相 380	0.55	有
绞　肉　机	C-12 型广东	三相 380	1.5	有
V 型切菜机	上海	三相 380	0.37	有
土豆去皮机	DQ-40 型沈阳	三相 380	0.8	
食品搅拌机	JJ-680 型上海	三相 380	3	有
磨豆浆机	MJ $\frac{150}{250}$ 型丹东	三相 380	0.75 1.5	有
磨豆浆机	6JMZ-21 型河北	三相 380	5.5	有
切　面　机	64-2 型河北	三相 380	2.2	
红外线电镗灶	DC/YHW-A 型天津	三相 380	14.4	有
远红外线烤炉	YH-9-C 型云南	三相四线 380/220	18	有
远红外线烤箱	AB/81-3 型上海	三相四线 380/220	6	有
活动冷库	CB-10/4 型江苏	三相 380	3	有
冷　藏　箱	CB-10/2.5 型江苏	三相 380	3	有
冷　藏　箱	CB-10/1.7 型江苏	三相 380	1.1	有
冷　藏　箱	CB-$\frac{600}{1000}$ 型南京	三相 380	1.1	有
冷　藏　箱	CB-1500 型南京	三相 380	1.1	有
冷　藏　箱	CB-3000 型南京	三相 380	3	有
冷　藏　柜	Q-1 型上海	三相 380	1.1	有
三用冰棒机	BG-Ⅲ型江苏	三相 380	3	有
棒　冰　机	BG $\frac{I}{II}$ 型江苏	三相 380	$\frac{3}{1}$	有
打　蛋　机	FF-35 型赣州	三相 380	1	有
卧式冷藏箱	LCW-15/20 型	三相 380	3	有
卧式冷藏箱	LCW-15/10 型	三相 380	1.1	有
冷饮水箱	LW-250-10 型	三相 380	3	有
冷饮水箱	ZLW-80-10 型	三相 380	1.5	有
小型冷库设备	A-2 型	三相 380	3	有
双机组冰棍机	B-16 型	三相 380	2×3	有
立柜式冷藏柜	NF-3-m³ 型	三相 380	3	
自动轧面机	80-Ⅱ型	三相 380	3	
拌　面　机		三相 380	4.5	
压　面　机		三相 380	4.5	
切　片　机		三相 380	1.7	
蛋　糕　机		三相 380	1.7	
饼　干　机		三相 380	28	

　　以上这些动力设备的总耗电量相当大，特别是高级旅游建筑，耗电量更大。因此用电

规律很难掌握，不易进行准确计算，只有进行大量实测调查统计和数理分析，才能取得比较令人满意的结果。

现代高层建筑的动力负荷计算方法，基本上都采用负荷密度法和需用系数法。其最大优点是：方法简便、精度能够满足工程要求，关键在于正确选用系数值。现代高层旅游建筑的同期需用系数在 $0.6\sim0.7$ 之间，负荷密度约在 $50\sim100VA/m^2$ 之间，这些参数的大小与建筑规模、标准要求、管理方法以及有无空调设备等许多因素有关。

例如某大酒店在方案设计阶段，负荷计算采用负荷密度法，负荷密度以 $80VA/m^2$ 的指标进行估算，得变压器容量为 12800kVA，初选 8 台 1600kVA 的变压器进行供电主结线方案设计，当施工阶段设计，各专业用电条件业经确定，此时采用需用系数法进行复核。根据经验，总的同期需要系数取 0.65，补偿后的平均功率因数按 0.9 计算，则总计算容量为 9600kVA，证明初选 $8\times1600kVA$ 变压器仍然是适当的。此时变压器的负荷率为 0.75，仍属经济运行的适合范围，这种计算方法是接近实际的。

一般高层旅游宾馆，饭店供配电技术参数如表 2-15 及表 2-16 所示。

高层旅游宾馆全馆的需用系数及功率因数如表 2-17 所示；全馆负荷密度单位指标如表 2-18 所示（以上为中国民用建筑负荷研究专题组 1984 年 12 月提供的）。

一般高层旅游饭店供配电技术参数　　　　　　　　　　　　表 2-15

	编　　号	1# 高层旅馆	2# 高层旅馆	3# 高层旅馆
建筑型式	层数与面积（m²）	16+1 (17000)	11+2 (13000)	18+3 (19000)
	平面型式及配电点			
负荷概况 照明	计算容量（kW）	115.2（荧光灯）	118.8（荧光灯，白炽灯）	95.4（白炽灯）
	负荷指标（W/m²）	6.7	9.1	5
	插座与灯容量比	1/1.4	1/3.6	1/0.4
	彩灯或霓虹灯容量（kW）	40		5
动力	电梯设备容量（kW）	66	44	76.5
	水泵设备容量（kW）	77.7	53.8	157.5
	炊事用电设备容量（kW）		106	
	其他用电设备容量（kW）	30	20	
	总计算容量（kW）	104.2	137	132
	负荷指标（W/m²）	6.1	10.5	6.9
空调	空调机泵设备容量（kW）		186	
	风机盘管设备容量（kW）			39
	空调箱、柜设备容量（kW）	475	193.3	

建筑型式	编　　号	1# 高层旅馆	2# 高层旅馆	3# 高层旅馆
	层数与面积（m²）	16＋1（17000）	11＋2（13000）	18＋3（19000）
	平面型式及配电点			

供配电概况	供　电　方　式		由本单位变电所引来低压电源		
	备用电源及切换方式		由变电所引来回路消防专用电源，每两路在负荷末端切换	事故照明由变电所专引一路电源。消防动力由变电所引两路电源，在末端切换	事故照明由变电所专引一路电源。消防动力由变电所引两路电源，在末端切换
	电源进线	照　　明	(BLV-70，G70)×3	(BLV-25，G40)×3 (BLV-16，G32)×4	(VLV20-70)×2 (VLV20-25)×1
		动　　力	(BLV-50，G50)×2 (BLV-25，G40)×4	(VLV-70，G70)×1 (VLV-50，G50)×2 (BLV-25，G40)×4	(VLV20-450)×2
		空　　调	(BLV-95，G80)×4 (BLV-70，G80)×1	(BLV-70，G70)×7 (BBV-25，G40)×1	
	配电室	位置及面积（cm×cm）	首层 240×220	半地下室 540×300	首层 313×240
		配电装置型式及台数	BDL 型 2 台	BDL 型 5 台	BDL 型 2 台 XLF 型 2 台
	垂直干线回路数	照明回路数	2	2	2
		空调回路数	5	—	—
		电梯回路数	4	2	2

高层旅游宾馆饭店供配电技术参数　　　　　　　　表 2-16

高层建筑类别		1# 高层旅游饭店	2# 高层旅游饭店	3# 高层旅游饭店	4# 高层旅游饭店	综合大厦
层　　数		25＋3	21 25＋3 28	26＋3	22＋3	29＋3
建筑面积（m²）		24000	30000	61000	79000	46000
照明设备容量（kW）		720	2640	800		1500
动力设备容量（kW）		1200	4500	3500		3400
配电方式			引来市内高压电源及自备电源			市内高压
变电所	照明变压器容量及台数	500kVA×2	100kVA×2	1600kVA×1	1600kVA×2	1000kVA×2
	照明变压器容量指标（VA/m²）	41.8	25	26.2	40.5	43.5
	动力变压器容量及台数	1000kVA×2	1000kVA×5 400kVA×1	1600kVA×3	1600kVA×2	1000kVA×2
	动力变压器容量指标（VA/m²）	83.3	67.5	78.7	40.5	43.5
	高压电源回路数	2	2	2	2	2
	位置及变压器型式	主楼下地下室，干式	主楼下地下室，干式	主楼裙边地下室，干式	主楼裙边地下室，干式	主楼附近地下室，油浸

高层建筑类别		$1^{\#}$高层旅游饭店	$2^{\#}$高层旅游饭店	$3^{\#}$高层旅游饭店	$4^{\#}$高层旅游饭店	综合大厦
自备电源	发电机容量（kW）	200×2	500	480	750	—
	发电机容量指标（W/m²）	16.7	6.3	7.9	9.5	—
配电点	配电点数	1	2	1	4	2
	配电小间	有	有	有	其中三个为壁龛	有
照明直垂线	每一回路层数	6	5.7	7	4	4～6
	层线截面（mm²）	BV-95	BV-70，95	铜排 50×60×5	VV-50	VV29-70，95
备　注				水平及垂直干线为封闭式母线槽		

旅游宾馆全馆的主要用电设备组的需用系数与功率因数　　表 2-17

用电设备组名称	需 用 系 数（K_d）		功 率 因 数（$\cos\phi$）	
	平 均 值	推 荐 值	平 均 值	推 荐 值
全馆总负荷	0.45	0.4～0.5	0.34	0.8
全馆总动力	0.55	0.5～0.6	0.32	0.8
全馆总照明	0.4	0.35～0.45	0.9	0.85
冷冻机房	0.65	0.65～0.75	0.87	0.8
锅 炉 房	0.65	0.65～0.75	0.8	0.75
水 泵 房	0.65	0.6～0.7	0.86	0.8
通 风 机	0.65	0.6～0.7	0.83	0.8
电 梯	0.2	0.18～0.22	DC-0.5/AC-0.3	DC-0.4/AC-0.8
厨 房	0.4	0.35～0.45	0.7～0.75	0.7
洗衣机房	0.3	0.3～0.35	0.6～0.65	0.7
窗式空调器	0.4	0.35～0.45	0.8～0.85	0.8
	全馆同时使用系数 $K_c=0.92～0.94$			

旅游宾馆全馆的负荷密度单位指标　　表 2-18

用电设备组名称	（W/m²）		（W/床）	
	平　　均	推荐范围	平　　均	推荐范围
全馆总负荷	72	65～79	2242	2000～2400
全馆总照明	15	13～17	928	830～1000
全馆总电力	56	50～62	2366	2100～2600
冷冻机房	17	15～10	969	870～1100
锅炉房	5	4.5～5.9	156	140～170
水泵房	1.2	1.2	43	40～50
风 机	0.3	0.3	8	7～9
电 梯	1.4	1.4	28	25～30
厨 房	0.9	0.9	55	36～60
洗衣机房	1.3	1.3	48	35～400
窗式空调器	10	10	357	320～400

旅游宾馆、饭店的用电负荷密度可参考以下数据：

（1）凡是带有空调设备的旅游宾馆、负荷密度平均约为 $100VA/m^2$ 左右。对豪华级的旅游宾馆，负荷密度约为 $150VA/m^2$ 左右，其中冷冻设备为 $54\sim65W/m^2$，照明及其他为 $32\sim43W/m^2$ 左右。

（2）对于不设空调设备的旅游宾馆，负荷密度平均约为 $30VA/m^2$ 左右。折合单位指标约为 $1.7kVA/$ 床左右。对不设空调设备的旅游宾馆，为设有空调设备的旅游宾馆负荷密度的 $1/2\sim1/3$ 左右。

（3）国内外一些旅游宾馆，饭店的变压器设备容量及负荷密度如表 2-19 所示，可作参考。

国内外旅游宾馆、饭店的变压器容量及负荷密度   表 2-19

名　　称	建筑面积 (m²)	变压器容量 (kVA)	装 机 密 度	
			(VA/m²)	kVA/床（房间）
上海大厦	25000	2210	88.4	
广州白云宾馆	58601	3120	53.2	3.9/房间
广州白天鹅宾馆	110000	6200	53.4	6.2/房间
广州花园酒家	170000	16000	91.4	13.3/房间
武汉晴川饭店	19500	2260	115.9	4.5/床
北京长城饭店	67000	4100	61.2	
北京西苑饭店	62100	8000	126.6	12.3/套房间
南京金陵饭店	68000	6400	94.1	8.4/房间
深圳亚洲大酒店	62500	6000	96	
西安宾馆	20000	2000	100	4/床
广州中国大酒店	159000	14800	93.1	14.6/房间
苏州宾馆	15300	1260	82.3	4.2/床
长沙芙蓉饭店	18000	2000	111.1	3.8/床
深圳上海宾馆	44000	3600	79.5	2.9床
北京和平饭店	68570	3600	52.5	
成都锦江宾馆	38000	1570	41.5	1.5/床
深圳西丽大厦	14700	1600	108.8	
南昌青山湖宾馆	18000	2320	129.3	4.7/床
岷江宾馆	20000	2300	112	
晴川饭店	20000	2260	113	
香山饭店	40000	4800	120	
白天鹅酒店	80000	6200	77.5	
东方宾馆	80000	7600	95	
北京国际饭店	100000	7200	72	
深圳国际商业大厦	52000	4410	84.8	
深圳国际贸易中心	100000	10600	106	
北京饭店	160000	8300	49	
深圳市发展中心	61700	6000	97.2	
香港华润大厦	137900	18500	134.2	
深圳金城大厦	58000	5×1000	86.2	
深圳友谊大厦	55083	4×1250	90.8	
深圳翠竹楼	13800	1120	81.2	
深圳德兴大厦	48600	4×1000	82.3	
深圳湖芯大厦	18204	2×630	69.2	
深圳罗湖大厦	22594	4×630	111.5	
深圳海丰苑大厦	30966	3×1000	96.9	

名 称	建筑面积 (m²)	变压器容量 (kVA)	装 机 密 度	
			(VA/m²)	kVA/床（房间）
深圳教信大厦	10507	1×1000	95.2	
日本横滨日航旅馆	15960	1450	90	
日本红叶旅馆	19226	950	49	
横滨日航旅馆	15960	1450	90	
山 旅 馆	9000	795	88	
八幡平娱乐饭店	9000	980	108	
大阪京板饭店	8085	600	74	
青森新旅馆	7800	1560	200	
古牧第二旅馆	6634	600	90	
大砚旅馆	6600	800	121	
松山旅馆	5900	650	110	
日本世界贸易中心	153800	15000	97.5	
日本神户贸易中心	77000	6000	77.9	
美国纽约世界贸易中心	840000	132000	157.1	
美国国家银行中心	94200	19700	209.5	

（4）一般的旅游宾馆、饭店的负荷密度及需用系数可参考表 2-20 所示。

一般旅游宾馆、饭店的负荷密度及需用系数推荐值　　　　　表 2-20

项 目	负荷密度 (VA/m²)	需用系数 (K_c)	备 注
酒店客房	1200VA/房	0.4	
餐 厅	120	0.7	
咖啡厅	120	0.7	
酒 吧	70	0.6	
商 店	120	0.8	
会议厅	50	0.7	
舞 厅		0.5	舞台灯另加 60kVA
康乐室	40	0.7	
业务办公	60	0.8	
展览厅	60	0.7	
多功能厅	120	0.8	
公共场所	10	0.8	
厨 房	120	0.7	
空 调	200	0.7	
电 梯		0.6	
扶 梯		1	
游泳池循环水泵		0.7	
污水泵		0.5	
车 库		1	
生活水泵		0.5	
洗衣机		0.7	
锅炉房		0.5	
蒸汽浴		0.8	
管理电脑		1	
电话及管理系统		1	

五、单相负荷计算

在建筑供配电系统中，除广泛使用三相用电设备外，还有很多的单相用电设备，如电炉、电灯等。为使三相线路导线截面和供电设备选择经济合理，单相用电设备应尽可能均衡地分配在三相线路上，避免某一相的计算负荷过大或过小。对于接有较多单相用电设备的线路，通常应将单相负荷换算为等效三相负荷，再与三相负荷相加，得出三相线路总的计算负荷。换算方法如下：

（一）单相用电设备仅接于相电压

此时，等效三相负荷取最大相负荷的三倍，即

$$P_{eq} = 3S_N \sqrt{JC} \cdot \cos\phi = 3P_m \tag{2-24}$$

式中　　P_{eq}——等效三相用电设备功率（kW）；

　　　　P_m——连接于相电压上的负荷最大相的单相用电设备功率之和（kW）；

　　　　S_N——用电设备铭牌容量（kVA）。

（二）单相用电设备仅接于线电压

先将各线间负荷相加，选取其中负荷较大两项进行计算。如当 $P_{ab} \geqslant P_{bc} \geqslant P_{ca}$ 时，取 P_{ab}、P_{bc} 两项，并依下述情况分别计算

1. 当 $P_{bc} > 0.15P_{ab}$ 时，　　　　　　$P_{eq} = 1.5(P_{ab} + P_{bc})$ 　　　　(2-25)

2. 当 $P_{bc} \leqslant 0.15P_{ab}$ 时，　　　　　　$P_{eq} = \sqrt{3} P_{ab}$ 　　　　(2-26)

3. 当只有 P_{ab}、$P_{bc} = P_{ab} = 0$ 时，$P_{eq} = \sqrt{3} P_{ab}$ 　　　　(2-27)

式中　　P_{ab}、P_{bc}、P_{ac}——分别接于 ab、bc、ac 线的负荷（kW）；

　　　　　　　P_{eq}——等效三相设备负荷（kW）。

（三）一般情况

通常单相用电设备，既有接于相电压又有接于线电压的，其等效三相负荷的计算应分为两步计算。

1. 先将接于线电压的单相负荷换算为接于相电压的单相负荷。

其各相负荷计算如下

$$\left. \begin{aligned}
P_a &= P_{ab} \cdot p_{(ab)a} + P_{ca} \cdot p_{(ca)a} \\
Q_a &= P_{ab} \cdot q_{(ab)a} + P_{ca} \cdot q_{(ca)a} \\
P_b &= P_{ab} \cdot p_{(ab)b} + P_{bc} \cdot p_{(bc)b} \\
Q_b &= P_{ab} \cdot q_{(ab)b} + P_{bc} \cdot q_{(bc)b} \\
P_c &= P_{bc} \cdot p_{(bc)c} + P_{ca} \cdot p_{(ca)c} \\
Q_c &= P_{bc} \cdot q_{(bc)c} + P_{ca} \cdot q_{(ca)c}
\end{aligned} \right\} \tag{2-28}$$

式中　　　　P_{ab}、P_{bc}、P_{ca}——接于 ab、bc、ca 线间电压的单相用电设备功率（kW）；

P_a、P_b、P_c、Q_a、Q_b、Q_c——换算为 a、b、c 相的有功负荷（kW）和无功负荷（kvar）；

　　$p_{(ab)a}$、$p_{(ab)b}$、$p_{(bc)b}$、$p_{(bc)c}$、$p_{(ca)c}$、$p_{(ca)a}$ 及 $q_{(ab)a}$、$q_{(ab)b}$、$q_{(ab)b}$、$q_{(bc)c}$、$q_{(ca)c}$、$q_{(ca)a}$ 均为功率换算系数，其值可查表 2-21。

换 算 系 数	负 荷 功 率 因 数								
	0.35	0.4	0.5	0.6	0.65	0.7	0.8	0.9	1.0
$p_{(ab)a}$、$p_{(bc)b}$、$p_{(ca)c}$	1.27	1.17	1.0	0.89	0.84	0.8	0.72	0.64	0.5
$p_{(ab)b}$、$p_{(bc)c}$、$p_{(ca)a}$	−0.27	−0.17	1.0	0.11	0.16	0.2	0.28	0.36	0.5
$q_{(ab)a}$、$q_{(bc)b}$、$q_{(ca)c}$	1.05	0.86	0.58	0.38	0.3	0.22	0.09	−0.05	−0.29
$q_{(ab)b}$、$q_{(bc)c}$、$q_{(ca)a}$	1.63	1.44	1.16	0.96	0.88	0.8	0.67	0.53	0.29

2. 再将各相负荷相加，选出最大相负荷，取其 3 倍即为等效三相负荷。如 $P_{a\Sigma}$ 为最大相总负荷，则

$$P_{eq} = 3 \cdot P_{a\Sigma}(kW) \tag{2-29}$$

同样，等效三相无功功率也按上述原则分别求算。

【例 2-6】 某线路上装有 220V 电热干燥箱 3 台，其中 40kW2 台分别接在 A 相和 C 相；20kW1 台接于 B 相，电加热器 20kW2 台接于 B 相。单相 380V 对焊机（JC＝100％）共 6 台，其中 46kW3 台分别接于 AB、BC、AC 相，51kW2 台接于 AB 和 CA 相，32kW1 台接于 BC 相，试求该线路的计算负荷。

【解】 （1）电热干燥箱及电加热器各相计算负荷

查表 2-4 可得 $K_d = 0.7$，$\cos\phi = 1$，$tg\phi = 0$，故计算负荷为：

A 相 $P_{c(a1)} = K_d \cdot P_{e(a1)} = 0.7 \times 40 = 28kW$

B 相 $P_{c(b1)} = K_d \cdot P_{e(b1)} = 0.7 \times (20+40) = 42kW$

C 相 $P_{c(c1)} = K_d \cdot P_{e(c1)} = 0.7 \times 40 = 28kW$

（2）对焊机各相计算负荷

查表 2-4 可得 $K_d = 0.35$，$\cos\phi = 0.7$

查表 2-21 得换算系数

$$p_{(ab)a} = p_{(bc)b} = p_{(ca)c} = 0.8, \qquad p_{(ab)b} = p_{(bc)c} = p_{(ca)a} = 0.2,$$

$$q_{(ab)a} = q_{(bc)b} = q_{(ca)c} = 0.22, \qquad q_{(ab)b} = q_{(bc)c} = q_{(ca)a} = 0.8。$$

故计算负荷为：

A 相： $P_{(ca2)} = K_d \cdot P_{c(a2)} = K_d(P_{ab}p_{(ab)a} + P_{ca} \cdot p_{(ca)a})$

$$= 0.35(97 \times 0.8 + 97 \times 0.2) = 0.35 \times 97 = 34kW$$

$Q_{c(a2)} = K_d(P_{ab} \cdot q_{(ab)a} + P_{ca} \cdot q_{(ca)a})$

$$= 0.35(97 \times 0.22 + 97 \times 0.8) = 0.35 \times 98.9 = 35kvar$$

B 相： $P_{c(b2)} = K_d(P_{ab}p_{(ab)b} + P_{bc}p_{(bc)b})$

$$= 0.35 \times (97 \times 0.2 + 78 \times 0.8) = 29kW$$

$Q_{c(b2)} = 0.35 \times (97 \times 0.8 + 78 \times 0.22) = 33kW$

C 相： $P_{c(c2)} = K_d(P_{bc} \cdot p_{(bc)c} + P_{ca} \cdot p_{(ca)c})$

$$= 0.35(78 \times 0.8 + 97 \times 0.2) = 29\text{kW}$$

$$Q_{c(c2)} = 0.35(78 \times 0.8 + 97 \times 0.22) = 29\text{kvar}$$

（3）各相总计算负荷

A 相
$$P_{(ca)} = P_{c(a1)} + P_{c(a2)} = 28 + 34 = 62\text{kW}$$

$$Q_{(ca)} = Q_{c(a1)} + Q_{c(a2)} = Q_{c(a2)} = 35\text{kvar}$$

B 相
$$P_{c(b)} = 42 + 29 = 71\text{kW}$$

$$Q_{c(b)} = Q_{c(b2)} = 33\text{kvar}$$

C 相
$$P_{c(c)} = 28 + 29 = 57\text{kW}$$

$$Q_{c(c)} = Q_{c(c2)} = 29\text{kvar}$$

（4）三相等效计算负荷

由上计算数值可知 B 相负荷最大，故

$$P_c = 3P_{c(b)} = 3 \times 71 = 213\text{kW}$$

$$Q_c = 3Q_{c(b)} = 3 \times 33 = 99\text{kvar}$$

$$S_c = \sqrt{P_c{}^2 + Q_c{}^2} = \sqrt{213^2 + 99^2} = 234\text{kVA}$$

$$I_c = S_c/\left(\sqrt{3}\,U_N\right) = 234/\left(\sqrt{3} \times 0.38\right) = 356\text{A}$$

第五节　负荷计算方法的应用范围及评价

在实际的建筑工程供电设计中，广泛采用需用系数法，由于简单易行，为设计人员普遍接受。需用系数法的数值来源于大量的测定和统计，但这种方法的缺点是把需用系数 K_d 看作与一组设备中设备多少及设备容量悬殊情况都无关的固定值，这是不严格的。事实上，只有当设备台数足够多，总密量足够大，无特大型用电设备，需用系数 K_d 值才能趋向一个稳定的数值。因此，需用系数法普遍用于方案估算、初步设计和工厂大型车间变电所的施工设计。

二项系数法考虑了用电设备数量和大容量设备对计算负荷的影响，把计算负荷看作由两个分量组成，一个分量是平均负荷 (bP_e)，另一个分量是 x 台大型设备参与计算时对平均负荷造成的参差值 (cP_x)。并提出了等效台数的概念。这种方法设想了大型设备对计算负荷造成的影响，但从方法本身来看，决定参差值的最大设备台数是固定的，如对冷加工机床总台数为 50 台时，$x=5$，总台数为 8 台时，x 也为 5，这样就会在对某些台数和容量范围的设备进行计算中，得出矛盾的结论。一般情况下，由于过分突出 x 台大型设备对电气负荷的影响，使计算结果往往偏大。此外，二项式系数的统计数字也只限于机械加工行业，所以，二项式法一般用于低压分支线或干线计算负荷的确定。

在建筑方案设计阶段，可采用建筑面积负荷密度法进行负荷估算。在建筑施工阶段设计时，可采用需用系数法进行复核。在制定建厂规划或初步设计时，在尚无具体设备参数和工艺加工流程情况下，可采用单位产品耗电量法或生产面积负荷密度法估算全厂和车间的负荷。建筑面积和生产面积负荷密度法及单位产品耗电量法，来源于实际统计和经验的累积，整理出目前尚不够完善的民用建筑面积负荷密度指标，工厂生产面积负荷密度指标，车间单位产品耗电量指标，把该方法进一步完善起来，是很有实际意义的。

在选用有关负荷计算系数时，应注意到以下几点：

（1）在选择用电设备时，往往按照负荷最严重的条件考虑，有时，在此基础上还要加上较高的备用系数，使选择的设备额定功率过大，以致扩大了用电设备的总密量。

（2）求计算负荷的各项系数都以最大负荷工作班的 30min 最大平均负荷作基础，这些系数值对大截面导线，变压器的发热来说，显然是比较保守的。

（3）即使是考虑了各种随机因素，利用系数仍取其可能发生的最大值。

因之，根据手册上给出的各项数据所确定的计算负荷，在一般情况下，其结果也是偏宽的。

第六节　供配电系统的功率损耗与电能需要量计算

当电流流过供配电线路和变压器时，引起的功率和电能损耗也要由电力系统供给。因此在确定计算负荷时，应计入这部分损耗。供电系统在传输电能过程中，线路和变压器损耗电量占总供电量的百分数，称线损率。为计算线损率，应掌握供电总量，同时要分别计算线路、变压器中损失的电量。

线路和变压器均具有电阻和电抗，因而功率损耗分为有功和无功损耗两部分。下面讨论功率损耗和电能损耗的计算方法。

一、供电线路的功率损耗

三相供电线路的有功功率损耗 ΔP、无功功率损耗 ΔQ 分别按下式计算：

$$\left.\begin{aligned}\Delta P = 3I_c^2 R \times 10^{-3} \quad (kW)\\ \Delta Q = 3I_c^2 X \times 10^{-3} \quad (kvar)\end{aligned}\right\} \tag{2-30}$$

式中　R——线路每相电阻（Ω），$R = r_0 l$；

　　　　X——线路每相电抗（Ω）$X = x_0 l$；

　　　　l——线路每相计算长度（km）；

r_0、x_0——线路单位长度的交流电阻和电抗（Ω/km），其值可查附表 19～21。需指出，在查 x_0 时，表格中的"线间几何均距"是指三相线路间距离的几何平均值。假设 A、B 两相的线间距离为 a_1，B、C 两相的线间距离为 a_2、C、A 两相的线间距离为 a_3，则此三相线路的线间几何均距

$$a_{av} = \sqrt[3]{a_1 \cdot a_2 \cdot a_3} \tag{2-31}$$

如三相线路为等边三角形排列，则 $a_{av} = a$。

如三相线路为水平等距排列，则 $a_{av} = \sqrt[3]{2}\, a = 1.26a$；其中 a 为相邻线间

距离。

当计算负荷用 P_c、Q_c、S_c 表达时，可将式（2-30）换算为如下形式：

$$\left.\begin{array}{l} \Delta P = \dfrac{S_c^2}{U_N^2} \cdot R \times 10^{-3} = \dfrac{P_c^2 + Q_c^2}{U_N^2} R \times 10^{-3} (\text{kW}) \\[4mm] \Delta Q = \dfrac{S_c^2}{U_N^2} X \times 10^{-3} = \dfrac{P_c^2 + Q_c^2}{U_N^2} X \times 10^{-3} (\text{kvar}) \end{array}\right\} \tag{2-32}$$

式中　S_c、P_c、Q_c——分别为线路视在、有功、无功计算功率，单位（kVA、kW、kvar）；

　　　U_N——线路额定电压（kV）。

【例 2-7】　有一 10kV 送电线路，线路长 20km，采用 LJ-70 型铝铰线，导线几何均距为 1.25m，输送的计算功率为 $S_c = 1000\text{kVA}$，试求该线路的有功和无功功率损耗。

【解】　查附表 1，可得 LJ-70 型铝铰线电阻 $r_0 = 0.46\Omega/\text{km}$，当 $a_{av} = 1.25\text{m}$ 时，$x_0 = 0.358\Omega/\text{km}$，所以

$$\Delta P = \frac{S_c^2}{U_N^2} r_0 l \times 10^{-3} = \frac{1000^2}{10^2} \times 0.46 \times 20 \times 10^{-3} = 92(\text{kW})$$

$$\Delta Q = \frac{S_c^2}{U_N^2} x_0 l \times 10^{-3} = \frac{1000^2}{10^2} \times 0.358 \times 20 \times 10^{-3} = 71.6(\text{kvar})$$

二、变压器的功率损耗

变压器的损耗包括有功功率损耗 ΔP_T 和无功功率损耗 ΔQ_T。

（一）有功功率损耗

有功功率损耗又由两部分组成。其一为空载损耗，又称铁损，它是变压器主磁通在铁芯中产生的有功损耗。因为变压器主磁通只与外加电压有关，当外加电压 u 和频率 f 恒定时，铁损也为常数，与负荷大小无关。空载损耗可由空载实验确定。另一部分是短路损耗，又称铜损，它是变压器负荷电流在一次、二次绕组的电阻中产生的有功损耗，其值与负荷电流平方（或功率）成正比。短路损耗可由短路实验确定。所以双卷变压器有功功率损耗表达式为

$$\Delta P_T = \Delta P_{O \cdot T} + \Delta P_{Cu \cdot N \cdot T} \left(\frac{S_c}{S_{N \cdot T}} \right)^2 \tag{2-33}$$

式中　ΔP_T——变压器的有功功率损耗（kW）；

　　　$\Delta P_{O \cdot T}$——变压器的空载有功功率损耗（kW），可在产品目录中查出；

　　$\Delta P_{Cu \cdot N \cdot T}$——变压器在额定负载下的铜损（kW），可在产品目录中查出；

　　　　S_c——计算负荷的视在容量（kVA）；

　　　$S_{N \cdot T}$——变压器的额定容量（kVA）。

（二）无功功率损耗

同样，无功功率损耗也由两部分组成。一部分是变压器空载时，由产生主磁通的励磁电流所造成的无功损耗。另一部分是由变压器负荷电流在一、二次绕组电抗上产生的无功损耗。其表达式为：

$$\Delta Q_{\mathrm{T}} = \Delta Q_{\mathrm{O \cdot T}} + \Delta Q_{\mathrm{N \cdot T}} \left(\frac{S_{\mathrm{c}}}{S_{\mathrm{N \cdot T}}} \right)^2 \qquad (2\text{-}34)$$

式中 ΔQ_{T}——变压器的无功功率损耗 (kvar);

$\Delta Q_{\mathrm{O \cdot T}}$——变压器的空载无功功率损失 (kvar);

$\Delta Q_{\mathrm{N \cdot T}}$——变压器在额定负载下无功功率损失的增量 (kvar)。

其中

$$\Delta Q_{\mathrm{O \cdot T}} = \frac{I_{\mathrm{O \cdot T}}\%}{100} \cdot S_{\mathrm{N \cdot T}} \qquad (2\text{-}35)$$

$$\Delta Q_{\mathrm{N \cdot T}} = \frac{\Delta u_{\mathrm{K}}\%}{100} \cdot S_{\mathrm{N \cdot T}} \qquad (2\text{-}36)$$

式中 $I_{\mathrm{O \cdot T}}\%$——变压器空载电流占额定电流百分数,可在产品目录中查出;

$\Delta u_{\mathrm{K}}\%$——变压器短路电压占额定电压百分数,可在产品目录中查出。

在负荷估算中,变压器功率损耗也可近似计算如下:

$$\left.\begin{aligned}\Delta P_{\mathrm{T}} &\approx 0.02 S_{\mathrm{N \cdot T}} (\mathrm{kW}) \\ \Delta Q_{\mathrm{T}} &\approx (0.08 - 0.10) S_{\mathrm{N \cdot T}} (\mathrm{kvar})\end{aligned}\right\} \qquad (2\text{-}37)$$

【例 2-8】 某 S_{T} 型电力变压器额定容量为 800kVA,一次电压为 10kV,二次电压 0.4kV,低压侧有功计算负荷为 600kW,无功计算负荷为 330kvar。试求其高压侧有功和无功计算负荷。

【解】 查资料得 S_{T} 型变压器规格:

$$\Delta P_{\mathrm{O \cdot T}} = 1.4\mathrm{kW}, \Delta P_{\mathrm{Cu \cdot N \cdot T}} = 7.5\mathrm{kW}, I_{\mathrm{O \cdot T}}\% = 2.5, \Delta u_{\mathrm{K}}\% = 5$$

变压器低压侧视在计算负荷为

$$S_{2\mathrm{c}} = \sqrt{P_{2\mathrm{c}}^2 + Q_{2\mathrm{c}}^2} = \sqrt{600^2 + 330^2} = 680\mathrm{kVA}$$

故变压器有功损耗由式 (2-33) 得:

$$\Delta P_{\mathrm{T}} = 1.4 + 7.5 \left(\frac{680}{800} \right)^2 = 6.8\mathrm{kW}$$

变压器的无功损耗由式 (2-34) ~式 (2-36) 得:

$$\Delta Q_{\mathrm{T}} = \frac{2.5}{100} \times 800 + \frac{5}{100} \times 800 \times \left(\frac{680}{800} \right)^2 = 48.9\mathrm{kvar}$$

因此变压器高压侧的有功计算负荷为:

$$P_{1\mathrm{c}} = P_{2\mathrm{c}} + \Delta P_{\mathrm{T}} = 600 + 6.8 \approx 607\mathrm{kW}$$

变压器高压侧的无功计算负荷为:

$$Q_{1\mathrm{c}} = Q_{2\mathrm{c}} + \Delta Q_{\mathrm{T}} = 330 + 48.9 \approx 379\mathrm{kvar}$$

另一解法:

由式（2-37）得：

$$\Delta P_T = 0.02 \times 680 = 13.6 \text{kW}$$

$$\Delta Q_T = 0.08 \times 680 = 54 \text{kvar}$$

$$P_{1c} = P_{2c} + \Delta P_T = 600 + 13.6 = 614 \text{kW}$$

$$Q_{1c} = Q_{2c} + \Delta Q_T = 330 + 54 = 384 \text{kvar}$$

三、供配电系统年电能损耗

在供配电系统中通常利用最大负荷损耗时间 τ，近似地计算线路和变压器有功电能损耗。

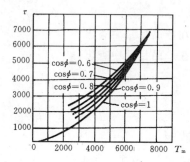

图 2-5 τ 与 T_m 的关系曲线

最大负荷损耗时间 τ 的物理意义为：当线路或变压器中以最大负荷电流 I_c 流过 τ 小时后所产生的电能损耗，恰与全年流过实际变化电流时的电能损耗相等。τ 与年最大利用小时数和负荷功率因数有关，见图 2-5。

（一）线路年电能损耗

$$\Delta W_1 = \Delta P_1 \cdot \tau (\text{kW} \cdot \text{h}) \tag{2-38}$$

式中　ΔP_1——长为 l 的三相线路中有功功率损耗（kW）；

　　　τ——最大负荷损耗小时数（h）。

（二）变压器年电能损耗 ΔW_T

$$\Delta W_T = \Delta P_{0.T} t_{w.T} + \Delta P_{Cu \cdot N \cdot T} \left(\frac{S_c}{S_{N \cdot T}} \right)^2 \cdot \tau \tag{2-39}$$

式中　$t_{w.T}$——变压器全年实际运行小时数，对一班制度计时可取 $t_{w.T}=2300$h，两班制 4000h，三班制 6000h；

　　　$\Delta P_{0.T}$——变压器空载有功功率损耗（kW）；

$\Delta P_{Cu \cdot N \cdot T}$——变压器在额定负荷时的短路有功功率损耗（kW）；

　　　τ——最大负荷损耗小时数；

　　　S_c——变压器计算负荷（kVA）；

　　　$S_{N \cdot T}$——变压器额定容量（kVA）。

四、线损率和年电能需要量计算

（一）线损率计算

通常是采用一定时间（一个月或一年）内损失的电能和所对应的总的供电量之比，即

$$线损率 \eta = \frac{全年线损电量}{全年总供电量} \cdot 100\%$$

$$= \frac{\Sigma \Delta W_1 + \Sigma \Delta W_T}{W} \cdot 100\% \tag{2-40}$$

式中　η——供电系统线损率；

$\Sigma\Delta W_1$——线路全年损失电量（kW·h）；

$\Sigma\Delta W_T$——变压器全年损失电量（kW·h）；

W——供电系统全年总供电量。

（二）年电能需要量计算

年电能需要量为年平均负荷与全年实际运行小时数的乘积，即

$$\left.\begin{array}{l} W_p = P_{av} \cdot t_w = \alpha P_c \cdot t_w (\text{kW} \cdot \text{h}) \\ W_q = Q_{av} \cdot t_w = \beta Q_c \cdot t_w (\text{kvar} \cdot \text{h}) \end{array}\right\} \qquad (2\text{-}41)$$

式中　P_{av}、Q_{av}——年平均有功、无功负荷（kW、kvar）；

W_p、W_q——全年有功、无功电能需要量（kW·h、kvar·h）；

α、β——有功、无功负荷系数；

t_w——全年实际运行小时数。

全年电能需要量：

$$W = \sqrt{W_p{}^2 + W_q{}^2} \qquad (2\text{-}42)$$

第三章 变 电 所

引入电源不经过电力变压器变换，直接以同级电压重新分配给附近的变电所或供给各用电设备的电能供配场所称为配电所；而将引入电源经过电力变压器变换成另一级电压后，再由配电线路送至各变电所或供给各用电负荷的电能供配场所称为变配电所，简称为变电所。

变电所是工业企业和各类民用建筑的电能供应中心。一般中小企业、民用建筑的用电量不大，多采用 6～10kV 变电所供电；对于大型企业、大型用电负荷，由于用电量很大，为了减少线路电能损耗，保证用电质量，多采用 35kV 及以上的变电所供电。变电所一般由电力变压器、高压配电室、低压配电室等部分组成。根据实际需要，有的变电所内还设有高压电容器补偿室、控制室、值班室和其他辅助室。本章将着重介绍 6～10kV 变电所。

第一节 概　　述

根据变电所的设置场所及其特点的不同，可划分为工业企业变电所和高层建筑变电所。按电力变压器的安装位置，又将变电所划分成不同的类型。

一、工业企业变电所的类型

从变电所的整体结构而言，可将工业企业变电所划分成室内变电所和室外变电所两大类。

（一）室内变电所

室内变电所包括总降压变电所、独立变电所、车间变电所和附设变电所等。

1. 总降压变电所

总降压变电所的作用是将 35～110kV 的电源电压降至 6～10kV 电压，再送至各附近变电所或某些 6～10kV 的高压用电设备。

2. 独立变电所

独立变电所是与生产车间或建筑物无联系的独立建筑物，一般适用于用电负荷比较分散，且有防火、防爆、防尘和安全管理方面的要求。例如对几个车间供电，其负荷中心未集中在某一车间，以及用电负荷不大的中小型企业都采用独立变电所。但独立变电所的投资较大，经济性较差。

3. 车间变电所

车间变电所位于车间内部的单独房间，且变压器室的门向车间内开或向建筑物内开。这种变电所适用于用电负荷较大而集中的多跨生产车间，且允许设置变配电装置的场所。由于车间变电所接近负荷中心，故可节省有色金属材料和降低线路的能耗。但占用了车间的生产面积，需增设通风设备。

4. 附设变电所

附设变电所的变压器室一面或几面墙与建筑物或车间的墙共用，且变压器室的门和通风窗向建筑物或车间外开，它适用于一般生产车间。根据附设变电所与建筑物或车间的相对位置，而分为内附式变电所和外附式变电所。

（1）内附式变电所：在建筑物内并与建筑物共用外墙的变电所，称作内附式变电所。这种变电所多用于在周围环境受到限制的情况下，对多层建筑或生产车间供电，而且不破坏建筑物的室外装修，但占用了一定的建筑面积。

（2）外附式变电所：在建筑物外并与建筑物共墙壁的变电所，称作外附式变电所。例如虽然车间内边沿分布有较大负荷，但不宜设置变配电装置，可设置外附式变电所，同时也节省了室内建筑面积。

室内变电所具有供电安全可靠，运行维护方便和受气候环境条件影响小的特点，室内变电所如图3-1所示。

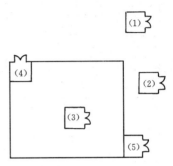

图 3-1　室内变电所形式示意图
（1）总降压变电所；（2）独立变电
所；（3）车间变电所；（4）内附式
变电所；（5）外附式变电所

（二）室外变电所

室外变电所包括露天变电所、半露天变电所和杆上变电所等三类。

1. 露天变电所

电力变压器装设于室外的承重台上，台高一般为0.5～1m，并在其周围不小于0.8m处装设1.7m高的固定围栏，围栏孔约100mm左右，而低压配电设备装于室内，这样的变电所称作露天变电所。

2. 半露天变电所

其结构与露天变电所相似，只是在电力变压器的上方加装防雨防晒顶板或上方有建筑挑檐。露天、半露天变电所也可将电力变压器装设在2.5m左右的砖（或石）砌台墩上，在其周围可不用装设围栏，故也称作台墩式变电所。

3. 杆上变电所

将电力变压器用金属台架安装在电杆上，且不需设置围栏的变电所，称作杆上变电所。由于其结构简单，投资最少，所以生活区的变电所应尽量采用杆上变电所。

如果用电负荷较小、出线不多时，室外变电所的低压配电箱也可直接安装在台墩或电杆上。总之，室外变电所具有结构简单、经济实用的特点，但维护条件差，供电可靠性低，因此，多应用于用电负荷较小的不重要场所。如大中城市郊区、中小城镇乡村地区以及工业企业生活区多采用室外变电所。但室外变电所不宜用于有火灾危险的生产车间；不宜用于堆积大量可燃、易燃物及粉尘的场所；不宜用于大气中含有损害电气设备的气体和严重损害电气绝缘的物质的场所；不宜用于经常有重雾产生、气候特别潮湿的地区。在日照强烈、昼夜温差大、降雨量特别多的地区，也不宜采用露天变电所和杆上变电所。

二、高层建筑变电所的类型

按电力变压器的设置位置，高层建筑变电所可分为楼内变电所和辅助建筑变电所。

（一）楼内变电所

高层建筑层数多，用电负荷较大而且分散，对供电可靠性要求高，配电干线压降不得超过允许值，以降低线路电能损耗，因此，高层建筑多采用楼内变电所。楼内变电所常有以下几种设置方式（见图3-2）：

（1）地下室或中间的某层；

（2）地下室和高层；

（3）地下室、中间的某层和高层。

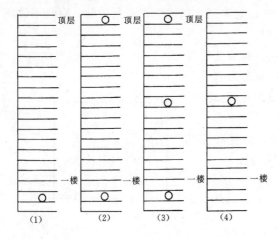

图 3-2　高层建筑楼内变电所设置示意图

采用楼内变电所时，应注意采取相应的防火和通风散热措施。根据建筑消防规范要求，在高层建筑主体内不允许设置有可燃性油的电气设备变电所。如油浸式电力变压器不得采用，而应选用具有防尘、耐潮湿和难燃性能的环氧树脂浇注式（SCL）和六氟化硫（SF₆）型干式电力变压器。并且应使变电所避开高温、多尘和有剧烈震动的环境。从经济性和安装施工方便来考虑，高层建筑楼内变电所多设在地下室内，由于电气设备条件限制和不占用楼内建筑面积也常采用辅助建筑变电所。

（二）辅助建筑变电所

与独立变电所相似，离开高层建筑且在其近旁的辅助建筑，在该建筑中设置的变电所可采用油浸式电力变压器。根据变电所应尽量靠近负荷中心的供电设计原则，通常将辅助建筑变电所与用电量大的冷冻机房、锅炉房、水泵房等相邻设计。为了便于巡视、操作和管理，一般将6～10kV的辅助建筑变电所设计成1～2层的建筑物。

第二节　变压器容量和台数的确定

一、变压器台数的选取原则

电力变压器台数选取应根据用电负荷特点，经济运行条件、节能和降低工程造价等因素综合确定。应推广采用 S₇、S₉ 和 SL₇ 等系列低损耗变压器，其容量系列为 R10，即容量按 $\sqrt[10]{10}$ 倍数增加，这是国家标准《电力变压器》（GB 1094—79）确定的，也是国际电工委员会确认的国际通用标准容量系列。如果周围环境恶劣，应选用具有防尘、防腐性能的全密闭电力变压器 BSL₁ 型；对于高层建筑、地下建筑、机场等消防要求高的场所，宜选用干式电力变压器 SLL、SG、SGZ 型等；如电网电压波动较大而不能满足用电负荷要求时，则应选用有载调压电力变压器 SLZ₇、SLZ、SZ 型等，以改善供电电压质量。

对于一般车间、居民住宅、机关学校等，如果1台变压器能满足用电负荷需要时，宜选用1台变压器，其容量大小由计算负荷确定，但总用电负荷通常在1000kVA及以下，且用电负荷变化不大。对于有大量一、二级用电负荷、或用电负荷季节性（或昼夜）变化较大、或集中用电负荷较大的单位，应设置两台及以上电力变压器。如有大型冲击负荷，如高压电动机、电炉等动力，为减少对照明或其他负荷的影响，应增设独立变压器。对供电可靠性要求高，又无条件采用低压联络线或采用低压联络线不经济时，也应设置两台电力变压器。选用两台电力变压器时，其容量应满足在一台变压器故障或修时，另一台仍能保持对一、二级用电负荷供电，但需对该台变压器的过负荷能力及其允许运行时间进行校核。国产电力变压器的短时过负荷运行数据见表 3-1。

电力变压器短时过负荷运行数据　　　　　　　　　　　表 3-1

油　浸　式　（自冷式）		干　　式　（空气冷却式）	
过电流（%）	允许运行时间（min）	过电流（%）	允许运行时间（min）
30	120	20	60
45	80	30	45
60	45	40	32
75	20	50	18
100	10	60	5

二、变压器容量的选择

按第二章讲述的供配电负荷计算方法，先计算电力变压器二次侧的总计算负荷，并考虑无功补偿容量、最大负荷同时系数（用需要系数法计算时），以及线路与变压器的损耗，从而求得变压器一次侧的计算负荷，并作为选择变压器容量的重要依据。对于无特殊要求的用电部门，应考虑近期发展，单台电力变压器的额定容量按总视在计算负荷值再加大 15%～25% 来确定，以提高变压器的运行效率，但单台变压器容量应不超过 1000kVA。如果用电负荷大或负荷集中，若运行合理，并经校验所选用低压开关设备的分断能力大于变压器低压侧短路容量时，也可选用较大容量变压器，但单台变压器最大容量应不超过 1800kVA，以免低压短路电流过大。

如前所述，装设两台及以上电力变压器的变电所，当其中一台变压器故障，检修而停止运行时，其他变压器应能保证一、二级负荷的用电，但每台变压器容量应在 1000kVA 及以内。

电力变压器的容量应能满足电动机直接起动及其他冲击负荷的用电要求，如表 3-2 所示。对于"变压器—电动机组"，且电动机为鼠笼式异步电动机直接起动时，则变压器容量应满足下式：

$$S_{\mathrm{N \cdot T}} \geqslant 1.25 S_{\mathrm{M}} \tag{3-1}$$

式中　$S_{\mathrm{N \cdot T}}$——变压器容量（kVA）；

　　　S_{M}——电动机容量（kVA）。

10（6）/0.4 kV 电力变压器允许直接起动鼠笼式电机最大容量　　　表 3-2

其他用电负荷		起动时允许电压降（%）	变压器额定容量 $S_{\mathrm{N \cdot T}}$（kVA）											
容量（kVA）	功率因数 $\cos\varphi$		50	100	125	160	200	250	315	400	500	630	800	1000
$0.5S_{\mathrm{N \cdot T}}$	0.7	10	11	22	26	30	40	55	63	75	90	132	160	215
		15	15	30	27	45	55	75	90	130	155	185	225	280
$0.6S_{\mathrm{N \cdot T}}$	0.8	10	8.5	18.5	22	26	37	45	55	72	90	110	132	185
		15	15	30	37	45	55	75	90	115	155	180	225	280

注：表内数据系电动机与变电所低压母线相连接时的参考数据，若供电线路较长，应计算并校验其允许电压降值。

同时，变压器容量的选择还应考虑环境温度对其负荷能力的影响。国产电力变压器的工作环境温度规定为：最高日平均气温＋30℃，最高年平均气温＋20℃，最高气温＋40℃，最低气温－40℃，所以变压器的额定容量就是在上述规定环境温度下确定的容量。当环境温度改变时，应对变压器的额定容量加以修正，即将其铭牌容量乘以修正系数 K_t。各典型地区的环境温度修正系数见表 3-3。

油浸式电力变压器的温度修正系数 K_t

表 3-3

地　　区	年平均温度 （℃）	温度修正系数 K_t	地　　区	年平均温度 （℃）	温度修正系数 K_t
北京	11.88	1.03	成　都	16.95	0.99
上海	15.39	0.99	长　春	4.77	1.05
西安	13.9	1.00	哈尔滨	3.78	1.05
广州	21.92	0.96	武　汉	16.73	0.98
长沙	17.12	0.98	包　头	6.38	1.05

此外，在确定电力变压器容量时，还应考虑经济运行。由于变压器损耗与负荷率有关，负荷率对变压器的经济运行影响较大，所以应力求使变压器的平均工作效率接近于最佳负荷率 β 值。如宾馆饭店、民用住宅等建筑在深夜时一般用电为轻载负荷。在一天之中用电负荷变化较大，而且季节性用电负荷变化也较大。所以，电力变压器的容量可按下式计算：

$$S_{N \cdot T} = P_c / \beta \cdot \cos\alpha \qquad (3\text{-}2)$$

式中　$S_{N \cdot T}$——变压器的总容量（kVA）；

　　　　P_c——建筑物的有功计算负荷（kW）；

　　　　β——变压器的最佳负荷率；

　　　$\cos\alpha$——补偿后的平均功率因数，要求 $\cos\alpha > 0.9$。

国产 SCL 型变压器最佳负荷率 β 见表 3-4，在计算变压器的总容量时，β 值选择可略高一些。如对于单台变压器，β 值以取 70%～80% 为宜，损失比 α 大的变压器，β 取低值，损失比 α 小的变压器，β 取高值。采用二台变压器，当昼夜或季节性用电负荷变化较大时，经技术、经济论证合理，可采用容量大小不同分别运行的电力变压器。

SCL 型干式电力变压器的最佳负荷率 β

表 3-4

额定容量（kVA）	500	630	800	1000	1250	1600
空载损耗（W）	1850	2100	2400	2800	3350	3950
负载损耗（W）	4850	5650	7500	9200	11000	13300
损失比 α	2.62	2.69	3.13	3.20	3.28	3.37
最佳负荷率 β（%）	61.8	61.0	56.6	56.2	55.2	54.5

综上所述，电力变压台数和容量的确定，应根据供配电计算负荷、供电可靠性要求和用电单位的发展规划等因素综合考虑确定，力求经济合理，满足用电负荷的要求。一般说来，选用电力变压器的台数愈多，供电的可靠性愈好，但增加了设备投资和维护运行等费用。因此，在供电可靠性保证的条件下，电力变压器的台数应尽量减少。

第三节　变电所主接线

变电所主接线（或称作一次接线）表示用电单位接受和分配电能的路径和方式，它是由电力变压器、断路器、隔离开关、避雷器、互感器、移相电容器、母线或电力电缆等电气设备，按一定次序连接起来的电路，通常采用单线图表示。主接线的确定与完善对变电所电气设备的选择、变配电装置的合理布置、可靠运行、控制方式和经济性等有密切关系，是供配电设计的重要环节。

一、对主接线的基本要求

在确定变电所主接线前，应首先明确其基本要求：

（一）可靠性

根据用电负荷等级保证在各种运行方式下提高供电的连续性，以满足用电负荷对供电可靠性和电能质量的要求。

（二）灵活性

主接线应力求简单，无多余的电气设备，而且运行操作灵活，能避免误操作动作，便于检测与维护。

（三）安全性

在进行投入或切换某些电气设备或线路时，应确保操作人员与设备的安全，能在保证安全的条件下进行供配电系统的维护检修工作。

（四）经济性

结合用电单位的近期与长期发展规划，应使主接线的初投资和运行费用经济合理，在保证供电安全可靠和供电质量要求的同时，力争工程投资省，运行维护费用低。

二、变电所母线的接线方式

变电所内电力变压器与馈线之间的连接，常采用铜母线、铝母线或CCX1型密集绝缘母线等。母线也称汇流排，在原理上就是电路中的一个电气节点，起着集中变压器电能和向用户馈线分配电能的作用。母线制分为单母线不分段接线、单母线分段接线和双母线接线等接线方法。

（一）单母线不分段接线方式

单回电源只能采用单母线不分段接线方式，如图3-3所示。在每条引入、引出线路中都装设有断路器QF和隔离开关QS。其中断路器用来切断负荷电流或短路电流，隔离开关有明显的断开点，所以将隔离开关装于靠近母线侧，即母线隔离开关，在检修断路器时用以隔离母线电源；将隔离开关装于线路侧，即线路隔离开关，在检修断路器时用来防止从用户侧反向馈电或防止雷电过电压沿线路侵入，以确保检修人员的安全。

显而易见，单母线不分段接线方式电路简单，使用电气设备少，变配电装置造价低，但其可靠性与灵活性较差。当母线、母线隔离开关发生故障或检修时，必须停止整个系统的供电。因此，单母线不分段接线方式只适用于对供电连续性要求不高的用电单位。

如将图3-3改变成图3-4，即把母线隔离开关间的母线分为两段及以上，这样当某段母线故障或检修时，在QF_1、QS_1分断后，将QS_2（或QS_3）打开，再合上QS_1、QF_1继续对非故障段负荷供电，即把故障限制在故障段之内，或在某段母线检修时不影响另一段母线继续运行，从而提高了供电系统的灵活性。

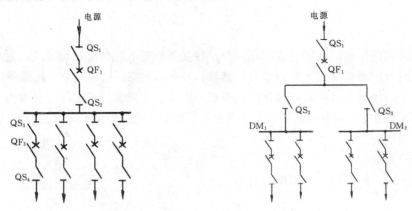

图 3-3　单母线不分段接线方式　　图 3-4　具有灵活性的单母线不分段接线方式

（二）单母线分段接线方式

1. 两回进线单母线分段接线

在两回进线条件下，可采用单母线分段主接线，以克服单母线不分段主接线存在的问题。

根据电源数目和功率,电网的接线情况来确定单母线的分段数。通常每段母线要接 1 或 2 回电源，引出线再分别从各段上引出。应使各母线段引出线的电能分配尽量与电源功率平衡，以减少各段间的功率交换。如图 3-5 所示，单母线的分段可采用隔离开关或断路器来实现，选用分段开关不同，其作用也不完全一样。

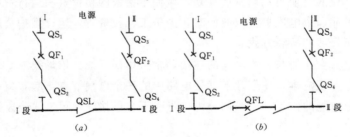

图 3-5　单母线分段接线方式

（a）用隔离开关分 QS 段；（b）用断路器 QF 分段

用隔离开关分段的单母线接线方式如图 3-5（a）所示，适用于双回电源供电，且允许短时停电的二级负荷用户。它可以分段单独运行，也可以并列同时运行。采用分段单独运行时，各段就相当于单母线不分段接线的运行状态，各段母线的电气系统互不影响。这样，当某段母线故障或检修时，仅对该母线段所带用电负荷停止供电；当某回电源故障或检修时，如其余回电源容量能担负全部引出线负荷，则可经"倒闸操作"（以图 3-5（a）为例，假如电源工检修，则分别将断器 QF_1，QF_2 切断，再分别将隔离开关 QS_1～QS_4 切断；将分段隔离开关 QSL 闭合，再闭合 QS_3、QS_4，最后再闭合 QF_2）恢复对全部引出线负荷的供电。可见，在"倒闸操作"过程中，需对母线作短时停电。采用并列同时运行时，当某回电源故障或检修时则无须母线停电，只须切断该回电源的断路器及其隔离开关，并对另外电源的负荷作适当调整即可。但是，如果母线故障或检修时，也会使正常母线段短时停电。

用断路器分段的单母线接线方式如图 3-5 (b) 所示。分段断路器 QFL 除具有分段隔离开关 QSL 的作用外，还具有相应的保护，当某段母线发生故障时，分段断路器 QFL 与电源进线断路器（QF₁ 或 QF₂）将同时切断，非故障段母线仍保持正常工作。当对某段母线检修时，可操作分段断路器、相应的电源进线断路器、隔离开关按程序切断，而不影响其余各段母线的正常运行。所以采用断路器分段的单母线接线方式的供电可靠性较高。但是，不管是用断路器还是隔离开关分段的单母线接线方式，在母线故障或检修时，都会使接在该母线段上的用户停电。为此可采用如图 3-6 所示的单母线加旁路的接线方式解决。例如当对引出

线断路器 QF₃ 检修时，须先使 QF₃ 切断，再使隔离开关 QS₅、QS₆ 切断；合上隔离开关 QS₇、QS₄、QS₃，最后合上旁路母线断路器 QF₂，即可为线路 L₁ 继续供电，从而确保用户不停电。

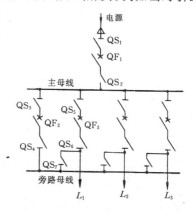

图 3-6　带旁路母线的单母线接线

2. 三回进线单母线分段接线

二回进线单母线分段接线存在主受电回路在检修时，备用受电回路投入运行后又发生故障，而导致用户停电的可能性。因此，对用电负荷要求高的用户，采用此种供电方式还不易满足某些 I 级负荷的用电要求。《民用建筑电气设计规范》(JGJ/T16—92) 中规定："对于特等建筑应考虑一电源系统检修或故障时，另一电源系统又发生故障的严重情况，此时应从电力系统取得第三电源或自备电源。"以保证特等建筑所要求的供电可靠性，避免产生重大损失和有害影响。

从电力系统或由工业企业总降压变电所取得第三电源，可构成三回三受电断路器供电方式，用断路器或隔离开关将单母线分为三段，如图 3-7 所示。三个供电回路的 I、III 及 II、III 由正常运行时断开的母联断路器 QFL₁ 和 QFL₂，或母联隔离开关 QSL₁ 和 QSL₂ 互为备用。其操作和保护、自动装置较简单，但负荷调配能力较差，一般适用于供电回路按短路电流选择的导线截面，即足以能承担 $2P_c/3$ 以上负荷要求的变电所，故图 3-7 所示接线方式较少采用。

如改接成三回四受电断路器供电方式，如图 3-8 所示，同样有三个供电回路，四台受电断路器，在供电回路 I、II 正常运行时，供电回路 III 为备用状态（可由电力系统或自备柴油发电机组获得）。这样，当供电回路 I 或 II 的受电断路器 QF₁ 或 QF₂ 故障跳闸时，备用供电回路 III 的断路器 QF₃ 或 QF₄ 经人工或备用电源自动投入装置合上，以保证正常供电。当供电回路 I 或 II 维修时，备用电源 III 可作为临时正常运行供电回路。此时若其中之一供电回路又发生故障，而被维修的供电回路尚未完工，则只有一段母线断电，而不会发生全部母线断电的情况，提高了供电的可靠性。这种供电方式的每一供电回路，均可按 $P_c/2$ 选择供电线路的导线截面及电气设备。

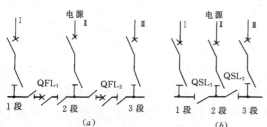

图 3-7　三回三受电断路器的单母线分段接线
(a) 用断路器分段；(b) 用隔离开关分段

可见，图 3-8 所示的供电方式可靠性很高，完全避免了两回进线单母线分段

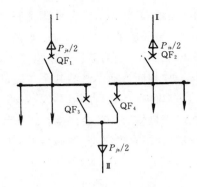

图 3-8　三回四受电断路器的
单母线分段接线

接线方式所存在的供电停电事故，保证了供电的可靠性，并具有负荷调配灵活的优点。

（三）双母线接线方式

当用电负荷大、重要负荷多、对供电可靠性要求高或馈电回路多而采用单母线分段存在困难时，应采用双母线接线方式。双母线接线方式多应用于大型工业企业总降压变电所的 35～110kV 母线系统和有重要高压负荷的 6～10kV 母线系统中。由于工厂或高层建筑变电所内馈电线路并不多，对于 I 级负荷，采用三回进线单母线分段接线也可满足其供电可靠性高的要求，所以一般 6～10kV 变电所不推荐使用双母线接线方式。

双母线接线方式如图 3-9 所示，任一供电回路或引出线都经一台断路器和二台母线隔离开关接于双母线上，其中母线 DM_1 为工作母线，母线 DM_2 为备用母线，其工作方式可分为两种：

1. 两组母线分别为运行与备用状态

其中一组母线运行，一组母线备用，即两组母线互为运行或备用状态。与 DM_1 连接的母线隔离开关闭合，与 DM_2 连接的母线隔离开关断开，两组母线间装设的母线联络断路器 QFL 在正常运行时处于断开状态，其两侧与之串接的隔离开关为闭合状态。当工作母线 DM_1 故障或检修时，经"倒闸操作"即可由备用母线继续供电。

2. 两组母线并列运行

两组母线同时并列运行，但互为备用。按可靠性和电力平衡的原则要求，将电源进线与引出线路同两组母线连接，并将所有母线隔离开关闭合，母线联络断路器 QFL 在

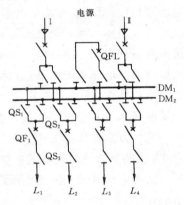

图 3-9　双母线不分段接线方式

正常运行时也闭合。当某组母线故障或检修时，仍可经"倒闸操作"，将全部电源和引出线路均接于另一组母线上，继续为用户供电。

由此可见，由于双母线两组互为备用，所以大大提高了供电可靠性，也提高了主接线工作的灵活性。如轮流检修母线时，经"倒闸操作"而不会引起供电的中断；如上所述，当工作母线发生故障时，也可通过备用母线迅速对用户恢复供电；检修引出馈电线路上的任何一组母线隔离开关，仅会使该引出馈电线路上的用户停电，而对其他引出馈电线路上的用户供电不受影响。在图 3-9 中，如检修引出线 L_1 上的母线隔离开关 QS_1，则须先将备用母线 DM_2 转入运行状态，工作母线 DM_1 转入备用状态，再使断路器 QF_1 切断后，使隔离开关 $QS_2 \cdot QS_3$ 先后断开，即可对 QS_1 进行检修。故双母线接线具有单母线分段接线所不具备的优点，向无备用电源用户供电时更有其优越性。但是，由于"倒闸操作"程序较复杂，而且母线隔离开关被用作操作电器，在负荷情况下进行各种切换操作时，如误操作会产生强烈电弧而使母线短路，造成极为严重的人身伤亡和设备损坏事故。为了克服这一问题，保证 I 类负荷用电的可靠性要求，可采用分段双母线接线方式，如图 3-10 所示。只需对工作母线分段，在正常运行时只有母线组 DM_1'、DM_1'' 投入工作，而母线组 DM_2 为固定备用。这

样当某段工作母线故障或检修时，可使"倒闸操作"程序简化，减少误操作，使供电可靠性得到提高。

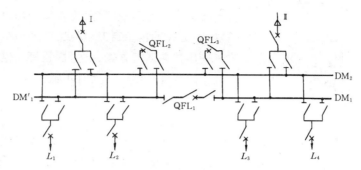

图 3-10　分段双母线接线方式

三、工业企业总降压变电所主接线

总降压变电所主接线表示工业企业接受和分配电能的路径,对变电所设备的选择布置,运行的可靠性,经济性和灵活性,以及与继电保护和控制方式等都有十分密切的关系。对总降压变电所主接线的基本要求是:(1)按国家规范规定要求合理选择电气设备,并且具备完善的监视、保护装置,保证人身和用电设备的安全;(2)能满足用电负荷对供电可靠性的要求和电能质量的要求,如对发生故障的线路或电气设备应能自动切除,其余电力装置应能继续正常工作;(3)接线简单,运行灵活,利用最少的切换来适应不同的运行方式。如根据用电负荷的大小,能方便地使变压器投入或切除,以利于供电系统的经济运行;(4)在满足上述基本要求的基础上,投资应最省,并结合用户的发展规划,留有扩建发展的容量储备。工业企业总降压变电所的典型主接线有线路—变压器组接线、桥式接线等型式。

(一)线路—变压器组接线

属于 Ⅱ、Ⅲ 级负荷的大型工业企业用户,只有一路电源供电,变电所装设 1～2 台电力变压器,可采用比较简单的线路—变压器组接线方式。为了节省投资,简化电力装置结构,供电线路与变压器高压侧接成无母线的线路—变压器组。一回电源进线和一台变压器的接线方式如图 3-11 所示。这种接线方式适用于由区域变电所专线供电或由穿越式架空线上引出支线供电。图中断路器 QF_1 用以切断负荷或故障电流,线路隔离开关 QS_1 用以在断路器 QF_1 分断后隔离电源,以便安全检修变压器和断路器等电气设备。在架空线的线路隔离开关 QS_1 上,一般带有接地刀闸 QSD,在检修时线路可通过 QSD 与地短接。为了主接线简单,接地开关可不在接线图中表示。

如果由区域变电所专线供电,且线路距离不长($\leqslant 2～3km$),变压器容量不大,系统短路容量较小时,变压器高压侧可不装设断路器,而只装设隔离开关 QS_1,由电源侧出线断路器 QF_3 承担对变压器及其线路的保护,如图 3-12 所示。若切除变压器,首先使断路器 QF_2 切断,再打开线路隔离开关 QS_1;而投入变压器时,则反向操作,即先合上 QS_1,再使 QF_2 闭合。利用线路隔离开关 QS_1 进行空载运行变压器的切除和投入,在容量上有一定限制。对于电压为 35kV 的变压器,限制在 1000kVA 以内,电压为 110kV 的变压器,限制在 3200kVA 以内。

显然,这种主接线使用电气设备少,投资费用低,但供电可靠性较差。若采用两台电

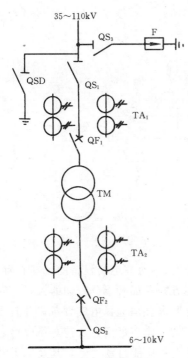

图 3-11 一次侧采用断路器和隔离
开关的线路—变压器组接线

力变压器,并分别由两个独立电源供电,二次侧母线设有自投装置,将使供电可靠性大大提高,如图 3-13 所示。其二次侧并联运行,可使线路及变压器平均负荷供电,能量损耗较小,另外冲击负荷对电压的波动值也较小。但一般二次侧采用独立运行方案,其原因是短路电流小,冲击负荷对电压的波动范围小,而且不需要复杂的继电保护装置。

(二)桥式接线

由图 3-13 可见,如果某一组的线路或变压器故障,则该组的变压器或线路也不能投入运行,所以这种接线方式的灵活性较差。为了克服这一缺点,使 I、II 级负荷的大型工业企业用户获得可靠的供电,并提高总降压变电所主接线的灵活性,通常采用两台主变压器,有两回独立电源供电(电压一般为 35~110kV)的桥式接线,如图3-14 所示。桥式接线又分为内桥式接线和外桥式接线。

内桥式接线的桥跨接线接于线路开关 QF_1 与 QF_2 之内侧(见图 3-14 (a)),这种接线方式多用于向 I、II 级负荷供电,变电所内无穿越功率,线路距离较长,且两台电力变压器需经常投入运行的总降压变电所。当线路 L_2 故障或检修时,断路器 QF_2 切断后再打开 QS_2、QS_4,线路 L_1、变压器 1T、2T 仍继续保持工作,并可减轻电压损失,其电压损失增加量只由 L_2 线路的电压损失决定。但如某台变压器故障时,其解列操作较为复杂。假设变压器 2T 故障,须先使 QF_2、QF_3 分断,然后打开 QS_6,再闭合 QF_2、QF_3,使 L_2 与 L_1 线路共同为变压器 1TM 供电。

图 3-12 一次侧采用隔离开关的线路—变压器组接线

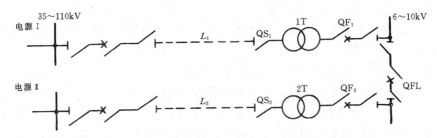

图 3-13 双回电源双变压器的线路—变压器组接线

如果用户的用电负荷曲线变化大,极不均衡,按经济运行方式需要经常进行变压器投、切操作时,为了减少功率及电能损失,宜采用外桥接线方式,如图 3-14 (b) 所示。桥跨接

54

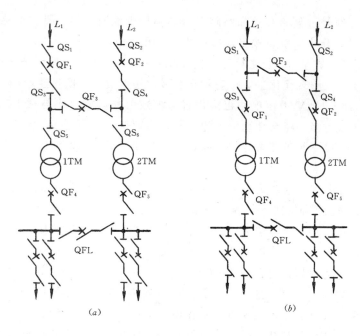

图 3-14　桥式接线方式

(a) 内桥接线；(b) 外桥接线

线接于线路开关 QF_1、QF_2 的外侧，这样，任一台变压器故障或检修时，均不会影响供电线路 L_1、L_2 的正常供电。因此这种接线方式适用于供电线路距离短，有稳定穿越功率的变电所，可向Ⅰ、Ⅱ级用电负荷供电。

（三）总降压变电所低压侧的环网供电

1. 低压侧典型接线方式和环网供电的意义

除上述高压侧几种典型接线方式外，低压侧（6～10kV）的典型接线一般采用单母线、单母线分段和双母线接线等三种接线方式。单母线接线适用于单台变压器的变电所，单母线分段接线适用于两台及以上变压器的变电所，而双母线接线方式在工厂变电所中较少采用。

为了设置继电保护装置、获取交流操作电源和进行电能计量、实现对电流、电压的检测，还须在低压侧的各段母线上接入电压互感器，在引出线中的被计量检测和被保护的线路中接入电流互感器。为了预防线路引入雷电冲击电压损坏电气设备，在母线上和架空线路的引出、引入处装设避雷器。

显而易见，总降压变电所低压侧的单母线接线方式（见图 3-11、图 3-12）的可靠性和灵活性较低，当母线或母线隔离开关、断路器故障时，将会使整个供电系统停电，所以这种接线只适用于Ⅲ级负荷或用户有低压备用电源（如柴油发电机组）的Ⅰ、Ⅱ级负荷。单母线分段接线方式（见图 3-13、图 3-14）的可靠性和灵活性较高。正常运行时使分段断路器 QFL 切断，就相当于两台独立运行的变压器；若使分段断路器 QFL 闭合，则两台变压器并联运行。当任一段母线故障时，QFL 跳闸，从而使无故障段母线仍可照常运行。

目前，我国工业企业总降压变压所从低压侧母线引出的 6～10kV 负荷配电线路多采用以放射式为主，放射式与树干式相结合（混合式）为辅的接线方式，致使需要引出大量的配电线路，并须经过隔离开关和断路器（如高压少油断路器、真空断路器和 SF_6 断路器等），并将这些高压电器设备按要求组装成高压开关柜，再经电力电缆或架空线路引出。因此，需要高压开关数量大，线路耗费有色金属多。尤其是随着我国经济建设的迅速发展，现代化高层建筑　大型现代化工业厂房越来越多，用电负荷密度迅速增加，对供电可靠性要求越来越高，6～10kV 中压电网再沿用过去的放射式或放射式与树干式相结合的配电方式，由于引出线过多，将会使地下电缆线路通道拥挤，占用更多的架空线路走廊，使电网复杂化，发生故障不易迅速查寻和排除，尤其是要求两路或两路以上电源供电的用户就更难以满足。

然而，国外中压配电系统采用环网接线方式供电非常普遍，如德国的 10～110kV 电网均采用环网供电。这种接线不仅用于城市电网，大型工业企业内部如设置多个变电所时，总降压变电所的低压侧配电也被采用。采用环网供电技术可使电网大大简化，能方便地为Ⅰ、Ⅱ级负荷提供两个及以上供电电源。这样，即使采用简单的单母线接线方式时，其供电系统的可靠性也大为提高，而且使用的引出线设备数量显著减少，低压侧主接线造价低，故障率低，出现故障易于查寻排除，便于实现电网供电的自动化管理。

实践证明，发展利用环网供电技术在城市负荷密集区和大型工业企业的中压配电网络中具有显著的经济效益和社会效益，有着十分广阔的前途，近几年我国的环网供电也发展很快。

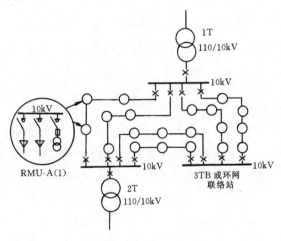

图 3-15　单环网接线方式

（环网单元 RMU-A（1）：一进一出一变接线）

2. 环网接线的供电方式

（1）设备运行率。考核一个电网供电的可靠性通常采用"N—1 安全准则"来衡量。即某电网内包括变压器、配电线路等元件为 N，当某元件出现故障或检修时，其余 N—1 个元件应能继续安全可靠供电而不引起对用户的停电或限电。为达到"N—1 安全准则"要求，电网设备应具有一定的容许过载能力，并使正常负荷小于电网设备的额定容量，即留有一定的容量裕度。这样，当该电网内某一元件故障或检修时，N—1 个元件可承受转移过来的负荷。这种容量裕度的预留量应根据电网结构、接线方式和电力容量的转移值为确定，即规定电网设备运行率 T。设每个环网单元取用容量相等，则故障或检修时设备容许最大负荷为 $K(N-1)S_i$，正常运行时设备的额定容量为 NS_i，这样设备运行率 T 为：

$$T = \frac{K(N-1)}{N} \cdot 100\% \qquad (3-3)$$

式中　K——设备容许过载能力，变压器 $K=1.3$，电缆线路 $K=1.0$，架空线路 $K=1.0\sim1.2$。

通过改进电网接线和提高设备运行率的方法来达到"N—1 安全准则"的要求，提高供电系统的可靠性。

（2）环网接线的类型。在总降压变电所的配电网络中，由于各级继电保护装置间的相互配合在整定时较为困难，故多采用开环运行方式。在实际工程中，一般将靠近环网干线的中间位置选作开环点，或称作环网联络站，该处的开关设备起着投切负荷和隔离故障点的作用，一般应有人员值班。这种中压配电系统的环网接线可分为：

1）单环网接线　可用于单电源电网系统，如图 3-15 所示。图中小圆圈符号表示环网联柜，又称作环网单元（Ring-Main Unit）。由于环网干线两端的馈线断路器具有故障保护装置，所以环网单元（RMU）内可采用带熔断器的负荷开关和接地开关，起着投切负荷和隔离故障点的作用，从而使线路简化，调试与维护简单，可省去复杂的二次接线设计，使造价降低。图 3-15 中的 RMU 典型接线 RMU·A（1）环网联柜，为"一进一出一变"的接线方式。

单环网接线方式在故障时，开环点（环网联络站）处的开关设备经倒闸操作（闭合），将由一条线路为全环网负荷输送电能，对于电缆线路而言，由式（3-3）求得设备运行率为

$$T = \frac{K(N-1)}{N} \times 100\%$$
$$= \frac{1.0(2-1)}{2} \times 100\%$$
$$= 50\%$$

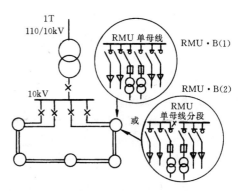

图 3-16　双线单环网接线方式

显然，其设备运行率较低，且故障时需较长的倒闸操作时间才能恢复对用户供电，所以对某些特别重要用户尚不能满足供电要求。为了提高设备运行率和供电的可靠性，可将单电源电网改接成双线单环网接线，如图 3-16 所示。这样用户可以获取双路电源，且双路电源可一用一备、互为备用或同时工作。当发生故障时，转移负荷则由备用环网线路承担，对于架空线路的设备运行率为（设备容许过载能力取 $K=1.1$）：

$$T = \frac{K(N-1)+1}{N} \cdot 100\%$$
$$= \frac{1.1(2-1)+1}{2} \times 100\%$$
$$= 105\%$$

通过上述改变电网接线，使设备运行率提高，满足了用户对供电可靠性的要求，达到了"$N-1$ 安全准则"。图 3-16 中的双线单环网单元可由 2 台 RMU·A（1）并联，两段母线联通而构成 RMU·B（1）环网联柜；也可由 2 台 RMU·A（1）且两段母线间加分段断路器而构成 RMU·B（2）环网联柜。

2）双环网接线可用于双电源或多电源电网系统，如图 3-17 所示。双环网接线又称作"双 T 型"环网，设备运行率可达 100% 以上。"双 T 型"接线原

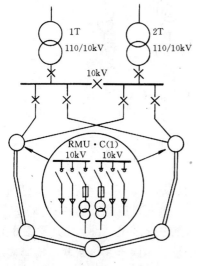

图 3-17　双线双环网接线方式

理是二路平行树干式系统的改进，它可为每个用户提供两路工作电源和两路备用电源，即提供 4 个电源点，因此可满足 I 级负荷的用电要求。双线双环网单元 RMU·C（1）可由 2 台 RMU·A（1）并列构成环网联柜。考虑变电所的计量，环网单元（RMU）可采用多台环网单柜组成，如图 3-18 所示。该图为一进一出二变一分段一计量环网单元，是由 2 台进出线柜（GE-1K）、2 台变压器柜（GE-1TS）、1 台分段柜（GE-1LS）和 1 台计量柜（GE-1M）共 6 台环网单柜组成。

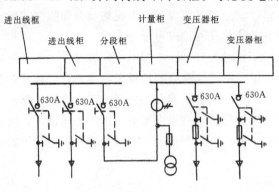

图 3-18　一进一出二变一分段
一计量环网单元

四、车间变电所主接线

车间变电所主接线方式应力求简化，其主接线的确定，对电气设备的选择、供电的可靠性和经济运行等都有密切关系。下面介绍几种常用高压系统接线方式及适用条件。

（一）线路—变压器组

采用一条电源线路与变压器连接成组的接线方式称为线路—变压器组。这种接线方式有 6 种，如图 3-19 所示，其高压侧均无母线接线，具有接线简单，应用的电气设备少，投资费用低，但供电可靠性和灵活性较差。

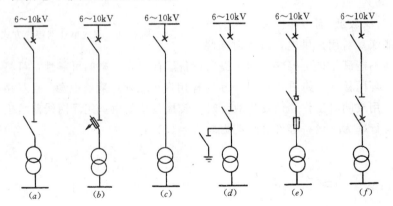

图 3-19　线路—变压器组接线方式
(a) 隔离开关引入；(b) 跌落式熔断器引入；(c) 电力电缆直接引入；
(d) 隔离开关与接地开关组引入；(e) 负荷开关与熔断器引入；
(f) 隔离开关与断路器引入

图 3-19 (a) 为总降压变电所引出馈线端设有断路器或负荷开关与熔断器，采用电力电缆敷设至车间变电所，经隔离开关接入电力变压器。在车间变电所内高压侧无保护，不能在负荷或故障时操作，只能由电源端控制，所以运行灵活性较差，常用于小容量Ⅲ级负荷。露天变电所变压器容量在 1000kVA 及以下，内、外附车间变电所变压器容量在 320kVA 及以下。其隔离开关主要用于检修时隔离电源电压，并可见断开点。图 3-19 (b) 与图 3-19 (a) 的区别仅在于变电所受电端采用户外高压跌落式熔断器。用跌落式熔断器未接通或断开变压器的空载电流（变压器容量可放大到 750kVA 及以下），还可作为保护元件，及时切

除受电端的短路故障。这种接线多用于露天变电所，且架空线引入。图 3-19（c）为总降压变电所（或配电所）馈线端装设断路器，采用电缆敷设直接与变压器连接，高压侧由电源端控制。露天变电所和内、外附车间变电所变压器容量均应在 1000kVA 及以下，这种接线适用于车间变电所与高压配电所在同一建筑物内或彼此距离较近的情况。图 3-19（d）与图 3-19（a）基本相同，只是在变压器一次侧增设一套接地开关。这样，当隔离开关分断时接地开关同时接地，以保证电源端误送电时其继电保护装置动作，及时切断电源，确保人身和设备安全。图 3-19（e）为变压器一次侧装设负荷开关和高压熔断器，负荷开关用于接通和断开负荷电流，熔断器用于短路时保护变压器。这种接线适用于变压容量为 560～1000kVA 的变电所。当熔断器不能满足继电保护配合条件时，变压器一次侧宜选用高压断路器，如图 3-19（f）所示。高压断路器用以快速投切负荷运行状态的变压器，故障时还可迅速切除变压器。高压隔离开关则用以在断路器和变压器检修时将电源隔离开。这种接线方式适用于变压器容量在 560～1000kVA 的车间变电所，或 1000kVA 以上的全厂性变电所。

上述几种接线方式中，如 6～10kV 电源由架空线路引入时，应在电源进户处装设避雷器（多用阀型壁雷器），并在有条件的情况下用 30m 以上的电缆引入，以防电气设备遭受大气雷电压的袭击而损坏。

对于 I、II 级负荷或容量较大的车间变电所，可考虑采用双回 6～10kV 电源供电。高压侧为两套线路—变压器组，低压侧为单母线分段，如图 3-20 所示。低压母联开关一般采用自动空气开关，如允许在停电的情况下进行切换操作时，可采用隔离开关或负荷开关。车间变电所低压侧如设有备用电源，例如备用电源从邻近车间 380/220V 配电网引入时，应设置备用电源自动合闸装置。如容量较小时，也可采用接触器构成自动合闸装置。如用电设备中有更重要的负荷，则可将低压母线分为三段，把更重要负荷接于中间段母线。

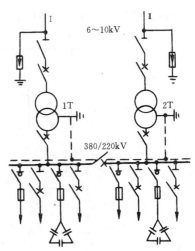

图 3-20　由两套"线路—变压器组"的组合接线方式

（二）高压侧单母线的接线方式

1. 单母线接线

所谓高压侧（6～10kV）单母线接线方式，就是由多台高压开关柜与同一段高压母线相连结的线路，其接线方式可分为以下几种情况：

（1）单进单出带计量的接线方式，如图 3-21 所示。即采用单台电源进线柜、单台高压开关出线柜和单台高压计量柜构成，适用于单树干式配电系统。为了保证高压母线上的均权功率因数（按有功电能和无功电能为参数计算的功率因数）在 0.9 以上，还应考虑在变电所集中装设高压或低压移相电容器柜。对供电要求不高且只装设一台变压器的变电所，宜采用这种结构简单的接线方式。

（2）单进多出带计量的接线方式。如图 3-22 所示，即采用单台电源进线柜、多台高压开关出线柜和单台计量柜。适用于对供电可靠性要求较高，季节性或昼夜性负荷变化较大以及用电负荷较为集中的中、小型工厂或车间，其变电所内设置两台及以上变压器。另外

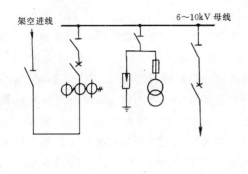

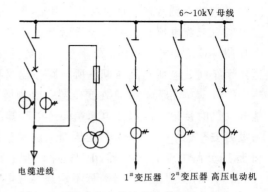

图 3-21　单进单出带计量的单母线接线方式　　　　图 3-22　单进多出带计量的单母线接线方式

低压侧采用单母线分段接线方式，使供电系统的可靠性和灵活性获得进一步提高。

（3）双进多出带计量的接线方式。如图 3-23 所示，即采用双回电源引入，一用一备，经高压单母线由多台高压开关柜引出馈线至各电力变压器或高压电动机等电气设备，并设置高压计量柜。这种接线方式的供电可靠性和灵活性较上述两种单电源进线的单母线接线要好，适用于 I 级负荷，而上述两种接线方式只适用于 Ⅲ 级负荷，若对 Ⅱ 级负荷供电，应须获取邻近车间变电所或低压配电网的 380/220V 的备用电源，并在用电负荷的工作电源与备用电源的进线上装设自动空气开关，以实现带负荷进行自动投切的要求。

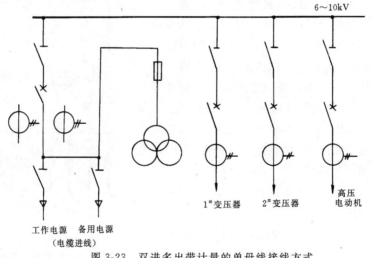

图 3-23　双进多出带计量的单母线接线方式

2. 单母线分段接线

属于 I 、Ⅱ 级负荷的中小型化工厂、炼钢厂等，其变电所内设置两台变压器或还有高压电动机等负荷时，宜采用具有二回电源进线、高压侧（及低压侧）为单母线分段的接线方式，如图 3-24 所示（低压侧母线接线从略）。所谓单母线分段，就是每回电源接一段母线，再由该段母线经多台开关柜引出馈线，各段母线间则用母联开关连接起来。这样，正常时母联开关 QFL 断开，各段母线独立运行。当任一回电源故障时，母联开关 QFL 手动或自动投入运行，将故障段负荷转移到正常电源上。由此可见，这种接线方式的可靠性和灵活性很高，因而被广泛应用于 I 、Ⅱ 级负荷。

总之，无论是线路—变压器组接线还是单母线接线，对变电所主接线的设计应首先考

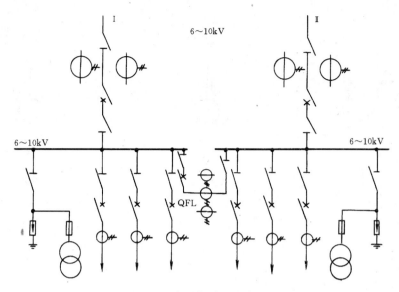

$$6\sim10\text{kV}$$

图 3-24　高压侧单母线分段接线

虑满足供电的安全可靠性要求，并力求线路简单，设备选择经济、实用，具有先进性。如在熔断器能满足继电保护配合条件时，1000kVA 及以上的变压器可采用负荷开关与熔断器作为线路投切和短路保护设备。对于高压供电的用户原则上应采用高压计量（高供高量）方案，对于变压器容量 560kVA 及以下的用户，也可采用低压计量（高供低量）方案。同时，还须考虑功率因数补偿，保证变电所高压母线上的均权功率因数 0.9 以上，低压母线上的均权功率因数 0.85 以上。

五、民用建筑变电所主接线

（一）一般民用建筑变电所主接线

9 层及以下多层住宅、机关、学校等均为Ⅲ级负荷的一般民用建筑，多幢一般民用建筑共用 1 个变电所，且变电所内设置 1 台变压器，由电网引入单回电源，其主接线如图 3-25 所示。由于总用电负荷较小，变压器容量不大，故高压侧无须设置高压开关柜，只在低压侧设置低压配电屏，采用放射式或树干式配电方式对各建筑物供电。对于变压器容量≤630kVA 的露天变电所，其电源进线一般经跌落式熔断器接入变压器，如图 3-25（a）。对于室内结构的变电所，且变压器容量在 320kVA 及以下，对变压器不经常进行投切操作时，高压侧采用隔离开关和户内式高压熔断器，如图 3-25（b）。如需对变压器经常进行投切操作，或变压器容量在 320kVA 以上时，高压侧应采用负荷开关和高压熔断器，如图 3-25（c）。

（二）高层民用建筑变电所主接线

9 层以上高层民用住宅、10 层及以上高层科研楼和 10 层以上高层办公楼均属于高层民用建筑。其用电负荷特点是：19 层及以上高层住宅的消防泵、排烟风机、消防电梯、事故照明及疏散诱导标志灯等消防用电设备为Ⅰ级负荷，19 层以下的消防用电设备为Ⅱ级负荷，客梯也为Ⅱ级负荷，照明、空调器等各种家用电器为Ⅲ级负荷。高层科研楼的实验设备等动力负荷容量一般较大，可占全部负荷的 80% 以上，但利用率较低，多属于Ⅱ级负荷。高层办公大楼则主要是照明、空调器和插座等，为Ⅱ级负荷，但它们的消防用电设备均为Ⅰ级负荷。我们知道，对于Ⅰ级负荷应双路独立电源供电，这两个电源取自市电网，也可

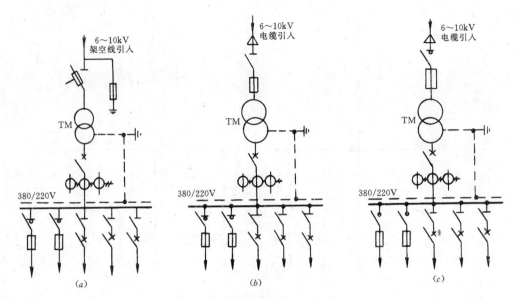

图 3-25　一般民用建筑变电所主接线

(a) 630kVA 及以下露天变电所接线；(b) 320kVA 及以下室内变电所接线；

(c) 320kVA 以上室内变电所接线

一个电源取自市电网，另一个为自备电源（如柴油发电机组），且二者之间能切换。当一个电源发生故障或检修时，另一个电源继续供电。Ⅱ级负荷也应两个电源供电，这两个电源宜取自市电网端 10kV 变电站的两段母线，或引自任意两台配电变压器的 0.4kV 低压母线。

目前高层住宅楼群内多设置住宅小区变电所，高层科研楼和高层办公楼设置本单位变电所。根据高层民用建筑的负荷特点和用电要求，变电所内应设置两台电力变压器，采用一路主供、一路备用的供电方式，集中供电。再从变电所内两台变压器的低压母线上引出低压双路电源，其中一路照明，另一路为动力。如高层住宅配电系统采用树干式、供电方式，通过电力电缆引至各高层住宅的专用电缆Ⅱ接箱内，再由管线将双路电源引入低压配电室。这样，事故照明可在总配电室内提供能自动切换的照明、动力两个电源；消防泵、电梯和排烟机等负荷也可获得一用一备、自动投切的两个电源，即正常时由动力电源供电，照明电源作为备用。高层科研楼或办公楼均由具有双路电源的本单位变电所供电，由变电所引来双路低压电源电缆至楼内总配电量，互为备用，在总配电室（受电点）自动切换。

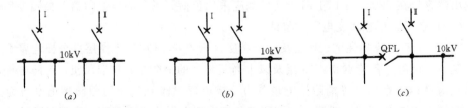

图 3-26　高层民用建筑变电所高压主接线方式

(a) 无母联开关的单母线分段；(b) 单母线接线；(c) 有母联开关的单母线分段

高层民用建筑变电所主接线如图 3-26 所示，图 3-26 (a) 为两路高压电源同时供电，单母线分段，不设母线联络开关，接线较简单，但供电可靠性较低，适用于变压器容量较小，允许低压侧计量的建筑；图 3-26（b）为两路高压电源互为备用，单母线接线方式。故障时作为备用的电源自动投入，运行灵活性较高；图 3-26（c）为两路高压电源同时供电，单母线分段，并设置母线联络开关。当任何一路电源故障时，其进线断路器跳闸，母线联络开关自投，对故障电源侧的负荷供电。这种接线方式较为复杂，投资费用增大，但供电可靠性和运行灵活性大大提高，是目前高层民用建筑中广泛采用的方案之一。

高层民用建筑变电所的典型高低压配电系统主接线如图 3-27 所示，在高、低压侧均设置母联开关 QF_1、QF_2，并增设了柴油发电机组和相应的母联转换开关 QFL_3，本系统可适用于高层民用建筑的各级负荷。

（三）高层宾馆饭店变电所主接线

现代高层宾馆饭店等旅游性建筑与一般高层民用建筑不同，其内部设施齐全，除客房部、中西餐厅、宴会厅、厨房外，还有酒吧间、咖啡间、舞厅、商店、食品冷库、桑拿间、电话机房、空调及制冷机房、洗衣机房、锅炉房、水房、电梯、消防控制室、电子计算机房、健身房和变配电所等设施，即集居住、商业、办公、娱乐等功能于一身，形成高标准的多元化功能。这类建筑内部配套电气设备多，

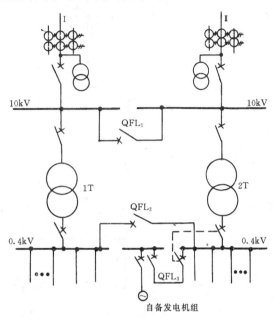

图 3-27　高层民用建筑变电所的典型主接线

以满足现代化办公、管理、娱乐和生活的需要。同时还具有人员密度大、火灾隐患多，对消防保安要求高的特点。因此，建筑内多为 I、II 级负荷，应设置两个及以上独立电源同时供电，在国外有的多达 5 个独立电源供电。另外，还须考虑设置应急备用发电机组，以供给事故照明、消防设备、电子计算机、电梯等的事故用电，一般要求在发生事故后的 15s 内自动恢复供电，从而确保供电的可靠性。根据上述现代高层宾馆饭店等旅游性建筑的供电要求，通常可采用如图 3-26（b）、（c）所示的变电所高压主接线方案。图中两路电源为引自城市电网的独立电源，图 3-26（c）较图 3-26（b）方案增加了一套母联柜和电压互感器柜，但提高了供电系统的可靠性和灵活性。为了进一步提高供电系统的可靠性和调度的灵活性，还可以采用三路高压电源供电方案，如图 3-28 所示。图 3-28（a）中的三路高压电源，其中电源 I 与电源 III，电源 II 与电源 III 互为备用，当工作电源 I 或 II 故障时，可通过备用电源开关 QF_1

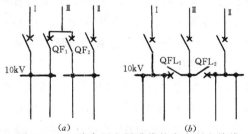

图 3-28　三路高压电源进线的变电所主接线

或 QF_2 使电源 III 向故障电源一侧的负荷供电。图 3-28（b）中的三路高压电源，其中电源 I 与电源 III、电源 II 与电源 III 分别通过母线联络开关 QFL_1、QFL_2 互为备用，此方案较图 3-

28（a）方案增加了一个电源开关柜和一个电压互感器柜，但供电可靠性和灵活性更高。

图 3-29 为某现代高层宾馆饭店变电所高低压配电系统典型示例，以供参考。图中为两路独立电源引入同时供电，每路独立电源均采用两根电力电缆配线，一用一备。高低压侧均为单母线分段，母线间设有母线联络开关，并且在低压侧设置两台柴油发电机组，一用一备，还在发电机组母线与低压母线间设有联锁倒闸开关。

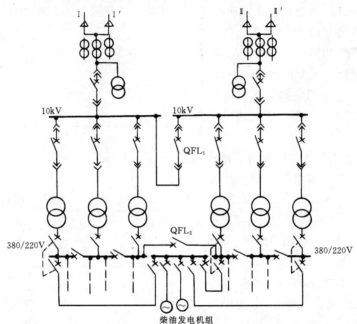

图 3-29 现代高层宾馆饭店变电所高低压配电系统典型接线

（四）组合式变电所主接线

近年来，国外工业企业和民用建筑应用组合式变电所非常广泛，我国对组合式变电所的研制生产也有很大发展，愈来愈多地应用于中小型企业、住宅小区、高层建筑及临时供电的作业场所。组合式变电所是将高、低压开关柜、电力变压器等组合为一体的接线方式。户内组合式变电所的变压器为柜式，高、低压开关柜均为封闭式结构。户外组合式变电所（也称作箱式变电站）XB 系列是由高压室、变压器室和低压室三部分组成，组装于由金属构件及钢板焊接的壳体内，其保温（隔热）层采用岩棉板，内壁采用镀锌铁板，衬玻璃丝布装饰。组合式变电所具有噪声低、电气绝缘性能好和安全可靠、操作简便、方案组合灵活等优点，具有防火防爆防尘防湿等功能。可不受场地环境限制而直接安装于负荷中心或接近负荷中心的场所，缩短了低压馈电线路，降低了电能损耗。另外这种变电所不需要专门建造变压器室、高低压配电室，节省了建筑材料和土建投资。

典型组合式变电所主接线如图 3-30 所示，是由高压组合单元、低压组合单元和变压单元组成。高压组合单元一次接线有 22 种方案，内装真空负荷开关 FN₄-10/600 型（配用电磁操作机构）、或少油高压断路器 SN10-10/600 型（配用 CS₂ 或 CD10 型操作机构）、电磁式空气断路器 CN₂-10/600 型，本单元作为电源进线，并作量电及电压监视。变压单元的电力变压器采用 H 级绝缘风冷干式（SCL 型），户外组合式变电所可采用油浸式变压器，额定容量一般为 160～630kVA，最大容量为 1000kVA。变压器一般采用横向进出线。低压组合单元一次接线有 18 种方案，最多回路 12 个，并设有电容补偿装置。其中低压进线断路器采用框架式自动空气开关 DW15 型，或采用新型万能断路器 ME 系列，额定电流 630～1500A；馈电开关可采用塑壳式自动空气开关 DZ70 型，额定电流 100～600A，或采用刀熔开关 HH11 型，额定电流 100～400A。

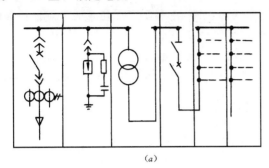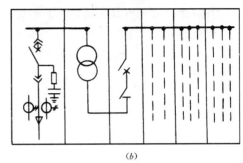

(a) (b)

图 3-30 典型组合式变电所主接线

(a) 户内组合式变电所；(b) 户外组合式变电所

在组合式变电所设计中，如采用干式电力变压器和真空负荷开关，由于其对操作、励磁产生的内部过电压承担能力较差，故应选用有过电压吸收装置的接线方案，在变压器高压进线之前也应增设过电压吸收装置。

第四节　变电所主要电气设备

一、高压电气设备

高压电气设备主要包括高压断路器（高压开关）、高压负荷开关、高压隔离开关（高压刀闸）、高压熔断器、电压互感器、电流互感器、阀型避雷器和并联电容器等。

高压断路器是变电所的主要设备，它有熄灭电弧的机构，作为闭合和开断电器的设备。正常供电时利用它通断负荷电流，当供电系统发生短路故障时，它与继电保护及自动装置配合能快速切断故障电流，防止事故扩大而保证系统安全运行。

隔离开关是与高压断路器配合使用的设备。它没有熄弧的机构，其主要功能是起隔离电压的作用，以保证变电所电气设备检修时与电源系统隔离。隔离开关必须在高压断路器断开后才允许拉开，而合闸时，隔离开关应先闭合才能将高压断路器接通。

高压负荷开关是介于隔离开关与高压断路器的开关设备，它有特殊的灭弧装置，能断开相应的负荷电流，而不能切断短路电流。在通常情况下负荷开关与高压熔断器配合使用，它多用于 10kV 及以下的额定电压等级。

电流互感器及电压互感器是电能变换元件，前者是将大电流变换成小电流（一般为 5A）、后者是将高电压变换成低电压（一般为 100V），供计量检测仪表和继电保护装置使用。

阀型避雷器是变电所对雷电冲击波的防护设备。并联电容器是提高供电系统的功率因数及电能节约的设备。

二、低压电气设备

随着我国现代化工业厂房、高层宾馆饭店、办公大楼和居民住宅的日益增多，对低压配电系统的可靠性，安全性及连续性供电的要求越来越高，即在发生故障的情况下，要求保证对未发生故障的回路继续供电。从而也有力地促进了我国低压电气设备的迅速发展，近几年来我国自行研制和引进技术发展了一批低压电器新产品。变电所低压电气设备主要包括自动空气断路器、隔离开关、负荷开关和熔断器等。

三、高层建筑变电所的一些特殊要求

高层建筑变电所是高层建筑的能源供给和分配的中心，属于高层建筑的重点保护部位。所以对高层建筑变电所提出如下一些特殊要求：

(1) 现代高层建筑变电所一般都采用两路 10kV 独立电源同时供电，对于用电量很大的高层建筑应采用两路 35kV 独立电源同时供电，对节能将更为有利。如无法获取两个独立电源时，也须采用两个回路同时供电。如前所述，为了使供电可靠，操作维护方便，常采用高压侧单母线分段，两路电源互为备用，自动切换。

(2) 应设置备用柴油发电机组或燃气轮发电机组作为应急电源（见第六节），在电源故障或火灾发生时，能保证事故照明、消防设备、电梯、生活泵、会议厅、中央控制室、计算机房、保安通讯设施以及冷藏室等重要场所的动力、照明用电。备用柴油或燃气轮发电机组的容量一般应为变压器总容量的 10%～30%，两台机组，一用一备。亦应具有自动起动，自动投入装置，要求在 15s 以内自动恢复供电。燃气轮发电机组具有体积小、重量轻、噪声小，反应速度快和故障率低等优点，是应急电源的更新换代设备。

(3) 高层建筑的主要用电设备为电梯、冷冻站、空调机房、水泵房、锅炉房、厨房和洗衣机房等，因此为了缩短供电线路，减少线路电能损耗，保证线路压降不超过允许值，变电所应尽量靠近负荷中心位置。

(4) 根据高层建筑防火规范规定，在高层建筑主体中设置的变电所应采用耐火墙、耐火楼板等隔离出防火区，亦设置两个以上带防火门的出入口。变电所内不允许采用可燃材料装修，应有良好的防火、排烟及自动消防设施。其位置应设置在明显部位，靠近消防电梯前室，在地下室或一层设置的变电所应靠近建筑物入口处，直通室外。变电所内应设置火警专用电话、对讲机等通讯装置，设置空调通风装置来保持室内具有合适的温度和湿度。变电所应尽量避免多灰尘、高温、潮湿、有剧烈震动和有火灾、爆炸危险的场所。

(5) 高压供电线路应采用阻燃型 VJV 交联聚乙烯绝缘电力电缆，低压配电干线也应采用阻燃型 VV_{22} 全塑电力电缆或插接式密集绝缘母线槽 CCX1 系列，采用电缆沟、电缆竖井敷设方式。在现代高层建筑中已广泛采用插接式密集绝缘母线槽，具有容量大、防火性能好、结构紧凑、安装维护方便灵活等优点，而且可以省去电缆井道。

(6) 在高层建筑主体中不允许装设大容量油浸式电力变压器，应采用环氧树脂浇注干式电力变压器 SGZ（或 SCL）型或 SF_6 电力变压器，并要求 H 级绝缘、空载损耗小、能有载自动调压和防潮湿等。变压器一般装设于高层建筑地下室或相邻的辅助建筑物内，也可装设于中间层或顶层（见图 3-2）。

(7) 按规定高压配电室长度超过 7m 时，为了保证巡视安全，在配电室两侧应分别设门，其中搬运门高 2.5～2.8m，宽 1.5m 以上。高压开关柜应选用具有"五防"（防误拉误合断路器、防带负荷误拉误合隔离开关、防带电闭合接地开关、防在接地开关闭合时接通电源、防操作人员误入带电间隔）功能的 GG-1A（F2）、GFC-1C 型等。不宜选用少油（或多油）高压断路器，应选用 10kV 真空断路器或负荷开关加熔断器的手车式开关柜（GFC-1C 型），并采用直流弹簧储能操作机构。这样当断路器或负荷开关故障时，可方便地将手车拉出，将备用手车推入，使停电时间缩短、供电可靠性提高。由于真空断路器在分断故障电流瞬时，电弧电流被迫过零而易产生截流过电压，对干式变压器、高压电动机等电气设备的绝缘会造成危害，所以须采取保护措施。如在干式变压器回路装设压敏式避雷器，在高压电动机回路装设阻容吸收装置，以抑制截流过电压的幅值和陡度。

(8) 低压配电室长度超过 8m 时，为了保证巡视安全方便，在配电室两侧也应设门，其中搬运门 2.5～2.8m，宽 1.5m。低压配电屏通常选择固定式 RGL-$_{II}^{I}$ 型、GGD 型或抽屉式 BFC-20 型。为了缩短停电时间、保证检修安全、提高供电的可靠性，宜采用抽屉式 BFC-20 型低压配电屏，如出线容量较大时，可采用手车式的配电屏。低压配电屏多采用自动空气断路器（如 ME、DW 或 DZ 系列）。

此外，低压功率因数自动补偿电容器屏也应选用干式电容器，与低压配电屏配套并列安装。

(9) 高层建筑变电所内不得有热力管、煤气管道和上下水管穿过，变电所上、下层房间不得堆放可燃物或爆炸危险品，变电所顶部不得设置卫生间或浴室等。

(10) 高层建筑变电所的工作接地、电气设备保护接地和防雷接地可采用同一楼地系统，将人工接地体和建筑物基础钢筋所构成的自然接地网连结在一起，其接地电阻按设计要求最小值确定，一般要求≤4Ω。这种接地连结方式可以均衡电位，提高安全性。在高层建筑电源引入处还须对零线进行重复接地，在变电所低压出线端应将保护接地线（PE 线）与零线（N 线）可靠分开。

第五节　变电所的控制信号及测量电路

一、控制回路

变电所内重要电气设备是高压断路器和电力变压器，下面仅介绍高压断路器的分、合闸控制回路和变压器的有载自动调压控制。

(一) 高压断路器的分、合闸控制回路

在上一节中对少油高压断路器 SN10-10 型及其电磁操作机构 CD10 型的结构及工作原理已作介绍。我们知道，电磁操作机构具有操作灵活安全、便于远距离集中控制的优点。对断路器分、合闸控制的基本要求是：1) 能监视电源及下次操作时分、合闸回路的完整性；2) 能指示断路器的分、合闸位置状态，如出现自动重复分、合闸时应能发生明显的信号；3) 应有防止断路器分、合闸相互"跳跃"的闭锁装置；4) 断路器分、合闸结束后，应使分、合闸命令脉冲自动解除；5) 线路应简单可靠，使用的小母线最少。

CD10 型电磁操作机构的电气控制线路如图 3-31 所示，图 SA 为万能转换开关 LW2-Z-1a.4.6a.40.20/F8 型，分"跳闸后"、"预备合闸"、"合闸"、"合闸后"、"预备跳闸"、"跳闸"等 6 个档位，其触点通断情况见表 3-5。现以合闸操作过程为例介绍如下：

合闸操作过程由"预备合闸"、"合闸"和"合闸后"等三档完成。在断路器分闸时，其辅助触点 QF_1 接通，QF_2 断开，故 SA 在"跳闸后"档位时，SA_{10-11} 闭合而接通灯母线 +WL，绿色分闸信号灯 GN 点亮，表示断路器分断。由于合闸接触器线圈 KO 与 GN 及电阻 R_1（2.5kΩ）串联，故 KO 不能吸合。同时 SA_{14-15} 也闭合接通闪光母线 +WF，但由于 QF_2 断

开，所以红色合闸信号灯 RD 不亮。此外，GN 与 RD 还起着监视控制电源和下次操作时回路完整性的作用。例如熔断器 2FU 等熔断，红、绿灯不亮，而达到监视电源的作用。因为红、绿灯分别串联在分、合闸回路中，故可监视下次操作时回路的完整性。

万能转换开关 LW2-Z-1a.4.6a.40.20/F8 触点通断情况表　　表 3-5

跳闸后手柄位置及触点盒内接线图	合闸/跳闸	1　2 / 4　3		5　6 / 8　7		9　10 / 12　11			13　14 / 16　15			17　18 / 20　19		
手柄及触点盒型式	F8	1a		4		6a			40			20		
触点号位置		1—3	2—4	5—8	6—7	9—10	9—12	10—11	13—14	14—15	13—16	17—19	17—18	18—20
跳闸后			×					×						×
预备合闸		×				×			×				×	
合闸				×			×			×	×			
合闸后		×				×					×			
预备跳闸			×					×	×					
跳闸				×						×				

注：表内"×"表示触点接通。

将 SA 拨向"预备合闸"位置时，由表 3-15 可知 SA_{9-10} 闭合，此时 QF_1 仍闭合，故闪光母线＋WF 与 GN 接通，发出绿色闪光信号表示合闸回路是完整的，可以继续进行合闸操作，同时也核对了所操作的断路器是否有误。例如 SA_{13-14} 闭合，使 RD 仍与闪光母线＋WF 接通，但由于断路器辅助触点 QF_2 断开，所以 RD 不会发出闪光信号，表明断路器为分闸状态，可继续合闸操作。如果 RD 发出红色闪光信号则表示备用电源自投或断路器为自动误合闸状态。

将 SA 拨向"合闸"位置时，由表 3-15 可知 SA_{5-8} 闭合，合闸接触器 KO 线圈经"并排闭锁"环节与控制母线＋WC 接通而吸合，使合闸线圈 YO 得电而实现断路器合闸。此时，其辅助触头 QF_1 断开、KO 线圈失电而切断合闸线圈 YO 回路，同时绿色分闸指示灯 GN 熄灭。SA_{13-16} 闭合使 RD 与灯母线接通而发出红色信号表示断路器已合闸工作。由于分闸线圈 YR 与合闸指示灯及 $2.5k\Omega$ 电阻相串联，所以 YR 不能动作。同时 SA_{9-12} 闭合为 GN 接通闪光母线＋WF，但由于 QF_1 已断开，所以 GN 不亮，为断路器自动分闸时能发出绿色闪光信号作准备。假如 GN 发出绿色闪光信号则表示继电保护动作或误脱扣的继路器分闸状态。

最后将 SA 拨向"合闸后"位置时，由表 3-15 可知 SA_{5-8} 断开，确保切断合闸接触器 KO 线圈的控制电源。SA_{9-10}、SA_{13-16} 闭合，其作用与"合闸"位置时相同。

值得注意的是，由于合闸线圈 YO 工作电流大（约 120～200A），所以由大容量直流电源单独供电，并由合闸接触器 KO 控制。由于断路器合闸后其辅助触头 QF_1 断开，SA 在

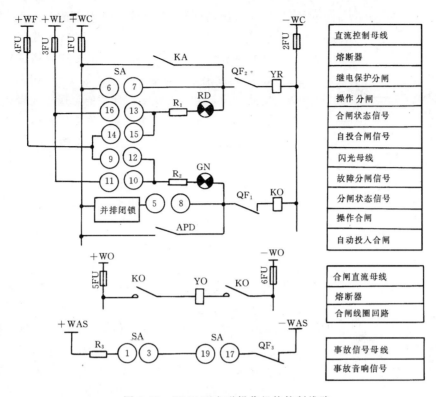

| 直流控制母线 |
| 熔断器 |
| 继电保护分闸 |
| 操作 分闸 |
| 合闸状态信号 |
| 自投合闸信号 |
| 闪光母线 |
| 故障分闸信号 |
| 分闸状态信号 |
| 操作合闸 |
| 自动投入合闸 |

| 合闸直流母线 |
| 熔断器 |
| 合闸线圈回路 |

| 事故信号母线 |
| 事故音响信号 |

图 3-31 CD10 型电磁操作机构控制线路

QF—断路器辅助触点；YR—分闸线圈；YO—合闸线圈；KO—合闸接触器；
SA—万能转换开关 LW2-Z-1a.4.6a.40.2Q/F8 型；RD—合闸信号灯（红色）；
GN—分闸信号灯（绿色）；KA—继电保护装置的出口中间继电器分闸触点；
APD—备用电源自动投入装置合闸触点；WL—灯母线；WF—闪光母线；
WC—控制母线；WAS—事故音响母线

"合闸后"位置时 SA_{5-8} 也断开，故可保证合闸接触器 KO 断电，合闸线圈 YO 也断电，从而可节省电能。另外，当合闸后线路故障时，继电保护装置动作，即 KA 闭合，使控制母线 +WC 与分闸线圈 YR 接通而实现断路器分闸。则其辅助触点 QF_1、QF_2 分别恢复其常闭、常开状态，自动解除分闸脉冲信号，GN 发出绿色闪光。若此时备用电源自投装置 APD 闭合，可使断路器自动合闸，RD 可产生红色合闸信号。

在图 3-31 中的"并排闭锁"环节，可使两路电源进线的变电所，不论其主接线是单母线、单母线分段或内桥式接线，两路电源都不会并列运行。对于单母线分段和内桥式接线的变电所，两路电源不并列运行的条件是电源进线断路器和母线分段断路器等三台不能同时合闸，如图 3-32 所示。即在某台断路器的合闸操作控制回路中，将另外两台断路器的常闭辅助触头与一个连接片并联后（平时连接片不接入线路），再与控制开关的 SA_{5-8} 相串联。可见，如果两台断路器已经合闸，则它们的常闭辅助触点都断开，第三台断路器将不可能再合闸。连接片仅在进行继电保护装置校验试调时才接入控制线路。

（二）变压器的有载自动调压控制回路

为了满足线路上用电设备的用电要求，应使变压器输出电压在一定范围内可以调节。一般在变压器高压侧设有线圈抽头，称作分接头。转换分接头的装置称为分接开关，可以对

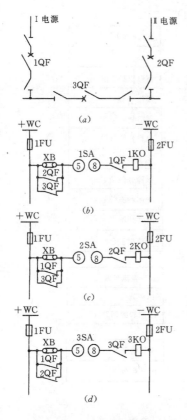

图 3-32　内桥式或单母线分段
各断路器间的并排闭锁环节
(a)一次系统;(b)1QF 合闸操作回路;
(c)2QF 合闸操作回路;(d)3QF 合闸操作回路

三相高压侧分接头同步转换,从而改变一、二次绕组匝数比达到调压的目的。分接开关有无载调压分接开关和有载调压分接开关两种,其中有载调压分接开关如图 3-33 所示,包括一个主触头(工作触头)和一个辅助触头,主触头直接与开关的金属轴连接,金属轴作为三相一次绕组的中性点,在主、辅触头之间接有过渡电阻,以抑制有载调压瞬间被短接线圈中所产生的环流。

有载调压分接开关电动控制电路如图 3-34 所示,主、辅触头经转轴由单相电动机带动弹簧储能装置,利用所储存的弹力能操作其快速切换,每档切换时间≤40ms。主、辅触头调节输出电压上、下限位置可由极限开关限定,并由极限开关接通相应的报警信号灯或警铃。触头在不同调压档位时,还可利用辅助行程开关送出信号,数码显示对应的输出电压值。

为了提高变压器输出电压的稳定性和有载调压的精度,对图 3-34 所示的有载调压分接开关电动控制电路要配置有载自动调压控制器,现以 ZBH-3 型有载自动调压控制器为例介绍其工作原理。该装置主要由信号及整流电路、比较桥电路和检测、鉴幅、延时及输出电路等组成。

1. 信号及整流电路

如图 3-35 所示,其信号电压取自电压互感器二次侧或该配电系统的低压网络,并经变压器 TC_1 和桥式整流滤波电路,输出直流信号电压送至比较桥电路。变压器 TC_2 及其 4 个桥式整流电路,其中输出直流电压 $-6V$、$+12V$、$+24V$ 为检测、鉴幅、延时及输出电路的工作电源,$+150V$ 为电压数字显示装置电源。图中 K_2 为控制器试验开关,K_3 为电压调节转换开关,可根据输入采样信号电压值选择开关的档位。

2. 比较桥及检测、鉴幅、延时和输出电路

如上所述,由变压器 TC_1 及桥式整流滤波电路引来比较桥的输入信号电压 V_{sr}。如图 3-36 所示,假设被测低压网络电压正常,相应的 $V_{sr}=V_0$,通过调节桥臂电阻 R_s 使比较桥的输出信号电压 $V_{sc}=0$。这样,线性放大器 N_1、N_2 的输出信号都很小,不足以使稳压管 V_{w_1}、V_{w_2} 反向击穿,则二极管 V_1、V_2

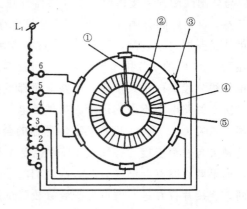

图 3-33　有载调压分接开关接线示意图
①主触头;②辅助触头;③定触头;
④过渡电阻;⑤转轴

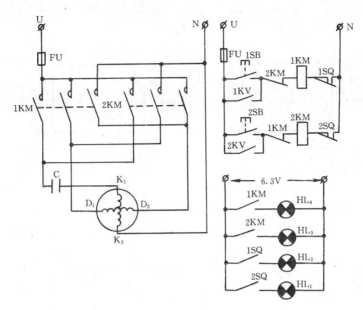

图 3-34 有载调压分接开关电动控制电路

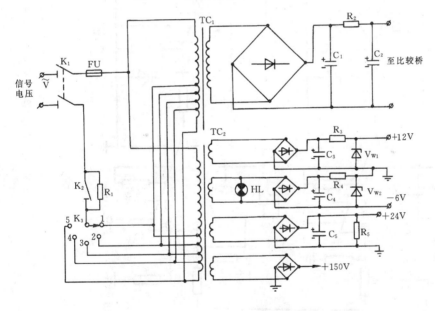

图 3-35 信号及整流电路

均导通，使三极管 1V、2V 因反向偏置而截止。电容器 C_5、C_6 分别经 R_{15}、V_3 和 R_{16}、V_4 充电，使复合管 3V、5V 和 4V、6V 均正向偏置而饱和导通，从而使输出级 7V、8V 反向偏置而截止，两个输出继电器 1KV、2KV 线圈中均无电流通过，即控制器无信号输出。

当被测低压网络电压升高时，比较桥将输出正信号电压，当升高到允许偏移电压值时，使连接同相输入端的放大器 N_1 输出高电平，稳压管 V_{W1} 反向击穿。由于 $R_{11} \ll R_{13}$，故经分压可使二极管 V_1 截止，而三极管 1V 饱和导通，V_3 截止，则电容器 C_5 将通过电阻 R_{17}、R_{19} 放电。经过一定的时限（35～50s），使复合管 3V 和 5V 由饱和导通转为截止，输出级 7V 则由截止转为饱和导通，1KV 通电吸合，输出降压信号，使有载调压分接开关向降压方向调

71

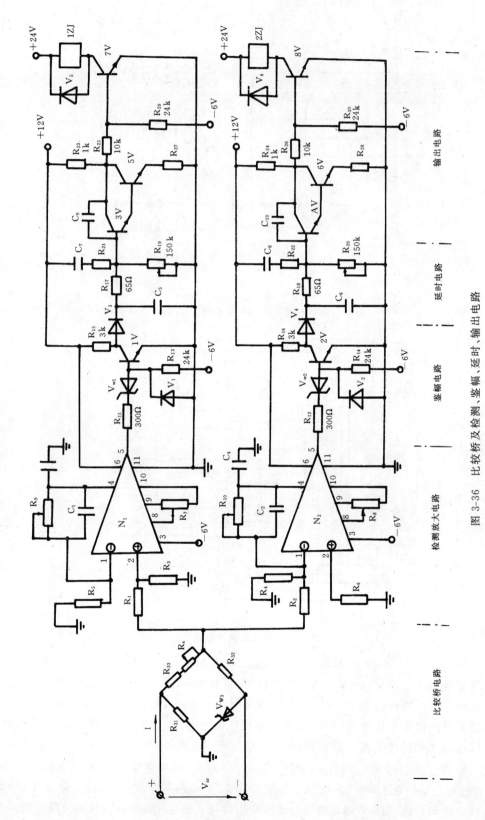

图 3-36 比较桥及检测、鉴幅、延时、输出电路

节。待被测低压网络电压下降到正常值时，比较桥输出信号电压为 0，控制器的输出继电器 2KV 断电复位，即降压调节结束。而比较桥输出端与所连接反相输入端的放大器 N_2 输出低电平（负值），其输出继电器 2KV 仍断电无信号输出。

当被测低压网络电压降低时，比较桥将输出负信号电压，当下降到允许偏移电压值时，则输出继电器 2KV 通电吸合，输出升压信号，使有载调压分接开关向升压方向调节，而 1KV 仍断电无信号输出。直到被测低压网络电压升高到正常值时，2KV 才断电复位，即升压调节结束。从而保证了被测低压网络电压比较稳定。

二、信号回路

对变电所信号电路的要求是：1) 在断路器事故跳闸时，应能及时发出音响，同时光字牌可显示出事故的性质；2) 当供电系统内出现故障时，也应能及时发出音响，但区别于事故跳闸时的音响，同时光字牌可显示出故障的性质；3) 应具有检查试验信号回路的功能；4) 当发生事故或故障时不同音响时，应都能手动复归（消音），而应将光字牌所显示的事故或故障性质保留下来。经手动复归后，在下一个事故或故障发生时，应能再及时发出音响，同时光字牌上有相应的显示。

当变电所主变压器容量较大、出线较多或继电保护装置较复杂时，需装设集中信号装置。该装置通常由集中事故信号单元和集中故障信号单元构成，这两个单元的线路结构基本相同，只是采用了不同的音响信号装置。如图 3-37 所示，图中虚线框为 1K 为 ZC-23 型冲击继电器，内含变流器（微分元件）、干簧继电器 1KA（灵敏元件）和中间继电器 KM（出口元件），对事故或故障等信号可以实现集中复归和重复动作。在断路器投入（即合闸后）时，万能转换开关 1SA 触点 1-3、17-19 闭合，在正常工作时，转换开关 1SA 应拨向"工作"位置，其触点 2-3、6-7、(10-11、14-15) 等均闭合。这样，假设发生断路器事故跳闸时，断路器的辅助触点 1QF 复归闭合，信号母线＋WS 立刻经转换开关 2SA 触点 1-3、17-19，光字牌 HL 和转换开关 1SA 触点 2-3、6-7 加到冲击继电器 1K 的微分变流器初级，即获得脉冲信号，使干簧管继电器 1KA 动作，开启中间继电器 1KM 使蜂鸣器通电发出音响信号。同时接通光字牌的对应信号灯。当脉冲信号过后，干簧继电器失电，中间继电器 1KM 自保持仍为吸合状态。如按下复归按纽 1SB，1KM 断电，音响信号解除，但光字牌信号灯仍可继续点亮。此时信号灯回路电流虽然流经冲击继电器的微分变流器初级，但电流已经稳定，所以微分变流器无输出，干簧管继电器不动作，冲击继电器复归，为第二次动作准备。与干簧继电器相并联的二极管起续流作用，当有反向脉冲信号电流通过微分变流器时，由于二极管的旁路续流作用，干簧管继电器不动作，整个冲击继电器也不会动作。即只要按下复归按纽，就可实现消音作用，满足了集中复归要求。

由图 3-37 可见，各种信号脉冲回路中都串有对应的光字牌信号灯。假设在本事故音响信号消除后，又出现下一个事故脉冲信号，如继电保护事故动作信号继电器 KS 触点闭合，将使微分变流器初级电流突然增大，在此瞬时微分变流器有输出，干簧管继电器动作，又会使蜂鸣器发出事故音响信号。同时该回路光字牌信号灯点亮，即实现了音响装置重复动作的要求。转换开关 1SA 用于检查光字牌灯泡，检查时将 1SA 拨向"检查"位置，其触点 1-2、5-6 均闭合，正电源＋WS 加至 1WAS、事故小母线上负电源－WS 加至 2WAS 事故小母线上，则光字牌信号灯都点亮时，表示灯泡完好。一般在 1K 的微分变流器初级线圈通入 0.2A 以上的冲击（脉冲）电流时，就能可靠动作。

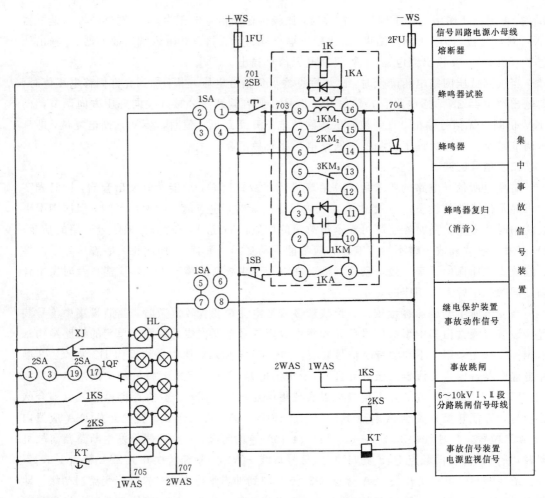

图 3-37　集中复归重复动作的信号装置

1K—冲击继电器（ZC-23 型，220V）；2SB—试验按钮；1SB—复归按钮；

1KS、2KS—继电保护动作信号继电器；1SA、2KS—母线分路断路器跳闸信号中间继电器（DZ-31B）；

HL—光字牌（XD10，220V）；1SA—光字牌检查转换开关（LW2-W-6a.6a.6a.6a/F5 型）；

2SA—断路器操作转换开关；1QF—断路器的辅助触点；

KT—事故信号装置电源监视继电器（DZS-12B）

　　对于单台变压器或断路器台数较少的变电所，由于同时发生故障或事故的机率很少，故可采用较简单的集中复归和不重复动作的信号装置。如图 3-38 所示为事故信号装置，故障信号装置与之相同，只是音响采用警铃，故从略。由图可见未设置光字牌，只设一黄色信号灯即可。主要是由于小型变电所内继电保护动作时可由信号继电器掉牌显示，断路器跳闸可由操作控制线路中的红、绿信号灯（参见图 3-31）来判断。

　　例如，当继电保护事故信号继电器 KS 触点闭合后，蜂鸣器可发出事故报警信号。若按下复归按钮 1SB，中间继电器 1KM 通电吸合，并由其触点 1KM₂ 实现自保，1KM₃ 使黄色信号灯点亮，而 1KM₁ 切断蜂鸣器回路，从而达到复归消音目的。这时，如果系统内再出现其他事故信号，也不能发出音响信号，而只有使 KS 复归后，才有可能使蜂鸣器再发出其他事故的音响信号，故称作不重复动作音响信号装置。

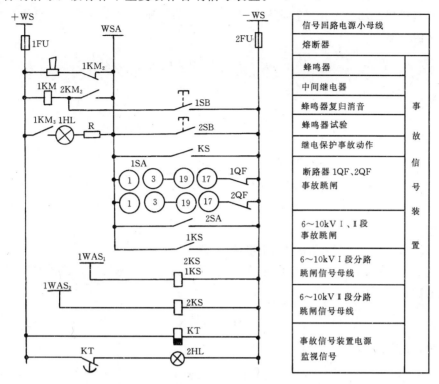

图 3-38　简单的集中复归和不重复动作的信号装置

1KM—中间继电器（DZ-15型）；2SB—试验按钮；1SB—复归按钮；

1SA、2SA—断路器操作控制的万能转换开关；1QF、2QF—断路器的辅助触点；

1KS、2KS—母线分路断路器跳闸信号中间继电器；KT—继电保护动作信号继电器的触点；

1HL—黄色信号灯（XD-5型）；2HL—红色信号灯（XD-5型）；KT—电源监视继电器

　　此外，还有信号回路熔断器完整性监视（KT）、控制回路断线监视、继电保护装置中信号继电器掉牌未复归监视等信号线路，本节从略。

　　三、测量回路

　　（一）互感器的选择

　　电流互感器和电压互感器的类型在前面已作介绍，下面将介绍测量回路中的互感器选择。在供配电系统中，测量电流、电压或电能时常常需要采用电流互感器或电压互感器，用以扩大仪表量程，同时也使测量仪表或继电保护、控制装置等与高电压、大电流隔离，以确保电气设备和人身安全。

　　1. 电流互感器的选择

　　在选用电流互感器时，应根据装设场所确定选用户内、户外式，再根据线路工作电压、工作电流、动、热稳定条件和所要求的准确度等确定，即应满足以下条件：

　　1）电流互感器原线圈的额定电压应大于或等于线路的工作电压。

　　2）电流互感器原线圈的额定电流应大于线路的最大工作电流，一般取线路最大工作电流的 1.2～1.5 倍，并要求在短路故障时，对测量仪表的冲击电流较小，即要求磁路能迅速达到饱和，以限制其二次电流的成比例增长。

3）电流互感器的动稳定、热稳定应满足线路短路时的要求。

电流互感器的动稳定用动稳定倍数 K_{es} 表示，为互感器允许承受最大电流峰值与额定电流的比值，即

$$K_{es} = i_{max} / \sqrt{2} I_{1N} \qquad (3\text{-}4)$$

满足动稳定的条件为：

$$\left. \begin{array}{c} i_{max} \geqslant i_{sh}^{(3)} \\[2mm] \sqrt{2} K_{es} I_{1N} \geqslant i_{sh}^{(3)} \end{array} \right\} \qquad (3\text{-}5)$$

式中　i_{max}——电流互感器允许承受的最大电流峰值（A）；

　　　i_{sh}——三相短路冲击电流峰值（A）；

　　　K_{es}——电流互感器的动稳定倍数；

　　　I_{1N}——电流互感器的一次额定电流（A）。

电流互感器的热稳定用热稳定倍数 K_t 表示，为电流互感器在 t_s 内的热稳定电流与额定电流的比值，即

$$K_t = I_t / I_{1N} \qquad (3\text{-}6)$$

满足热稳定的条件为：

$$\left. \begin{array}{c} (K_t I_{1N})^2 \cdot t \geqslant I_\infty^2 \cdot t_{ima} \\[2mm] I_t \geqslant I_\infty \sqrt{\dfrac{t_{ima}}{t}} \end{array} \right\} \qquad (3\text{-}7)$$

式中　I_t——在一定时间 t 内，电流互感器的热稳定电流（A）；

　　　K_t——电流互感器的热稳定倍数；

　　　t——热稳定时间（由产品样本给定，一般取 $t=1s$），（s）；

　　　I_{1N}——电流互感器的一次额定电流（A）；

　　　I_∞——短路稳态电流（A）；

　　　t_{ima}——假想短路时间。在无限大电源系统短路时，若短路时间小于1s，可按实际短路时间加 0.05s 估算，若短路时间大于1s，则按实际短路时间计算（s）。

【例 3-1】　某 10kV 供电线路，已知工作电流 300A，短路电流 $I_K=11kA$，三相短路冲击电流 $i_{sh}=25kA$，$t_{ima}=0.5s$，如有一台 $V_{1N}=10kV$，变流比为 400/5 的电流互感器，其 1s 热稳定倍数 $K_t=75$，动稳定倍数 $K_{es}=150$，试判断此电流互感器是否适用。

【解】　电流互感器一次额定电压 $V_{1N}=10kV$，与线路工作电源相等，主流比 400/5 也适用于电流为 300A 的线路。

（1）电流互感器的动稳定校验

由式（3-4），电流互感器允许承受的最大电流峰值为：

$$i_{max} = \sqrt{2} K_{es} I_{1N} = \sqrt{2} \times 150 \times 400 = 84.85kA$$

$$i_{max} > i_{sh} = 25kA$$

故电流互感器的动稳定符合要求。

（2）电流互感器的热稳定校验

由式（3-7）可分别求出：

$$(K_t I_{1N})^2 \cdot t = (75 \times 400)^2 \times 1 = 9000 \times 10^5$$

$$I_\infty^2 t_{ima} = (N \times 10^3)^2 \times 0.5 = 605 \times 10^5$$

故经比较，电流互感器的热稳定也符合要求，该台互感器适用。

4）电流互感器的精确度等级应满足测量回路要求。

我们知道，电流互感器的变流比 $K_i = I_{1N}/I_{2N}$，由于励磁电流 $\dot{I}_0$ 和漏磁阻抗等因素的影响，使得二次电流 I_2 归算到一次的电流 I_2' 与实际一次电流 $\dot{I}_1$ 在数值上和相位上存在一定的差异。其数值误差百分数为：

$$f_i = \frac{I_2 - I_1/K_i}{I_1/K_i} \times 100\% \tag{3-8}$$

按电流互感器的数值误差百分数，将准确度分为 0.01、0.02、0.05、0.1、0.2、0.5、1.0、3.0、10.0 等 9 级。用于计量的电流互感器准确度应在 0.5 级以上。

5）电流互感器的二次负荷不得超过其额定容量，以保证测量准确度。即

$$S_{2N} \geqslant I_{2N}^2 (\Sigma Z_p + R_w + R_p) \tag{3-9}$$

式中　S_{2N}——电流互感器额定容量（VA）；

　　　I_{2N}——二次额定电流（规定 5A）（A）；

　　　ΣZ_p——测量仪表或继电器阻抗（Ω）；

　　　R_w——连接导线电阻（Ω）；

　　　R_p——接触电阻，可近似取 0.05～0.1Ω。

则满足准确度等级的连接导线电阻为

$$R_w \leqslant \frac{S_{2N} - I_{2N}^2 (\Sigma Z_p + R_p)}{I_{2N}^2} \tag{3-10}$$

导线计算截面为：

$$S_c = \frac{L}{R_w} \rho \times 10^{-4} \tag{3-11}$$

式中　S_c——导线计算截面（mm²）；

　　　L——导线的计算长度（m）；

　　　ρ——导线电阻率（Ω·m）。

连接导线计算长度 L 与电流互感器的接线方式有关。单相连接导线计算长度 $L = 2l$（l 为一根导线的长度）；三相是连接导线计算长度 $L = l$；两相不完全星形连接导线计算长度 $L = \sqrt{3}l$；两相电流差接线方式连接导线计算长度 $L = 2\sqrt{3}l$。

减小电流互感误差的措施是增加连接导线的有效截面，以减小其二次负载阻抗；选用较大变流比的电流互感器，或选用两个型号和变流比相同的电流互感器相互串联使用，如图 3-39 所示。可见

$$\frac{2W_1}{2W_2} = \frac{W_1}{W_2} = \frac{I_2}{I_1}$$

即电流互感器串联后的二次电流没有改变。

由于

$$\dot{V}_2 = \dot{V}_{21} + \dot{V}_{22} = \dot{I}_2 Z_f$$

$$\dot{V}_{21} = \dot{V}_{22} = \frac{1}{2}\dot{V}_2 = \frac{1}{2}\dot{I}_2 Z_f$$

显然，两个相同型号、相同变比的电流互感器串联使用时，每个电流互感器的负载阻抗值为整个负载阻抗值的一半，故可提高其准确度。

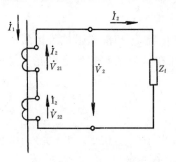

图 3-39　电流互感器串联等值电路

2. 电压互感器的选择

电压互感器的作用是将一次侧电压变成100V标准电压，主要用于高压系统的电压、电能测量、绝缘监察，供给高压配电装置的控制电源、信号电源和弹簧储能操作机构的工作电源等。

在选用电压互感器时，也应根据装设场所选定电压互感器的类型（户内式或户外式，油浸式或干式），再根据供电线路的工作电压、测量回路的最大负荷容量和准确度等级要求等选定适用的电压互感器，一般应满足以下条件：

(1) 电压互感器的一次额定电压应等于供电线路的工作电压；

(2) 电压互感器的准确度应满足测量回路和继电保护的要求。

电压互感器的变压比 $K_V = V_{1N}/V_{20}$，V_{20} 为互感器空载时二次端电压（规定为100V）。但由于电压互感器的励磁电流 $\dot{I}_0$ 和绕组阻抗等因素的影响，当一、二次绕组有电流通过时，将产生电压降，所以二次电压 $\dot{V}_2$ 归算到一次侧的电压 $\dot{V}_2{}'$ 在数值上和相位上与 $\dot{V}_1$ 不同，其数值误差百分数为：

$$f_v = \frac{V_2 - V_1/K_V}{V_1/K_V} \times 100\% \tag{3-12}$$

按误差百分数把电压互感器的准确度分为 0.1、0.2、0.5、1、3、3B 和 6B 等 7 级，用于计量的电压互感器准确度应在 0.5 级以上，而 3B、6B 准确度等级的电压互感器可用于继电保护线路。

(3) 电压互感器的最大负荷容量不应超过其额定容量，即

$$S_{2N} \geqslant \sqrt{(\Sigma P_j)^2 + (\Sigma Q_j)^2} \tag{3-13}$$

式中　S_{2N}——电压互感器额定容量（VA）；

ΣP_j——二次负荷消耗有功功率（W）；

ΣQ_j——二次负荷消耗无功功率（var）。

电压互感器的额定容量是确保其准确度等级的规定容量，若二次负荷容量超过额定容量，将使电压互感器的变比误差增大而超过允许误差范围。

一般常用测量仪表的主要技术数据、电压互感器的二次负荷计算公式和10kV及以下变配电所测量仪表的配置要求等分别在表 3-6～表 3-8 中列出，以供校验计算时参考。

由于电压互感器的一、二次侧均采用熔断器保护，因此无需进行短路动稳定、热稳定校验。

常用测量仪表主要技术数据　　　　　　　　　　表 3-6

测量仪表名称	型　式	每相消耗功率（VA）电流线圈/电压线圈	测量仪表名称	型　式	每相消耗功率（VA）电流线圈/电压线圈
电压表	1T1-V	—/5	三相三线无功电度表	DX1 DX2 DX2-T	0.5/1.5
电流表	1T1-A	3/—			
三相有功功率表	1D1-W	1.5/0.75	频率表	1D1-HZ	线圈电压 100V 时 /2
三相无功功率表	1D1-VAR	1.45/0.75			
功率因数表	1D1-cosφ 1D5-cosφ	3.5/0.75	自动记录电流表	LD5-A (LD7-A)	6/—
三相三线有功电度表	DS1 DS2 DS2-T	0.5/1.5	自动记录有功功率表	LD6-W (LD8-W)	6/6
			自动记录无功功率表	LD6-VAR (LD8-VAR)	6/6
三相四线有功电度表	DT1 DT2 DT2-T	1.5/1.5	自动记录电压表	LD5-V (LD7-V)	—/13

（二）测量仪表的选用

变电所中常用的测量仪表有电流表，电压表、功率表和电度表等等。

1. 电流表和电压表的选用

电流表和电压表属于观测仪表，所以对准确度一般要求不高，选用 3 级以内即可。与电流互感器配套使用的交流电流表应选用 5A 的量程，其刻度盘刻度按电流互感器的一次绕组额定电流标度。这种电流表在表盘上标明所配用电流互感器的变流比，因此应选用与之配套使用的电流互感器。例如，1T1-A 型交流电流表的表盘上标明配用 600/5 的电流互感器，则其刻度按 600A 标度，应选用所要求的 600/5 变流比的电流互感器，这样不需换算就可直接从电流表上读取读数。

如前所述,使用时应将电流互感器的一次绕组 L_1-L_2 串入被测线路,二次绕组 K_1-K_2 与测量仪表（如电流表）或继电器的电流线圈连接。电流互感器的二次绕组一端和铁芯应可靠接地，二次绕组不允许开路，故二次回路不允许装设熔断器。

与电压互感器配套使用的交流电压表应选 100V 的量程，其刻度盘刻度按电压互感器的一次绕组额定电压标度。这种电压表在表盘上标有所需配用电压互感器的变压比，因此应注意选用与之配套使用的电压互感器，这样就不需换算而直接从电压表上读取被测高压的数据。例如，1T1-V 型交流电压表的表盘上标明配用 10000/100V，其刻度按 10000V 标度，需要选用变压比 10000/100V 的电压互感器。

使用时将电压互感器的一次绕组 $A-X$ 与被测线路并联，二次绕组 $a-x$ 与测量仪表（如电压表）或继电器的电压线圈联接，并且二次绕组的一端和铁芯应可靠接地，二次绕组不允许短路，否则电压互感器将因过热而烧毁。因此要求电压互感器的一、二次回路均装设熔断器。

电压互感器与二次负荷的接线图			$S_a=S_b=S_c=S$	
相　量　图				
电压互感器每相中的有功和无功负荷	A	$P_A=\dfrac{1}{\sqrt{3}}S_{ab}\cos(\varphi_{ab}-30°)$ $Q_A=\dfrac{1}{\sqrt{3}}S_{ab}\sin(\varphi_{ab}-30°)$	AB	$P_{AB}=\sqrt{3}\,S\cos(\varphi+30°)$ $Q_{AB}=\sqrt{3}\,S\sin(\varphi+30°)$
	B	$P_B=\dfrac{1}{\sqrt{3}}[S_{ab}\cos(\varphi_{ab}+30°)$ $+S_{bc}\cos(\varphi_{bc}-30°)]$ $Q_B=\dfrac{1}{\sqrt{3}}[S_{ab}\sin(\varphi_{ab}+30°)$ $+S_{bc}\sin(\varphi_{bc}-30°)]$	BC	$P_{BC}=\sqrt{3}\,S\cos(\varphi-30°)$ $Q_{BC}=\sqrt{3}\,S\sin(\varphi-30°)$
	C	$P_C=\dfrac{1}{\sqrt{3}}S_{bc}\cos(\varphi_{bc}+30°)$ $Q_C=\dfrac{1}{\sqrt{3}}S_{bc}\sin(\varphi_{bc}+30°)$	—	—

注：表中 $\cos\varphi$、$\cos\varphi_{ab}$、$\cos\varphi_{bc}$ 均为相应的二次负载的功率因数。

10kV 及以下变配电所的测量仪表配置　　　　　　　表 3-8

名　　称		装　设　表　计　数　量						备　　　　注
		电流表	电压表	有功功率表	无功功率表	有功电度表	无功电度表	
3～10kV 进线		1				1	1	
3～10kV 母线（每段）			4					其中 1 只检测线电压，其余 3 只用于母线绝缘监视
3～10kV 出线		1				1	1	不送往单独经济核算单位时，可不装设无功电度表
6～10/0.4 kV 变压器	高压侧	1				1		如为单独经济核算单位时，还须装设 1 只无功电度表
	低压侧	3						
感应电动机		1				1		40kW 以上的电动机装设有功电度表
静电电容器							1	
低压母线（每段）			1					

2. 电能装置的选用

绘制电力负荷曲线、实测消耗电能计量电费或计算均权功率因数，均需要测量有功和

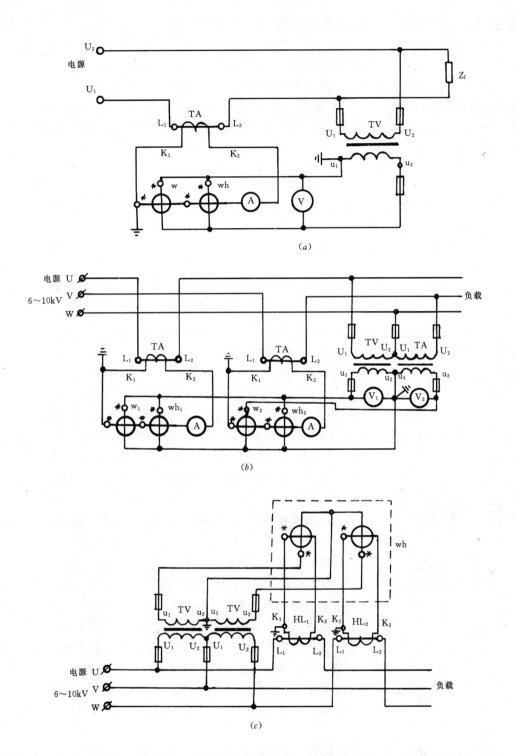

图 3-40　测量仪表与互感器的典型接线

（a）在单相线路中的接线；（b）"两表法"在三相线路中的接线；

（c）三相三线有功电度表在三相线路中的接线

无功电能。在设计或使用测量电能装置时，应注意以下问题：

（1）选用原则：对于功率表而言应正确选择测量功率的量限，即正确选择功率表的电流量限和电压量限，使其分别大于或等于被测线路的工作电流和工作电压。

【例 3-2】 有一感性负载电路，其功率 8kW，电压 220V，功率因数 0.8，试选择功率表的量限。

【解】 因负载电压为 220V，故所选功率表的额定电压值应为 250V 或 300V 的量限。而负载电流为

$$I = \frac{P}{V\cos\varphi} = \frac{8 \times 10^3}{220 \times 0.8} = 45A$$

故功率表的电流量限可选为 50A。若选用额定电压 250V，额定电流 50A 的功率表，其功率量限为 12.5kW，可满足测量要求。

对于电度表而言，应满足以下条件：

1）根据被测线路是单相还是三相来选用单相或三相电度表，三相电度表又分为三相三线和三相四线两种。三相三线电度表只适用于三相三线系统，不能测量三相四线制线路的电能。

2）电度表铭牌上标有额定电压和额定电流值，必须根据线路工作电压和工作电流来选定合适的电度表，电度表的额定电压应与被测线路或电压互感器二次线圈额定电压相符，电度表的额定电流应不小于流经其电流线圈的电流。

3）总降压变电所应选用准确度不低于 1.0 级的有功电度表和 2.0 级的无功电度表。

（2）接线要求：如图 3-40 所示，为采用互感器时的典型接线方式，其接线要求如下：

1）应检测互感器的极性，以保证测量结果的正确性。我们知道，功率表、电度表的读数与电路中的电压与电流间的相位差有关，因此要求互感器相角误差小（≤10%），并须在连接时注意互感器的极性。这就是说，仪表与互感器连接后，其线圈电流方向应与不用互感器接入时相同。

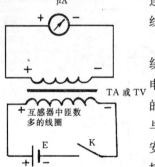

图 3-41　互感器的极性
测定线路

互感器的极性测定如图 3-41 所示，先在互感器的一、二次绕组的某一端分别标注"＊"标记，作为假设同名端。再将蓄电池的正极与匝数较多的绕组的"＊"端连接（如电流互感器的二次绕组、电压互感器的一次绕组），蓄电池的负极经开关 K 与该绕组的另一端连接。而在互感器的另一绕组上接入直流微安表或毫伏表，且表的"＋"端钮与互感器的假设"＊"端连接。这时操作开关 K，在接通电源的瞬时，将有感生电流通过直流微安表或毫伏表，若表针正向偏转，则表明一、二次绕组假设同名端"＊"标注正确，若表针反向偏转，则表明一、二次绕组假设同名端"＊"标注不正确，应改正其中一个绕组的标注端。

对于电压互感器的一、二次绕组，可分别用 V_1V_2 和 v_1v_2 表示，且 V_1、v_1 和 V_2、v_2 分别为同名端。对于电流互感器的一、二次绕组，可分别用 A_1A_2 和 a_1a_2 表示，且 A_1、a_1 和 A_2、a_2 分别为同名端。

2）如图 3-40 所示，功率表和电度表都有电流线圈和电压线圈，其带有标记"＊"端钮

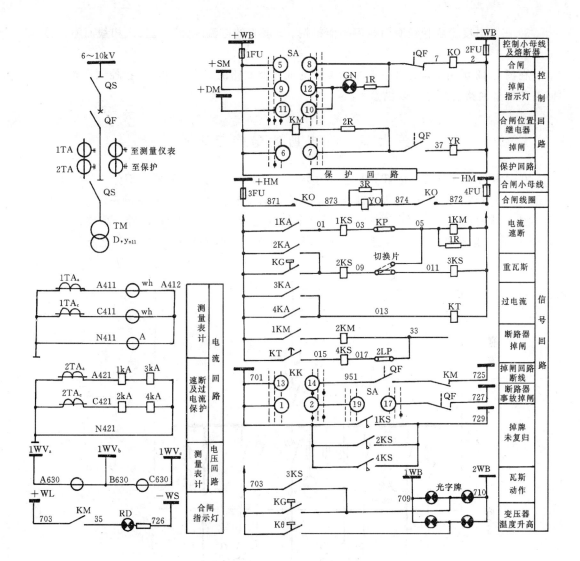

图 3-42 单台变压器回路的二次接线图

1R—电阻（ZG11-504kΩ）；2R—电阻（ZG11-75 30Ω）；3R—电阻（ZG11-25 2kΩ）；1FU、2FU—熔断器
（RL-10/6A）；3FU、4FU—熔断器（RM3 60/25A）；Wh—有功电度表（DS1 □/100V，□/5A）；A—电流
表（1T1-A □/5A）；1KS～4KS—信号继电器（DX-11K）；KM—中间继电器（DZ15 110V）；1KM、2KM—
中间继电器（DZS-127 220V1A）；KT—时间继电器（DS-112 220V）；1KA～4KA—电流继电器（DL-11）；
KQ—温度继电器；KG—瓦斯继电器；光字牌（ZSD-110/2）；KO—合闸接触器（CZ9-50 220V）；1XB、2XB—
连接片（YY1-D）；SA—万能转换控制开关（LW2-Z-1a、4、6a、20/F8）；GN—分闸指示灯（绿色）；
RD—合闸指示灯（红色）

应接到电源的同一端线上，采用互感器时则经互感器接入同一端线上。例如电流互感器的
一次绕组 A_1 端接到电源 L_1 相上，所以功率表、电度表的电流线圈的 "∗" 端应接到电流
互感器二次绕组中与 A_1 对应的同名端 a_1 上；而电压互感器的一次绕组 V_1 端也应接到电源
L_1 相上，如与电流互感器一次绕组中 A_2 端所在的相线连接，所以，功率表、电度表的电压
线圈的 "∗" 端应接到电压互感器二次绕组中与 V_1 对应的同名端 v_1 上。只有这样，才能满
足仪表的 "同名端接线规则"。

3）三相电度表各相线圈的相序不能接错。电度表的电流线圈只能接入相线而不准接入零线。

在图 3-42 示出电动操作、有瓦斯保护的变压器回路的二次接线，包括控制回路、信号回路和测量回路三部分，以供参考。

第六节　变电所的结构与布置

在本章第一节中已经介绍了变电所的类型，供配电系统可分为两大部分，从电源至总降压变电所（或总配电所），包括高压架空线路或高压电缆线路为外部供电系统，从总降压变电所（或总配电所）至各单元变电所（车间变电所、住宅小区变电所、高层建筑变电所），包括配电区域内的高压线路等为内部配电系统，在图 3-43 中示出某工业企业采用 35

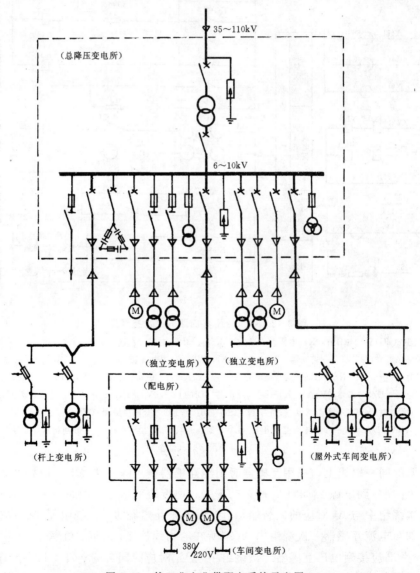

图 3-43　某工业企业供配电系统示意图

～110kV 电力网进线供电的供配电系统示意图。

众所周知，变电所是接收、变换和分配电能的重要场所、主要由电力变压器、配电装置、保护及控制设备、测量仪表、信号装置及其建筑物构成，是供配电系统的能源供给中心，因此，变配电所的正确选址和合理布置，是实现供配电系统安全可靠、经济高效运行的重要保证。

一、变电所选址

（一）总降压变电所选址

总降压变电所选址应根据下列要求综合考虑后确定：

（1）应接近用电负荷或网络中心；

（2）进出线应方便。采用高压架空线应保证有足够的空中走廊宽度，见表3-9；采用高压电缆线路，直埋时与各种设施应符合最小净距要求，见表3-10；

高压架空线路空中走廊宽度（m）　　　　　　　　表 3-9

杆塔结构布置	6～10kV	35kV	110kV
单回路三角形排列，单杆，无拉线	6	—	—
双回路三角形排列，双杆，无拉线	9	—	—
单回路水平排列，双杆，无拉线	—	15	18
单回路上字型排列，单杆，无拉线	—	12	—

注：表中空中走廊宽度适用于居民区和厂区。

直埋电缆与各种设施的最小净距（m）　　　　　　　表 3-10

设　施　名　称	平行时	交叉时
建筑物、构筑物基础	0.5	
电杆基础	0.6	
10kV 以上电力电缆	0.25（0.1）	0.5（0.25）
10kV 及以下电力电缆之间，以及与控制电缆之间	0.1	0.5（0.25）
通信电缆	0.5（0.1）	0.5（0.25）
热力管沟	2	（0.5）
油管道（管沟）	1	0.5
水管、压缩空气管	1（0.25）	0.5（0.25）
可燃气体及易燃、可燃液体管道	1	0.5（0.25）
道路	1.5	1
铁路（电气化铁路除外）	3	1
排水明沟（平行时与沟边，交叉时与沟底）	1	0.5

注：1. 表中净距应以设施外缘计算；

2. 表中括号内数字，是指局部地段电缆穿管或加隔板（或隔热层）保护后的要求尺寸；

3. 路灯电缆与道路树木平行距离不限；

4. 电缆与建筑物平行敷设时，应埋设在散水 100mm 以外；

5. 电缆与热力管沟交叉时，用石棉水泥管保护时，其长度应伸出热力管沟两侧各 2m；用隔热保护层时应伸出热力管沟和电缆两侧各 1m。电缆与道路、铁路交叉时，穿保护管应伸出路基 1m 以上。

（3）应根据工程特点、规模和发展规划，正确处理近期建设和远期发展的关系，应不妨碍企业的发展，考虑有扩建的可能性；

（4）具有适宜的地质、地形和水文条件，有必要的生产、生活水源；

（5）应有足够的用地面积及建筑面积，并保证变电所室外配电装置与其他设施之间的距离不小于表 3-11 的规定值；

（6）尽量靠近厂区公路，以便于主变压器等大型设备的运输和高压架空线、电缆的引入；

（7）尽量避开多灰尘和有腐蚀性气体的场所，如无法远离则应设在污源的上风侧；

（8）变电所建筑物、室外电力变压器和其他配电装置与冷却塔、喷水池等之间的距离应不小于表 3-12 的规定值；

（9）一般要求厂区内变电所室内地坪相对标高（±0.00）高于室外标高 15cm，厂区外变电所室内地坪相对标高应考虑不受洪水影响，应比可能会出现的最高洪水水位高出 20～30cm 为宜；

室外配电装置与其他设施的最小防火间距　　　　　　　　　表 3-11

设施名称	设施防火等级或面积（m²）			与设施的最小防火间距（m）	
				总油量 ≤50t	总油量 >50t
厂房、仓库、工业辅助建筑	防火等级	一、二级	火灾危险类别	甲、乙	20	25
		一、二级		丙、丁、戊	15	20
		三级		丙、丁、戊	20	25
		四、五级		丙、丁、戊	15	20
住宅、公共建筑		一、二级		—	20	25
		三级		—	15	30
		四、五级		—	30	40
液化石油易燃气体贮罐	≤30			40	
	31～200			50	
	201～500			60	
	>500			70	
可燃气体贮罐	≤500			30	
	501～10000			40	
	>10000			50	
易燃液体露天半露天堆场、贮罐	1～10			30	
	11～500			40	
	501～5000			50	
	5001～20000			60	
可燃液体露天、半露天堆场、贮罐	5～50			30	
	51～2500			40	
	2501～25000			50	
	>25000			60	

注：1. 室外配电装置与其他设施的间距从其构架算起；

　　2. 与地下易燃、可燃液体贮罐的防火间距可按表中规定减少 50%。

变电所建筑物、室外电力变压器和其他配电装置

与冷却塔、喷水池等之间的最小间距(m)　　　　　　　　表 3-12

名　　　　称	冷　却　塔	喷　水　池
变电所建筑物	23	30
室外主变压器及配电装置在上风侧	40	80
室外主变压器及配电装置在下风侧	60	120

（10）应避免设在有剧烈震动或低洼积水的场所。

总配电所的选址条件基本与总降压变电所相同。

（二）单元变电所选址

6～10kV 单元变电所或配电所的选址也应根据工程特点、规模和发展规划综合考虑，使之不妨碍企业发展和扩建的可能性，一般选址应考虑如下几点要求：

（1）应尽量接近负荷中心和大容量用电设备；

（2）应使进、出线方便，尽量接近电源侧；

（3）应尽量靠近道路，以使设备运输方便，并兼顾与其他设施的安全防火间距要求；

（4）应避开有剧烈震动或地势低洼有积水的场所，变电所室内相对地坪标高(±0.00)应高出室外雨季最高水位 20～30cm 以上；

（5）应尽量远离多尘和有腐蚀性气体的场所，当无法远离污源时，应将变电所设在污源的上风侧；

（6）楼内变电所的正上方不允许有厕所、浴室及经常积水的设施。

二、变电所总体布置

如前所述，6～10kV 中小型变电所有户内式、户外式和组合式等几种，一般多采用户内式。户内式变电所通常由高压配电室、电力变压器室和低压配电室等三部分组成，有的还设有控制室、值班室，需要进行高压侧功率因数补偿时，还设置高压电容器室。

（一）变电所内的布置要求

（1）设计时应使室内布置合理紧凑，便于值班人员操作、检修、试验和搬运，配电装置设计安放位置应保证具有所要求的最小允许通道宽度；

（2）应尽量利用自然采光和通风，电力变压器室和电容器室应避免西晒，控制室和值班室应尽量朝南方；

（3）设计时应合理布置变电所内各室的相对位置，高压配电室与电容器室、低压配电室与电力变压器室应相互邻近，且便于进、出线，控制室、值班室（及辅助间）的位置应便于值班人员的工作管理；

（4）变电所内不允许采用可燃材料装修，不允许各种水管、热力管道和可燃气体管道从变电所内通过，变电所内不宜设置厕所和卫生间等。

（5）变电所内配电装置的设置应符合人身安全和防火要求，对于电气设备载流部分应采用金属网或金属板隔离出一定的安全距离；

（6）室内布置应经济合理，电气设备用量少、节省有色金属和电气绝缘材料，工程造价低。另外还应考虑以后发展和扩建等问题。

（二）变电所的布置方案

变电所的布置方案应设计合理、因地制宜、符合规范要求，并经过技术经济论证比较后确定。在表 3-13 中列出了 6～10kV 变电所的布置方案，以供设计时参考。

6～10kV 变配电所的布置参考方案   表 3-13

类　　　　型		有　值　班　室	无　值　班　室
独 立 式	一 台 变 压 器		
	二 台 变 压 器		
	高 压 配 电 所		

类　型		有　值　班　室	无　值　班　室
附设式	内附式	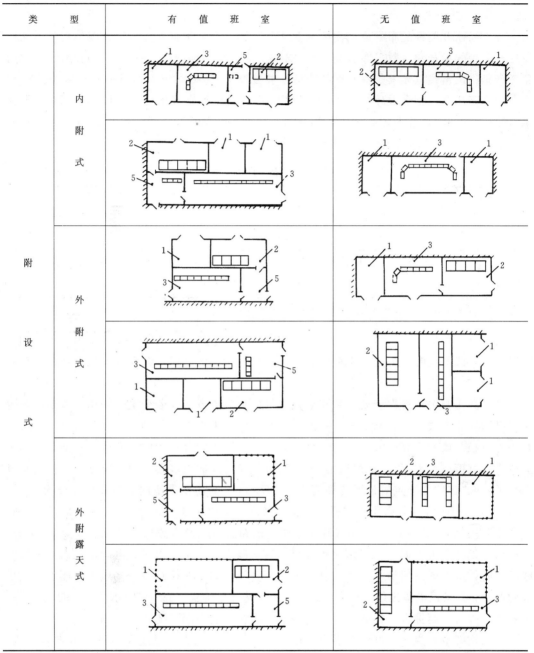	
	外附式		
	外附露天式		

注：1—变压器室；2—高压配电室；3—低压配电室；4—电容器室；5—控制室或值班室；6—辅助间；7—厕所。

1. 高压配电室

表 3-13 中"2"为高压配电室，在平面布置上应考虑进出线（尤其是架空进出线）方便。该室主要用于装设高压配电设备，如可装设 GG-1A 型、GG-10 型固定式高压开关柜；VC-10 型全封闭真空高压开关柜；GFC-1 型、GFC-10 型手车式高压开关柜；KYN-10 型封闭铠装手车式高压开关柜，等等。对高压配电室一般有如下几点要求：

（1）高压配电室的长度超过 7m 时应设两个门，并应布置在配电室两端，其中搬运门宽

1.5m，高 2.5～2.8m，门为外推开启式。而变电所内各室之间如有门则应为双向推拉开启式。

（2）高压开关柜的布置方式主要取决于其台数。通常根据变电所主接线选定各电路的高压开关柜的型号和台数。布置高压开关柜时，应结合变电所与各用户间的相对位置，避免各高压柜的出线（尤其是高压架空出线）相互交叉。

如果高压开关柜台数较少时可采用单列布置，其操作通道宽度一般取 2m；当高压开关柜台数较多（6 台以上）时，则可采用双列布置，其操作通道宽度一般取 2.5m，但一般不得小于表 3-14 规定的通道最小宽度值。

6～10kV 变电所内各种通道最小宽度(m)　　　　　表 3-14

通道类别 开关柜布置方式	维护通道	操作通道		通往防爆间隔通道
		固定式	手车式	
单　列	0.8	1.5	单车长＋1.2	1.2
双　列	1.0	2.0	双车长＋0.9	1.2

注：室内有柱墩等局部凸出部分处的通道宽度可减少 0.2m。

当只有一段母线时，为同类生产机械或车间变电所供电的所有高压开关柜宜单列相邻布置，有二段母线时，为同类生产机械或车间变电所供电的所有高压开关柜宜双列相对布置。

（3）高压开关柜有靠墙安装和离墙安装等两种安装方式。若变电所采用电缆出线，可采用靠墙安装方式，以减少配电室的建筑面积；若采用架空出线，则应采用离墙安装方式，开关配电柜与墙面距离应大于 0.6m，且单列或双列布置的开关柜的一侧应留出通往防爆间隔通道，宽度应大于 1m，一般取 1.2m。另外，架空线的出线套管要求至室外地面的高度不小于 4m，出线悬挂点对地面的高度不小于 4.5m。高压配电室内的净高度一般为 4.2～4.5m，若双列布置并有高压母线桥时，室内净高度可取 4.6～5m。对于 GG-1ACF 型固定式高压开关柜和 GFC-10 型手车式高压开关柜的布置方式及有关尺寸参见图 3-44。

（4）设计时可根据出线回路数和负荷类型来确定采用架空出线或电缆出线。如出线回路不多时，可考虑采用架空出线，以节省工程费用；如出线回路数较多或为高压电动机供电的线路，宜采用电缆出线。室内电缆沟（以及室外电缆沟）底应有 0.5% 以上的坡度，并设置集水井，以便排水。相邻高压开关柜下面的检修坑之间需要砖墙分隔。

如采用架空线为高压电动机供电，由架空线至电动机之间应接入 30～50m 的电缆段，且钢铠接地，以利于防雷。

（5）供给一级负荷用电的高压配电装置，在母线分段处应装设防火隔板或设置有门洞的隔墙；此外，高压配电室的耐火等级应不低于二级，室内顶棚、墙壁应刷白色，地面水泥抹面处理。

2．电力变压器室

电力变压器室主要用于装设变压器，是变换电压等级的重要场所，其尺寸主要取决于变压器的容量、外型尺寸、进线方式和通风方式。

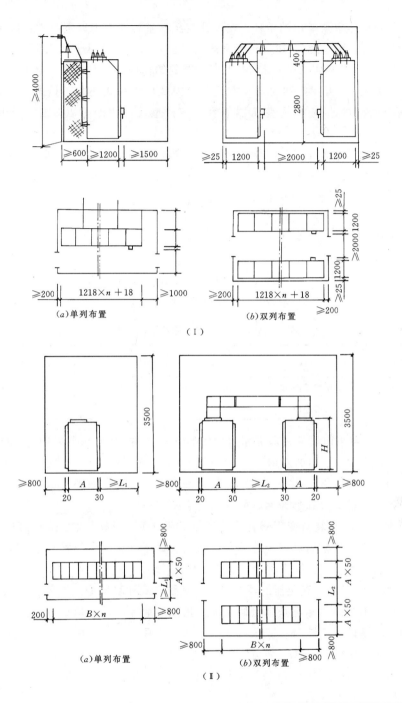

（a）单列布置　　　　　　　　（b）双列布置

（Ⅰ）

（a）单列布置　　　　　　　　（b）双列布置

（Ⅱ）

开关柜型号	尺　寸　（mm）					
	A	B	H	h	L_1	L_2
GC-1	1400	800	2100	800	单车长+900	双车长+600
GFC-1	1470	1000	2100	924	单车长+900	双车长+600
GFC-10A	1200	800	2000	800	单车长+900	双车长+600
GFC-15	1200	700	1900	924	单车长+900	双车长+600
GFC-3A	1200	700	1900	1030	单车长+900	双车长+600

图 3-44　高压开关柜的布置方式

（Ⅰ）GG-1A（F）型固定式高压开关柜的布置；（Ⅱ）GFC-10型手车式高压开关柜的布置

（1）设计变压器室须考虑的条件：在设计变压器室时应考虑以下条件：1）电源的进线方式（架空进线或电缆进线），在变压器室内高压侧是否装设进线开关及开关的类型（负荷开关或隔离开关）、安装要求等；2）电力变压器的结构型式，是油浸式还是干式，是敞开式还是封闭式；3）电力变压器的安装方式是室内地坪抬高式还是不抬高式，变压器是宽面推进还是窄面推进；4）电力变压器的容量和外型尺寸大小，以及夏季通风计算温度等。

（2）变压器室的布置要求：对于油浸式变压器，其油量980kg及以上时应安装在专设的变压器室内；对于干式变压器，为了改善其散热通风环境和运行安全，也宜安装在专设的变压器室内。对变压器室的基本布置要求如下：

1）变压器的外廓与变压器室内墙壁、门的最小允许净距，应不小于表3-15的规定值。如选用干式变压器用装设在屋内（如配电室内），其外廓与室内墙壁的净距不得小于0.6m，干式变压器间距应不小于1m，并满足检修巡视要求。

2）变压器室平面大小除了按表3-15的规定值确定外，还应考虑以后发展，需要增容的可能性，一般按加大一级容量的变压器外廓尺寸来确定。

油浸式变压器外廓与变压器室内墙壁及门的最小净距(m) 表3-15

变压器容量（kVA）	≤1000	≥1250
器身外廓与后壁侧壁净距	0.6	0.8
器身外廓与门的净距	0.8	1.0

此外，变压器室平面尺寸还与变压器的安装方式有关。如变压器采用宽面推进安装时，低压侧应向外，油枕位于门的左侧，以利于巡视安全，便于观察油表油位。具有开间大、进深浅、通风面积大的特点。当变压器窄面推进安装时，油枕宜向外，也可便于观察油表油位，具有开间小、进深大和通风面积较小的特点。

3）变压器室内可安装与变压器有关的高压负荷开关、隔离开关、熔断器和避雷器等高压电器。在考虑变压器室内高度、总体布置及高、低压进、出线位置时，应将其操作机构安装在靠进门的一侧。

4）变压器室内高度与高压器的器身高度、进线方式和稳装型式有关。根据通风条件要求，变压器有在不抬高的地坪基础上稳装和在抬高的地坪基础上稳装两种型式。当变压器在不抬高的地坪基础上稳装时，变压器室门下部制成百叶洞为进风口，从门的上方或后壁的百叶孔洞出风，如图3-45（a）所示，变压器室高度一般为3.5～4.8m。这种变压器稳装型式适用于单台变压器容量在500kVA及以下，进风温度≤+35℃的情况。当变压器在抬高的地坪基础上稳装时，地坪基础须抬高0.8～1.2m，这样变压器室的进风孔洞设在地坪基础的下方，大门上方的墙上预留百叶窗出风孔洞，如图3-45（b）所示，可适用于单台变压器容量≥315kVA，进风温度≤+35℃的情况；也可在变压器室的上部设计成气楼式出风口，如图3-45（c）所示，可适用于单台变压器容量＞1000kVA，进风温度＞35℃的情况。这种变压器稳装型式的变压器室高度一般为4.8～5.7m。

5）独立式或附设式变电所的变压器室，如单台变压器容量≤1250kVA，且油量在980kg以上，980kg以下时，可考虑设置能容纳20%油量的挡油设施，并有将事故油排至安全处

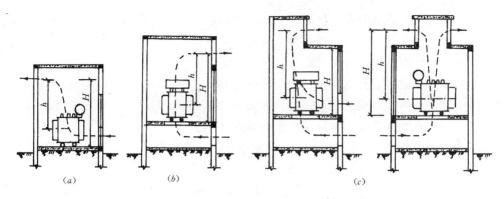

图 3-45 变压器的稳装型式及其室内通风方式

(a) 变压器在不抬高地坪基础上稳装及门下进风、后墙（或门上）出风；(b) 变压器在抬高地坪基础上稳装及地下进风、门上出风；(c) 变压器在抬高地坪基础上稳装及地下或门下进风、气楼出风

的贮油设施。对于车间变电所的变压器室，则应考虑设置能容纳变压器全部油量的贮油设施。在下列场所的变压器室，必须考虑设置能容纳变压器全部油量的挡油设施或设置能将油排到安全处的贮油设施：①位于容量沉积可燃粉尘、可燃纤维的场所；②附近有易燃物大量推积的露天场所；③变压器室的下面有地下室或楼层。高层建筑防火规范规定，在高层建筑主体内，禁止使用油浸式变压器，在地下室也不宜采用。在一般民用楼宅内也不宜采用油浸式变压器，如采用时必须采取严密的防火防爆措施，并应考虑设置能将变压器油排入安全处的贮油设施。

（3）变压器室通风窗的有效面积计算：变压器室通风窗的有效面积计算应按自然通风情况考虑，并考虑发展增容的可能性，使变压器室内年最热月份的排风温度≤+45℃，进、排风口温差≤15℃，以保证变压器能安全满载运行。当要求进、排风口有效面积相等时，应按下式计算：

$$A_i = A_o = \frac{2.45K\Delta p}{\Delta t}\sqrt{\frac{2(\zeta_j + \zeta_c)}{h(\gamma_j^2 - \gamma_c^2)}} \tag{3-14}$$

当要求进、排风口有效面积不相等时，则按下式计算：

$$\left.\begin{array}{l} A_i = \dfrac{2.45K\Delta p}{\Delta t}\sqrt{\dfrac{(2(\zeta_j + \alpha^2\zeta_c)}{h(\gamma_j^2 - \gamma_c^2)}} \\[4mm] A_o = F_j/\alpha \end{array}\right\} \tag{3-15}$$

以上式中 A_i——进风口有效面积（m²）；

A_o——排风口有效面积（m²）；

α——进、排风口有效面积之比，一般取 $\alpha = 0.5\sim1$；

Δp——变压器额定功率损耗（为额定铜损与额定铁损之和）（kW）；

K——因屋顶受太阳热辐射而增加热量的修正系数。当内附式或屋内装设时，取 $K=1$，外附式且 SL₇ 型变压器容量为 200～630kVA 时，取 $K=1.09$，容量为 800～1600kVA 时，取 $K=1.08$，S₇ 型变压器容量为 200～630kVA 时，取 $K=1.08$，容量为 800～1600kVA 时，取 $K=1.06$；

Δt——进出风口温差（$\Delta t = t_c - t_j$）（℃）；

ζ_j——进风口局部阻力系数，取 1.44；

ζ_c——排风口局部阻力系数，取 2.30；

γ_j——进风口空气容重，30℃时取 11.42，35℃时取 11.24（N/m³）；

γ_c——排风口空气容重，45℃时取 10.89（N/m³）；

h——变压器中心至排风口中心间距（m）。

为了便于计算 h 值，变压器油箱中心距地坪可取 0.8m，见图 3-45 可知变压器油箱中心标高与出风口中心标高 H 之差为 $h = H - 0.8$（m）。

另外由于需要在通风窗口上加装网栅，以防雨雪或鼠、鸟等进入，从而会引起窗口阻力系数增大。因此，进、排风口的实际面积应为按式（3-14）或式（3-15）计算的有效面积再乘以网栅构造系数 C，即

$$\left.\begin{array}{l} A_{ic} = CF_j \\ A_{oc} = CF_c \end{array}\right\} \tag{3-16}$$

式中　A_{ic}——进风口加装网栅后的面积（m²）；

A_{oc}——排风口加装网栅后的面积（m²）；

C——网栅构造系数。一般进风口采用圆钢栅栏加铁丝网（网孔≤10mm×10mm），取 $C = 1.25$；而排风口采用金属百叶窗加铁丝网（网孔≤10mm×10mm），取 $C = 2$。

（4）变压器室的基础梁及预埋件：变压器室内安装变压器需要基础梁或基础墩，其强度计算应满足发展增容的要求，一般应按比设计容量加大一级的变压器总重量来考虑。三相铝线绕组油浸式变压器重量在表 3-16 中列出。

SL₇ 型配电变压器的重量　　　　　　　　　　　　表 3-16

额定容量（kVA）	250	315	400	500	630	800	1000	1250
油重（kg）	319.7	372.7	436.4	504.1	715.9	858.1	1183.7	1422.0
总重（kg）	1230.7	1495.5	1740.7	2015.3	2691.9	3241.1	4055.0	4932.7

在室外安装的变压器基础为墩状，一般应高出地面 300mm 以上。室内安装的变压器基础有不抬高式和抬高式两种型式。不抬高式基础也可为墩状，高出地坪 300mm，其基础也可与地面平齐。基础抬高式多采用基础梁，相对标高为 +0.8～1.2m，其下方悬空（见图 3-45），上表面与抬高的地坪平齐，以便于变压器的稳装。

变压器室预埋件主要有以下几种：①变压器基础梁或基础墩上的预埋件，采用 -200×8 扁钢，并在扁钢上焊接固定 ø16 圆钢作为变压器滚轮导轨。两圆钢（及扁钢）应平行，其间距等于变压器轨距，见图 3-46（a），预埋件安装要求尺寸见表 3-15。②低压母线过墙孔洞内预埋件，采用 L50×50×5 角钢，孔洞高 300mm，宽度（W）见表 3-18，安装见图 3-46（b）。③变压器室檐口上架空进户支架预埋件用 ø16 圆钢，预埋时注意与屋面主筋焊牢，见图 3-46（c）。此外，还有稳装固定变压器的固定钩预埋件、变压器吊芯检查用的屋顶吊钩预埋件等。各种预埋件均须电气设计人员向土建设计人员提出荷重要求和埋设具体位置。

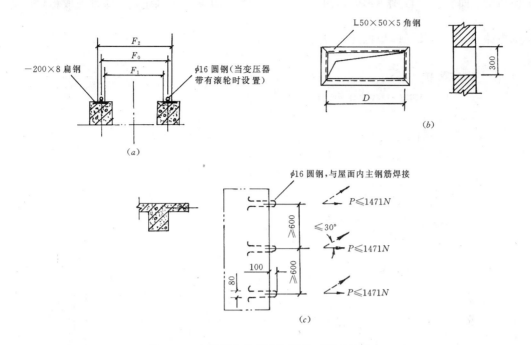

图 3-46　变压器室的部分预埋件（尺寸单位：mm）

（*a*）基础梁、墩上的预埋件；（*b*）低压母线过墙孔洞预埋件；（*c*）变压器室檐口上的架空进户支架预埋件

变压器基础梁（或墩）上的预埋件安装尺寸　　　　　　表 3-17

变压器容量 （kVA）	F_1（mm）	F_2（mm）	F_0（mm）	变压器总重量 （kg）
200～400	550	660	605	1049.3～1740.7
500～630	660	820	740	2015.3～2691.9
800～1250	820	1070	945	3241.1～4932.7

变压器室内低压母线过墙洞孔尺寸　　　　　　表 3-18

变压器容量（kVA）	过墙孔洞宽 W（mm）	变压器容量（kVA）	过墙孔洞宽 W（mm）
200～630	900	800～1250	1100

3. 低压配电室

变电所内低压配电装置一般采用低压成套式配电屏，作为三相交流电压 380V（有的是交流电压 660V）及以下电力系统的动力、照明配电和对用电设备集中控制之用。目前我国生产的户内式低压配电屏有固定式和抽屉式两种，固定式有 PGL-$\frac{1}{2}$D 型、GGL 型、GGD 型等交流低压配电屏，屏宽有 400、600、800、1000mm 等四种，屏深均为 600mm，屏高均为 2200mm。其主、辅电路均采用标准化方案，并有固定的对应关系，即一个主电路方案对应着几个辅助电路方案。以 PGL 系列为例，PGL-$\frac{1}{2}$D 的公用主电路方案号"20"有两个辅助

电路方案，即 PGL-$\frac{1}{2}$D-01 和 PGL-$\frac{1}{2}$D-02。所以，在主电路方案确定后，即可选取相对应的辅助电路方案。PGL-$\frac{1}{2}$D 型低压配电屏布置方案如图 3-47 所示。

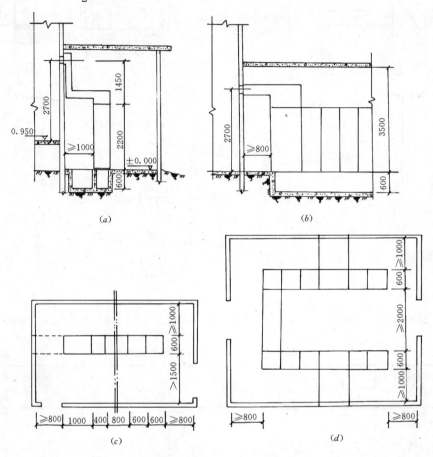

图 3-47 PGL-$\frac{1}{2}$D 型低压配电屏布置方案（单位：mm）

(a) 变压器室地坪抬高、屏后进线方式；(b) 变压器室地坪不抬高、屏侧进线方式；

(c) 单列布置平面图；(d) 双列布置平面图

抽屉式低压配电屏具有馈电回路数多、回路组合灵活、体积小、维护检修方便、恢复供电迅速等特点。主要有 BFC-10A、BFC-20 等系列，采用封闭式结构、离墙安装，元件装配有固定式、抽屉式和手车式等几种。这种配电屏内部分为前后两部分，后面部分主要用作装设母线，前面部分用隔板分割成若干个配电小室。固定式配电小室高度有 450、600、900、1800mm 等 4 种，抽屉式配电小室高度有 200、400mm 等 2 种，抽屉后板上装有 6 个主触头，20 个辅助触头。为了确保操作安全，抽屉与配电小室门之间装有联锁装置，当配电小室门打开时使抽屉电路不能接通。固定式或抽屉式配电小室均可按用户设计要求任意组合，但总叠加高度不应超过 1800mm。手车式配电小室一般为 3 个，第一个小室为母线室（左侧），安装进、出母线用，第二个小室为继电保护室（右上侧），安装各种继电保护、信号和主令等电器元件，第三个小室为主开关室（右下侧），安装手车式主开关用，并且与小室门之间也设有机械联锁机构，能防止在主开关负载时手车从工作位置上拉出，也能防止在主开关合闸状态时手车推入工作位置。BFC 系列抽屉式低压配电屏布置如图 3-48 所示，其布置方案同 PGL 系列，也可单列或双列布置。

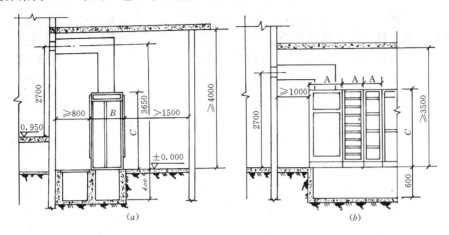

图 3-48　BFC 系列抽屉式低压配电屏的布置（单位：mm）

(a) 变压器室内地坪抬高、屏后进线方式；(b) 变压器室内地坪不抬高，屏的侧面进线方式

在进行低压配电室布置时，一般应注意以下几点：

（1）低压配电屏一般要求离墙布置，屏后距墙净距约 1m。当屏后墙面上安装低压进线自动空气开关时，屏后距墙净距可根据操作机构的安装位置、操作方向适当加大。

（2）低压配电室的长与宽由低压配电屏的宽度、台数及布置方式确定。对于按列布置的低压配电屏，当单列屏长 $L \leqslant 6m$ 时，应在屏的一侧设置屏后通道出口，当 $6m < L \leqslant 15m$ 时，应在屏的两侧各设置一个屏后通道出口，当 $L > 15m$ 时，还须在单列屏的中间再增设一个屏后通道出口，其宽度一般为 0.6～0.8m，从而可计算出室内净长度≥配电屏宽度×单列屏台数＋屏后通道出口宽度×出口个数 （mm）。

（3）屏前操作通道宽度（推荐尺寸），从配电屏正面算起，单列时应不小于 1.8m，双列时应不小于 2.5m。当低压配电室兼作值班室时，屏前操作通道宽度应不小于 3m，则低压配电室内净宽度≥配电屏后通道宽度×通道个数＋配电屏深度×列数＋配电屏道的操作通道宽度。

（4）低压配电室内高度应结合变压器室的布置结构来确定，可参考以下尺寸范围选择：

1）与相邻变压器室地坪不抬高时，配电室高度为 3.5～4m；

2）与相邻变压器室地坪抬高时，配电室高度为 4～4.5m；

3）如配电室采用电缆进线时，其高度可以降至 3m。

（5）低压配电屏的布置宜考虑出线的方便，尤其是架空出线时应避免出线之间互相交叉。另外，低压配电屏下方宜设电缆沟，屏后有时也需设置电缆沟，一般沟深取 600mm。当采取电缆出线时，在电缆出户处的室内、外电缆沟深度应相互衔接吻合，并采取良好的防水措施，如电缆沟底面有 0.5% 的坡度，设置集水井等，以利于排水。室内电缆沟可采用花纹钢板盖板或混凝土盖板，室内防火等级应在 3 级以上。

（6）当低压配电室的长度超过 8m 时，应在两端各设置一个门，且门应向外开。其中作为搬运设备的门宽度应不小于1m。相邻的配电室间宜装能两个方向开启的门。此外,在低压配电室内应考虑留有适当数量的低压配电屏位置以满足以后发展的需要。

4. 高压电容器室

1kV以上的高压电容器组应装设在高压电容器室内,以确保运行人员的人身安全。对高压电容器室的布置应注意以下几点:

(1) 电容室内通风散热条件差,是电容器损坏的重要原因之一。因此要求高压电容器室应有良好的自然通风散热条件。通常可将其地坪较室外提高0.8m,在墙下部设进风窗,上部设出风窗。通风窗的实际建筑面积(有效面积),可根据进风温度的高低,按每100kvar电容器需要下部进风面积0.1~0.3m², 上部出风面积0.2~0.4m²计算。如果自然通风不能保证室内温度低于40℃时,应增设机械通风装置来强制通风。为了防止小动物(如鼠、鸟等)进入电容器室内,进、出风口应设置网孔≤10mm×10mm的铁丝网。

(2) 高压电容器室的平面尺寸可由移相电容器的容量来确定。如采用成套式高压电容器柜,则可按电容器柜的台数来确定高压电容器室的长度,根据电容器柜的深度、单列或双列布置及维护通道宽度来确定高压电容器室的宽度。高压电容器室内维护通道最小宽度在表3-19列出。一般单列布置的高压电容器室内净宽度为3m,双单布置的高压电容器室内净宽度为4.2m。高压电容器室的建筑面积也可按每100kvar约需4.5m²来估算。如采用现场自行设计的装配式高压电容器组,电容器可分层安装,但一般不超过3层,层间应不加隔板以利于通风散热。下层电容器底部距地面应不小于0.3m。上层电容器底部距地面应不大于2.5m,电容器层间距离不小于1m,电容器外壳相邻宽面之间的净距应不小于0.1m。工程设计时可参考全国通用《电气装置标准图集》(图号D211)《6~10kV移相电容器安装构架》。

电容器室内维护通道的最小允许宽度(m)   表 3-19

移相电容器组装型式	单列布置	双列布置
成套式高压电容器柜	1.5	2.0
装配式高压电容器组	1.3	1.5

(3) 高压电容器室的耐火等级应不低于2级,但可采用木制门窗。当室内长度超过7m时应设两个门,并且分设在电容器室两端,门向外开启,同时应尽量避免西晒,高压电容器室的布置如图3-49所示。

(4) 高压电容器一般接成星形,且中性不接地,当容量较小时(≤400kvar),也可接成三角形。当单台电容器的额定电压与电力电网的额定电压同级时,应将电容器的金属外壳及其支架可靠接地;当单台电容器的额定电压低于电力电网的额定电压等级时,为了避免发生单相接地故障时使电容器极板对地电压升高而影响电容器的安全运行,应将每相电容器的安装支架与地绝缘,其绝缘等级应不低于电力电网的额定电压。例如,将额定电压为6kV的高压电容器星形连接后接于额定电压为10kV的电力电网上时,就应采取上述措施。

(三) 变电所的布置设计举例

变电所的布置设计应首先根据用户配电要求,用电负荷分布和容量等条件确定高低压供电系统图,再进行电气平面和剖面布置。在布置设计时所考虑的主要内容有:

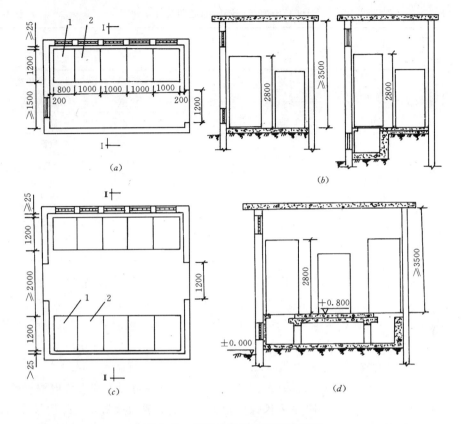

图 3-49　高压电容器室布置示意图

(a) 成套式高压电容器柜（GR-1型）单列布置；(b) Ⅰ-Ⅰ 剖面，地坪不抬高或地坪抬高
（+0.8m）；(c) 成套式高压电容器柜（GR-1型）双列布置；(d) Ⅱ-Ⅱ 剖面，地坪抬高
（+0.8m）；1—GR-1型电压互感器柜；2—GR-1型电容器柜

（1）变电所的总体布置设计应首先考虑高压配电室、低压配电室、变压器室、电容器室以及控制室的合理布局，保证电气系统的安全可靠运行，便于巡视操作和检修，并留有发展增容的余地。其次还应考虑值班室和其他辅助建筑（当建筑单位有建造要求时）的合理布置，从建筑总体上应力求实用、紧凑、整齐、美观。

（2）电力变压器室是变电所设计中的重要内容，应首先确定变压器的位置，使其具有良好的通风条件和安装运输条件，其大门应尽量避免向西，以防西晒而对变压器室通风散热不利。变压器设计应尽量采用通用尺寸，即将变压器按容量大小分为三组，每组均以最大容量变压器的最大外廓尺寸来考虑变压器室的尺寸，见表3-20。

在变压器室的位置及尺寸确定后，再确定高、低压配电室和电容器室等的位置。低压配电室应与变压器室相邻，如果变压器的低压侧与低压进线屏通过架空母线连接时，则应使低压进线屏尽量与变压器室的低压母线过墙孔对准，以减少过墙母线弯头而使安装方便。另外，低压配电屏的布置还须考虑低压电缆或低压架空线的出线方便。

高压配电室的布置可与电力变压器室相邻或有一定的间隔，但布置时应主要考虑进出线方便，尤其是高压架空线进出高压配电室时应避免相互交叉；当电缆进出线时，应使线路尽量短。

10kV 电力变压器室的通用尺寸

表 3-20

变压器额定容量 (kVA)	推进方式	宽×深 (mm)	高 (mm)	确定高度条件
160、200、250、315	窄面	2300×3000	3500	一般电缆进线
			4200	当高压有 FN 时
	宽面	3000×2300	4800	高压架空进线
400、500、630	窄面	3000×3500	3800	宽面电缆进线
			4200	当高压有 FN 时
	宽面	3500×3000	4800	高压架空进线
800、1000	窄面	3300×4500	4800	宽面电缆进线
			5200	窄面电缆进线
	宽面	4500×3300	5700	高压架空进线

高压电容器室一般应布置在高压配电室的近旁，如电容器室地坪抬高与变压器室抬高相同时，为了方便建筑施工和巡视观察，也可考虑将高压电容器室与变压器室相邻。

（3）当变电所内设置高压电容器室后，就须设置值班室，值班室宜与低压配电室邻近，也可布置在高、低压配电室之间，同时门应对主要道路。

4．当变电所内设置值班室后，根据工程需要可考虑设置控制室。

控制室内通常设有控制屏、继电保护屏、信号屏、所内电源屏和直源电源屏等。其中直流电源屏可选用 GK41、GK42 系列镉镍电池分、合闸硅整流装置，其外型尺寸为 800×550×2300（宽×深×高）mm，其他控制装置可选用 PK-1 系列，各种屏可并列布置安装，如图 3-50 所示。控制室内一般采用电缆沟或电缆桥架配线，若控制屏的排列长度超过 6m，屏后维护通道宽度应大于 0.6m，并在其两端各设一个通道出口，通道出口宽度应大于 1m；控制室也应在两端各设一个出口。控制室也应采取防雨雪和小动物等从门窗或电缆沟等进入室内的措施。综合以上各点，可绘出变电所电气布置图，见图 3-51，以供参考。

三、高层建筑变电所结构与布置

高层建筑变电所的设置在本章第一节中已作介绍，见图 3-2，目前高层建筑变电所多设置在地下室或辅助建筑物内，其结构可分为分体式和组合式两种类型。

（一）单元分体式变电所

高层辅助建筑变电所有利于消防管理，设备运输方便，可更有效地利用自然采光和自然通风，一般多与锅炉房、冷冻机房等较大动力负荷相毗邻。高层辅助建筑变电所多采用分体式结构，其结构及布置要求与上述介绍的工业企业变电所的总体布置基本相似，见图3-51，即由高、低压配电室，变压器室，高压电容器室，以及控制室和值班室等构成。为了减少占地面积，高层辅助建筑变电所常设计成两层建筑物，其第 1 层主要设置变压器室、低压配电室、值班室及控制室、发电机室等。变压器室、低压配电室、值班室及控制室的内部布置可参考图 3-45、图 3-47、3-48 和图 3-50。低压配电室宜离墙 1m 安装，屏前操作通道从盘面算起，配电屏单列布置时取 1.8m，双列布置时取 2.5m。若低压配电室兼作值班室时，屏前操作通道应不小于 3m。当单列布置屏长超过 6m 时，其两端宜各设置一个通道，并在通道处设置防护板。由同一低压配电室为某一级负荷供电时，在母线分段处应设防火

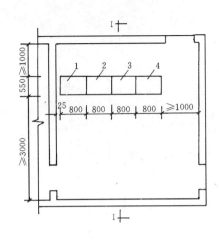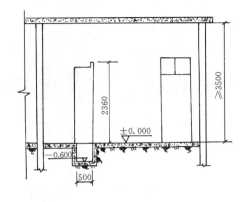

图 3-50　变电所内控制室的布置（单位：mm）

(a) 单列布置平面图；(b) Ⅰ-Ⅰ剖面图

(1—PGD 型硅整流合闸屏；2—PGD 型直流控制屏；3—控制及继电器屏；4—中央信号屏)

隔板或隔墙。当采用电缆为一级负荷供电时，其两路电缆线路不得敷设在同一电缆沟内，以便发生故障时，在备用电缆投入运行的情况下，及时检修故障电缆。低压配电室高度，采用电缆进线时可降低到 3m，而采用母线架空进线时，应为 3.5～4m。

高层辅助建筑变电所的第二层主要设置高压配电室、高压电容器室和控制室。应由两个独立电源供电，若无法获得两个独立电源时，对于容量较大的高层建筑也要求有两个回路电源供电，由电力电缆或架空线路引入高压配电室。高压配电室和高压电容器室的布置可参考图 3-44 和图 3-49。当变电所为两层建筑时，在一、二层均应考虑设置控制室，其位置应便于观察主要配电装置。控制室内布置参考图 3-50，各屏间及通道距离见表 3-21。

控制室屏间及通道宽度(mm)　　　　　　　　表 3-21

布置示意图	尺寸代号	通道宽度范围	最小允许值	备　　注
	b_1	1300～1500	1200	屏正面—屏背面
	b_1	1600～1800	1600	屏正面—屏正面
	b_2	1000～1200	800	屏背面—墙
	b_2	800	800	屏背面—屏背面
	b_3	1000～1200	800	屏一侧—墙
	b_4	1500～1700	1500	屏正面—墙

（二）组合式变电所

在高层建筑或建筑群体内，以及地下建筑设施和公共场所中，可采用户内组合式变电所供电。组合式变电所是将手车式高压开关柜、干式变压器柜和抽屉式低压配电屏等组合在一起。其手车式高压开关柜采用 GFC-10A 型或 GFC-30Z 型，手车上装有 ZN4-10C 型真空断路器；抽屉式低压配电屏采用 BFC-2B 型或 BFC-10A 型，屏内装有 DW95-1000 及 DW5-630 型或 AH-6B～AH-16B 型、ME-600～ME-1000 型等低压断路器，具有长延时、短延时及瞬动等三段保护功能；干式变压器柜采用装有 SCL 型环氧树脂浇注干式变压器，为

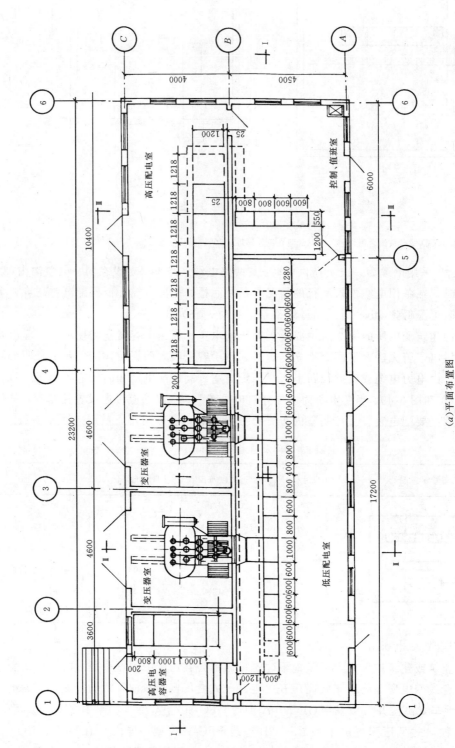

（a）平面布置图

图 3-51a　典型工业企业变电所的电气布置图（单位：mm）

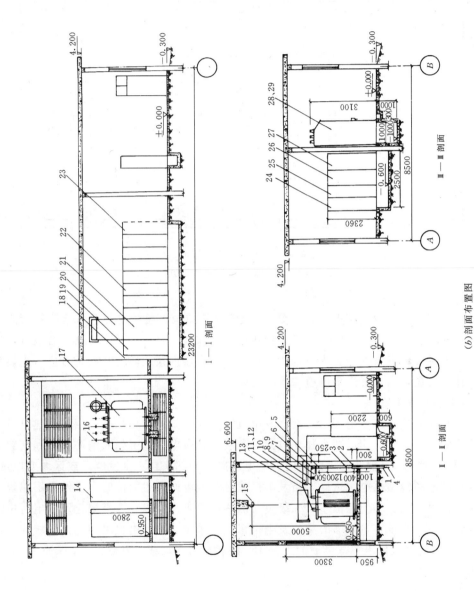

（b）剖面布置图

图 3-51b　典型工业企业变电所的电气布置图（单位：mm）

防护可拆装结构，导电 部分均装设在柜体之内。组合式成套变电所平面布置如图 3-52 所示，即将成套变配电装置布置在同一房间之内，具有占地面积小，防火、防爆、防潮性能好。主要开关元件都装设在手车或抽屉之中，因此在发生故障时，可迅速换接备用手车或抽屉，使安装维修方便，供电可靠性高，而且容易实现将变电所布置到负荷中心，使低压馈电半径减小，线路损耗降低，供电电压质量较高。

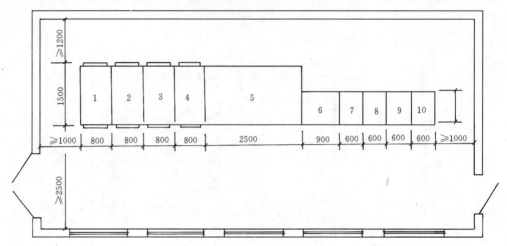

图 3-52 组合式成套变电所电气布置平面图（单位：mm）
1～4—GFC-10A 型手车式高压开关柜；5—变压器柜；
6—低压总进线柜；7～10—BFC-10A 抽屉式低压配电屏

组合式成套变电所的变配电装置布置，一般要求柜前操作通道应大于 2.5m，柜后距墙为 1.2m，柜两侧距墙应不小于 1m。高、低压配电柜和变压器柜的单元方案组合设计，应根据一次电气系统方案来确定。当组合式变电所布置在楼内某层时，在其下方应考虑设计电缆沟或技术夹层，以方便进出电缆和管线的敷设。

（三）柴油发电机室

上面提到在高层建筑变电所中须设置发电机室。我们知道，根据《高层民用建筑设计防火规范》的有关要求，应由两个独立电源为高层建筑供电，以确保其消防设施和其它重要负荷的用电。然而，目前我国供电部门的输电线路一般都来自一个发电厂或区域变电站，即一个电源的两条线路供电。这样，当发电厂或区域变电站发生故障时，供给高层建筑的两路电源将同时停电，不能保证一、二级负荷的用电要求。所以，在高层建筑变电所中须设柴油发电机室，装设容量足够的柴油发电机组，并采用柴油发电机组与电力系统的自动联锁装置，在供电部门的电源故障后的 10～15s 内能自动起动柴油发电机组，保证一、二级负荷的用电。

1. 柴油发电机室的一般布置要求

柴油发电机组在运行时往往噪声较大，例如全封闭式柴油发电机组的运行噪声为 78dB，而一般开启式柴油发电机组的运行噪声高达 105dB，所以在进行柴油发电室的建筑设计时，必须考虑降低噪声措施，以达到我国《城市区域环境噪声标准》（GB3096—92）的规定要求，最大噪声应不超过 35～45dB。另外，柴油发电机组在运行过程中还会排放出大量有害尾气，因此需要设置通风排烟装置。对于水冷却式柴油发电机组，在月平均环境温度 30℃的情况下，所需新风量可按 11.7m³/h·kW 设计，同时还应注意柴油发电机组有害尾气排放对周围环境的影响。

根据柴油发电机组的上述运行特点，柴油发电机室宜设置在高层建筑主体的地下室变电所或高层辅助建筑变电所内。

对于柴油发电机室的建筑设计须考虑其主、辅油箱的容积和合理位置，首先应满足防火防爆的要求。柴油发电机的燃油消耗量可按 2.13～2.8N/h·kW 考虑，以此值计算主、辅油箱的容积。主油箱一般可按 5 天考虑储油量，辅油箱可按 4～8h 考虑储油量，主油箱通过油泵对辅助油箱供油。油泵电源由变电所低压母线和柴油发电机组两路电源供电，以保证供油的可靠性。

柴油发电机室的建筑面积一般为 20～30m²，高度应满足柴油发电机组检修连杆时的吊出高度，并考虑装设起重设备。当柴油发电机组 2～3 台，每台容量≤200kW 时，起重设备可选用电动葫芦，每台容量≤75kW 时，只设置吊钩即可。此外，柴油发电机室对暖通、给排水等专业的要求，应按产品说明书和安装规程提出相应的要求。

2. 柴油发电机组的供电范围

《建筑电气设计技术规程》（JGJ16—83）第 5.1.6 条规定："民用建筑中一般一级负荷确定装机容量。对一些重要的民用建筑可按一级负荷及部分二级负荷来确定装机容量。"柴油发电机组容量应能满足一级负荷和部分二级负荷的用电。高层建筑中的一级负荷主要包括以下几个方面：

（1）消防用电设备：消防水泵、喷淋泵、消防电梯、防排烟设备、电动防火门和卷帘门、火灾自动报警系统、各种消防电磁阀门和消防控制室等。

（2）重要场所的电气照明：楼梯及客房走道的应急照明，厨房、电话总机室、消防控制室、消防泵房、配电室、柴油发电机室等的应急照明，以及航空障碍灯等。

（3）其他重要设备：电子计算机及外部设备电源，电话站电源，中央控制室及保安电源。

部分重要二级负荷主要包括：

1）高层建筑的客梯电源和生活泵电源。

2）重要会议厅堂、演出厅、金融营业厅的照明，以及空调设备的用电。

3）冷冻室和冷藏室的电源。

3. 柴油发电机组总容量的确定

确定柴油发电机组的总容量，应根据其供电范围进行负荷计算，再进行稳定负荷计算、尖峰负荷计算和发电机母线允许电压降计算，从中选取最大值作为柴油发电机组的总容量。

（1）用电负荷计算：由于柴油发电机组为高层建筑的应急备用电源，其供电范围均为不允许停电的重要电气设备，并且为满负荷运行。因此需要系数和同时系数均应取 1。在供电范围内用电设备组的计算功率 P_{js} 的计算：

1）消防泵、喷淋泵和排烟风机等用电负荷

$$P_c = \Sigma P_N \tag{3-17}$$

2）消防电梯

$$P_c = K_t \Sigma P_N \tag{3-18}$$

3) 照明系统

$$P_c = \Sigma P_N \tag{3-19}$$

以上各式中 P_N——分别为单台电动机、单部消防电梯或灯具的额定功率，其中荧光灯具应包括镇流器的功率损耗（kW）；

K_t——额定功率换算系数，与控制方式有关，一般控制方式 $K_t=1.224$，直流电动发电机（M-G）控制方式 $K_t=1.59$。

柴油发电机组供电范围内的用电设备组计算功率经过分别统计计算后，又求得发电机组的总负荷计算功率为：

$$P_{c\Sigma} = \sum_{i=1}^{n} P_{ci} \tag{3-20}$$

式中 $P_{c\Sigma}$——发电机组总负荷计算功率（kW）；

P_{ci}——发电机组所接的每个用电设备组的计算功率（kW）。

（2）发电机组总容量计算：确定计算发电机组的总容量，应先分别按稳定负荷、尖峰负荷和发电机组母线允许电压降等计算出所需要的发电机组总容量，再从中选择最大值作为发电机组的总容量。

1）按稳定负荷计算：

$$S_{G1} = P_{c\Sigma}/\eta_\Sigma \cos\varphi_G \tag{3-21}$$

式中 S_{G1}——按稳定负荷计算发电机组的总容量（kVA）；

η_Σ——发电机组所接用电设备组的综合效率，一般可取 0.85；

$\cos\varphi$——发电机组额定功率因数，可取 0.8。

2）按尖峰负荷计算：

$$S_{G2} = K_j S_{max}/K_{al} = K_p \cdot \sqrt{P_{max}^2 + Q_{max}^2}/K_{al} \tag{3-22}$$

式中 S_{G2}——按尖峰负荷计算发电机组的总容量，（kVA）；

K_p——因尖峰负荷而造成电压频率降低，使用电设备组功率下降的系数，有电梯时 $K_p=0.9$，无电梯时 $K_p=1.0$；

K_{al}——发电机组允许短时过载系数，一般可取 $K_{al}=1.5$；

S_{max}——引起尖峰负荷最大的单台电动机或成组电动机的起动容量（kVA）。

3）按发电机组母线允许电压降计算

$$S_{G3} = (1 - \Delta E)X'_G S_{st}/\Delta E \tag{3-23}$$

式中 S_{G3}——按母线允许电压降计算发电机组的总容量（kVA）；

ΔE——发电机组母线允许电压降百分数，有电梯时 $\Delta E=20\%$，无电梯时 $\Delta E=25\%$；

X'_G——发电机组暂态电抗，一般应取实际值，或近似取 0.2；

S_{st}——引起发电机组电压降最大的电动机或成组电动机的起动容量（kVA）。

从而可确定柴油发电机组的总容量：

$$S_{GN} \geqslant S_{Gimax} \tag{3-24}$$

式中 S_{GN}——发电机组的额定视在功率（kVA）；

S_{Gimax}——S_{G1}、S_{G2}、S_{G3}的最大值（kVA）。

柴油发电机组的总容量也可按以下方法估算：

1）按建筑面积估算：建筑面积为10000m² 以上的大型高层建筑，可按15～20W/m² 估算；建筑面积为10000m² 以下的中小型高层建筑，则按10～15W/m² 估算。

2）按主变压器总容量估算：即按变电所内主变压器总容量的10%～20%估算。

3）按单台或成组起动的电动机容量估算：在高层建筑中，消防泵、喷淋泵、消防电梯或排烟风机等最大容量异步电动机全压起动时，柴油发电机组母线上的电压降应不超过15%～20%，在满足此条件情况下，柴油发电机组的总容量可从表3-22中查取。

根据直接起动电动机容量确定柴油发电机组容量　　　　　表 3-22

电动机容量（kW）	14	16.8	21	28	30	55	75	100
发电机组容量（kW）	20	24	30	40	50～75	90～120	150～200	250～320

这样，从上述三种估算方法中选择最大容量值作为柴油发电机组的总容量，这种估算方法一般在高层建筑的方案设计时使用，并作为向建筑、水暖专业提供设计条件的依据。

在计算出柴油发电机组的总容量后，应合理经济地确定柴油发电机组的台数。对于大型高层建筑宜选用2台柴油发电机组，一台作为消防用电设备的备用电源，另一台作为其他的一、二级负荷的备用电源。在非火灾情况下，当出现市电故障而停电时，仅需起动为一、二级负荷供电的柴油发电机组即可；而在火灾时，则2台柴油发电机组同时起动运行。如果其中一台出现故障时，另一台仍可保证消防设备和部分一、二级负荷的用电，而不会影响火灾的补救。对于中小型高层建筑，并且所需柴油发电机组容量较小时，可采用一台柴油发电机组，但供电可靠性较低。为了管理和维护方便，根据《建筑电气设计技术规范》要求，一般高层建筑内应急柴油发电机组最多不宜超过3台。

4. 柴油发电机组的配电接线方式

柴油发电机组低压配电接线方式在本章第三节"民用建筑变电所主接线"中已简单介绍，即将柴油发电机组供电干线通过切换开关直接与变电所的低压母线相连接，正常时自备柴油发电机组的切换开关分断，全部用电负荷均由电力变压器通过低压配电装置供电。当电网故障时，则须先切除不属于柴油机组供电范围的用电负荷（如三级负荷或部分二级负荷），然后起动柴油发电机组，通过其切换开关与低压母线接通，通过低压配电装置对一、二级负荷供电。这种接线方法又节省低压配电屏，设备投资较小。根据《建筑电气设计技术规程》规定，高层建筑的应急柴油发电机组应采用自起动或自起动及自动同期并列运行的全自动方式，以满足在15s 之内完成起动和电源自动切换的供电要求。然而，根据《高层民用建筑设计防火规范》（GBJ 45—82）要求："消防用电设备的两个电源或两回线路，应在最末一级配电箱处自动切换"。这样，在15s 之内完成起动和电源自动切换的供电要求不易实现，因此可考虑采用图 3-53 所示的接线方式。即柴油发电机组设置独立低压母线，并分别配线至各消防用电设备的最末一级配电箱处，在该配电箱内与变电所低压母线配出的线路实现自动切换；而其他的一级、部分二级负荷则由柴油发电机组与变电所低压母线分别连接的低压母线供电，显然，这种接线方案更具有灵活性，可满足规范要求。

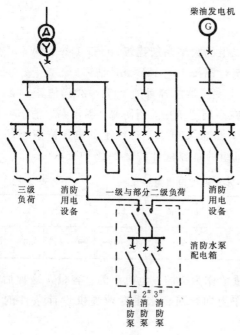

图 3-53 柴油发电机组低压配电系统接线

（四）对高层建筑变电所布置的基本要求

根据高层建筑的特点和有关设计规范，结合以上介绍的高层建筑变电所的结构及布置方式，对高层建筑变电所的布置有以下几点基本要求：

1. 在高层建筑主体内设置变电所，布置变压器时不允许使用油浸式，而应采用环氧树脂浇注的干式变压器，如采用 SGZ 型干式变压器，为 H 级绝缘、防潮型，具有低损耗、有载自动调压，在高温下可长期稳定工作等性能。为了便于检修和有利于防火，高压开关柜宜采用手车式的真空断路器开关柜，低压配电屏多采用抽屉式或手车式配电屏，所装设的开关多为自动空气开关。移相电容器柜也应采用具有防火防爆性能的氯化联苯浸渍的电容器。

2. 布置应紧凑合理，便于对设备的搬运、安装、检修、试验、操作和巡视，并应考虑以后发展的可能性，在高压配电室和低压配电室内应留出适当的配电柜（屏）的备用间隔，变压器室也应有一定的增容备用空间。

3. 应尽量利用自然采光和自然通风，高层建筑主体内的变电所应尽量设置在建筑物边缘采光条件良好的位置。应适当安排变电所内各室之间的相对位置，使变压器室、高压电容器室尽量避免西晒，控制室尽可能朝南。在条件允许的情况下，应尽可能使变压器室和高压电容器室的地坪抬高，并设计通风面积足够的进风口和出风口，使房间具有良好的自然通风散热条件。

4. 应使高、低压配电室便于进出线，尤其要优先考虑高压配电室的进出线位置，特别是架空进线或出线，应保证线路不相互交叉。高压电容器室宜与高压配电室相毗连，低压配电室应靠近变压器室。控制室、值班室及辅助间的位置布置应便于工作和管理。有人值班的变电所应考虑设置值班室或控制室，并设有其他辅助间和必要的生活设施。

5. 对于分体式变电所，高、低压配电室应相互独立，但当高压开关柜数量较少时，也可与低压配电屏装设在同一配电室内。为了防止在发生事故时相互影响，高低压配电装置应分开布置，但二者单列布置时，其净距不应小于 2m。

6. 变压器室的耐火等级应不低于 1 级，采用铁门或木门内侧包铁皮，门向外开启；高压配电室、高压电容器室的耐火等级应不低于 2 级，门宜采用难燃材料制成，相邻室的门应两个方向开启；低压配电室、控制室和值班室的耐火等级应不低于 3 级，允许用木制门窗。

第七节　变压器的经济运行

一、单台变压器的经济运行

由《电机及电力拖动》教材知道，变压器的效率是指变压器的输出功率与输出功率之比，即

$$\eta = (P_2/P_1) \times 100\% = \left(1 - \frac{\Sigma P}{P_2 + \Sigma P}\right) \times 100\% \tag{3-25}$$

式中　P_1——输入有功功率（kW）；

　　　P_2——输出有功功率（kW）；

　　　ΣP——变压器总损耗（kW）。

变压器的总损耗主要包括变压器的有功损耗，即由铁耗和铜耗两部分组成。其中铁耗为变压器在额定电压时的空载损耗，即 $p_{Fe} = \Delta P_0$，为不变损耗；铜耗 p_{cu} 与负载电流的平方成正比，即 $p_{cu} = 3I_2^2 r$，为可变损耗。在变压器额定电流时的铜耗即为额定电流时的短路损耗，即 $\Delta p_{KN} = 3I_{2N}^2 r$。还有变压器无功损耗在电力系统中引起有功损耗的增量。我们知道，变压器的负荷率 β 为：

$$\beta = \frac{I_2}{I_{2N}} \times 100\% = \frac{S_2}{S_{2N}} \times 100\% \tag{3-26}$$

式中　I_2——变压器的二次电流（A）；

　　　I_{2N}——变压器的二次额定电流（A）；

　　　S_2——变压器的负荷容量（kVA）；

　　　S_{2N}——变压器的额定容量（kVA）。

变压器的经济运行，应使电力系统的有功损耗为最小，或使实际负荷系数 β 与最佳负荷系数 β_j 相接近。

计算变压器的最佳负荷率 β_j，须引入无功功率经济当量换算系数 K_q，它表示电力系统每多输出无功功率 1kvar 时所增加的有功功率损耗（kW）。无功功率经济当量换算系数 K_q 在表 3-23 中列出。将变压器本身的有功损耗和无功损耗在电力系统中引起有功损耗的增量，称为变压器的有功损耗换算值，或称变压器总损耗。

无功功率经济当量换算系数 K_q（kW/kvar）　　　　　　　　表 2-23

无功补偿设备安装地点	无功功率经济当量换算系数
发电厂附近的 6～10kV 直接供电的电网	0.02～0.05
发电厂附近经二级变压供电的区域变电站	0.05～0.07
经三级变压供电的低压用户	0.07～0.10
经四级变压远离电厂的低压用户	0.15～0.20

单台变压器的有功损耗换算值为：

$$\Sigma P \doteq \Delta P_T + K_q \Delta Q_b \tag{3-27}$$

式中　ΣP——变压器有功损耗换算值（kW）；

　　ΔP_{T}——变压器的有功损耗（kW）；

　　K_{q}——无功功率经济当量换算系数；

　　ΔQ_{T}——变压器的无功损耗（kvar）。

其中变压器的有功损耗 ΔP_{b} 包括：

$$\Delta P_{\mathrm{T}} = \Delta P_0 + \Delta P_{\mathrm{KN}}\left(\frac{S_2}{S_{2\mathrm{N}}}\right)^2 = \Delta P_0 + \beta^2 \Delta P_{\mathrm{KN}} \tag{3-28}$$

无功损耗 ΔQ_{T} 包括：

$$\Delta Q_{\mathrm{T}} = K_{\mathrm{q}}\left[\Delta Q_0 + \Delta Q_{\mathrm{N}}\left(\frac{S_2}{S_{2\mathrm{N}}}\right)^2\right] = K_{\mathrm{q}}(\Delta Q_0 + \beta^2 \Delta Q_{\mathrm{N}}) \tag{3-29}$$

式中　ΔP_0——变压器的空载损耗（即铁耗）（kW）；

　　ΔP_{KN}——变压器的短路损耗，即变压器额定电流时的铜耗（kW）；

　　ΔQ_0——变压器空载时的无功损耗增量，$\Delta Q_0 \approx S_{2\mathrm{N}} \cdot I_0\%/100$（kvar）；

　　ΔQ_{N}——变压器额定负荷时的无功损耗增量，$\Delta Q_{\mathrm{N}} \approx S_{2\mathrm{N}} \cdot v_{\mathrm{K}}\%/100$（kvar）。

其中 $I_0\%$ 为变压器空载电流与额定电流之比的百分数，$v_{\mathrm{K}}\%$ 为变压器短路电压（或称阻抗电压）与额定电压之比的百分数。将式（3-28）、式（3-29）代入式（3-27）得：

$$\Sigma P \doteq \Delta P_0 + K_{\mathrm{q}}\Delta Q_0 + (\Delta P_{\mathrm{KN}} + K_{\mathrm{q}}\Delta Q_{\mathrm{N}})\left(\frac{S_2}{S_{2\mathrm{N}}}\right)^2 \tag{3-30}$$

要使变压器在最佳负荷下经济运行，就应满足变压器单位容量的有功损耗换算值 $\Sigma P/S_2$ 为最小极值的条件，故由 $\dfrac{\mathrm{d}\,(\Sigma P/S_2)}{\mathrm{d}S_2}=0$ 可得变压器的最佳负荷为

$$S_j = S_{2\mathrm{N}}\sqrt{\frac{\Delta P_0 + K_{\mathrm{q}}\Delta Q_0}{\Delta P_{\mathrm{KN}} + K_{\mathrm{q}}\Delta Q_{\mathrm{N}}}} \tag{3-31}$$

则由式（3-26）得变压器的最佳负荷率为

$$\beta_j = \sqrt{\frac{\Delta P_0 + K_{\mathrm{q}}\Delta Q_0}{\Delta P_{\mathrm{KN}} + K_{\mathrm{q}}\Delta Q_{\mathrm{N}}}} \tag{3-32}$$

一般变压器的最佳负荷率 $\beta_j=50\%\sim60\%$。对建筑物供电而言，当计算负荷 P_{c} 确定后，由式（3-26）可求出该建筑物变压器的总装机容量为：

$$S = \frac{P_{\mathrm{c}}}{\beta \cos\varphi_2} \tag{3-33}$$

式中　S——变压器的总装机容量（kVA）；

　　P_{c}——建筑物计算有功功率（kW）；

　　β——变压器的负荷率；

　　$\cos\varphi_2$——补偿后的平均功率因数。

电力供电部门一般要求用户高压侧的平均功率因数 $\cos\varphi_2$ 应达到 $0.91\sim0.93$ 以上，所以变压器的负荷率 β 将主要影响变压器的经济运行。高层建筑变电所常用的 SCL 系列变压

器的最佳负荷率 β_j 见表 3-4，可见不同容量变压器的最佳负荷率 β_j 是不同的，而 β_j 与损失比 α 有关。

实践表明，在按式 (3-33) 计算变压器总装机容量时，所选 β 值应略高于相应变压器的最佳负荷率，其负荷率 β 取值范围宜在 $70\% \sim 80\%$。对损失比 α 较小的变压器，β 宜取较低值；损失比 α 较大的变压器，β 宜取较高值。

变压器在实际运行过程中，其负载曲线随时间变化，即负荷率 β 是时间的函数。由于在一天的较多时间段里的负荷电流未达到变压器的额定电流；周围环境温度也低于变压器运行时最高空气温度 $+40\text{℃}$、最高日平均气温 $+30\text{℃}$ 的设计标准；在变压器的总装机容量选择上，一般考虑供电可能发生的故障运行状态，并考虑有 $15\% \sim 25\%$ 的容量储备，而在正常运行情况下变压器的负荷一般低于其额定容量。因此变压器具有一定的过负荷能力，见表 3-39。在规定时间内，一般允许过负荷 $20\% \sim 30\%$。如室内变压器在通风良好的情况下，过负荷应不超过 20%，室外变压器过负荷应不超过 30%。从节能、提高功率因数和使变压器经济运行等综合考虑，单台变压器应尽量使变压器满负荷或接近满负荷运行，尽量避免变压器轻载或空载运行。在供电设计时注意考虑灵活的低压联络线路，对电能进行及时合理的分配和调度，充分利用变压器的过负荷能力，使变压器在一天之中的较长时间段内的平均负荷率能接近变压器的最佳负荷率，以保证变压器的运行接近最大效率。

变压器在规定时间内的过负荷参数 表 3-39

自冷式油浸变压器		空气冷却干式变压器	
过电流（%）	允许运行时间（min）	过电流（%）	允许运行时间（min）
30	120	20	60
45	80	30	45
60	45	40	32
75	20	50	18
100	10	60	5

此外，为了降低变压器自身的有功损耗，应尽量选用连接组别为 D，y_{n11} 接线的变压器，这种接线方式的变压器的有功损耗低于同容量连接组别为 Y，y_{no} 接线的变压器。另外，Y，y_{no} 接线的变压器的中性线电流不允许超过低压绕组额定电流的 25%，从而限制了单相不平衡负荷的容量，而 D，y_{n11} 接线的变压器可不受此限制，故在接入单相不平衡负荷时有利于变压器能力的充分利用。同时产生的三次及以上的高次谐波励磁电流在 D，y_{n11} 接线的变压器原绕组内可以形成环流，对抑制高次谐波电流十分有利，可防止电流波形畸变。

二、两台及以上变压器的经济运行

一般在高层建筑及建筑群体，重要工业厂房、展览馆、博物馆等场所，因具有大量的一、二级负荷，季节性负荷也变化较大或集中负荷较大，都设有两台及以上变压器。就两台变压器而言，可分为"明备用"和"暗备用"两种备用方式。所谓"明备用"，就是两台变压器均按最大负荷选择容量，即一台工作，另一台备用。而"暗备用"，是两台变压器均按最大负荷的 70% 左右选择容量，在正常情况下两台变压器均投入运行，每台变压器承担 50% 的最大负荷，其负荷率为

$$\beta = \frac{50\%}{70\%} = 71.4\%$$

可见，实际负荷率 β 略大于变压器的最佳负荷率 β_j，故两台并列运行的变压器可满足经济运行要求。采用备用电源自动投入装置，当某台变压器故障的情况下，可及时将故障变压器切除，而由另一台变压器暂时承担 100% 的最大负荷，其过负荷为 100%/70%≈1.4 倍，可 6h 连续 5 天运行。因此两台并列运行的变压器是较为合理的备用方式。但这种"暗备用"方式在达到规定的过负荷时间后，必须按照三相负荷平衡要求，切除部分负荷。而"明备用"方式则不需要切除部分负荷。

另外，为了保证两台并列运行的变压器经济运行，应随负荷变化调整变压器的运行台数，如在负荷过低时切除一台。对于双电源供电系统，宜采取两路电源同时工作方案，以减少线路的损耗。

第四章　建筑供配电网络

第一节　高层建筑用电负荷的特点与级别

现代高层建筑或超高层建筑物，都不同程度的表现出一定的社会经济、文化、商贸、旅游等功能。它影响着城市的人文景观和社会风貌；对国民经济的发展起着重要的推动作用。高层建筑物使城市形态立体化，工作与生活范围空间化了；对土地面积的利用率大大提高了。对城市能源、交通、通信、给排水、环境卫生等的集中管理、增加了复杂性和立体性。

就电力供给而言，现代高层建筑物中，主要用电负荷如下所述。

一、给排水动力负荷

主要用于生活水泵，由贮水池向高位水池输水，以供生活和局部高层室内消防喷淋用水。这些水泵都有备用机组，紧急用水时可以联动运行。占设备总容量约 25%，年用电比率约为 20%。专用消防水泵，则按一级负荷供电。

二、冷冻机组动力负荷

现代高层建筑物，在需要夏季制冷、冬季制热的地理位置时，冷冻机组占设备总容量约 28%，年用电率约 22%。冷热水机组每年运转时间长，耗电量多些。在某些地理位置上，夏季只制冷，冬季不制热，或者夏季不制冷，冬季只制热等情况，空调机组运转时间少，耗电量亦少些。比上述百分率低一些。一般空调机组用电，可现为三级负荷。

三、电梯负荷

在高层建筑中，一般都配备电梯，作垂直升降到各楼层使用；也有称此为垂直电梯的。按使用不同，又可分为客梯，即载客用电梯。载货使用的，称为货梯。仅限于内部工作人员使用的电梯，称为工作梯。

还有专为运送消防人员设置的电梯，称为消防电梯，特别在扑灭火灾时，消防电梯必须能正常工作。这个负载是按一级负荷供电的。而且梯速较普通电梯的速度高些，一般在 4m/s 以上，且应配备内部通话设备。

四、电扶梯负荷

在多功能现代化商场、宾馆、金融中心等人口密集而流动性大的批次运输场合，都应设置上、下电扶梯。大型港口、码头、车站等，亦应设置电扶梯。在有可能危及人的生命安全和重大影响的场所，应视电扶梯为一级负荷。一般的电扶梯可视为二、三级负荷来考虑供电系统设计。

五、照明负荷

在五星级宾馆客房的照明负荷，应视为一级负荷来考虑供电设计。特别是具有涉外功能的外宾住地，须以人身安全为最重要的保证条件。

高层建筑物内部的疏散诱导照明灯，工作场所的事故照明灯，楼梯内的事故照明灯，消火栓内的按钮控制消防水泵起动的控制电源，都应全部视为一级负荷来设计供配电系统。

一般工作场所的工作照明用电，可按二或三级负荷来设计供配电系统。

六、通风机负荷

在高层建筑中常有地下层；是在挖掘地基时，浇注地基、柱子、承重墙后留下的地下空间；标高在地面以下，称为地下层；往往多达四、五层的，或以上。这部分建筑空间可以修建贮水池，生活污水处理池，冷冻机及通风机组设备和供配电设备，设置在地下层内，以便对这些冷、热水机组及辅助电动机组，送风排风机组等就近供电，减少电能损耗。

吸入室外新鲜空气入建筑物内，称为新风风机，简称新风机或送风机，将室内空气抽出到室外，称为抽风机或排风机。

在高层建筑中，火灾烟雾会使人窒息死亡。因此，必须设置专用的防烟、排烟风机，例如，火灾发生后，人行楼梯井内，用正压力送风，防止烟气进入楼梯井内，便于人员安全疏散等等。

属于消防系统使用的风机用电，属一级负荷，须与防灾中心实行联动控制。

七、弱电设备负荷

高层建筑物中，弱电设备种类多，就建筑物的使用功能不同，对弱电设备的选择设置也就各不相同。就国内外若干建筑工程设计施工及运行经验而论，高层智能建筑物的弱电系统，可以说它就是相当于智能中枢神经系统，对建筑物进行防灾减灾灭灾，各种通信及数据信息进行传递、交换、应答；使经济增长发展繁荣；推动社会共同进步，已经形成为一种发展模式。

我们在处理高层或超高层建筑物弱电系统的工程设计时，原则上都将弱电系统的电源供电，按一级负荷供电。因为它们的正常和异常状态时的作用非常巨大，经济社会效益特别显著之故。

（一）防灾中心用电负荷

对高层或超高层建筑物而言，灾害类型多而且复杂，本课程只做简述。天灾是指狂风骤雨雷电袭击建筑物；地灾是指建筑物地基下沉、地震及地面滑坡等。水灾是洪涝等灾和建筑物自身污水排污堵溢，淹没地下层等。火灾是指探测器或喷淋系统失灵而火势蔓延形成大火者，损失巨大。人灾是指人犯行窃、抢、纵火（水）、放毒、爆炸等罪恶；其监测记录装置等的供电方式，须按一级负荷对待。

（二）程控数字通信及传真系统用电负荷

很容易理解通讯的重要性，特别是火灾发生需要向消防队呼救而电话不通的重大事故。必须汲取教训。应当按一级负荷供电。

（三）办公自动化系统用电负荷

办公自动化（OA，OFFice Automation 缩写）是企业内部的计算机管理系统，也是一个计算机网络。它可以包括若干个子系统，如企业内部的能源管理子系统，如电、水、煤、油、气用量、费用；设备设计寿命、使用年限、维修记录、大小修计划、例行维修日期、更换日期、事故记录等等，均由能源管理子系统提供信息数据。提前检修，安全运转，提高效益，使投资增值；是现代化管理的卓越成效。

如某大厦含有酒店大厅；使用计算机酒店管理系统后，该系统可以根据年、月、季节不同和顾客耗量最多、次多的酒品种，提出销售计划、进货计划、运营规模和盈利核算指标等等。

各公司企业的应用财务管理软件，都是齐备完整的。计算机网络管理决策层在统计基础上，进行推理、分析、运筹、决策干预后，做出新的决策，并考虑风险因素，作出新的状态预估和风险对策。做到可靠盈利，取之有道。

OA 系统有文档、经营、财务人事、运输、调度、能源、设备、宾馆、金融动态、合同管理等等业务的计算机工作站，它与主站（服务器）密切相联，进行数据通讯，实现软硬件资源共享。

就整幢楼宇而言，实现了内部管理、经营、决策的科学化与自动化、快速化；就楼宇外部来说，实现了多种经营业务和各种商业行情数据的搜集整理，做出对本企业的优化决策，我们称这类系统为智能大厦系统（IBS）。

由此可见，现代建筑是否智能化？与建筑物本身的关系不明显；关键词是智能化，即能思考、会推理、能决策，有人的智慧因素；把智能机器系统设计在大厦中，赋给大厦以智能；称为智能大厦或智能建筑。国内也有人称此为智能楼宇系统的。须按一级负荷供电。

（四）卫星电视及共用天线电视用电负荷

该电视系统为有星级宾馆、客房、职工宿舍等收看电视提供设备和技术，用电量少。可与保安电视系统合用电源供电。均属一级负荷供电。

（五）保安监察电视系统用电负荷

在各类电梯轿厢中有保安监察电视摄像机、监视乘客状态。有乘客晕倒或打劫违法者，保安人员可去处理。在一楼的电梯前室，有摄像机，监视乘客状态及客流量，特别是违法者的动态行为。

星级宾馆客房及通道，亦应设置电视摄像机，对住宿者提供保安；也可监视违法行为。

对商场客流量大，自选商场，车站，机场候机厅，港口码头，金库，银行储蓄营业柜台和票据管理等，亦应设置摄、录像系统。

（六）国际体育竞赛场馆的电子记时记分和摄录像及广播系统用电、照明用电，都按一级负荷供电，做到安全可靠供电。

（七）高层建筑内自备发电室照明及控制电源用电，按一级负荷供电。

综上所述，智能大厦系统弱电技术及类别还在发展，用电量也在增长，但与动力用电相比较，弱电用电还是少的。但弱电系统的重要性越来越重要，效益更是良好和显著。因此，它们的用电按一级负荷供电，是完全必要的。

八、电炊设备用电负荷

现代化高层建筑物中，国际发展趋势是实现全电化目标。所谓全电化，即大厦正常运行工作和生活用能源，全部为市电供电。特别是电炊餐饮，冷热食品新潮风味，不仅大大改善了城市煤烟硫环境污染，而且带来了新的饮食文化新潮。煤和天燃气、煤气等生活燃料或有运输、贮存、排灰、废气等一系列影响人类生存环境问题，唯全电化可以解决这些问题。因此，国外提出全电化大厦是人类的共识。

电炊用电负荷，可按大厦功能性质的重要程度，一般列为三级负荷供电。从工程设计及运营状况评判，这种观点是可行的合适的。

电炊负荷，功率稍大的设备，一般用380V 三相电源供电。厨房内多潮湿、水蒸汽及油烟弥漫，须安装有效的通风机及排烟机。厨房电炊设备供电线路设计时，电路载流量须留有充足裕量，以便扩充和更新电炊设备所需的用电量，厨房供电线路须配管暗敷；开关设备操作方便安全可靠，严防漏电、触电事故发生。

九、插座用电负荷

在现代建筑物中，无论多层、高层、超高层等室内住宅、商场、宾馆、写字间（办公室）内；都安装了交流电源插座。商场销售商品时，有时需要接通交流电源，演示商品性能，让顾客满意和挑选商品用电。多数安装单相电源插座，少数安装三相电源插座。

有空调的楼层中，使用风机盘管供应冷或热空气时，风机约250W，使用电源为单相交流220V，可在风机轴线下暗敷线路和插座。对从室外引入空气的新风机，则使用三相交流电源，须暗敷三相电源插座。这类设备可按三级负荷供电。

宾馆客房中的电视机电源插座，使用单相交流电源插座供电，可暗敷在电视机位置的墙角，离楼板300mm处。如还有音响、呼叫、请勿打扰、广播等其它客房设备时，可同前一样多暗敷几个插座，使用同一相电源，将插座并联联接，以简化设计和施工，降低线路数目和费用。

为使三相负荷平衡和对称，其余楼层客房将分别使用另两相的交流电源供给插座。

第二节　供配电网络结构

一、供配电网络结构

供配电网络由高压网络和低压网络两个部分组成，即1kV以上的为高压网络，1kV及以下的为低压网络。这些网络可以采用架空线路敷设，也可以采用电缆线路敷设；应以建筑物的需要和条件来决定。

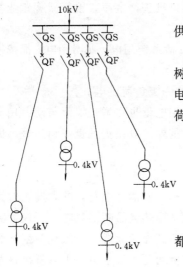

图4-1　高压放射式线路

一般而言，在高层建筑物中都采用电缆敷设高压、低压供配电网络。

供配电网络的联接结构，有多种型式，可分为放射式、树干式、环式三种；在低压网380/220V的总负荷≤10kW供电中，可以采用链式配电。但链数小于五个，仅用于次要负荷。

（一）高压线路接线方式

1. 放射式线路

图4-1是高压放射式接线图。其优缺点如下所述。

（1）各条线路故障时不影响其他用电线路；

（2）各条线路的继电保护整定和自动检测装置的使用都易于实现；

（3）接线简单明了。无备用电源及备用线路，检修线路时将会停电供电可靠性较高，改进后适用于一级负荷供电。对于一般城镇商住楼配电，一般中、小型加工厂、轻工酿造厂、皮革厂、食品加工厂等类用户配电，都是适用的；

（4）放射式接线方式，只限于两级以内，多于两级放射线路时，保护动作时限的整定，配合困难，影响故障快速切除，甚至越级动作，将造成停电范围扩大。

2. 树干式线路

116

图 4-2 是高压树干式线路的接线图。其优缺点如下所述。

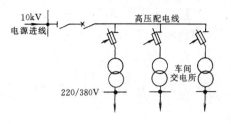

图 4-2　高压树干式线路图

（1）树干式配电线路比放射式线路节省高压断路器和有色金属消耗量。配电所出线减少了；

（2）树干式线路只有一个电源和一路高压线路。因此，当线路故障或检修时，用户将会全部停电，供电可靠性低。当采用架空线路时，容易维修，停电时间可缩短。采用电缆路时，维修时间增长，停电时间更长；

（3）单电源单线路树干式配电方式，适用于三级负荷配电。而且干线上联接的变压器不超过 5 台，总安装容量不大于 3000kVA。

3．环形线路

图 4-3 是双电源高压环形线路接线图，其优缺点如下所述。

（1）双电源环形线路在运行时，往往是开环运行的，即在环网某点将开关断开。因此，环网演变为两电源供电的树干式线路。开环运行的目的，在于实现继电保护动作的选择性，缩小电网故障时的停电范围；

（2）双电源环形线路供电，使可靠性得到了较大提高，可用于对一级、二级负荷供电；

（3）开环点的选择原则是开环点的电压差最小的点，作为环网开环点。

（4）对一级负荷配电有特别要求的用户，不宜采用环形树干式配电线路；因其它较次要的二级、三级负荷或线路发生故障时，都可能造成一级负荷供电中断的概率大，这是树干式配电的可靠性低于放射式配电可靠性所造成的。

（5）环形线路导线截面相同，以承受环内负荷电流。因此，环形线路有色金属消耗量大。

（6）单电源环形线路只适用于允许停电半小时以内的二级负荷配电。

（二）低压线路接线方式

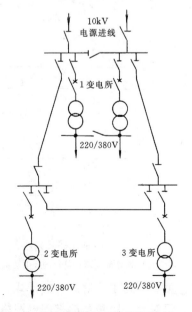

图 4-3　双电源高压环形线路图

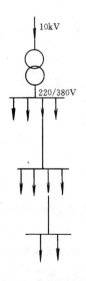

图 4-4　低压放射式线路

低压配电线路同样采用放射式、树干式、环式及链式四种接线方法。其基本特性与高压线路的相同或相似。

1. 放射式线路

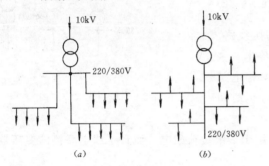

(a)　　　　　　　　(b)

图 4-5　低压树干式线路

(a) 低压母线放射式配电的树干式；
(b) 低压"变压器-干线组"的树干式

图 4-4 是低压放射式线路接线图。其特点是引出线故障时，对其余出线互不影响，供配电可靠性高，适用于一级负荷配电、大容量设备配电、潮湿或腐蚀、有爆炸危险环境的配电。以免影响其他用户正常用电。这是放射式线路最突出的特点。由低压出线经配电箱与负荷联接。

2. 树干式线路

图 4-5 是低压树干式线路接线图。其特点是开关设备及有色金属消耗少，比较经济。缺点是干线故障时，停电范围大，供电可靠性低；因此，一般很少单独采用树干式配电；往往采用放射式与树干式混合配电，以减少树干式配电的停电范围。

图 4-5 (a) 是低压母线放射式而配电树干式；图 (b) 是变压器干线组的树干式配电。

3. 环形线路

图 4-6 是低压环形配电线路接线图。环形线路运行时都是开环的放射式线路，提高了供电可靠性，当一回线路故障或检修时，可以将该线路与电源断开，而该处的负荷仍可得到供电。

4. 低压链式线路

图 4-7 是低压链式线路接线图。链式线路实质上是一种树干式线路，适用于供电距离较远而用电设备容量小而相距近的场合。设备台数在 5 台以内，总功率在 10kW 以内。

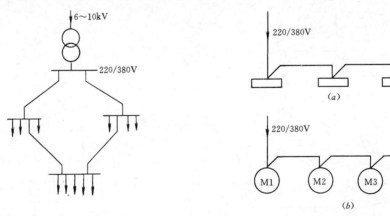

图 4-6　低压环形线路

图 4-7　低压链式线路

(a) 连接配电箱；(b) 连接电动机

综上所述，在高低压配电线路的分析讨论中，重点阐述了放射式、树干式、环形式三种基本网络结构，对它们的优缺点作了全面论述，但对于一级负荷的供配电网络结构，必须从三种基本线路中抽出它们的优点和特点，发挥放射式线路供电可靠性高，适宜对一级负荷供电，采用两回路独立市电和自备柴油发电机的三电源系统，在低压母线分段与联络方式，提供互为备用的运行保障。将在下面的工程设计中论述。

二、一般高层建筑供配电网络结构

一般高层建筑是指9层以上的功能单一的普通办公楼，或一般商业宿舍楼，或一般商业及一般旅店住宅楼。称为一般高层建筑物。

这种民用电力的一级负荷较小，可采用双电源来保证一级负荷用电的安全性、可靠性和经济性。用市电和自备柴油发电机组实现双电源供电。

可在建筑物内设置独立变电所。在建筑物地理位置处，电力系统可提供两个独立电源时，则该供配电网络便由这两个市电电源供电，可以保证一级负荷的安全用电。如电力系统只能提供一个独立市电电源时，则需自备柴油发电机组一套，组成双电源供电网络。但柴油发电机组的断路器与市电断路器须相互闭锁，即市电合闸时，柴油发电机断路器必须是在分闸位置；反之亦然。以保证柴油发电机不被烧坏。因为两种电源同步并联运行，在高层建筑物中是不需要的，也是不必要的。如并车运行操作不当，柴油发电机可能短路烧坏，同时造成电力系统发生短路事故，危及电力系统安全运行，扩大电网事故范围，造成严重经济损失。同时柴油发电成本远高于市电成本，只能作为事故时的应急电源运行。因此，在工程设计时，柴油发电机断路器与市电断路器闭锁，只能运行一种电源，是必须注意的。

某银行营业办公楼，有集中制冷、制热空调负荷180kW，生活水泵3×10kW，消防水泵2×25kW空调机水泵2×7.5kW，办公及宿舍照明负荷160kW，弱电负荷10kW。电梯10kW经负荷计算后，考虑负荷发展选择主变压器容量为315kVA环氧树脂浇注干式变压器1台，该地区市电供应充足，安全可靠，由10kV电缆供电。因系写字办公楼建筑物用电性质为二及三级负荷，建设方只用一路10kV电缆供电，且不设自备电源。为一班工作制。因此其供配电网络主接线图如图4-8所示。

在图4-8上，电源10kV电缆进线，采用隔离开关柜并带有电压互感器和电流互感器元件。此开关柜的作用有引入市电电源，电压、电流、有功、无功功率测量，10kV母线绝缘

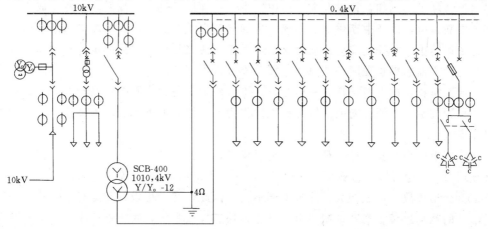

图 4-8 一般高层建筑供配电系统图

测量仪表，检修时首先断开变压器高压断路器，断开所用电源，断开隔离开关，高压及低压设备、母线均无电，可以检修无电的各种设备。如只断开变压器的高压断路器，可检修变压器和低压侧的母线，以及与母线相联接的各种电器设备。

在图 4-8 上，如将 10kV 电缆进线柜，改用断路器柜，其操作较隔离开关柜方便些，可直接切断进线电源。但须增加投资费用，断路器柜价格贵些，同时还要增加电压互感器柜，才能解决电度测量问题，又要增加投资费用，即增加柜体费用和场地建筑费用，经济性稍差一些。还可以采用负荷开关做进线柜，但其外壳尺寸与铠装手车式开关柜的深度尺寸不同，相差较大，使变电所高压开关柜布置图上深度尺寸不整齐，看起来不美观。而且也要另增加测量柜一台，所以经济性无优势，布置上不整齐，未被选用。

在高层建筑中，我们不选用油浸变压器和油断路器，以免油易燃易爆造成火灾，威胁生命财产安全。

在图 4-8 上，10kV 高压断路器选用 KYN13 真空断路器和环氧树脂浇注干式变压器。0.4kV 侧选用自动空气断路器，有过电流脱扣分闸、热脱扣（过负荷脱扣）分闸、失压（或欠压）脱扣分闸等自动保护功能。

高压 10kV 断路器分、合闸采用交流电操作，由变电所自用电源供电。变电所便可不配置蓄电池。

变电所对整幢大楼所有电力负荷供电进行操作和控制，如电梯、生活水泵、消防水泵、空调机组及水泵、各层照明、装饰照明、各宿舍照明等都可在变电所直接控制供电，亦可在各个设备现场进行单独控制。这样设计供配电网络，增强了在各种可能发生的如火灾、水灾等特殊情况下的断电、通电操作的灵活性和快速性，以减小损失和缩小灾区范围等措施。在正常运行情况下的局部检修和设备维护时，也尽可能缩小停电范围，收到运行安全简便和灵活的优越效果。

我们对供配电网络结构的评价标准，首先是安全性、可靠性、经济性、灵活性四个方面；这个次序不能颠倒；其意义是显而易见的。

供配电的安全性，是指人身安全、设备运转安全，建筑物安全，供配电网络安全；其首要的是人身安全。如果上述安全性被破坏了，那末，这个供配电网络的可靠性、经济性也必然被破坏了。例如，在供配电网络中发生人身或设备烧毁事故后，必然造成供电中断或部分中断供电，以及中断供电后的损失也随之产生了。因此，在供配电网络结构主接线的设计和运行中，必须把安全性放在首位来考虑。使之与用电对象的负荷级别和在政治经济、文化各方面的影响程度一并思考，彼此配合得当即可。

灵活性是指供配电网络在各种运行方式下、各种设备、线路切换操作、倒闸操作、起停操作是否灵活、方便、简明。统称此类操作为灵活性好或不好。因为操作灵活简便可减少操作事故。

在供配电网络结构设计合理时，其运行操作是简便的灵活的。与此相反，供配电网络设计烦琐时，其运行操作也就烦琐，操作步骤多，不简明；此时，如有某点操作不当时，供电系统就会出事故，造成损失。这种事例不少。因此，在工程设计和运行中，不可轻视操作灵活性的认真思考。实践证明，电力系统是快速反应系统，时滞性极小；一般而言在毫秒级；发生误操作将很快产生一个事故范围，危及供电系统的安全。因此，在供配电工程设计时，力求操作灵活简便，防止误操作使运行安全。在供配电系统运行时，须制订完善的供配电系统或变电所的运行规程，使全体值班人员熟练掌握各种运行方式下的正确操作方法和步骤，杜绝误操作。

一般性的多层单功能建筑物，如果无条件提供双电源供电时，也可以只采用一个市电电源供电系统，运行经验证明，在建筑物业管理和电器设备管理和防火管理工作完善有效时，大量的多层建筑物运行状态良好。实践证明了这一点。因此，我们在设计供配电系统时，必须把技术先进性、投资经济性和建筑物的重要性程度，三者统一起来考虑和评价，才能合理的设计好完善的建筑供配电系统。

三、多功能超高层建筑供配电网络结构

建筑物的多功能，是指集商业、宾馆、文化娱乐、贸易、体育场馆、停车库、金融、写字楼等大型多功能性质于一体。其供配电网络结构设计要求，较一般高层建筑的不同。对多功能超高层建筑，我们采用两个独立市电电源供电，同时采用1台柴油发电机组作为备用电源，在两市电电源都停电时，可供给高层建筑的一级负荷用电，维持必须的人员疏散、商场警戒和保安秩序的正常状态。这是十分重要的技术保证条件。

图 4-9 是某多功能超高层建筑供电系统结构图。该图采用两个独立的 10kV 电源供电，自备电源为 800kW 柴油发电机组，在两个市电都停电时，才起动自备发电机供给一级负荷及部分二级负荷用电。当然，发生两个独立电源都同时停电的情况，是极少见的。有一个独立电源能正常供电时，自备发电机都不需要运转发电。因此，这种三电源供配电系统结构，对一级负荷的供电是有保证的。

在图 4-9 上，变电所设在高层建筑物内部，是室内变电所，10kV 电源为单母线制，由 10kV 手车式开关柜直接组成母线，可以减小空间体积，这点与户外变电所是不同的。这个系统有以下主要特点：

1. 两个独立市电电源，使用一个电源 A，另一个电源 B 为备用。与两个电源分别联接的断路器 G_1 与及 G_2 互为闭锁；即断路器 1 合闸时，断路器 2 必须是已分闸位置为条件；同理，当断路器 2 合闸时，断路器 1 必须是已分闸位置为条件。断路器 1 和 2 都可以同时处于分闸位置。但决不允许断路器 1 和 2 同时处于合闸位置。因为两个独立电源在此时此地并不一定完全同步，即电压幅值、相位、频率并不一定相等，两电源不能并联（或并车）运

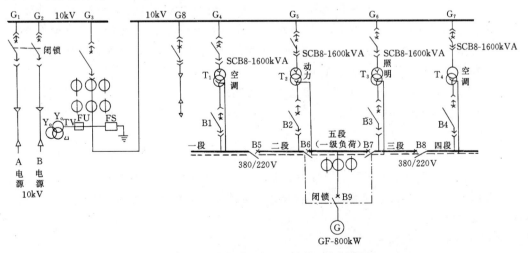

图 4-9　多功能超高层建筑供配电系统图

行，硬性并车运行（该操作后）将出现短路环流，流经两电源内部，可能造成电力系统短路事故，可能继电保护动作同时使两电源分闸，会造成更大范围的停电事故。

因此，我们在做工程设计时，必须将两个电源的断路器相互闭锁，闭锁的实质是一个断路器的合闸动作，必须以这两个断路器的已分闸状态为主要条件。

闭锁可以使用电气闭锁或机械闭锁。电气闭锁操作速度快些；机械闭锁操作速度要慢些，操作时间长一些；停电时间也长些。

设采用电气闭锁方法。在图 4-9 上，A 电源用 1 号断路器，B 电源用 2 号断路器。这两个断路器都具有失压（或失电压）脱扣分闸功能。亦即电源断电或电源电压低于额定值的 60%，电源开关将自动分闸，可避免电动机堵转发生短路事故。

2. 电气闭锁方法

真值表　　表 4-1

A	B	C
0	0	0
1	0	1
0	1	1

设 A 及 B 两个独立电源分别与母线联接时，用 1 表示，不与母线联接时，分别用 0 表示。母线上通电状态用 C 表示，通电状态为 1，不通电状态为 0 表示。

表 4-1 中第一组真值表示两电源都未与母线接通，如只接通 A 电源，则母线通电是正常状态。变电所供电正常。

如有人再按 B 电源合闸按钮，这种误操作后果严重，如何防止杜绝 A 和 B 两电源同时与母线接通，消除非同期短路的可能性，将如下所述。

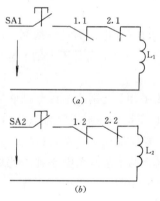

图 4-10　合闸电路
(a) 断路器 G_1 合闸电路；
(b) 断路器 G_2 合闸电路

图 4-10 (a) 上，L_1 为 1 号断路器合闸线圈，1，1 表示 G_1 号断路器分闸位置第 1 对常闭接点。2，1 表示 2 号断路器分闸位置的常闭接点，这两者串联表示与门条件，即 G_1 和 G_2 两断路器都处于断开位置时，当按下 G_1 号断路器合闸按钮 SA1 时，则 A 电源与母线接通供电；此时 1，1 和 1，2 断开。再按 T_1 时 L_1 不会再合闸。如此时误将按钮 SA2 按下，发生误操作时，因 1 号断路器合闸后的第二对常闭接点 1，2 已经断开了，因此第 2 号断路器 G_2 合闸线圈 L_2 不带电，拒绝合闸。如图 4-10 (b) 所示。从而起到了互为闭锁的作用。只能接通电源 A（或 B）一个电源供电。闭锁的结果，永远消除了两电源 A、B 都与母线接通的可能性。不可能造成误操作的后果。为再提高可靠性，可对每个断路器用两对相同接点串联接入电路中。

同时，1 号断路器与 2 号断路器还具有自动功能，除具有过电流自动脱扣分闸外；还具有失电压自动脱扣分闸功能。例如电源 A 供电于母线上，因故障原因电源 A 失电后，1 号断路器失压脱扣分闸，母线上供电中断。

变电所值班员发现 1 号断路器柜上电压表、电流表、红、绿指示灯都证明电源 A 失电了；而 2 号断路器柜上电压表、红绿灯指示电源电源 B 有电时，便可将接通电源 B 的 2 号断路器合闸按钮 SA2 按下，使该断路器合闸，由电源 B 供电给母线上的各级负荷。这个停电时间是极短暂的。

3. 自备电源的运行条件

自备电源或称第三电源，是指自备柴油发电机组供给的电源。当两个独立市电 A 及 B

都失电后，经与供电局联系确认停电后，可立即启动柴油机组发电，供给一级负荷用电及部分二级负荷用电。

柴油发电机组低压断路器 B9 的接通条件是什么？与 B6 和 B7 母线分段断路器（或联络断路器）的闭锁条件必须满足。闭锁条件的原则是绝不允许柴油发电机与市电 A（或 B）非同期并车发生短路故障，烧毁发电机。

在图 4-11 上，B7.1、B7.2、B7.3 为第 B7 断路器的第一、第二、第三对分闸位置常闭接点，合闸时变为断开接点。与此类似的 B6、B9 断路器分闸时的位置常闭接点对，与 B7 断路器表示的符号是一致的。

柴油发电机的 B9 断路器合闸线圈 L9 的合闸电源由柴油发电机自己供电；同时 B9 断路器具有失电压脱扣功能；即柴油发电机未发出额定电压时，发电机是不可能合闸供电的；同时还应满足联络断路器 B6、B7 必须处于分闸位置状态（已失压脱扣分闸）。见图 4-11（a）。

在图 4-11（b）上，表明了联络断路器 B7 的合闸条件：应满足第三段母线有正常电压供电；B6、B7、B9 断路器都处于分闸位置状态；在此条件下按下 B7 断路器合闸按钮 SA7，方可合闸。此合闸动作完成后，B6、B9 断路器便不可能重新再合闸了。实现了闭锁功能。

与上述分析类似，当 B9、B7 断路器处于分闸位置时，如第二段母线供电正常时，断路器 B6 的合闸条件与 B7 的合闸条件是一致的，便不重述了。

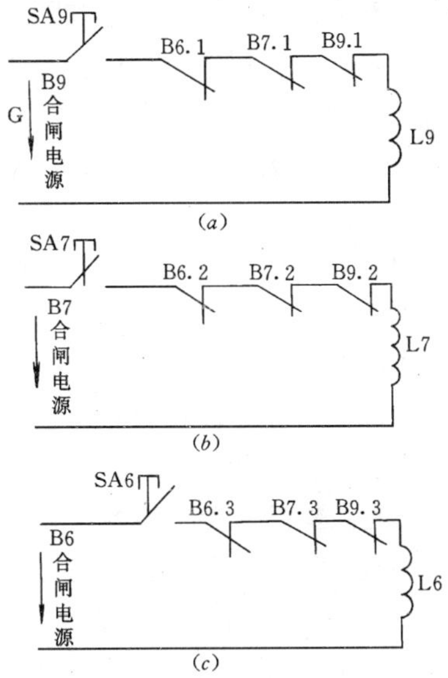

图 4-11　断路器接点的分闸和合闸
（a）断路器 B9 合闸电路；（b）断路器 B7 合闸电路；（c）断路器 B6 合闸电路

4. 一级负荷供电的安全性措施

在 图 4-9 上，一级负荷都集中联接在第五段母线上，由配电柜送出电源。第五段母线电源可取自市电 A 或 B，亦可取自备用电源 G，组成了分别相三个独立电源供给一级负荷的安全可靠的保证措施。因此，一级负荷供电的安全性和可靠性是充分的和必要的了。

就工程运行和实践而言，两路独立市电电源同时停电的事故，是极少见的。因此，自备发电机组的运行时间是很少和很短暂的。但绝不能放松对柴油发电机组的维护和随时能开机发电供电的技术保证。

5. 供配电系统的正常运行方式

在图 4-9 上，四台同型号同容量的干式变压器 T_1、T_2、T_3、T_4。在任何时候都是可以独立运行的，即断路器 B6 和 B8 分闸；断路器 B6、B7 合闸（或两者相反）运行。这种运行方式可以使 4 台变压器的阻抗不并联，当末端发生短路故障时，可以显著减小短路电流对电器设备的冲击，同时减小了因短路而造成停电的范围。

在图 4-9 上，每台变压器及与其相联接的断路器等的例行维护检修和调试，都十分灵活方便。这些工作可以安排在低负荷时期的节假日进行。

在极低负荷时期，例如空调机组完全停止运行的季节。变压器 T_1 及 T_4 可以停止使用，作为备用设备，以减少运行费用。实际上，这 4 台变压器都可实现互为备用的能力；在主接线设计上有特色，将供配电系统的安全性、可靠性、经济性、灵活性指标，都能圆满解决。

图 4-9 的建筑供配电系统图,已用在 6 万 m² 的 37 层一体化多功能综合商贸大厦中运行多年了,效果良好。

四、超高层大厦供配电网络结构

由于给水泵扬程的限制和流量限制,扬程高度为几十 m 以内。因此,在超高层建筑物中要设置中位、高位水池;满足生活与消防用水;还有电梯、电炊用电负荷等等;所以在中层和高层仍有动力用电和照明、空调用电。在中层上亦应建立小变电所进行供电。

虽然在底层有总变电所对大负荷供电,但用 380V 低压向超高层顶部送电,其功率损失和电压损失较大;不能满足供电质量要求;因此,在超高层建筑物的中层以上的设备层,还应设置小变电所,用 10kV 电缆送电至变电所,经变压后供给 380/220V 负载用电。

一般而言,超高层大厦上部楼层多为住宅楼或写字楼,三级负荷占多数,一、二级负荷很少,采用双电源供电,已可满足要求了。因此,在图 4-9 上,将变压器 T_1、T_4 及相联接的断路器、开关柜取消,重选 T_2、T_3 变压器容量,仍用单母线分段断路器接线方式,供电给高层或超高层的一、二、三级负荷用电,变压器可独立运行,互为备用。

综上所述,高层和超高层建筑供配电网络结构设计和选择原则,首先要充分研究建筑物本身的作用、功能和社会价值,需要表达的社会经济特征和文化内涵;然后选择决定电气工程设备系统及其需要提供的服务功能。

五、供配电网络的敷设方式

（一）电力电缆敷设方法

1. 电缆沿竖井敷设

在高层和超高层建筑大厦设计时,都在建筑图上设计有竖井;这些竖井由底层可一直通向顶层。竖井可分为电梯井、电力电缆井、弱电井;上、下水管道井等多种竖井。电竖井见图 4-12。

电力电缆由户内变电所的配电柜电缆沟或电缆半层,直通电缆竖井,沿竖井壁上垂直敷设电力电缆线路。在竖井与楼板裂缝一般为 100mm,可预埋一段钢管,按电缆绝缘外直径 d 决定钢管内直径 ($D=1.5d$),预埋一段所需尺寸的钢管,以便穿过电缆和固定电缆之用。

2. 电缆沿电缆沟敷设

电缆沟布置见图 4-13 所示。分室内、室外、厂区电缆沟。对单根、双根少量电缆可以直接埋地敷设。

室内电缆沟的钢筋混凝土盖板,盖上后应与地坪面取平。电缆支架用角钢焊接制成。各种规格的电缆沟和支架通用标准,可供建筑电气工程施工设计时选用。

3. 电缆沿电缆桥架敷设

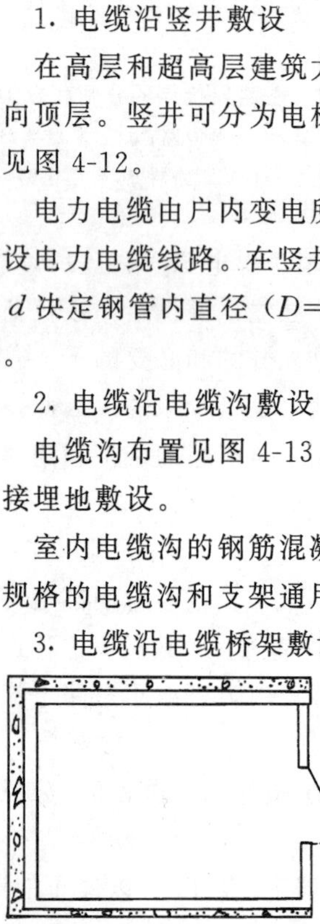

图 4-12 竖井平面图

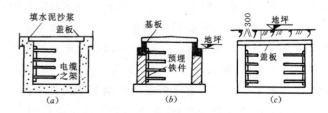

图 4-13 电缆沟布置图

(a) 屋内电缆沟;(b) 屋外配电装置电缆沟;(c) 厂区电缆沟

将钢板剪成长方形条料，打小孔散热用；再将长条钢板卷成矩形截面的长槽，该槽配有钢盖板。将电缆敷设在槽内，再盖上盖板；电缆敷设有多长，金属桥架便接多长。称此为电缆桥架。

电缆桥架可沿墙壁、水泥柱面、梁下、楼板下吊装敷设电缆于桥架内部。电缆走向有各种情形，为了施工需要，电缆桥架还有分支接头可供设计选用。例如负荷点不在同一地点时，电缆束中某些电缆走向将会分支；因此可用分支接头引导出这些分支电缆至负荷点。T型接头可引导电缆向下分支（下行分支），倒装（⊥）接头引导电缆向上分支（上行分支）。L型接头可引导电缆束总体向上敷设或 ⌐（倒装 L）向下敷设。

根据电缆敷设施工设计的需要，选择合适规格的电缆桥架和接头器件，使电缆布置和走线敷设整齐、美观、协调。

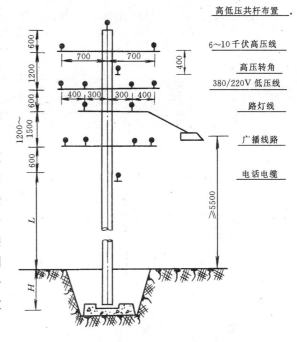

图 4-14 架空线电杆架设安装示意图

电缆桥架结构有多种型式可供选择使用。

（1）梯级式电缆桥架，可在工字钢支架上安装一层或多层直通电缆，或梯级式水平弯通电缆。适用于直径较大的电缆敷设，如动力电缆敷设。它具有重量轻、成本低、安装方便、散热、透气性能都较好。桥架表面有喷塑、镀锌、喷漆三种防锈处理；设计人员根据工程需要选择。桥架结构和载荷见图 4-15、4-16。

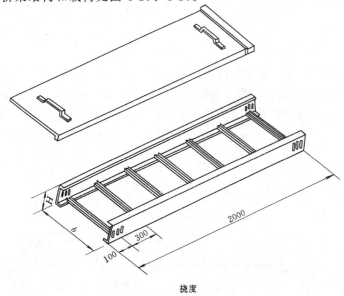

挠度

图 4-15 梯级式直通桥架

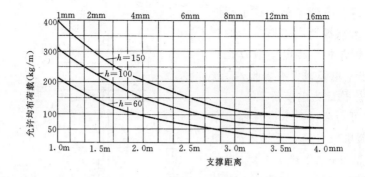

图 4-16　梯级式直通桥架载荷及挠度

（2）托盘式电缆桥架具有直通和弯通电缆敷设方式，重量轻、载荷较大，结构简单，安装方便，适用于动力电缆和信号、控制电缆敷设。在电力、轻工、电视、电讯、石油、化工等工程上使用较多。桥架表面作防锈处理；并配有护罩可供设计选用。桥架结构及载荷见图 4-17、图 4-18。

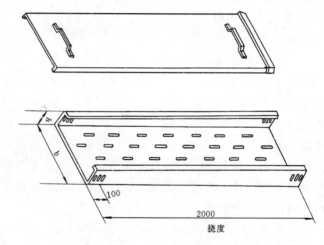

图 4-17　托盘式直通桥架

（3）槽式电缆桥架是一种全封闭式电缆桥架，适用于通信电缆、计算机电缆、控制电缆、热电偶电缆、消防电缆、电视电缆等敷设使用，有良好的抗电磁干扰和抗腐蚀作用。其结构见图 4-19；桥架均布载荷及挠度随支撑距离的关系曲线见图 4-20。

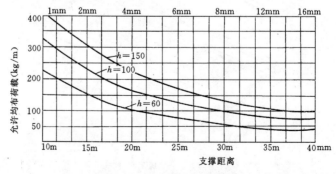

图 4-18　托盘式直通桥架载荷及挠度

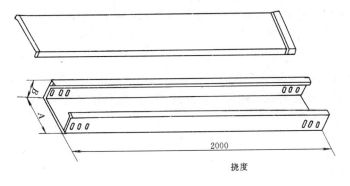

挠度

图 4-19 槽式直通桥架

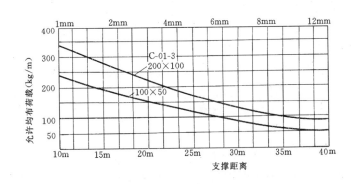

图 4-20 槽式直通桥架载荷及挠度

（4）组合式电缆桥架宽 100、150、200mm，高 25、50mm。组合桥架是桥架的新产品；可以敷设各种电缆还可根据需要使电缆转向、分支、引上或引下；用钢管引电缆可不打孔、不焊接，施工方便，而且散热及透气性能都好。可以沿墙、柱、梁沟中安装敷设桥架。

（5）大跨距电缆桥架是一种支撑跨度更大、承载能力更强的电缆桥架，用于电力、机械、冶金、人防、地铁等的电缆沟和电缆隧道内支架。其结构形式有梯架、托盘、槽式桥架，重载荷梯架及零部件等。其载荷曲线可参考产品说明。

（二）插接母线的敷设

当单台变压器容量在 1600kVA 及以上时，其低压侧额定电流在 2410A 以上；宜采用插接母线馈电。

·在高层、超高层建筑大厦中，插接母线可沿电缆竖井内壁敷设，但进入某层的插接箱仍安置在竖井内壁上，可用 L 型接插部件联结起来。

在高层建筑物内部变电所、主变压器和集中空调机组，宜在同一层内；以便采用密集母线就近馈电，便于施工，减小电能损耗。插接母线至地面净距不小于 2.20m；因配电柜高度为 2.2m，一般工程上取净距为 3.00～4.00m，主要考虑变电所的层高净空距离来决定。插接母线距地面高度取较大值，有利于运行维护安全。

（三）架空线路结构及架设

在工厂区域内可采用架空线路供电，因其投资少，安装维护方便；在一般工厂区广泛采用。

图 4-14 所示，采用钢筋水泥电杆。上层为 10kV 铝（或铜）绞线，第二层为低电压 380/220V 的铝（或铜）绝缘导线，供给车间动力和照明用电、路灯用电。第四层为广播线路；第五、第六分别为电话及电视线路。在工厂区同杆敷设多种功能的线路，可减少投资。

横担采用角钢制造，表面须做镀锌防锈处理。在横担上安装绝缘子，在绝缘子上固定导线。在 10/0.4kV 电压等级，绝缘子做成针式的，称为针式绝缘子，在 35kV 及以上电压等级，采用悬挂式绝缘子。

架空线路虽投资少，但杆下绿化树木将受到砍伐，架空线路使厂区环境和厂容厂貌受损。在现代化城市街道旁人行道上更不宜用架空线供电。架空线路已被电缆供电网络所取代了。

第三节 按允许载流量选择导线和电缆截面

一、导线和电缆的发热及其允许电流

金属导线或电缆中流通电流时，由于导体电阻的存在，电流使导体产生热效应，使导体温度升高，同时向导体周围介质发散热量。导线或电缆的绝缘介质，所允许承受的最高温度 t_d，必须大于载流导体表面的最高温度 t_m，即 $t_d > t_m$。才能使绝缘介质不燃烧，不加速老化为条件。

电线电缆生产厂对各种型号规格的导线和电缆都做了大量试验，规定了各种型号导线的最大载流量（称最大电流或允许电流），并列成表格，提供设计时选用。称此法为按发热条件选择导线截面积；也称为按允许载流量选择导线截面积。

二、长期工作制负荷

导线或电缆按发热条件长期允许工作电流 I_{al} 受环境温度影响，可用校正系数 K 进行校正；以决定该导线的额定允许载流量，即

$$I_N = KI_{al} > I_c \tag{4-1}$$

式中 I_{al}——导线或电缆允许长期工作电流值（A），见附表 22～27；

I_N——经校正后的导线或电缆长期额定电流（A）；

I_c——线路计算负荷电流（A）。

在决定导线或电缆允许载流量时，导线周围环境温度在空气中取 $t_n = 25℃$，在土壤中取 $t_n = 15℃$ 作为标准值。当导线或电缆敷设环境温度不是 t_n 时，则载流量应乘以温度校正系数 K_t。

$$K_t = \sqrt{\frac{t_1 - t_0}{t_1 - t_n}} \tag{4-2}$$

式中 t_0——导线或电缆敷设处实际环境计算温度（℃）；

t_1——导线或电缆芯线长期允许工作温度（℃）。

导线温度校正系数见附表 18。

导线或电缆多根并列敷设或穿管敷设时，在空气或土壤中敷设时，其散热条件与单根时不相同了，对它们的允许载流量也应进行相应的校正，其校正系数见附表 25。

三、重复性短时工作负荷

当负荷重复周期≤10min，工作时间 $t ≤ 4min$ 时，导线或电缆的允许电流可按下述情况

决定：

（1）导线截面 $S \leqslant 6\text{mm}^2$ 的铜线，或 $S \leqslant 10\text{mm}^2$ 的铝线，其允许电流按前述长期工作制计算。

（2）导线截面 $S > 6\text{mm}^2$ 的铜线，或 $S > 10\text{mm}^2$ 的铝线，其允许电流等于长期允许电流的 $0.875/\sqrt{\text{JC}}$ 倍。JC 是该用电设备的暂载率百分数。

四、短时工作制负荷

当用电工作时间 $t_w \leqslant 4\text{min}$，在停止用电时间内，导线或电缆已散热，且降到周围环境温度时，此时导线或电缆的允许电流按重复短时工作制决定。

第四节　按允许电压损失选择导线电缆截面

在电力系统中，各种用电设备随工作状态的变化而改变用电量的多少，如机械加工、电弧炉、升降机、刨床、电气机车牵引动力等等负载变化，都将使电网电压及电流发生变化。因此，电网供给负载端点的实际电压，并不等于该用电设备的额定电压，其差值称为电压偏移：

$$\Delta U = \frac{U - U_N}{U_N} \cdot 100\%$$

用电设备允许电压偏移百分值 表 4-1

用电设备种类	允许电压偏移百分值（%）
电动机	$-8 \sim +5$
照　明	$-6 \sim +5$
事故、照明、路灯照明	-10

式中　U——电网在设备端点的实际电压

　　　　　（V）；

　　　U_N——用电设备的额定工作电压（V）；

　　　ΔU——电压偏移百分值。

一、输电线路电压损失计算

输电线路单位长度的电阻为 R_0（Ω/km），单位长度的电抗为 x_0（Ω/km）；设导线总长为 l（km）时，导线电阻为 $R_0 l$，电抗为 $x_0 l$；l 为导线计算长度。一般而言，导线的计算长度与其始端至末端的电杆直线距离是不等的。因架空线路导线有弧垂，电缆线路敷设有弧弯转角及垂弧等存在。

对高层建筑和工厂供配电的电力网络中，将输电线路作为集中参数电路计算，而不考虑电路参数的分布性。因此，不计算输电线上的漏电导 g_0、分布电容 C_0、趋肤效应的影响，是完全符合工程实际的。因为频率低、电压低、供电线路短。

（一）线路末端联接对称三相负载

在图 4-15 上，设每相电流有效值为 I，线路电阻为 R，电抗为 X，线路末端相电压为 U_{LIN}，则每相电压损失为

$$\Delta U_P = I_1(R\cos\varphi_2 + X\sin\varphi_2) \tag{4-3}$$

线电压损失为

$$\Delta U_1 = \sqrt{3}\,\Delta U_P = \sqrt{3}\,I_1(R\cos\varphi_2 + X\sin\varphi_2) \tag{4-4}$$

在线路末端三相负载功率用有功 P 表示时，有

$$P = \sqrt{3}\,U_{IN}I_1\cos\varphi_2 \quad \text{W}$$

则　$$\Delta U_1 = \frac{P}{U_{IN}\cos\varphi_2}(R\cos\varphi_2 + X\sin\varphi_2) = \frac{PR}{U_{IN}} + \frac{QX}{U_{IN}} = \frac{1}{U_{IN}}(PR + QX) \tag{4-5}$$

式中　ΔU_P——线路相电压损失（V）；

　　　ΔU_l——线路线电压损失（V）；

　　　U_{PN}——负载端的相电压额定值（V）；

　　　U_{lN}——负载端的线电压额定值（V）；

　　　　P——负载有功功率（W）；

　　　　Q——负载无功功率（kvar）；

　　　　φ_2——负载功率因数角（°）；

　　　　R——线路电阻（Ω）；

　　　　X——线路电抗（Ω）；

　　　　N——表示额定值。

电压损失的百分值为

$$\Delta U\% = \frac{P}{U_{lN}^2 \cos\varphi_2}(R\cos\varphi_2 + X\sin\varphi_2) \cdot 100$$

工程上负载以千瓦（kW）表示，电压以千伏（kV）表示时，线电压损失百分值为

$$\Delta U\% = \frac{P}{10U_{lN}^2 \cos\varphi_2}(R\cos\varphi_2 + X\sin\varphi_2) = \frac{1}{10U_{lN}^2}(PR + QX) \tag{4-6}$$

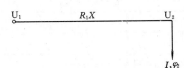

图 4-21　三相线路

必须指出，输电线路的电压损失，是指输电线路始端电压与末端电压的代数差值，而不是两电压的相量差值；即不考虑两电压的相角差别，因供配电低压电网输电线路短，线路参数的阻抗角 θ 很小，产生的相位差也很小；对实际电压损失的影响在 5％ 以下。因此，为简化计算量，输电线路线电压损失百分数可按式（4-5）计算。

（二）线路各段联接对称负载

当已知各负载功率、线路电阻、电抗及额定电压时，各段线路的电压损失就可以计算出来。在图 4-22 上，略去线路上的功率损耗，略去线路始端电压与末端电压的相位差角，以末端电压为参考相量，其值为线路额定电压，那末便有下述关系：

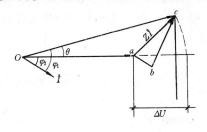

图 4-22　三相线路电压损失

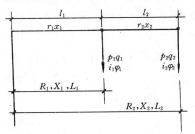

图 4-23　树干式线路电压损失

$$P_1 = p_1 + p_2; \quad Q_1 = q_1 + q_2; \quad P_2 = p_2; \quad Q_2 = q_2$$

线路各段的线电压损失为

$$\Delta U_{l1} = \frac{P_1 r_1}{U_{lN}} + \frac{Q_1 x_1}{U_{lN}}; \quad \Delta U_{l2} = \frac{P_2 r_2}{U_{lN}} + \frac{Q_2 x_2}{U_{lN}}$$

如有 n 段线路各负载时，可计算总的线电压损失：

$$\Delta U_1 = \sum_{i=1}^{n} \Delta U_{1i} = \sum_{i=1}^{n} \left(\frac{P_i r_i}{U_{IN}} + \frac{Q_i x_i}{U_{IN}} \right) \tag{4-7}$$

如用各干线中流通的电流表示线电压损失，则有

$$\Delta U_1 = \sqrt{3} \sum_{i=1}^{n} (r_i I_i \cos\varphi_i + x_i I_i \sin\varphi_i) \tag{4-8}$$

工程上常用线电压损失百分数表示，功率用千瓦（kW）、千乏（kvar）表示，额定电压用千伏（kV）表示，因此，线电压损失计算式为

$$\Delta U_1\% = \frac{\sqrt{3}}{10 U_{IN}} \sum_{i=1}^{n} (I_i r_i \cos\varphi_i + I_i x_i \sin\varphi_i)$$

$$= \frac{1}{10 U_{IN}^2} \sum_{i=1}^{n} (P_i r_i + \theta_i x_i) \tag{4-9}$$

计算式（4-7）及（4-8）中的 r_i、x_i 是由电源点至各负载点之间的电阻、电抗值；I_i 是各负载电流的有效值，φ_i 是各个负载的功率因数角，P_i、Q_i 分别是各负载的有功功率及无功功率。这是利用负载电流或负载功率计算线电压损失百分数的方法，多用在某些负荷波动大对电压损失的影响程度。用干线电流或干线功率计算线电压损失百分数，多用于计算干线电压损失或干线某点的总电压损失。可根据需要来选择计算方法。

（三）电压损失查表算法

由式（4-9）有线电压损失百分数

$$\Delta U_1\% = \frac{\sqrt{3}}{10 U_{IN}} \sum_{i=1}^{n} (r_i I_i \cos\varphi_i + x_i I_i \sin\varphi_i)$$

$$= \frac{\sqrt{3}}{10 U_{IN}} (r_0 \cos\varphi + x_0 \sin\varphi) \cdot \sum_{i=1}^{n} I_i l_i = K_i \cdot \sum_{i=1}^{n} I_i l_i \tag{4-10}$$

或　　　$$\Delta U_1\% = \frac{1}{10 U_{IN}^2} \sum_{i=1}^{n} (P_i r_i + Q_i x_i) = \frac{r_0 + x_0 \mathrm{tg}\varphi}{10 U_{IN}^2} \sum_{i=1}^{n} P_i l_i = K_P \cdot \Sigma P_i L \tag{4-11}$$

式中　U_{IN}——额定线电压（kV）；

L——线路长度（km）；

IL——电流负荷矩（A·km）；

PL——功率负荷矩（kW·km）；

K_i——每一安公里电流负荷矩的电压损失，查表时与负载功率因数 $\cos\varphi$ 一致（%）；

K_P——每千瓦公里或每兆瓦公里功率负荷矩的电压损失，查表时与负载 $\cos\varphi$ 一致（%）。

假定在低压配电网 380/220V 网络的功率因数近似为 1，可进一步简化计算。实际上导线截面对低压导线的电抗值影响很小，对选择导线截面积而言，是合理的。因此有

$$\Delta U_1\% = \frac{1}{10 U_{IN}^2} \sum_{i=1}^{n} p_i R_i = \frac{R_0}{10 U_{IN}^2} \sum_{i=1}^{n} p_i L_i = \frac{1}{CS} \sum_{i=1}^{n} M_i \tag{4-12}$$

式中 $\displaystyle\sum_{i=1}^{n} M_i = \sum_{i=1}^{n} p_i L_i$ ——总负荷矩（kWm）；

S ——导线截面（mm²）；

$R_0 = \dfrac{1}{\gamma S}$ ——导线每米电阻值（Ω/m）；

$C = 10\gamma U_{\mathrm{IN}}^2$ ——系数，查表 4-2；

γ ——导线的导电系数，铜线 $\gamma = 53$，铝线 $\gamma = 32$，均为 25℃ 的值。

在单相交流线路或直流线路的导线电压损失，在两条电线上都同样产生电压损失，故按下式计算

$$\Delta U\% = \frac{2}{10rSU_{\mathrm{N}}^2} \sum_{i=1}^{n} p_i L_i = \frac{1}{5rSU_{\mathrm{N}}^2} \sum_{i=1}^{n} p_i L_i \tag{4-13}$$

计算线路电压损失公式中系数 C 值 　　　　　　表 4-2

线路额定电压 （V）	线路系统及电流种类	系数 C 的公式	系 数 C 值	
			铜 线	铝 线
380/220	三相四线	$10\gamma U_{\mathrm{IN}}^2$	77	46.3
380/220	二相三线	$\dfrac{10\gamma U_{\mathrm{IN}}^2}{2.25}$	34	20.5
220	单相或直流	$5\gamma U_{\mathrm{PN}}^2$	12.8	7.75
110			3.2	1.9
36			0.34	0.21
24			0.153	0.092
12			0.038	0.023

二、按允许电压损失选择线路导线截面

输电线路有电阻及电抗存在，电能沿输电线路传输时，必然产生电能损耗和电压损失。为使电压损失能保持在国家规范允许范围之内，那么，如何恰当地选择导线截面，是我们要解决的问题。

首先，电压损失可以分解为两部分，即有功分量电压损失和无功分量电压损失两部分：

$$\Delta U_1\% = \frac{1}{10 U_{\mathrm{IN}}^2} \sum_{i=1}^{n} (p_i R_i + q_i x_i) = \Delta U_\mathrm{a}\% + \Delta U_\mathrm{r}\% \tag{4-14}$$

在 10kV 架空线路取电抗值 $x_0 = 0.30 \sim 0.40\,\Omega/\mathrm{km}$，10kV 电缆线路 $x_0 = 0.08\,\Omega/\mathrm{km}$，可以先假定电抗 $x_0 = 0.35\,\Omega/\mathrm{km}$（平均值）计算出电抗电压损失 $\Delta U_\mathrm{r}\%$，再按允许电压损失 $\Delta U\%$，可查阅国标规范而得到，便有

$$\Delta U_\mathrm{a}\% = \Delta U\% - \Delta U_\mathrm{r}\% \tag{4-15}$$

式中

$\Delta U_\mathrm{a}\% = \dfrac{1}{10\gamma S U_{\mathrm{IN}}^2} \displaystyle\sum_{i=1}^{n} p_i L_i$ ——有功电压损失（%）；

$\Delta U_\mathrm{r}\% = \dfrac{x_0}{10 U_{\mathrm{IN}}^2} \displaystyle\sum_{i=1}^{n} q_i L_i$ ——无功电压损失（%）。

工程上计算导线长度以公里（km）为单位，计算电阻时长度以米（m）为单位，导线截面以平方毫米（mm²）为单位，故经单位换算后按下式选择导线截面

$$S = \frac{100}{\gamma U_{\mathrm{IN}}^2 \Delta U_{\mathrm{a}}\%} \sum_{i=1}^{n} p_i L_i \tag{4-16}$$

按上式选择与之相近的标称导线截面 S，根据线路布置状况计算出电抗 X_0 值，如与所选的 X_0 值差别不大，说明所选导线截面正确可用。反之，其 X_0 值相差较大时，则应按计算所得 X_0 值重算 $\Delta U_r\%$，按式（4-15）计算 $\Delta U_{\mathrm{a}}\%$，代入式（4-16）重选导线截面 S，使之满足电压损失的指标要求。这就是按电压损失的规范标准，选择导线截面应做的设计计算工作。

第五节　按经济电流密度选择导线和电缆截面

在电力系统中的电器设备，输电线路及一切日用电器装置，都广泛使用铜或铝导线，节约有色金属，减少铜铝耗量，是重要的经济政策之一。减小导线截面积，固然节省有色金属，但增大了导线电阻，增加了电能损耗，能源利用率降低了，节约能源也是重要经济政策之一。为减少线路损耗，须增大导线截面积，降低导线电阻值。但这样做又增加了有色金属耗量。

为兼顾有色金属耗量投资与降低导线能耗费用之间的矛盾，提出了彼此兼顾的经济电流密度概念，使所选截面对前两者而言是经济的。

我国现行的经济电流密度值见表 4-3。

按经济电流密度 δ_{ec} 选择导线截面公式如下：

$$S = I_{\mathrm{c}}/\delta_{\mathrm{ec}} \tag{4-17}$$

式中　S——经济截面（mm²）；

　　　I_{c}——导线负荷计算电流（A）；

　　　δ_{ec}——经济电流密度（A/mm²），见表 4-3。

我国电线和电缆的经济电流密度 δ_{ec}（A/mm²）　　　　表 4-3

线路型式	导线材料	年最大负荷利用小时（h）		
		3000 以下	3000～5000	5000 以上
架空线路	铝	1.65	1.15	0.90
	铜	3.0	2.25	1.75
电缆线路	铝	1.92	1.73	1.54
	铜	2.50	2.25	2.00

第六节　选择电线和电缆截面的综合分析

选择电线和电缆截面的常用方法有四种，但各有特点和应用的具体条件，分述如下。

一、按允许载流量选择电线截面

在建筑供配电系统中，对于低电压 380/220V 进出电线和电缆的截面积选择，是按长期

允许载流量（或称发热条件或称温升条件）来选择的。在三相电力线路中，每相电线（或每相电缆）的横截面积，必须满足下述条件

$$I_{al} \geqslant I_{30} = I_c; \tag{4-18}$$

式中 I_{30} 是流过每相电线（或电缆）的计算电流，即对该负载计算得出的计算负荷电流 $I_c = I_{30}$，根据 I_c 的数值选择电线（或电缆）的截面 S，与该 S 所对应的长期允许载流量 I_{al} 必须大于 I_c 的数值。同时对电线（或电缆）所能承受的最高允许温度必须大于芯线实际工作温度。对电线或电缆需要穿管敷设时，其管径 $d \geqslant 1.5$ 倍电线外直径或以上，可查阅供电设计手册。

对于照明电路，按上述方法选出的截面 S 值，还须增大标称截面等级一级或二级，有利于减小电线沿线电压损失，保持电灯电压质量在规定的水平上。

（1）对低压电网中性线（N 线）的允许载流量，不小于三相负载最大的不平衡电流，以及零序谐波电流大的情况，因此中性线 N 的截面与各相电线截面选为相同或相近。

对于使用两相电源或单相电源的负载中性线上流通着相电流，这种中性线截面应与该相电线截面相同。

（2）对于保护线（PE 线）截面的选择，按规定，PE 线的电导不小于相线电导的 50%；而且按短路时热稳定的需要，当相电线截面 $S_P \leqslant 16mm^2$ 时，PE 线截面 S_{PE}，应与相电线截面相等，即 $S_{PE} = S_P$。

在 TN 系统中发生单相接地故障时，即端线 L 与 PE 单相短路，其短路电流应使保护部件可靠动作：

采用熔断器保护元件时

$$I_K^{(1)} = \frac{U_P}{Z_k} \geqslant 4 I_{NFE} \tag{4-19}$$

式中　I_{NFE}——熔断器熔体额定电流。

采用断路器瞬时脱扣保护元件时

$$I_k^{(1)} = \frac{U_P}{Z_k} \geqslant 1.5 I_{OP} \tag{4-20}$$

式中　U_P——三相电源的相电压（V）；

　　　I_{OP}——瞬时脱扣器动作电流（A）；

　　　Z_k——端线 L 与保护线 PE 短路的回路阻抗（Ω）

$$Z_k = \sqrt{(R_T + R_{LPE})^2 + (X_T + X_{LPE})^2} \quad (Ω) \tag{4-21}$$

R_T、X_T——变压器单相电路的等效电阻和等效电抗（Ω）；

P_{LPE}、X_{LPE}——端线 L 与保护线 PE 短路回路电阻及电抗（Ω）。

（3）保护中性线 PEN 截面的选择，应同时满足 PE 线保护作用和中性线 N 的截流能力；并且按式（4-19）或式（4-20）进行校核，当条件均满足后，取其中的最大截面为准。

【例 4-1】　在 380/220V 的 TN-S 配电线路中，计算电流 $I_1 = 150A$，$I_2 = 50A$ 的集中负荷，$cos\varphi_1 = cos\varphi_2 = 0.8$，$L_1 = 200m$，$L_2 = 300m$，试选用 BLX-500 铝芯橡皮线明敷时的截面。环境温度为 +30℃，按发热条件选择。

【解】 该 YN-S 为 5 条线的三相四线制线路,即相线、中性线和保护线共 5 条线路明敷穿管。

干线 L_1 上流通的计算电流为

$$\dot{I} = I_1 \underline{/36.9°} + I_2 \underline{/36.9°} = (150 + 50) \underline{/36.9°} = 200 \underline{/36.9°}$$

查附表 得 BLX-500 截面为 $150mm^2$ 铝芯橡皮线在环境温度 $+30℃$ 长期允许载流量 $I_{al} = 205A > 200$,满足发热条件要求。中性线 $S_{01} \geqslant 0.5 S_R = 75mm^2$,取 $90mm^2$,保护线截面取 $90mm^2$,5 根导线穿管敷设,穿钢管直径 $d = 100mm$。

干线 L_2 上流通的计算电流为 50A,选用 BLX-500 截面为 $16mm^2$ 铝芯线,长期允许载流量为 60A,已大于 50A,满足发热条件要求。这段中性线截面为

$$S_{0.2} \geqslant 0.5 S_P = 0.5 \times 16 = 8mm^2$$

选择 $S_{0.2} = 10mm^2$ 的 BLX-500 的橡皮绝缘线。保护线截面当 $S_{PE} \leqslant 16mm^2$ 时,应选保护线截面 $S_{PE} = 16mm^2$,5 线共穿一管明敷,管径 $d = 50mm$ 的电管。

因题目未给出变压器容量及参数和保护装置类型,故未按式(4-19)、(4-20)在单相短路时进行熔断器或低压断路器动作电流的校核,如校验动作电流不满足要求时,须增大保护线截面积 S_{PE} 的数值,直到可靠满足保护动作电流时为止。

二、按允许电压损失计算导线截面

我们仍以 [例 4-1] 为例,讨论按允许电压损失选择导线截面积。根据式(4-15)计算无功电压损失百数值为

$$\Delta U_r \% = \frac{X_0}{1.0 U_{IN}^2} \sum_{i=1}^{2} q_i L_i$$

试选电线的电抗值 $X_0 = 0.35 \Omega/km$;已知 $U_{IN} = 0.380kV$;故有

$$U_r \% = \frac{0.35}{10 \times 0.38^2}(58.8 \times 0.2 + 19.7 \times 0.5)$$

$$= 0.242 \times 21.61 = 5.227 < 10$$

有功电压损失为

$$U_a \% = \Delta U \% - U_r \% = 10 - 5.227 = 4.773 < 10$$

导线截面为

$$S = \frac{100}{\gamma U_{IN}^2 \Delta U_a \%} \sum_{i=1}^{2}(p_i L_i)$$

$$= \frac{100}{32 \times 0.38^2 \times 4.773}(78.4 \times 0.2 + 26.32 \times 0.5) = 131 \ mm^2$$

选用电线型号为 BLX-500/150 的铝芯橡皮绝缘导线,面积 $150mm^2$。这里按电压损失计算求得的电线截面积与上述按发热条件时选择的导线截面是一致的。选用标称截面比计算值大一级的电线,可以降低电压损失。计算表明有功及无功电压损失已分别在 5% 左右的点上,故宜于增大一级截面,也可不作校核了。同理,第二段电线型号仍为 BLX-500/16,截面仍为 $16mm^2$ 的铝芯橡皮绝缘线。导线工作电压为 500V。

三、按经济电流密度计算导线截面

对 [例 4-1] 的第一、二两段导线分别用经济电流密度法计算导线的经济截面

$$S_{ec1} = I_{c1}/\delta_{ec} = 150/1.15 = 130.4 \text{ mm}^2;$$

年最大负荷利用小时数 $I_{max} = 3000 \sim 5000h$，经济电流密度 $\delta_{ec} = 1.15A/mm^2$。

选择 BLX-500V/150mm^2 的铝芯橡皮绝缘电线。校核发热条件：

$$I_{al1} = 233A > 200A，满足发热条件。$$

$$t = 30℃$$

选择第二段电线的经济截面时，$I_{max} = 3000h$ 以下，经济电流密度为 1.65A/mm^2，有

$$S_{ec2} = \frac{I_{c2}}{\delta_{ec}} = \frac{50}{1.65} = 30.3 \text{ mm}^2,$$

选择标称截面相近的型号 BLX-500V/25mm^2 的铝芯橡皮绝缘电线。校核发热条件：

$$I_{al2} = 88A > I_{c2} = 50A$$

$$t = 30℃$$

已满足发热条件。因电线穿钢管明敷，铝线的最小截面大于 16mm^2，满足机械强度要求。

四、按机械强度计算导线截面

用铝或铝合金制造的铝绞线、钢芯铝绞线敷设架空线路时，或绝缘铝线敷设在角钢支架上时，因铝材质轻软，机械应力强度低，容易断线，为此，规定了架空裸铝导线的最小截面（见附表），及绝缘导线的线芯最小截面（见附表）。对电缆不校核机械强度，但应校核短路热稳定度。

在建筑电气工程施工设计实践中，对于给排水泵站，消防水泵、暖通空调机组、工厂矿山动力设备机组等的动力配电线路，由于用电设备容量大，负荷电流大，可首先按发热条件计算，选择电线或电缆截面，在满足发热条件的基础上，再校核电压损失和机械强度。便可选择合适的导线截面及规格型号。对于汇流母线截面的选择，首先按发热条件选择母线截面，用经济电流密度校核截面，然后再用母线短路电流，计算母线电动力是否稳定，如不稳定，可减小绝缘子间的距离 l，使电动力稳定为止。

对于 35kV 及以上的高压架空重载线路，可先按经济电流密度计算导线截面，然后按机械强度校核截面大小，再按电压损失校核，如不满足，可增大截面，至满足为止。

对于 10kV 及以下的母线，可按发热条件选择截面，因线路短，有色金属耗量不大，不按经济电流密度计算导线截面。

对于低电压线路流通特大电流的导线，仍经济电流密度计算导线截面，以节约有色金属和投资。

对于低压照明线路，可用允许电压损失条件计算导线截面，再按发热条件和机械强度校核所选截面，符合要求为止。

各种电缆和绝缘电线，都有标称耐压和工作电压值，在选择导线时，电线和电缆的工作电压等级必须与电网运行电压相同。见图 4-24 及图 4-25 有关导线和电缆的计算和选择方法。

综上所述，关于导线截面的选择原则和方法，对于各种具体使用条件及负荷条件，都

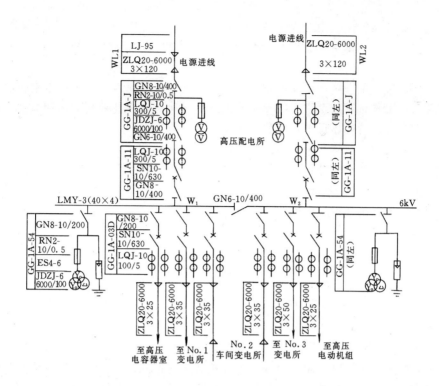

图 4-24　高压配电所主电路图

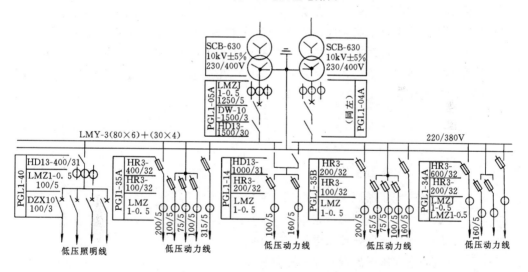

图 4-25　高层建筑动力变电所主电路

已分别阐明。在消耗有色金属量大的线路，宜按经济电流密度选择截面，以便节约有色金属和投资。但要增大年运行维护费用。

　　按发热条件选择导线截面，是广泛使用的方法，特别是动力配电线路。对电压质量水平要求高的线路，宜按电压损失条件选择导线截面，电压损失越小，有色金属耗量越多，投资及维护费也随之增多。总而言之，按上述方法合理选择导线截面是具有经济效益的。

第七节　配电网电压水平及调压方法

我们知道供配电网络的电压质量对工厂生产的产品质量直接相关，电动机的转矩、照明灯的亮度、电气机车的牵引力等等都与电压水平有关。因此保持电网用电点的电压为额定电压，就必须进行电压调节，简称调压。

配电网络中的变压器和输电线路，是产生电压损失的主要元件。为此，在变压器高压绕组上抽头，简称绕组的分接头。有 $\pm 0\%$，$\pm 2 \times 2.5\%$，在 1000kVA 以下的小容量变压器上，有主接头 $\pm 0\%$，分接头 $+5\%$ 和分接头 -5%。

一、变压器对电压偏移的影响

电压偏移定义为

$$\delta U\% = \frac{U - U_N}{U_N} \cdot 100 \tag{4-22}$$

式中　U——设备端实际电压（V）；

　　　U_N——额定电压（V）；

　　　$\delta U\%$——电压偏移百分数。

变压器原端为高压时，副端为低压端，按有关规范规定，在变压器原端接通的电压与分接头电压相等时，变压器在空载条件下，副端电压为副端额定电压的 1.05 倍（高于 U_{2N} $+5\%$），例如 10/0.4kV 环氧树脂浇注干式变压器、用 10kV 电压接在 $+5\%$ 分接头上，空载时副端电压偏移为零；如将 10kV 接在 -5% 分接头上，空载时副端电压偏移为 $+10\%$。

由此可见，同一个进线电源电压，当接在变压器不同的分接头上，可以改变副端的电压偏移，使副端电压水平改变，有利于提高供电电压质量。

变压器副端电压偏移量可按下式计算

$$\delta U_T\% = \left(\frac{kU_{20}}{U_f} - 1 \right) \cdot 100 \tag{4-23}$$

式中　$k = \dfrac{U_{1N}}{U_{2N}}$ —— 变压器变比；

　　　U_{1N}——变压器原端额定电压（V）；

　　　U_{2N}——变压器副端额定电压（V）；

　　　U_f——变压器分接头电压（V）；

　　　U_{20}——变压器副端开路电压（V）。

讨论：当

$$kU_{20} \begin{cases} > U_f, & \text{电压正偏移；} \\ = U_f & \text{电压偏移为零；} \\ < U_f & \text{电压负偏移。} \end{cases} \tag{4-24}$$

二、变压器电压损失计算

变压器的电压损失为

$$\Delta U_T = \sqrt{3} I (R_T \cos\varphi + X_T \sin\varphi)$$

$$= \frac{S}{S_N}[\sqrt{3}\,I_N R_T \cos\varphi + \sqrt{3}\,I_N X_T \sin\varphi]$$

$$\Delta U_T\% = \frac{\Delta U_T}{U_N} \cdot 100 = \frac{S}{S_N}[\Delta U_a\% \cos\varphi + \Delta U_r\% \sin\varphi] \quad (4\text{-}25)$$

式中　R_T, X_T —— 变压器的电阻及电抗；

　　　　I —— 变压器的负荷电流；

　　　　I_N —— 变压器的额定电流；

　　　　S —— 变压器的负荷；

　　　　S_N —— 变压器的额定容量；

　　$\Delta U_a\%$ —— 变压器短电压有功分量百分数，

$$\Delta U_a\% = \frac{\Delta P_{CU \cdot N}}{S_N} \cdot 100; \quad (4\text{-}26)$$

　　$\Delta U_r\%$ —— 变压器短路电压无功分量百分数，

$$\Delta U_r\% = \frac{\Delta Q_N}{S_N} \cdot 100。 \quad (4\text{-}27)$$

那么，变压器副端电压按下式计算：

$$U_2 = (U_1 - \Delta U_T\% \cdot U_{1N})\frac{U_{20}}{U_f} \quad (4\text{-}28)$$

三、变压器分接头的选择

合理选择变压器分接头，可以提高供电网络的电压质量水平。

设变压器在最大负荷时高压母线电压为 U_{A1}，在最小负荷时母线电压为 U_{A2}；变压器电压损失在最大负荷时为 ΔU_{T1}，在最小负荷时为 ΔU_{T2}，并已归算至高压端，变压器变比为

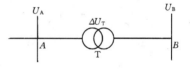

$$k = \frac{U_f}{U_{20}}$$

图 4-26　变压器分接头的选择

在最大负荷时，变压器低压母线上的实际电压为

$$U_{B1} = (U_{A1} - \Delta U_{T1})\frac{U_{20}}{U_f} \quad (4\text{-}29)$$

在最小负荷时，低压母线实际电压为

$$U_{B2} = (U_{A2} - \Delta U_{T2})\frac{U_{20}}{U_f} \quad (4\text{-}30)$$

式中　U_{20} —— 变压器副端空载电压；

　　　U_f —— 变压器原端分接头电压。

在变压器处于最大负荷和最小负荷时，变压器副端母线希望保持的电压相应为 U_{B1H} 和 U_{B2H}，根据式（4-29）及（4-30）可以导出在最大负荷时的分接头电压为

$$U_{f1} = \frac{U_{20}}{U_{B1H}}(U_{A1} - \Delta U_{T1}) \tag{4-31}$$

在最小负荷时的分接头电压为

$$U_{f2} = \frac{U_{20}}{U_{B2H}}(U_{A2} - \Delta U_{T2}) \tag{4-32}$$

按上式计算出的分接头电压，可能与标称分接头电压不相等，但可选相近的标称分接头电压联接。

如果使用的是普通变压器，不能带电换接分接头时，可采用平均值选取分接头电压，即

$$U_f = \frac{U_{f1} + U_{f2}}{2} \tag{4-33}$$

并与 U_f 靠近的标称分接头电压联接，同时校核最大与最小负荷时的 U_{B1H}、U_{B2H} 值是否符合标准。

【例 4-2】 某高层建筑物有一级负荷，对供电电压质量要求较高，在最大负荷时，变压器原端电压为 10.2kV，变压器电压损失 4.5%，在最小负荷时，高压为 10.5kV，变压器电压损失 2.5%，变压器空载电压为 0.42kV，要求变压器低压母线电压在最小负荷时偏移 +6%，在最大负荷时偏移为 0%。试选择变压器分接头。已知变压器电压分接头为 $10 \pm 2 \times 2.5\%/0.4$kV

【解】 由式（4-29）及式（4-30）可得

$$U_{A1} - \Delta U_{T1} = 10.2 - 10 \times 4.5\% = 9.75 \text{ kV}$$

$$U_{A2} - \Delta U_{T2} = 10.5 - 10 \times 2.5\% = 10.25 \text{ kV}$$

由式（4-31）、式（4-32）得

$$U_{f1} = 9.75 \times \frac{0.44}{0.40} = 10.72 \text{kV}$$

$$U_{f2} = 10.25 \times \frac{0.44}{0.40 \times (1 + 0.060)} = 10.6 \text{ kV}$$

选用 10.50kV 的分接头，与 U_{f1} 及 U_{f2} 均靠近。校核低压母线电压值

$$U_{B1H} = \frac{U_{20}}{U_{f1}}(U_{A1} - U_{T1}) = \frac{0.44 \times 9.75}{10.5} = 0.408 \text{ kV}$$

$$U_{B2H} = \frac{U_{20}}{U_{f2}}(U_{A2} - U_{T2}) = \frac{0.44 \times 0.25}{10.50} = 0.429 \text{ kV}$$

$$\delta U_{B1}\% = \frac{0.408 - 0.4}{0.4} \times 100 = 2$$

$$\delta U_{B2}\% = \frac{0.42 - 0.4}{0.4} \times 100 = 0.50$$

在最大和最小负荷时，变压器低压母线电压偏移百分值均小于 5，变压器分接头选择是正确的；能够通过合理选择变压器高压绕组分接头的方法，实现配电网内部电压调节。

必须指出，用变压器绕组分接头的改变可以实现供配电网的电压调节，常用的有两种

改变分接头的方法，即无载调压变压器和有载调压变压器。

四、无载调压变压器

对变压器分接头的改变，是对该变压器断电后，由人工改接变压器分接头，经检查无误后，再接通电源，恢复供电，简单易行，国内使用尚多。但缺点是停电损失无法避免，降低了供电可靠性。

五、有载调压变压器

采用电动机旋转带动变压器分接头的改接，在带电有载条件下调压，克服了停电改分接头的缺点。由检测电路对母线电压在线测量，根据母线电压的高或低，控制电动机的正转或反转，控制分接头电压的高或低，从而实现有载调压的目标。

总而言之，用变压器分接头调压，是级差调压，即 $0\sim\pm2.5\%\sim\pm5\%$，而不是连续调压。在线路始端与末端的电压，有时很难兼顾都在允许电压范围之内，这也是改变分接头调压的缺点之一。

因此，我们设想将变压器分接头做成很多、很密、形成连续改变电压的目标，这就是自耦变压器调压的特点；从而实现无级连续调压。这正是目前最新的电力调压器，阐述如下。

六、全自动补偿式三相电力稳压器

（一）工作原理

全自动补偿式三相电力稳压器，由补偿电变压器 BT、接触式自耦调压器 AT、检测电路、控制电路、伺服电机、执行机构组成。自耦调压器 AT 与输出电压联接，可向补偿电路提供补偿电压 $\pm\Delta U$，其输出电压方程式

$$U_{out} = U_{in} + \Delta U \qquad (4\text{-}34)$$

式中　U_{in}——输入电压；

　　　U_{out}——输出电压；

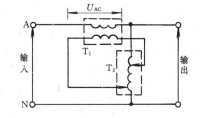

图 4-27　单相补偿电路原理图

　　　ΔU——补偿电压，有正负极性（$\pm\Delta U$）。

电力稳压器的工作原理是当输入电压比给定值降低 ΔU_1 时，检测电路驱动伺服电动机旋转，带动三相 AT 调压器动触头移动，在补偿变压器副端产生 $+\Delta U_1$ 值的补偿电压时，使输出电压与给定值的差值为零，伺服电动机停止旋转，保持输出电压为常数，达到稳定输出电压的目的。

当输出电压高于给定值 ΔU_2 时，检测电路将使伺服电动机反转，三相自耦调压器动触头与上述方向相反的方向移动，恰好使补偿变压器副端产生 $-\Delta U_2$ 的数值，使得输出电压与给定值之差为零值时，伺服电动机将停止旋转。保持输出电压为常数。

综上所述，无论输出电压偏移极性和数值的多或少，补偿变压器将提供极性相反的数值相等的补偿电压 ΔU，而且是全补偿值。保持输出电压与给定值相同的时候，伺服控制机构的运动才会停止。

三相自耦调压器 AT，每相共有两个碳刷触头，三相绕组共有 6 个碳刷触头；安装在两块绝缘条板上，板条水平安装，每块条板上各装 3 个碳刷，A 相绕组两侧各 1 个碳刷，B、C 相绕组两侧各 1 个碳刷，伺服电动机经减速后带动链条、链条带动两条碳刷架一上一下对称运动，提供给三相补偿变压器产生三相补偿电压 $\pm(\Delta U_A、\Delta U_B、\Delta U_C)$ 的电源，当完全补

偿后，控制电路无输出信号，伺服电动机停止转动。如有新的电压偏产生，检测电路、控制电路工作，伺服电动机将驱使碳刷移动，提供新的补偿电压 ΔU_A、ΔU_B、ΔU_C，保持输出电压为常数。

（二）性能参数

输出电压给定值在稳压器面板上是可以人工调节的，按需要改变电压值，进行自整定。这类稳压器技术特性，可归纳如下：

(1) 波形畸变＜0.1％；

(2) 整机损耗＜1.5％。

(3) 保护应变时间≤0.5s；

(4) 对负载无特别要求；

(5) 稳压精度（1～5）％，可自己设定；

(6) 有欠压、过压及故障保护措施；

(7) 输入电压范围304～456V；

(8) 承受瞬时过载能力为2～3倍额定电流；

(9) 调稳压响应时间＜1.5s；

(10) 容量范围10～2000kVA；

(11) 输出电压380V±（1～5）％，可自己设定。

这种三相（或单相）交流电力稳压器，主要用在电视、通信、医疗仪器、工厂生产线、高层建筑中弱电设备交流稳压电源、电梯稳压器、星级宾馆局部交流稳压电源供电系统。保护贵重电气设备，延长使用年限和运行可靠性。

（三）单元电路

1. 自补偿电力稳压器原理框图

在图4-28上，T_1是一台三相补偿变压器，其副端串联在三相负载电路中，供给补偿电压 ΔU，补偿变压器原端各相分别与自耦变压器 T_2 各相的碳刷触头联接，T_2 联接为星形电路。触头1、2、3固定在同一块绝缘板上，触头4、5、6固定在另一块绝缘板上。触头1、4与 T_2 的 A 相绕组的对侧接触，相应的触头2、5，3、6则分别与 B 相、C 相绕组的对侧接触。当需要增减补值电压 ΔU 时，检测电路将控制伺服电动机旋转，伺服电动机经减速后

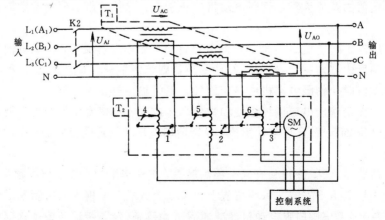

图 4-28　自动补偿式电力稳压器电气原理框图

驱动链条回转，链条的直线段将是一上一下的对称直线运动。我们可将两块电刷架绝缘板端部上，安装链条直齿，与链条啮合，同时用直线铁杆作刷架的导轨，使各相电刷与各相绕组接触压力合适，接触良好。伺服电动机转动时，电刷架一侧向上对侧向下运动，电刷距离与补偿电压 ΔU 成正比，而 ΔU 的极性则与伺服电机转动方向决定。

实际上，各相电刷都位于各相绕组中点位置时，各相补偿电压 ΔU 为零，因为，补偿变压器各相绕组从接触调压器绕组上，由电刷取得的电压为零。如果三相电源供给的线电压是 380V，而稳压器输出电压也是整定在 380V 上，则

$$U_{\text{out}} - U_{\text{in}} = \Delta U = 0$$

这正是在安装调整电刷架位置时的重要依据之一；当输入与输出电压有偏差时，电刷架的上移或下移，恰好使得 ΔU 与偏差值相等，符号相反时，检测与控制电路将使伺服电动机停止转动，电刷架停于此位置上。当新的电压偏出现时，电刷架将移动新的补偿电压位置上。总而言之，电力稳压过程，就是电刷架位置的调节过程。直至电压偏差值为零时，电刷架才停止运动。

2. 电压检测电路

在图 4-29 上，采样变压器 TC1 原端接在三相稳压器输出的线电压上，副端分别为低压 U1 及 U2 整流输出。

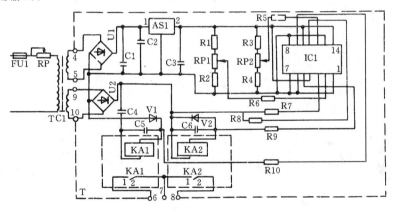

图 4-29　电压控制电路

U1 整流、滤波、稳压后由电位器 RP1 分压提供上限基准电压，电位器 RP2 分压后提供下限基准电压，并将这两个基准电压送到电压比较器集成电路 IC1 的第 2 针和第 12 针上。

另一整流器 U2 整流、滤波后经电流控制继电器 KA2 线圈后进入电器比较第 5 针；该信号电压整流后没有稳压，因此，它将随电力稳压器输出电压的变化而变化。当该信号电压处于上、下限基准电压之间时，控制继电器 KA1 和 KA2 的触点处于断开位置，伺服电动机不旋转。

当信号电压小于下限基准电压时，KA1 动作，触点 6、7 闭合，伺服电动机正转，增大补偿电压，稳压器输出电压上升。

当信号电压大于上限基准值时，KA2 动作，7、8 触点闭合，伺服电动机反转，减小补偿电压，使输出电压下降。

稳压器的稳压精度由电位器 RP1 和 RP2 在±（1～5)％之间进行整定，输出电压由电位器 RP 调节在 380V±5％范围之内的所需数值。

自动补偿电力稳压器的保护电路、手动、自动升压或降压控制电路，可参考图 4-29，在此不多阐述了。

近几年来，这类电力稳压器的电压检测与控制电路元件已经采用 8751 单片计算机及外围电路，提高了电路功能和集成度，可以预见到用 INTEL 8098 单片计算机，可以简化测控电路，集成度和测试控制功能将会有更大提高，这类电路发展变化快，检测控制电路将会不断完善和成熟。

第五章　电网短路电流计算

第一节　概　　述

一、短路原因及短路类型

国民经济各部门的正常生产及人民的正常生活要求供电系统保证持续、安全、可靠地运行。但是由于各种原因，系统会经常地出现故障，使正常运行状态遭到破坏。

短路是系统常见的严重故障。所谓短路，就是系统中各种类型不正常的相与相之间或相与地之间的短接。系统发生短路的原因很多，主要有：

（1）电气设备、元件的损坏。如：设备绝缘部分自然老化或设备本身有缺陷，正常运行时被击穿短路；以及设计、安装、维护不当所造成的设备缺陷最终发展成短路等。

（2）自然的原因。如：气候恶劣，由于大风、低温导线覆冰引起架空线倒杆断线；因遭受直击雷或雷电感应，设备过电压，绝缘被击穿等。

（3）人为事故。如：工作人员违反操作规程带负荷拉闸，造成相间弧光短路；违反电业安全工作规程带接地刀闸合闸，造成金属性短路；人为疏忽接错线造成短路或运行管理不善造成小动物进入带电设备内形成短路事故等等。

在三相系统中，可能发生的短路故障有：三相短路（$K^{(3)}$），两相短路（$K^{(2)}$），单相短路（$K^{(1)}$）和两相接地短路（$K^{(1,1)}$）。

各种短路类型示意如图 5-1。

三相短路是对称短路，其他均为非对称短路。

从各种短路故障发生的机会来看，系统运行实际表明：单相短路次数最多，两相短路次之，三相短路的机会最少。但一般系统因已采取措施，单相短路电流值不超过三相短路电流。两相短路电流值通常也小于三相短路电流值。所以三相短路造成的后果一般是最严重的，对其应加以足够的重视，给于充分的研究。同时我们也能发现当对各种不对称短路的分析计算采用对称分量法后，最后都将归结于对称的短路计算。因此对称的三相短路研究也是不对称短路计算的基础。

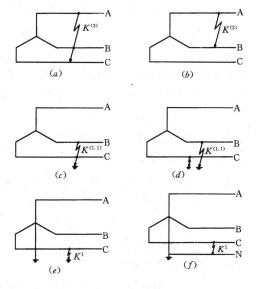

图 5-1　短路类型

二、短路后果及短路计算目的

供电系统发生短路后，电路阻抗比正常运行时阻抗小很多，短路电流通常超过正常工作电流几十倍直至数百倍以上，它会带来以下严重的后果：

1. 巨大的短路电流通过导体，短时间内产生很大热量，形成很高温度，极易造成设备过热而损坏。

2. 由于短路电流的电动力效应，导体间将产生很大的电动力。如果电动力过大或设备构架不够坚韧，则可能引起电气设备机械变形甚至损坏，使事故进一步扩大。

3. 短路时系统电压突然下降，对用户带来很大影响。例如作为主要动力设备的异步电动机，其电磁转矩与端电压平方成正比。电压大幅下降将造成电动机转速降低甚至停止运转，给用户带来损失；同时电压降低能造成照明负荷诸如电灯突然变暗及一些气体放电灯的熄灭等，影响正常的工作、生活和学习。

4. 当系统发生不对称短路时，不对称短路电流的磁效应所产生的足够的磁通在邻近的电路内能感应出很大的电动势。这对于附近的通讯线路、铁路讯号系统及其他电子设备、自动控制系统可能产生强烈干扰。

5. 短路时会造成停电事故，给国民经济带来损失。并且短路越靠近电源，停电波及的范围越大。

短路可能造成的最严重的后果就是使并列运行的各发电厂之间失去同步，破坏系统稳定，最终造成系统瓦解，形成地区性或区域性大停电。

短路计算的目的主要有以下几个方面：

（一）为了选择和校验电气设备

如断路器、隔离开关、熔断器、互感器、母线、瓷瓶、电缆、架空线等等。其中包括计算三相短路冲击电流、冲击电流有效值以校验电气设备电动力稳定，计算三相短路电流稳态有效值用以校验电气设备及载流导体的热稳定性，计算三相短路容量以校验断路器的遮断能力等。

（二）为继电保护装置的整定计算。

在考虑正确、合理地装设保护装置，在校验保护装置灵敏度时，不仅要计算短路故障支路内的三相短路电流值，还需知道其它支路短路电流分布情况；不仅要算出最大运行方式下电路可能出现的最大短路电流值，还应计算最小运行方式下可能出现的最小短路电流值；不仅要计算三相短路电流而且也要计算两相短路电流或根据需要计算单相接地电流等。

（三）在选择与设计系统电气之接成时，短路计算可为不同方案进行技术性比较以及确定是否采取限制短路电流措施等提供依据。

第二节　三相交流电网短路的过渡过程

一、短路电流的过渡过程分析

供电系统发生短路，短路电流从短路初始时刻开始到切除短路故障为止是一个逐渐变化的过程。为研究其变化的规律可先用一个简单的供电系统加以讨论。如图 5-2。此属于"无限大电源"供电情况，即系统内部电流发生变化时，系统电源电压维持不变。当 K 点发生三相短路时，相应的三相等值电路如图 5-3。

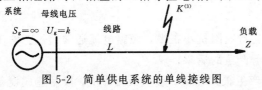

图 5-2　简单供电系统的单线接线图

图中 E_A、E_B、E_C 分别为三相电源各相电动势，U_A、U_B、U_C 分别为电源母线的各相电压。三相短路后，电路被分成两个独立的部分，其中左边的与电源相接，其每

146

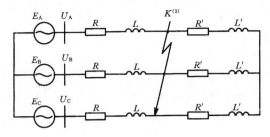

图 5-3　三相等值电路图

相阻抗为 $R+j\omega L$。其电路的电流值将由短路前各相总阻抗 $Z=(R+R')+j(\omega L+\omega L')$ 所决定的正常工作电流值过渡到短路阻抗 $Z_K=R+j\omega L$ 所决定的新稳态值。短路电流计算是针对左边电路进行的。由于讨论的供电系统属于对称三相电路，短路也为三相对称短路，这样供电系统三相短路电流计算就可归结为一相来计算（如 A 相），其它两相短路电流的分析与计算可据三相电路对称关系导出。图 5-4 表示三相对称短路时的单相等值电路图。

取 A 相进行分析，设 $U_A=U_m\sin(\omega t+\alpha)$，短路前电流为：

$$i = I_m\sin(\omega t + \alpha - \varphi) \tag{5-1}$$

式中　I_m——短路前电流幅值；

φ——短路前电流与电压的相位差。

现假设 $t=0s$ 时刻发生短路，左边电路应满足微分方程：

$$Ri + L\frac{di}{dt} = U_m\sin(\omega t + \alpha) \tag{5-2}$$

方程式的通解就是短路时的全电流值。它包括两个部分：一个是此方程式的精解，它是短路电流稳态的周期分量。由于周期分量是外部电源强制作用的结果，因此它与电源有相同的变化规律，也是一个恒幅的正弦交流。表示为：

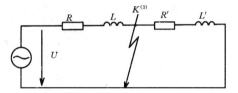

图 5-4　单相等值电路图

$$i_p = I_{pm}\sin(\omega t + \alpha - \varphi_k) \tag{5-3}$$

式中　$I_{pm}=U_m/\sqrt{R^2+(\omega L)^2}$ 为短路电流周期分量幅值。

α——相电压的初相位；

$\varphi_k=tg^{-1}\dfrac{\omega L}{R}$ 为三相短路周期分量电流与电压间的相位差。

另一部分是方程式所对应的齐次线性方程 $Ri+L\dfrac{di}{dt}=0$ 的通解。它是短路电流的暂态的自由分量，自由分量不受外部作用的约束，随着时间的增长按指数规律衰减逐渐趋于零。它也被称为非周期分量。记为：

$$i_{np} = Ae^{-\frac{t}{\tau_K}} \tag{5-4}$$

A 为积分常数，由初始条件决定，它实际上是非周期分量在 $t=0$ 时刻短路的初始值。τ_K 是时间常数，$\tau_K=\dfrac{L}{R}$。这样短路的全电流的数学表达式：

$$i_K = i_p + i_{np} = I_{pm}\sin(\omega t + \alpha - \varphi_K) + Ae^{-\frac{R}{L}t} \tag{5-5}$$

积分常数 A 的确定如下：根据换路定律，电感电路中电流在换路前后瞬间不能发生跃变应该相等。短路前瞬间电流的瞬时值为：

$$i_{0-} = I_m\sin(\alpha - \varphi) \tag{5-6}$$

短路后瞬间电流的瞬时值为：

$$i_{0+} = I_{\mathrm{pm}}\sin(\alpha - \varphi_{\mathrm{K}}) + A \tag{5-7}$$

因为：
$$i_{0-} = i_{0+}$$

所以：
$$I_{\mathrm{m}}\sin(\alpha - \varphi) = I_{\mathrm{pm}}\sin(\alpha - \varphi_{\mathrm{K}}) + A$$

求得：
$$A = i_{c0} = I_{\mathrm{m}}\sin(\alpha - \varphi) - I_{\mathrm{pm}}\sin(\alpha - \varphi_{\mathrm{K}}) \tag{5-8}$$

将此式代入式（5-5）得：

$$i_{\mathrm{K}} = I_{\mathrm{pm}}\sin(\omega t + \alpha - \varphi_{\mathrm{K}}) + [I_{\mathrm{m}}\sin(\alpha - \varphi) - I_{\mathrm{pm}}\sin(\alpha - \varphi_{\mathrm{K}})]e^{-\frac{R}{L}t} \tag{5-9}$$

这就是在无限大电源供电情况下一相（A 相）短路电流的计算公式。

图 5-5 表示短路电流的波形。从波形图上可看出，短路电流是一个随时间变化的非周期性函数。短路电流中所包括的两个部分，短路电流周期分量在无限大电源供电情况下幅值恒定；短路电流的非周期分量将随时间按指数规律经过 3～5 个时间常数基本衰减至零。短路全电流中的非周期分量衰减到零后，短路的过渡过程结束，短路进入稳定状态。稳态的短路电流实际上就是短路电流的周期分量。

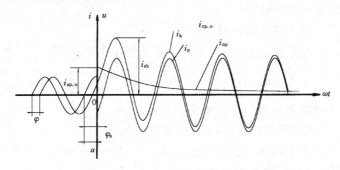

图 5-5　无限大电源供电系统短路时的短路电流波形

二、产生最大短路电流的条件

影响短路电流大小的因素很多，如短路发生的地点，短路点离电源越近则短路电流愈大，短路越严重等等。现需研究的是为短路的地点一定，在电路参数已知的情况下，短路电流最大可能的瞬时值所产生的条件。

从前面可知短路电流包括两个部分，在参数已知时，短路电流周期分量的振幅是一定的。这样，短路电流大小与短路电流非周期分量密切相关。由于短路电流非周期分量是一个按指数规律衰减的直流，其初始值越大，短路电流非周期分量越大，短路全电流越大。决定非周期分量初始值大小的条件可以用相量图进行分析。

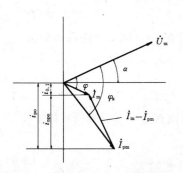

图 5-6　三相电路短路时的相量图

如图 5-6，相量 $\dot{U}_{\mathrm{m}}$，$\dot{I}_{\mathrm{m}}$，$\dot{I}_{\mathrm{pm}}$ 为别代表正弦的电源电压，短路前电流和短路后电流周期分量。短路电流非周期分量的出现是为保证短路时刻前后瞬间电路中电流不发生跃变。因此短路电流非周期分量的初始值应等于短路时刻前瞬间的电路电流与短路后瞬间的短路电流周期分量之差。在相量图上表示就是 $\dot{I}_{\mathrm{m}} - \dot{I}_{\mathrm{zm}}$。要想使初始值最大，除使 $\dot{I}_{\mathrm{m}} - \dot{I}_{\mathrm{zm}}$ 最大之外，还需让其在虚轴上的投影也达到最大。从相量图（5-7）上可看出当短路前为空载，即 $\dot{I}_{\mathrm{m}}$

=0；短路发生时刻短路电流周期分量恰为极大值，即 $\dot{I}_{pm}$ 与虚轴重合时，非周期分量初始值可取到最大值。使初始值达到最大的条件，也就是短路全电流最大的条件。

对于供电线路来讲，一般电路的感抗要比电阻大得多，尤其是在高压电网中。因此对于实际的供电系统在考虑到 $\omega L \gg R$ 的前提下，可近似认为 $\varphi_K = tg^{-1}\dfrac{\omega L}{R} \approx 90°$。那么从图5-7可看出，当电源电压的初相 $\alpha = 0°$ 时，可满足最大值的要求。总结一下，产生最大短路电流的条件就是：

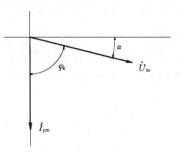

图 5-7　短路电流非周期分量取最大值的相量图

1. 短路前电路处于空载状态，即 $t = 0s$ 时 $i = I_m\sin(\alpha - \varphi) = 0$。

2. 假设电路的感抗远大于电路的电阻，即 $\omega L \gg R$，短路阻抗角 $\varphi_K \approx 90°$。

3. 短路时，某相电压瞬时值恰好过零值，即 $t = 0^s$ 时，$\alpha = 0°$。

把 $I_m = 0$，$\alpha = 0°$，$\varphi_K = 90°$ 代入式（5-9），得式：

$$i_m = -I_{pm}\cos\omega t + I_{pm}e^{-\frac{t}{\tau_K}} \tag{5-10}$$

短路电流非周期分量达到其最大可初值时的短路电流波形如图5-8。

另外，需说明的是虽然三相短路为对称性短路，但只有短路电流的周期分量是对称的，各相短路电流的自由分量大小并不相同。这就决定了三相短路时只有其中一相可能达到短路电流最大值。

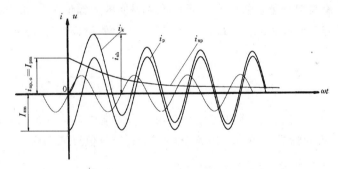

图 5-8　短路电流非周期分量为最大时的短路电流波形图

三、短路冲击系数和冲击电流

短路时，短路电流最大可能值被称为短路时的冲击电流。从图5-8看出冲击电流出现在短路后第一个半周时间。我国工频频率 $f = 50Hz$，则 $t = \dfrac{T}{2} = \dfrac{0.02}{2} = 0.01s$，即0.01s时出现冲击电流。把0.01s代入最严重情况下短路全电流公式（5-10）中得：

$$i_{sh} = I_{pm} + I_{pm}e^{-\frac{0.01}{\tau_K}} = \left(1 + e^{-\frac{0.01}{\tau_K}}\right)I_{pm}$$

$$= K_c I_{pm} = \sqrt{2}\,K_{sh}I_{pm} \tag{5-11}$$

式中　　$K_{sh} = 1 + e^{-\frac{0.01}{\tau_K}}$ 为短路电流的冲击系数；

　　　　I_p——短路电流周期分量有效值。

冲击系数表示了冲击电流与短路电流周期分量相比时的倍数。冲击系数随时间常数即电路参数而变化。其大小范围可作以下分析：当电路中无电阻，阻抗为纯电感性时，时间常数 $\tau_K = L/R = \infty$，$K_{sh} = 1 + e^{-\frac{0.01}{\tau_K}} = 2$。当电路中无电感，阻抗为纯电阻时，时间常数 $\tau_K = L/R = 0$，$K_{sh} = 1 + e^{-\frac{0.01}{\tau_K}} = 1$。这是两个极端情况，$K_{sh}$ 的变化范围在两者之间，即 $1 \leqslant K_{sh} \leqslant 2$。在实际工程计算中，冲击系数的取值，对于高压系统因其 $X \gg R$，时间常数 τ_K 的平均值大约为 0.05s，这样 $K_{sh} = 1.8$；对于低压系统电阻相对较大，τ_K 的平均值大约为 0.008s，$K_{sh} = 1.3$。

对高压系统如取 $K_{sh} = 1.8$，则

$$i_{sh} = \sqrt{2} \cdot K_{sh} I_p = 2.55 I_p \tag{5-12}$$

对低压系统如取 $K_{sh} = 1.3$ 则

$$i_{sh} = \sqrt{2} \cdot K_{sh} I_p = 1.84 I_p \tag{5-13}$$

四、短路电流最大有效值

短路后某一时刻短路全电流有效值据定义应等于以此时刻为中心的一个周期内短路全电流瞬时值的均方根值，即：

$$I_{Kt} = \sqrt{\frac{1}{T} \int_{t-T/2}^{t+T/2} \cdot i_{Kt}^2 \cdot \mathrm{d}t} = \sqrt{\frac{1}{T} \int_{t-T/2}^{t+T/2} (i_{pt} + i_{np \cdot t})^2 \cdot \mathrm{d}t} \tag{5-14}$$

实际短路全电流有效值如按上式计算则相当麻烦。工程上计算时通常作必要的简化。一般假设：短路电流非周期分量在所取的周期内恒定不变，其有效值等于该周期中心点的瞬时值；对于短路电流周期分量也假定它在所计算的周期内振幅恒定，所以在一个周期内的短路电流周期分量有效值应为：$I_{pt} = I_{pm}/\sqrt{2}$。作了以上假设以后式（5-14）就可化简成下式：

$$I_{Kt} = \sqrt{I_{pt}^2 + I_{np \cdot t}^2} = \sqrt{I_{pt}^2 + I_{np \cdot t}^2} \tag{5-15}$$

短路全电流最大有效值 I_{ch} 出现在短路后的第一个周期中，第一个周期的中心时刻 $t = 0.01$s，考虑在最严重的情况下短路，短路全电流最大有效值可表示为：

$$I_{sh} = \sqrt{I_p^2 + (I_{pm} e^{-\frac{0.01}{\tau_K}})^2}$$

$$= \sqrt{I_p^2 + (K_{sh} - 1)^2 I_{pm}^2} = I_p \sqrt{1 + 2(K_{sh} - 1)^2} \tag{5-16}$$

在高压电网中当冲击系数取 $K_{sh} = 1.8$ 时，$I_{sh} = 1.52 I_p$ （5-17）

在低压电网中当冲击系数取 $K_{sh} = 1.3$ 时，$I_{ch} = 1.09 I_p$ （5-18）

第三节　供配电网络元件参数计算

一、标幺值计算短路电路中的各元件

供配电系统某处发生短路时，要计算出短路电流值必须先求出短路点前面至电源的短路回路总阻抗值。对于电路电气参数计算可以采用有名单位制，即以实际有名单位（Ω，A，

V）表示电路参数及计算的方法。有名单位制法通常用于 1000V 以下低压供电系统的短路电流计算。在电力系统中更广泛的是采用标么制的方法进行计算。其能简化多个电压等级系统存在的折算问题，它常在高压系统的短路电流计算中使用。

标么制是一种相对单位制，在标么值中电路各参数均用其相对值即标么值表示。标么值定义为任意一个参数对基准值的比值即：

$$\text{某电气参数的标么值} = \frac{\text{该参数实际有名值（任意单位）}}{\text{该参数的基准值（与有名值同单位）}} \tag{5-19}$$

这里需说明的是标么值是一个无单位的量，并对于同一个实际有名的电气参数值，选取不同的基准值，其标么值也不一样。例如配电变压器二次额定电压 $U_{\text{TN}.2}=400V$，若以 400V 作为电压基准值 $U_d=400V$，则变压器二次电压标么值 $U^*_{\text{T}.2}=U_{\text{TN}.2}/U_d=1.0$；若以 380V 作为电压基准值 $U'_d=380V$，则变压器二次电压标么值 $U^*_{\text{T}.2}=U_{\text{TN}.2}/U'_d=1.05$。

用标么值法计算短路电流涉及到的通常有四个基准量，即基准电压 U_d，基准电流 I_d，基准视在功率 S_d，基准阻抗 Z_d。四个基准量确定以后，供电系统中的电压 U、电流 I、功率 S 和阻抗 Z 的标么值就分别可以写出：

$$\left.\begin{aligned}
U^* &= U/U_d \\
I^* &= I/I_d \\
S^* &= S/S_d \\
Z^* &= Z/Z_d
\end{aligned}\right\} \tag{5-20}$$

各电气参数的标么值用其字母上加注一个星号表示。

在高压系统中，由于回路电抗一般远大于电阻，为了方便，在工程计算允许的误差范围内计算高压电网的短路电流时，一般忽略电阻而直接用电抗代替各主要元件的阻抗，只在短路回路总电阻大于总电抗的三分之一时，才考虑电阻的影响。这样在标么值四个基准值中就用电抗基准值取代阻抗的基准值。短路回路中电抗 X 对其基准值 X_i 的标么值为：

$$X^* = X/X_d \tag{5-21}$$

三相供电系统中（忽略电阻），线电压 U，线电流 I，三相功率 S 和一相等值电抗 X 存在以下关系：

$$U = \sqrt{3}\,XI \tag{5-22}$$

$$S = \sqrt{3}\,UI \tag{5-23}$$

这种关系对标么制中四个基准值也同样成立：

$$S_d = \sqrt{3}\,U_d I_d \tag{5-24}$$

$$U_d = \sqrt{3}\,X_d I_d \tag{5-25}$$

由于四个基准值之间满足上式这样的关系，因此只需定出其中两个基准值，其他两个即可据约束关系算出。通常我们选定的基准量是基准容量 S_d 和基准电压 U_d。

基准值原则上可以任意选择，但为了方便计算，基准值要选择适当。对于基准容量通

常选取 $S_d=100MV$ 安或者 $S_d=10MVA$、$S_d=1000MVA$ 以及选回路中某元件容量的额定值为基准容量。基准容量确定以后，对整个供电系统而言，其各段各部分的基准容量都应是一样的。基准电压根据线路电压等级的不同而有不同的选择。供电系统某段电压的基准值一般选择与该段电压等级的电压一致。为了避免在计算中碰到的麻烦，工程计算中规定各电压等级都以平均额定电压 U_{av} 为其电压的基准值。平均额定电压 U_{av} 的大小是这样确定的：对于某电压等级的线路，根据整个线路允许有 10% 的电压损耗值，当线路末端电压维持在额定电压 U_N 时，线路前端电压为 $1.1U_N$，于是此电压等级线路的平均额定电压为：$U_{av}=\dfrac{1.1+1}{2}U_N=1.05U_N$。根据我国电网的电压等级，各电压等级电网的额定电压和平均额定电压值对照如表 5-1。

电网的额定电压和平均额定电压(kV)　　　　　　　表 5-1

额定电压	0.22	0.38	3	6	10	35	60	110	154	220	330	500
额定平均电压	0.23	0.40	3.15	6.30	10.5	37	63	115	162	230	345	525

　　实际在短路电流计算中，根据短路地点所处电压等级的不同及其它需要选择表中不同的基准电压值。据此计算出的结果在实用中不要求很高精确度的情况下是允许的。

　　基准容量 S_d 和基准电压 U_d 确定后，基准电流及基准电抗就可求出：

$$I_d = S_d/\sqrt{3}\,U_d \tag{5-26}$$

$$X_d = U_d/\sqrt{3}\,I_d = U_d^2/S_d \tag{5-27}$$

　　回路中的电流、电抗标么值也可用基准容量 S_d 和基准电压 U_d 表达：

$$I^* = I/I_d = I \cdot \frac{\sqrt{3}\,U_d}{S_d} \tag{5-28}$$

$$X^* = X/X_d = X \cdot \frac{S_d}{U_d^2} \tag{5-29}$$

　　用标么值计算时需要注意的是，电气设备如发电机、电动机、变压器，电抗器等产品数据中给出的电抗（阻抗）标么值一般都是以各自设备的额定容量 S_N 和额定电压 U_N 为基准的标么值即额定电抗（阻抗）标么值 X_N^*（Z_N^*）。由于各电气设备的额定值（即各自基准值）并不一致，在用标么值进行短路回路电抗计算时，必须把不同基准的电抗标么值换算成统一基准的标么值。换算公式确定如下：某电抗在其设备额定容量为 S_N，额定电压为 U_N 时的额定标么值：$X_N^*=X/X_N=X \cdot \dfrac{S_N}{U_N^2}$，若换算至统一的基准容量为 S_d、基准电压为 U_d 的标么值应为：

$$X^* = X/X_d = X \cdot \frac{S_d}{U_d^2} = X_N^* \cdot \left(\frac{U_N^2}{S_N}\right) \cdot \left(\frac{S_d}{U_d^2}\right) \tag{5-30}$$

　　在短路电流计算中，当采用平均额定电压作为基准电压时，通常还假定各元件（除电抗器外）的额定电压就是平均额定电压，即：$U_d=U_{av}=U_N$。那么，式 5-30 可简化成：

$$X^* = X_N^* \cdot \frac{S_d}{S_N} \tag{5-31}$$

这就是从一个基准容量标么值到另一个基准容量标么值的换算公式。

在某些情况下，给出的电气设备的以其额定容量 S_N（额定电流 I_N）和额定电压 U_N 为基准值的标么值是电抗百分值 $X\%$ 的形式，它与额定电抗标么值 X_N^* 的关系为：

$$\left. \begin{array}{l} X\% = 100X_N^* \\[2mm] X_N^* = \dfrac{X\%}{100} \end{array} \right\} \tag{5-32}$$

为了求出短路点至电源的总电抗标么值，得到短路电流值，必须先对短路回路中各元件的电抗标么值进行逐个计算。下面将讨论供电系统各元件的电抗标么值。

（一）发电机基准电抗标么值计算

短路计算时，发电机使用的电抗为其短路开始瞬间的次暂态电抗 X_d''。产品说明及手册中制造厂家给出的发电机次暂态电抗值一般为已按额定值归算的额定电抗标么值 $X_{dN}''^*$。标么值计算中如使用的基准值 S_d 和 U_d 与其额定值不一致的话，则将 $X_{dN}''^*$ 归算至基准的标么值，即：

$$X_d''^* = X_{dN}''^* \cdot \frac{S_d}{S_N} = X_{dN}''^* \cdot \frac{S_d}{P_N/\cos\varphi} \tag{5-33}$$

或

$$X_d''^* = \frac{X_d''\%}{100} \cdot \frac{S_d}{S_N} = \frac{X_d''\%}{100} \cdot \frac{S_d}{P_N/\cos\varphi} \tag{5-34}$$

式中　$X_d''\%$——次暂态电抗百分值。

计算中如涉及到电动机，其基准电抗标么值计算公式和发电机的一样。各电机的平均的额定电抗标么值数据如表 5-2。

电机的电抗平均值　　　　　　　　　　表 5-2

序号	元件名称	电抗平均值 X_{dN}''	序号	元件名称	电抗平均值 X_{dN}''
1	中等容量汽轮发电机	0.125	4	同步调相机	0.16
2	有阻尼绕组的水轮发电机	0.20	5	大型同步调相机	0.20
3	无阻尼绕组的水轮发电机	0.27	6	异步电动机	0.20

（二）变压器基准电抗标么值计算

变压器基准电抗标么值 X_T 是根据其技术数据中给出的短路电压（阻抗电压）百分值 $U_K\%$ 算出的。短路电压是将变压器副边短路，在原边加上工频电压当使原边电流达到额定电流值时，变压器原边的电压值。短路电压一般都用百分值表示：

$$U_K\% = \Delta U_{TK}/U_{TN} \cdot 100 \tag{5-35}$$

式中　ΔU_{TK}——短路电压有名值；

　　　　U_{TN}——短路试验加压绕组的额定电压值。

短路电压百分值由变压器电抗上的电压百分值 $U_{KX}\%$ 和电阻上的电压百分值 $U_{kr}\%$ 组成。由于变压器绕组电抗要较电阻大得多，计算时电阻上的电压降可忽略不计，而近似认为短路电压百分值等于电抗电压百分值，即：$U_K\% \approx U_{kx}\%$。如此，对于三相变压器相间的短路电压 $\Delta U_{TK} = \sqrt{3}\, I_{TN} X_T$，百分值 $U_K\% = \dfrac{\sqrt{3}\, I_{TN} \cdot X_T}{U_{TN}} \cdot 100 = X_{TN}^* \cdot 100$。所以：

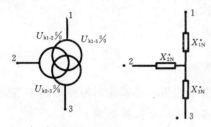

图 5-9　三绕组变压器
等值计算电抗电路图

$$X_{TN}^* = \frac{U_K\%}{100} \qquad (5\text{-}36)$$

作了以上的假定使得变压器的额定电抗标么值就是变压器短路电压 $U_K\%$ 值。变压器的额定电抗标么值还需根据式（5-31）归算至统一基准电压 U_d 和基准容量 S_d 时的基准标么值 X_T^*：

$$X_T^* = X_{TN}^* \cdot \frac{S_d}{S_{TN}} = \frac{U_K\%}{100} \cdot \frac{S_d}{S_{TN}} \qquad (5\text{-}37)$$

式中　S_{TN}——变压器的额定容量。

对于三绕组变压器其各基准电抗标么值也可按上述假定求得。三绕组变压器的等值电抗计算电路如图 5-9。

各绕组线圈的等值电抗分别由下式计算：

$$
\left.
\begin{aligned}
X_{1N}^* &= \frac{1}{2}(U_{K\cdot 1\text{-}2}\% + U_{K\cdot 1\text{-}3}\% - U_{K\cdot 2\text{-}3}\%)/100 \\[2mm]
X_{2N}^* &= \frac{1}{2}(U_{K\cdot 1\text{-}2}\% + U_{K\cdot 2\text{-}3}\% - U_{K\cdot 1\text{-}3}\%)/100 \\[2mm]
X_{3N}^* &= \frac{1}{2}(U_{K\cdot 1\text{-}3}\% + U_{K\cdot 2\text{-}3}\% - U_{K\cdot 1\text{-}2}\%)/100
\end{aligned}
\right\} \qquad (5\text{-}38)
$$

式中　$U_{K\cdot 1\text{-}2}\%$ 为第 3 绕组开路，第 2 绕组短路，使 2 绕组上流过额定电流时第 1 绕组的短路电压百分值，$U_{K\cdot 1\text{-}3}\%$，$U_{K\cdot 2\text{-}3}\%$ 值以此类推。

制造厂家在提供三绕组变压器的各短路电压（短路阻抗）时，已将其归算至额定容量 S_{TN} 为基准的数值。用上式计算出来的三绕组变压器高中低各绕组的电抗值应为其额定电抗标么值。换算至基准容量为 S_d，基准电压为 U_d 的基准电抗标么值为：

$$
\left.
\begin{aligned}
X_1^* &= X_{1N}^* \frac{S_d}{S_{TN}} \\[2mm]
X_2^* &= X_{2N}^* \frac{S_d}{S_{TN}} \\[2mm]
X_3^* &= X_{3N}^* \frac{S_d}{S_{TN}}
\end{aligned}
\right\} \qquad (5\text{-}39)
$$

（三）电抗器基准电抗标么值计算

供电电网中用来限制短路电流的电抗器相当于一个大的空心电感线圈。其在系统中使用能够限制短路故障时的电流；弥补开关开断容量的不足而使一些轻型开关中满足切除短路故障的要求；在电站一次接线中使用还有在短路故障时维持母线电压水平的作用等。电抗器铭牌上已给出电抗器的额定工作电压 U_{HN}，额定工作电流 I_{HN} 和绕组电抗百分值 $U_H\%$。如 NKL-10-400-6 型电抗器，表示额定工作电压 10kV，额定电流 400A，电抗百分值为 6％ 的水泥柱式铝线圈电抗器。电抗器绕组电抗百分值 $U_H\%$ 指电抗器在通过额定电流情况下，绕组两端感抗电压降 ΔU_H 与其额定相电压之比的百分值。即：

$$U_H\% = \frac{\Delta U_H}{U_{NH}/\sqrt{3}} \cdot 100 = \frac{\sqrt{3}\,I_{NH} \cdot X_H}{U_{NH}} \cdot 100 = X_{HN}^* \cdot 100 \tag{5-40}$$

式中　X_H——每相的额定电抗有名值；

　　　X_{HN}^*——电抗器额定电抗标么值。

从式中可看出铭牌上给出的绕组电抗百分值就是其额定电抗标么值。

电抗器的电抗值在短路回路总电抗中所占比重较大，此外电抗器还能使用在于其额定电压不一致的电压场合（如将额定工作电压 10kV 的电抗器用于电网额定电压为 6kV 的线路上）。如果在从电抗器的额定电抗标么值到基准电抗标么值的换算中还假定电抗器的额定工作电压与所装设线路平均额定电压相同的话，会产生较大误差。因此换算要采用相对精确的公式计算。电抗器的额定电抗标么值是以额定工作电压和额定电流为基准的，它归算至基准容量为 S_j、基准电压为 U_j 的基准电抗标么值公式为：

$$X_H^* = X_H/X_d = X_{HN}^* \cdot \left(\frac{U_{NH}}{\sqrt{3}\,I_{HN}}\right)\left(\frac{S_d}{U_d^2}\right)$$
$$= \frac{U_H\%}{100}\left(\frac{U_{NH}}{\sqrt{3}\,I_{HN}}\right)\left(\frac{S_d}{U_d^2}\right) \tag{5-41}$$

式中 U_j 取电抗器可装设那一级的平均额定电压。

（四）线路基准电抗、电阻标么值的计算

输电线路，无论是架空线或电缆，其以 U_d、S_d 为基准值的基准电抗标么值计算公式为：

$$X_L^* = X_L \cdot S_d/U_d^2 = x_0 l/S_d/U_d^2 \tag{5-42}$$

式中　x_0——线路单位长度电抗值，见表 5-3；

　　　l——线路实际长度；

U_d 取本线路段所在那一级的平均额定电压值。

线 路 电 抗 值　　　　　　　　　　　　表 5-3

线路名称	每相平均电抗值（Ω/km）	线路名称	每相平均电抗值（Ω/km）
35～220kV 架空线路	0.40	20kV 三芯电缆	0.11
3～10kV 架空线路	0.33	3～10kV 三芯电缆	0.08
0.4/0.23kV 架空线路	0.36	1kV 三芯电缆	0.06
35kV 三芯电缆	0.12	1kV 四芯电缆	0.066

如有必要计算线路基准电阻标么值，其计算公式：

$$R_L^* = R_L \cdot S_d/U_d^2 = r_0 l \cdot S_d/U_d^2 \tag{5-43}$$

式中　r_0——线路单位长度电阻值；

　　　l——线路实际长度；

　　U_d 取本线路段所在那一级的平均额定电压值。

二、短路电路总阻抗基准标么值计算

短路回路总阻抗包括回路的总电抗和回路的总电阻。在对短路回路总阻抗基准标么值 Z_Σ^* 的计算中可分两部分进行讨论：

1. 短路回路总电阻 R_Σ^* 小于总电抗 X_Σ^* 的 $\frac{1}{3}$ 时，忽略电阻，认为总阻抗基准标么值等于总电抗基准标么值，即：

$$Z_\Sigma^* = X_\Sigma^* \tag{5-44}$$

2. 当短路回路总电阻 R_Σ^* 大于总电抗 X_Σ^* 的 $\frac{1}{3}$（通常是架空线路或电缆线路较长时），总阻抗基准标么值取其复阻抗的模，即：

$$Z_\Sigma^* = \sqrt{R_\Sigma^{*2} + X_\Sigma^{*2}} \tag{5-45}$$

短路回路总阻抗基准标么值如何通过计算而得到，下面将进行讨论。讨论时忽略电阻的存在。

供电系统线路拥有多种电压等级，各电压等级线路之间依靠变压器耦合联系。在计算短路故障电流时，短路电流流经的线路通常包括好几个电压等级。如图 5-10 这样的一个简单单侧电源供电系统，在 K-1 点短路时，短路电流也要流经 110kV、35kV、10kV 三个电压等级线路段。

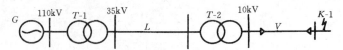

图 5-10 单侧电源供电系统的单线接线图

在计算短路回路总电抗时，需将回路不同电压等级的各元件电抗合并；但在变压器耦合的线路中，不同电压等级线路之间只是磁耦合而并无直接的电气联系；当因计算短路电流的需要，将几个不同电压等级线路变成一个等值电路，求其总电抗值，在采用有名值法（Ω、A、V）时我们知道，一般要对各元件的电抗进行折算即折算到同一电压下的等值电抗才行。

标么制法中对多个电压等级情况如何处理，我们先从变压器有名值的等值电路入手。如图 5-11 所示双绕组变压器，其一次侧额定电压为 U_{1N}，二次侧额定电压为 U_{2N}。在有名值等值电路中它的一、二次绕组的漏抗须经过折算才能合并成变压器的等值电抗，即折算到一次侧等值电抗或折算到二次侧等值电抗：

$$\left.\begin{array}{l} X_{1-2} = X_1 + X_2' = X_1 + X_2\left(\dfrac{U_{1N}}{U_{2N}}\right)^2 = X_1 + X_2 K^2 \\[3mm] X_{2-1} = X_1' + X_2 = X_1\left(\dfrac{U_{2N}}{U_{1N}}\right)^2 + X_2 = X_1\left(\dfrac{1}{K}\right)^2 + X_2 \end{array}\right\} \tag{5-46}$$

式中 X_{1-2}、X_{2-1} 分别为折算到一次侧和二次侧的变压器的等值电抗有名值。

X_1、X_2 分别为变压器一、二次侧漏抗实际有名值；

X_1'、X_2' 为变压器一、二次侧经过折算的有名值；

K 为变压器变比。

变压器采用图 5-11 (b)、(c) 这样的等值电路（略去励磁支路），与变压器相连接的其它各元件的电抗有名值也需跟着折算。在供电系统的等值电路中要想使与变压器相连接的各元件用其实际有名值，则需在变压器等值电路中加上无励磁、无漏磁、无损耗，仅反映变压器变比的理想变压器，使变压器等值电路变成经过折算的电抗与理想变压器串联的形式，如图 5-11（d），或它的进一步变换形式：变压器的 π 型等值电路。

对图 5-10 所示系统采用有名值法计算时，在加入理想变压器的情况下，系统等值电路如图 5-12（图中系统各元件用实际有名值表示，变压器等值电抗按原方折算）。当采用标么值法计算时，对图 5-10 所示系统的等值电路应该怎样，分析如下：标么值法与有名值法不同点在于其等值电路中元件电抗采用标么值形式，因此首先需要选取基准容量和基准电压。基准容量全系统只有一个 S_d，基准电压可有多个。本系统有三个电压等级，各段分别选取基准电压，各电压

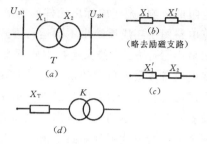

图 5-11　变压器的等值电路

等级线路中元件的基准电抗标么值使用本级线路的基准电压 U_d 计算。等值电路中的理想变压器变比，也要用标么值形式：

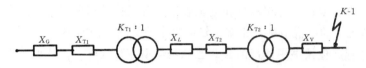

图 5-12　系统采用理想变压器的等值电路

$$K^* = K/K_j = \frac{U_{1N}}{U_{2N}} / \frac{U_{j1}}{U_{j2}} \tag{5-47}$$

式中　K——变压器变比；

　　K_d——变压器基准变比值；

　　K^*——变压器变比标么值。

由于我们选取各段的平均额定电压 U_{av} 作为其基准电压 U_d 并假定变压器的变比就等于两侧平均额定电压之比：$K = U_{1N}/U_{2N} = U_{av1}/U_{av2}$，所以变压器变比的标么值 $K^* = 1$，就是相当于等值电路中没有理想变压器，即如图 5-13。

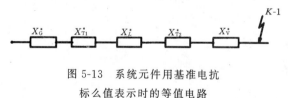

图 5-13　系统元件用基准电抗
标么值表示时的等值电路

这样，在短路回路总电抗基准标么值计算中，各元件只需按本元件所处电压等级的平均额定电压作为基准电压，将其电抗有名值归算到基准电抗标么值，标注在等值电路上，然后再直接应用阻抗网络的串、并联，星形——三角形变换公式化简等值电路，最后得到总电抗基准标么值。

前面给出的各元件基准电抗标么值计算公式，由于考虑了基准电压、平均额定电压及额定电压之间的假定条件，在求总电抗基准标么值时，直接利用其计算即可。

实际工程中计算短路回路总阻抗基准标么值，直至求出短路电流值，应该先收集各关供电系统电气接线图、供电运行方式、系统中各电气设备的技术参数等资料。根据需要确定短路点，然后绘制计算电路图。计算电路图也属于单线的系统接线图，图中必须包括所

有供给短路点短路电流的电源及与计算短路电流有关的设备元件，各元件需标明其技术参数，即发电机的额定容量、次暂态电抗，变压器的额定容量、阻抗电压，电抗器的额定电压、额定电流、电抗区分值，电缆及架空线路的长度和每单位长度的电抗值等。如需计及电阻的影响，则还应标出元件的电阻值。电路图中各等级电压一律用平均额定电压表示。计算电路图中还应反映出不同运行方式对短路电流的影响。通常是考虑系统的最大运行方式和最小运行方式。最大运行方式下系统各电厂投入的发电机组最多，供电部门及用户的输、变电设备按最大负荷的情况相互联接投入运行。此时发生短路故障，系统电源至短路点的合成阻抗最小，短路电流最大。最小运行方式下，系统各电厂投入的发电机组少，输变电设备解列处于单列运行状态。短路时，短路回路总阻抗最大，因此有最小的短路电流。计算最大运行方式下的短路电流可作为选择和校验电气设备的依据，计算最小运行方式下短路电流可作为校验继电保护装置灵敏度的依据。

计算电路图完成后接下来需通过计算绘制计算短路电流等值电路图。等值电路图是系统的阻抗图，即把计算电路图中各元件用其阻抗来表示而保持它们之间联接的顺序。一般对一个短路点须作出一个等效电路图。等值电路图中各元件阻抗可只标电抗值，当然，如有进行向量计算必要，也可用电抗和电阻表示。各元件采用分式的形式在旁边将按顺序排列的编号，该元件的电抗值标注出来。分式的分子是该元件的编号，分母是其电抗标么值。各元件的电抗标么值按书中给出的公式选取基准值进行计算。完成的等值电路图按照阻抗网络变换公式，即串并联、Y→△、Y→△变换公式化简，最后得到从电源至短路点的总阻抗基准标么值。

【例 5-1】 图 5-14 是某系统的计算电路图，现在求：在 $K^{(3)}$ 点三相短路时，从电源到短路点的总阻抗基准标么值。

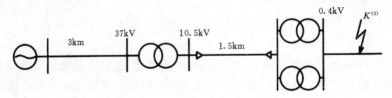

图 5-14 ［例 5-1］系统的计算及等值电路图

【解】 （1）取 $S_d = 100\text{MVA}$

$$U_d = U_{av}$$

（2）计算各元件的电抗、电阻标么值：

$$X_1^* = x_0 l \cdot S_d / U_d^2 = 0.38 \times 3 \times \frac{100}{37^2} = 0.083$$

$$R_1^* = \gamma_0 l \cdot S_d / U_d^2 = 0.68 \times 3 \times \frac{100}{37^2} = 0.149$$

$$X_2^* = \frac{U_K\%}{100} \cdot \frac{S_d}{S_{TN}} = \frac{7.5}{100} \times \frac{100}{6.3} = 1.19$$

$$X_3^* = x_0 l \cdot S_d / U_j^2 = 0.08 \times 1.5 \times \frac{100}{(10.5)^2} = 0.109$$

$$R_3^* = \gamma_0 l \cdot S_d / U_j^2 = 0.51 \times 1.5 \times \frac{100}{(10.5)^2} = 0.694$$

$$X_4^* = X_5^* = \frac{U_K\%}{100} \cdot \frac{S_d}{S_{TN}} = \frac{4.5}{100} \times \frac{100}{0.8} = 5.625$$

（3）总阻抗标么值计算：

$$X_\Sigma^* = X_1^* + X_2^* + X_3^* + X_4^*/2$$

$$= 0.083 + 1.19 + 0.109 + \frac{5.625}{2} = 4.195$$

$$R_\Sigma^* = R_1^* + R_3^* = 0.149 + 0.694 = 0.843$$

因为：$R_\Sigma^* < \frac{1}{3} X_\Sigma^*$

所以：$Z_\Sigma^* = X_\Sigma^* = 4.195$

或者计及电阻的影响：

$$Z_\Sigma^* = \sqrt{X_\Sigma^{*\,2} + R_\Sigma^{*\,2}} = 4.279$$

从上面计算可看出，当短路回路总电阻 R_Σ^* 小于总电抗 X_Σ^* 的 1/3 时，认为总阻抗基准标么值等于总电抗基准标么值产生的误差并不大。

第四节　无限大电源供配电系统短路电流计算

一、三相短路时周期分量电流计算

实际的电力系统，无论系统的大小如何容量总是有限的，系统电源功率不可能是无限大的，它的内阻抗也不等于零而具有一定数值。这样，在其供电的线路发生短路故障时，系统电源出口母线电压不再是一个不变的常数，而将发生变化。但在容量比系统总容量小得多的供电线路中（比如小于系统总容量的 2% 右左）或短路地点距电源的电气距离很远时（如短路回路总电抗以电源容量为基准的标么值：计算电抗 $X_{js}^* > 3.45$ 的情况），在短路的全部过程中，电源出口母线电压的变化很小，实用工程计算中可以认为母线电压保持不变为一常数，而按照无限大容量电源（$S_G = \infty$、$X_G = 0$）供电系统来处理短路计算问题。这比较符合一般企业及民用供电系统实际情况。在无限大功率电源供电系统中发生三相短路故障，短路电流周期分量振幅维持不变，是与电源有相同频率的正弦交流。短路电流周期分量有效值 $I_P^{(3)}$ 用下式进行计算：

$$I_P^{(3)} = U_{av}/\sqrt{3} Z_\Sigma = U_{av}/\sqrt{3} \cdot \sqrt{R_\Sigma^2 + X_\Sigma^2} \tag{5-48}$$

式中　U_{av}——需要计算那一级的平均额定电压；

Z_Σ——折算到同一电压的总阻抗有名值；

R_Σ、X_Σ——折算同一电压下的短路回路总电阻、总电抗的有名值。

在 1kV 以上的高压系统中，计算通常忽略电阻存在，式（5-48）可改写成：

$$I_P^{(3)} = U_{av}/\sqrt{3} \cdot X_\Sigma \tag{5-49}$$

短路电流周期分量有效值得出后，就可据此得出稳态短路电流有效值 I_∞、三相短路全电流最大有效值和冲击电流值。

采用标么值计算时，短路电流周期分量有效值的基准标么值为：

$$I_P^* = I_P^{(3)}/I_d = \frac{U_{av}}{\sqrt{3} \cdot X_\Sigma} \bigg/ \frac{U_d}{\sqrt{3} \cdot X_d} = \frac{U_{av}}{U_d} \bigg/ \frac{X_\Sigma}{X_d}$$

因为：
$$U_j = U_{av}, X_\Sigma^* = X_\Sigma/X_d$$

所以：
$$I_P^* = 1/X_I^* \tag{5-50}$$

$$I_P = I_P^* \cdot I_d = \left(\frac{1}{X_\Sigma^*}\right) \cdot I_d \tag{5-51}$$

从式(5-50)可看出短路电流周期分量的基准标么值等于短路回路总电抗基准标么值的倒数。要求出短路电流周期分量实际有名值只需按式(5-51)用短路回路总电抗基准标么值倒数乘以电流基准值即可。这是采用标么值法计算的优点之一，它可以在某种程度上使计算简单化。

对于短路电流稳态值 I_∞ 前面说过，它是短路电流非周期分量衰减完毕后，短路进入稳态的短路电流值，也就是此时的短路电流周期分量值。由于在无限大电源系统中短路，短路电流周期分量幅值始终不变，所以：

$$I_\infty = I_{pt} = I_p \tag{5-52}$$

式中 I_{pt} ——短路后任意时刻的短路电流周期分量的有效值。

选择断路器时，为校验断路器的开断容量需计算系统发生故障时的三相短路容量 $S_K^{(3)}$：

$$S_K^{(3)} = \sqrt{3} U_{av} \cdot I_p^{(3)} \tag{5-53}$$

采用标么值法：

$$S_K^{(3)*} = S_K^{(3)}/S_d = \frac{\sqrt{3} U_{av} I_p^{(3)}}{\sqrt{3} U_d I_d} = I_2^{(3)}/I_d = I_2^{(3)*} = \frac{1}{X_\Sigma^*} \tag{5-54}$$

$$S_K^{(3)} = \left(\frac{1}{X_\Sigma^*}\right) \cdot S_d \tag{5-55}$$

从式（5-54）可看出，短路容量的基准标么值与短路电流周期分量的基准标么值相等，这是使用标么值的又一优点，有些不同的电气物理量在有名值表示法中的数值上不等，而在标么值法中通过适当处理，数值上可能是相等的。

另外，对实际供电系统采用无限大电源方法进行计算时，由于系统电源容量的有限性，因此必须把其作为短路回路的一个元件来处理，计及其电抗值对短路电流的影响。系统电源电抗基准标么值 X_G^* 通常由下式确定：

$$X_G^* = \frac{1}{S_G^*} = S_d/S_G \tag{5-56}$$

如无法获得系统电源容量的具体数值，也可用电源出口断路器的开断容量 S_K 代替，即：

$$X_G^* = S_d/S_K \tag{5-57}$$

【例 5-2】 图 5-15 所示的供电系统图中，系统电源容量在最大运行方式下为 $S_{Gmax} = 320\text{MVA}$，在最小运行方式下为 $S_{Gmin} = 180\text{MVA}$。系统其余各元件参数不变，短路点也不变。求：$I_2^{(3)}$, $S_K^{(3)}$。

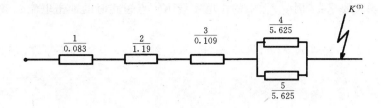

图 5-15 某系统等值电路图

【解】　　(1) 取 $S_d = 100MVA$

$$U_d = U_{av}$$

(2) 计算各元件基准电抗标么值:

$$X^*_{Gmax} = S_d/S_{Gmax} = \frac{100}{320} = 0.313$$

$$X^*_{Gmin} = S_d/S_{Gmin} = \frac{100}{180} = 0.556$$

系统等值电路如图 5-15。图中全部用元件电抗值标注。

(3) 计算总电抗基准标么值:

$$X^*_{\Sigma max} = 0.313 + 4.195 = 4.508$$

$$X^*_{\Sigma min} = 0.556 + 4.195 = 4.751$$

(4) 两种运行方式下短路电流周期分量有名值的计算:

其准电流值: $I_d = \dfrac{S_j}{\sqrt{3}\,U_j} = \dfrac{100}{\sqrt{3} \times 0.4} = 144.34kA$

$$I^{(3)}_{zmax} = \left(\frac{1}{X^*_{\Sigma max}}\right) \cdot I_d = \left(\frac{1}{4.508}\right) \times 144.34 = 32.02kA$$

$$I^{(3)}_{zmin} = \left(\frac{1}{X^*_{\Sigma min}}\right) \cdot I_d = \left(\frac{1}{4.751}\right) \times 144.34 = 30.38kA$$

(5) 两种运行方式下短路容量有名值的计算:

$$S^{(3)}_{Kmax} = \left(\frac{1}{X^*_{\Sigma max}}\right) \cdot S_d = \left(\frac{1}{4.508}\right) \times 100 = 22.18MVA$$

$$S^{(3)}_{Kmin} = \left(\frac{1}{X^*_{\Sigma min}}\right) \cdot S_d = \left(\frac{1}{4.751}\right) \times 100 = 21.05MVA$$

二、三相短路全电流最大有效值及冲击电流计算

从前面三相交流电网短路的过渡过程分析中，已经得到了三相短路全电流最大有效值及冲击电流的计算公式:

$$i_{sh} = \sqrt{2}\,K_{sh}I^{(3)}_z$$

$$I_{ch} = I^{(3)}_P\sqrt{1 + 2(K_{sh} - 1)^2}$$

在三相短路电流周期分量有效值计算出后，和高压或低压系统的冲击系数一并代入公式即可。

例如，现在要求：［例5-2］中的供电系统$K^{(3)}$点短路时的冲击电流i_{ch}和全电流最大有效值I_{ch}。

【解】 由于短路点$K^{(3)}$位于额定电压380V线路中，属于低压短路，所以冲击系数K_{ch}取1.3。

则冲击电流：

$$i_{sh} = 1.84 I_{p \cdot max}^{(3)} = 1.84 \times 32.02 = 58.92 kA$$

$$i_{sh} = 1.84 I_{p \cdot max}^{(3)} = 1.84 \times 30.38 = 55.90 kA$$

全电流最大有效值：

$$I_{sh} = 1.09 I_{pmax}^{(3)} = 1.09 \times 32.02 = 34.90 kA$$

$$I_{sh} = 1.09 I_{pmin}^{(3)} = 1.09 \times 30.38 = 33.11 kA$$

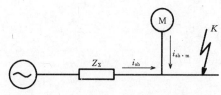

图5-16 电动机端口短路时的冲击电流示意

在计算短路冲击电流值时，有时还要考虑感应电动机对其的影响。在靠近大容量感应电动机附近发生三相短路故障，电动机端口的电压大幅度下降，当电动机的反电势高于端口的残余电压时，电动机就相当于发电机向短路点输送电流。由于感应电动机向短路点供给的反馈电流衰减得很快，一般只考虑它对短路冲击电流的影响。计及感应电动机对短路冲击电流值影响，系统总的短路冲击电流就是：

$$i_{sh\Sigma} = i_{sh} + i_{sh \cdot M} \tag{5-58}$$

式中 $i_{sh\Sigma}$——系统总的短路冲击电流；

$i_{sh \cdot M}$——电动机提供的冲击电流。

电动机向短路点反馈电流瞬时值可用下式进行计算：

$$i_{sh \cdot M} = \sqrt{2} \frac{E_M''^*}{X_M''^*} K_{sh \cdot M} \cdot I_{M \cdot N} \tag{5-59}$$

式中 $E_M''^*$——电动机次暂态电势标么值；

$X_M''^*$——电动机次暂态电抗标么值；

$K_{sh \cdot M}$——为短路电流冲击系数，对高压电动机一般取1.4~1.6，对低压电动机一般取1；

$I_{M \cdot N}$——电动机的额定电流。

电动机次暂态电势标么值和次暂态电抗标么值数据如表5-4。

各式电动机次暂态电势标么值及次暂态电抗标么值数据　　　　表5-4

元件名称	异步电动机	同步电动机	同步调相机	综合负载
$E_m''^*$	0.9	1.1	1.2	0.8
$X_m''^*$	0.2	0.2	0.16	0.35

实际计算中，只有当感应电动机或电动机群总容量大于100kW以上，在靠近电动机引

162

出端附近发生三相短路时，才考虑电动机反馈电流的影响。对于容量小的电动机或短路点距电动机的电气距离较大（如电动机与短路点之间有较长线路或电动机的反馈电流要经过变压器、电抗器等这样的电抗值较大的元件才能到短路点）及发生不对称短路时，可不计及电动机反馈电流对冲击电流的影响。

第五节　有限容量电源供电系统三相短路电流计算

一、短路电流的过渡过程

前面介绍的短路电流计算方法是假定系统短路时，电源母线电压为一个不变的常数而进行的，它是一种近似的计算方法。实际电力系统中发生短路故障时，作为系统电源的发电机，其端电压在整个短路的过渡过程中是变化的。短路电流中不仅非周期分量，其周期分量的幅值也将随之发生变化。为较为精确的导出发电机供电线路发生三相短路时，短路电流变化规律及计算方法，有必要对发电机端口发生三相短路时，因定子、转子绕组间互相影响而变得相当复杂的物理过程作一番简单的描述。

现以有阻尼绕组发电机突然短路的暂态过程为例。在有阻尼绕组发电机的转子上，纵轴方向有励磁绕组 f 和阻尼绕组 D，横轴方向有阻尼绕组 Q。定子上有三个静止的相绕组 A、B、C，如图 5-17。在发电机正常的三相对称稳态运行中，转子的励磁绕组通入励磁电流 I_f，产生一个恒定的磁通。它在原动机的带动下以同步转速旋转，形成发电机定、转子间气隙的主磁场，从而在定子各绕组中感应出电动势。定子绕组带上负载后，流过的三相对称电流也将共同产生一个电枢磁场，它对转子相对静止，在转子上的各绕组中无感应电流的产生。它们两个叠加在一起，构成了气隙的总合成磁场。突然短路后，定子各相绕组为维持短路前后瞬间磁链守恒，将同时出现两种电流，一种是同步频率的短路电流周期分量，一种是非周期的直流分量（还应包括两倍于同步频率的电流分量，实用计算时一般忽略）。定子绕组非周期的直流分量产生的原因及变化规律和无限大电源中没有差别。定子绕组短路电流周期分量的变化分析如下：近似认为是感性的短路电流周期分量产生的电枢旋转磁势，引起了削弱发电机主磁场的去磁性的电枢反应。为抵消电枢反应的影响维持磁链不变，励磁绕组将产生一个直流电流，方向与原有励磁电流一致，使励磁绕组的磁场得到加强。转子上的阻尼绕组同样会产生一个直流电流，它所产生的磁通与励磁绕组共同作用抵消电枢反应磁通的增量。转

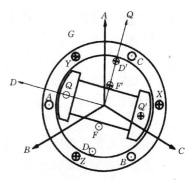

图 5-17　同步发电机各绕组示意图

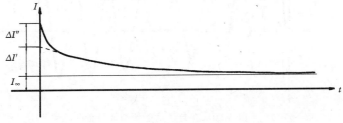

图 5-18　三相短路定子短路电流周期分量幅值变化图

子各绕组的直流电流产生的磁通还会部分进入定子，造成短路初期定子短路电流周期额外的增长。定子短路电流周期分量在短路的暂态过程中的变化同励磁绕组和阻尼绕组中的自由直流分量衰减相对应。在转子上由于本身绕组电阻的作用，各自由直流产生后，随着

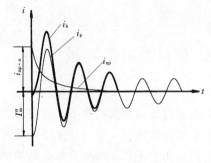

图 5-19 有阻尼绕组发电机空载
三相短路定子短路电流波形图

时间的推移，它们开始按指数规律衰减。阻尼绕组的电阻比励磁绕组的电阻大得多，其中的自由直流分量很快地基本按次暂态时间常数 τ''_K 衰减。此过程为次暂态过程。阻尼绕组的自由直流分量基本衰减完毕后，将过渡到暂态过程。还没怎么变化的励磁绕组中自由直流分量按暂态时间常数 τ'_K 衰减。暂态时间常数 τ'_K 要次暂态时间常数 τ''_K 大得多。励磁绕组中的自由直流分量衰减完毕后，暂态过程结束。在转子各绕组的自由电流衰减过程中，它们所产生的抵消电枢反应磁通的自由磁通逐渐减小，电枢反应的去磁效应逐渐加强，这使得定子绕组产生的感应电动势和短路电流的周期分量逐渐减小；当转子绕阻上的自由电流衰减完毕时，定子短路电流周期分量停止变动，短路进入稳态。

实际电力系统中，目前的发电机一般都装有自动励磁调节装置（自动电压调整器）。作用是在发电机机端电压变动时，自动调节励磁电流，保持发电机端电压的稳定。短路时发电机端电压显著下降，自动励磁调节装置动作，使励磁电流增大。发电机端电压逐渐上升恢复。

实际上，由于自动励磁调节装置有一定动作时间，以及励磁回路具有较大电感的缘故，装置在短路一段时间后才开始起到作用。因此，无论是否有自动励磁调节装置，在短路的瞬间及随后的几个周期内，短路电流变化情况是相同的。这从图 5-20 上也能看出来：在有自动励磁调节装置发电机短路的初期，短路电流周期分量幅值还是逐渐减小的，只是当自动励磁调节装置起作用时，发电机端电压不断恢复，短路电流周期分量幅值才随之加大，最后达到稳定的值。

二、短路电流实用计算法

有限容量电源供电系统三相短路的暂态过程中，短路电流周期分量幅值是随时间变化的。在开始短路即 $t=0\mathrm{s}$ 时刻，短路电流周期分量的有效值 I'' 称为："次暂态短路电流"或

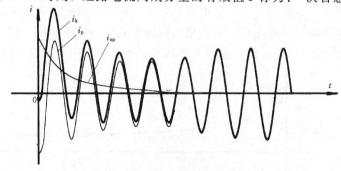

图 5-20 有自动励磁调节装置的
发电机三相短路时，短路电流波形

"超瞬变短路电流"。如短路发生在电压过零时即 $t=0\text{s}$、$U=0\text{V}$ 时，则次暂态短路电流 I'' 将有最大值。次暂态短路电流 I'' 可由下式确定：

$$I'' = E'' / \sqrt{3}(X_G'' + X_L) \tag{5-60}$$

式中 E''——发电机的次暂态电势；

$\quad X_L$——从发电机机端到短路点的外接电抗；

$\quad X_G''$——发电机的次暂态电抗。

发电机的参数 E'' 利用下式可近似计算出：

$$E'' \approx U_{GN} + \sqrt{3} X_d'' I_{GN} \sin\varphi \approx K U_{GN} \tag{5-61}$$

式中 U_{GN}——发电机的额定电压；

$\quad I_{GN}$——发电机的额定电流；

$\quad \varphi$——发电机的相位差角；

$\quad K$——发电机次暂态电势与额定电压的比例系数。

汽轮发电机的次暂态电抗值较小，公式后一项 $\sqrt{3} X_d'' I_{GN} \sin\varphi$ 比 U_{GN} 要小很多，因此 $K \approx 1$。水轮发电机的次暂态电抗值较大，K 值可查表 5-5 确定。

发电机的额定电压可近似用其所在电压等级的平均额定电压代替，则次暂态短路电流可由下式计算：

$$I'' \approx \frac{K U_{av}}{\sqrt{3}(X_G'' + X_L)} \tag{5-62}$$

则短路冲击电流：

$$i_{sh} = \sqrt{2} \cdot K_{sh} I'' \tag{5-63}$$

短路电流最大有效值：

$$I_{sh} = I'' \sqrt{1 + 2(K_{sh} - 1)^2} \tag{5-64}$$

短路电流周期分量有效值，在短路后任意 ts 时刻的数值由下式决定：

$$I_{pt} = E_t / \sqrt{3}(X_{Gt} + X_L) \tag{5-65}$$

水轮发电机系数 K 值 表 5-5

发电机型式	计算电抗 X_{js}^* 为下列不同值时								
	0.20	0.27	0.30	0.40	0.50	0.75	1.00	1.50	$\geqslant 2$
无阻尼绕组	—	1.16	1.14	1.10	1.07	1.05	1.03	1.02	1
有阻尼绕组	1.11	1.07	1.07	1.05	1.03	1.02	1	1	1

式中 E_t——短路 t 秒时刻发电机的电势；

$\quad X_{Gt}$——同一时刻的发电机电抗。

E_t 和 X_{Gt} 是随时间变化的，确定时很复杂。所以在计算 t 秒时刻短路电流周期分量时，很少用公式（5-65）计算。工程计算中通常利用计算曲线来确定短路后任意 t 秒时刻短路电流周期分量数值。

短路电流周期分量决定于诸多因素，如：反映短路前后其运行状态的各电势的初始值、发电机的各种电抗和时间常数，短路点距发电机端的电气距离、时间等。但在确定运行的初始状态与发电机的参数后，短路电流周期分量将只是到短路点距离和时间的函数。计算曲线反映的正是三相短路过程中，不同时刻短路电流周期分量有效值的标么值 I_{pt}^* 与代表短路点电气距离的短路回路的计算电抗 X_{js}^* 之间的函数关系，即：

$$I_{pt}^* = (t, X_c^*)$$

式中　X_c^*——为短路回路的计算电抗标么值，它等于归算至发电机额定容量的外接电抗标么值与发电机次暂态电抗标么值之和；

　　　　t——为短路后的计算时刻；

　　　　I_{pt}^*——为三相短路电流周期分量有效值的标么值，它也是归算至发电机额定容量的标么值。

　　计算曲线制作根据我国电力系统负荷分布的实际情况，采用了50%负荷接于发电厂高压母线、其余负荷接在短路点外侧这样的典型接线方式，对于繁多的各型号发电机组运用概率统计的方法，选取了容量以12MW至200MW的18种不同型号汽轮发电机和17种容量以12.5MW至225MW的不同型号水轮发电机作为样机，最终制定了具有良好通用性的汽轮发电机和水轮发电机的短路电流计算曲线。为了便于使用，计算曲线通常改为计算曲线数字表的形式。如表5-6。

汽轮发电机计算曲线数字表($X_c^* = 0.12 \sim 0.95$)　　　　　　表 5-6-（1）

X_c^* ＼ t (s)	0	0.01	0.06	0.1	0.2	0.4	0.5	0.6	1	2	4
0.12	8.963	8.603	7.186	6.400	5.220	4.252	4.006	3.821	3.344	2.795	2.512
0.14	7.718	7.467	6.441	5.839	4.878	4.040	3.829	3.673	3.280	2.808	2.526
0.16	6.763	6.545	5.660	5.146	4.336	3.649	3.481	3.359	3.060	2.706	2.490
0.18	6.020	5.844	5.122	4.697	4.016	3.429	3.288	3.186	2.944	2.659	2.476
0.20	5.432	5.280	4.661	4.297	3.715	3.217	3.099	3.016	2.825	2.607	2.462
0.22	4.938	4.813	4.296	3.988	3.487	3.052	2.951	2.882	2.729	2.561	2.444
0.24	4.526	4.421	3.984	3.721	3.286	2.904	2.816	2.758	2.638	2.515	2.425
0.26	4.178	4.088	3.714	3.486	3.106	2.769	2.693	2.644	2.551	2.467	2.404
0.28	3.872	3.705	3.472	3.274	2.939	2.641	2.575	2.534	2.464	2.415	2.378
0.30	3.603	3.536	3.255	3.081	2.785	2.520	2.463	2.429	2.379	2.360	2.347
0.32	3.368	3.310	3.063	2.909	2.646	2.410	2.360	2.332	2.299	2.306	2.316
0.34	3.159	3.108	2.891	2.754	2.519	2.308	2.264	2.241	2.222	2.252	2.283
0.36	2.975	2.930	2.736	2.614	2.403	2.213	2.175	2.156	2.149	2.109	2.250
0.38	2.811	2.770	2.597	2.487	2.297	2.126	2.093	2.077	2.081	2.148	2.217
0.40	2.664	2.628	2.471	2.372	2.199	2.045	2.017	2.004	2.017	2.099	2.184
0.42	2.531	2.499	2.357	2.267	2.110	1.970	1.946	1.936	1.956	2.052	2.151
0.44	2.411	2.382	2.253	2.170	2.027	1.900	1.879	1.872	1.899	2.006	2.119
0.46	2.302	2.275	2.157	2.082	1.950	1.835	1.817	1.812	1.845	1.963	2.088
0.48	2.203	2.178	2.069	2.000	1.879	1.774	1.759	1.756	1.794	1.921	2.057
0.50	2.111	2.088	1.988	1.924	1.813	1.717	1.704	1.703	1.746	1.880	2.027
0.55	1.913	1.894	1.810	1.757	1.665	1.589	1.581	1.583	1.635	1.765	1.953
0.60	1.748	1.732	1.662	1.617	1.539	1.478	1.474	1.479	1.538	1.699	1.884
0.65	1.610	1.596	1.535	1.497	1.431	1.382	1.381	1.388	1.452	1.621	1.819
0.70	1.492	1.479	1.426	1.393	1.336	1.297	1.298	1.307	1.375	1.549	1.734
0.75	1.390	1.379	1.332	1.302	1.253	1.221	1.225	1.235	1.305	1.484	1.596
0.80	1.301	1.291	1.249	1.223	1.179	1.154	1.159	1.171	1.243	1.424	1.474
0.85	1.222	1.214	1.176	1.152	1.114	1.094	1.100	1.112	1.186	1.358	1.370
0.90	1.153	1.145	1.110	1.089	1.055	1.039	1.047	1.060	1.134	1.279	1.279
0.95	1.091	1.084	1.052	1.032	1.002	10.990	0.998	1.012	1.087	1.200	1.200

汽轮发电机计算曲线数字表($X_c^* = 1.00 \sim 3.45$)　　　　表 5-6-（2）

X_c^* ＼ t (s)	0	0.01	0.06	0.1	0.2	0.4	0.5	0.6	1	2	4
1.00	1.035	1.028	0.999	0.981	0.954	0.945	0.954	0.968	1.043	1.129	1.129
1.05	0.985	0.979	0.952	0.935	0.910	0.904	0.914	0.928	1.003	1.067	1.067
1.10	0.940	0.934	0.908	0.893	0.870	0.866	0.876	0.891	0.966	1.011	1.011
1.15	0.898	0.892	0.869	0.854	0.833	0.832	0.842	0.857	0.932	0.961	0.961
1.20	0.860	0.855	0.832	0.819	0.800	0.800	0.811	0.825	0.898	0.915	0.915
1.25	0.825	0.820	0.799	0.786	0.769	0.770	0.781	0.796	0.864	0.874	0.874
1.30	0.793	0.788	0.768	0.756	0.740	0.743	0.754	0.769	0.831	0.836	0.836
1.35	0.763	0.758	0.739	0.728	0.713	0.717	0.728	0.743	0.800	0.802	0.802
1.40	0.735	0.713	0.713	0.703	0.688	0.693	0.705	0.720	0.769	0.770	0.770
1.45	0.710	0.705	0.688	0.678	0.665	0.671	0.682	0.697	0.740	0.740	0.740
1.50	0.686	0.682	0.665	0.656	0.644	0.650	0.662	0.676	0.713	0.713	0.713
1.55	0.663	0.659	0.644	0.635	0.623	0.630	0.642	0.657	0.687	0.687	0.687
1.60	0.642	0.639	0.623	0.615	0.604	0.612	0.624	0.638	0.664	0.664	0.664
1.65	0.622	0.619	0.605	0.596	0.586	0.594	0.606	0.621	0.642	0.642	0.642
1.70	0.604	0.601	0.587	0.579	0.570	0.578	0.590	0.604	0.621	0.621	0.621
1.75	0.586	0.583	0.570	0.562	0.554	0.562	0.574	0.589	0.602	0.602	0.602
1.80	0.570	0.567	0.554	0.547	0.539	0.548	0.559	0.573	0.584	0.584	0.584
1.85	0.554	0.551	0.539	0.532	0.524	0.534	0.545	0.559	0.566	0.566	0.566
1.90	0.540	0.537	0.525	0.518	0.511	0.521	0.532	0.544	0.550	0.550	0.550
1.95	0.526	0.523	0.511	0.505	0.498	0.508	0.520	0.530	0.535	0.535	0.535
2.00	0.512	0.510	0.498	0.492	0.486	0.496	0.508	0.517	0.521	0.521	0.521
2.05	0.500	0.497	0.486	0.480	0.474	0.485	0.496	0.504	0.507	0.507	0.507
2.10	0.488	0.485	0.475	0.469	0.463	0.474	0.485	0.492	0.494	0.494	0.494
2.15	0.476	0.474	0.464	0.458	0.453	0.463	0.474	0.481	0.482	0.482	0.482
2.20	0.465	0.463	0.453	0.448	0.443	0.453	0.464	0.470	0.470	0.470	0.470
2.25	0.455	0.453	0.443	0.438	0.433	0.444	0.454	0.459	0.459	0.459	0.459
2.30	0.445	0.443	0.433	0.428	0.424	0.435	0.444	0.448	0.448	0.448	0.448
2.35	0.435	0.433	0.424	0.419	0.415	0.426	0.435	0.438	0.438	0.438	0.438
2.40	0.426	0.424	0.415	0.411	0.407	0.418	0.426	0.428	0.428	0.428	0.428
2.45	0.417	0.415	0.407	0.402	0.399	0.410	0.417	0.419	0.419	0.419	0.419
2.50	0.409	0.407	0.399	0.394	0.391	0.402	0.409	0.410	0.410	0.410	0.410
2.55	0.400	0.399	0.391	0.387	0.383	0.394	0.401	0.402	0.402	0.402	0.402
2.60	0.392	0.391	0.383	0.379	0.376	0.387	0.393	0.393	0.393	0.393	0.393
2.65	0.385	0.384	0.376	0.372	0.369	0.380	0.385	0.386	0.386	0.386	0.386
2.70	0.377	0.377	0.369	0.365	0.362	0.373	0.378	0.378	0.378	0.378	0.378
2.75	0.370	0.370	0.362	0.359	0.356	0.367	0.371	0.371	0.371	0.371	0.371
2.80	0.363	0.363	0.356	0.352	0.350	0.361	0.364	0.364	0.364	0.364	0.364
2.85	0.357	0.356	0.350	0.346	0.344	0.354	0.357	0.357	0.357	0.357	0.357
2.90	0.350	0.350	0.344	0.340	0.338	0.348	0.351	0.351	0.351	0.351	0.351
2.95	0.344	0.344	0.338	0.335	0.333	0.343	0.344	0.344	0.344	0.344	0.344
3.00	0.338	0.338	0.332	0.329	0.327	0.337	0.338	0.338	0.338	0.338	0.338
3.05	0.332	0.332	0.327	0.324	0.322	0.331	0.332	0.332	0.332	0.332	0.332
3.10	0.327	0.326	0.322	0.319	0.317	0.326	0.327	0.327	0.327	0.327	0.327
3.15	0.321	0.321	0.317	0.314	0.312	0.321	0.321	0.321	0.321	0.321	0.321
3.20	0.316	0.316	0.312	0.309	0.307	0.316	0.316	0.316	0.316	0.316	0.316
3.25	0.311	0.311	0.307	0.304	0.303	0.311	0.311	0.311	0.311	0.311	0.311
3.30	0.306	0.306	0.302	0.300	0.298	0.306	0.306	0.306	0.306	0.306	0.306
3.35	0.301	0.301	0.298	0.295	0.294	0.301	0.301	0.301	0.301	0.301	0.301
3.40	0.297	0.297	0.293	0.291	0.290	0.297	0.297	0.297	0.297	0.297	0.297
3.45	0.292	0.292	0.289	0.287	0.286	0.292	0.292	0.292	0.292	0.292	0.292

X_c^* ＼ t (s)	0	0.01	0.06	0.1	0.2	0.4	0.5	0.6	1	2	4
0.18	6.127	5.695	4.623	4.331	4.100	3.933	3.867	3.807	3.605	3.300	3.081
0.20	5.526	5.184	4.297	4.045	3.856	3.754	3.716	3.681	3.563	3.378	3.234
0.22	5.055	4.767	4.026	3.806	3.633	3.556	3.531	3.508	3.430	3.302	3.191
0.24	4.647	4.402	3.764	3.575	3.433	3.378	3.363	3.348	3.300	3.220	3.151
0.26	4.290	4.083	3.538	3.375	3.253	3.216	3.208	3.200	3.174	3.133	3.098
0.28	3.993	3.816	3.343	3.200	3.096	3.073	3.070	3.067	3.060	3.049	3.043
0.30	3.727	3.574	3.163	3.039	2.950	2.938	2.941	2.943	2.952	2.970	2.993
0.32	3.494	3.360	3.001	2.892	2.817	2.815	2.822	2.828	2.851	2.895	2.943
0.34	2.285	3.168	2.851	2.755	2.692	2.699	2.709	2.719	2.754	2.820	2.891
0.36	3.095	2.991	2.712	2.627	2.574	2.589	2.602	2.614	2.660	2.745	2.837
0.38	2.922	2.831	2.583	2.508	2.464	2.484	2.500	2.515	2.569	2.671	2.782
0.40	2.767	2.685	2.464	2.398	2.361	2.388	2.405	2.422	2.484	2.600	2.728
0.42	2.627	2.554	2.356	2.297	2.267	2.297	2.317	2.336	2.404	2.532	2.675
0.44	2.500	2.434	2.256	2.204	2.179	2.214	2.235	2.255	2.329	2.467	2.624
0.46	2.385	2.325	2.164	2.177	2.098	2.136	2.158	2.180	2.258	2.406	2.575
0.48	2.280	2.225	2.079	2.038	2.023	2.064	2.087	2.110	2.192	2.348	2.527
0.50	2.183	2.134	2.001	1.964	1.953	1.996	2.021	2.044	2.130	2.293	2.482
0.52	2.095	2.050	1.928	1.895	1.887	1.933	1.958	1.983	2.071	2.241	2.438
0.54	2.013	1.972	1.861	1.831	1.826	1.874	1.900	1.925	2.015	2.191	2.396
0.56	1.938	1.899	1.798	1.771	1.769	1.818	1.845	1.870	1.963	2.143	2.355
0.60	1.802	1.770	1.683	1.662	1.665	1.717	1.744	1.770	1.866	2.054	2.263
0.65	1.658	1.630	1.559	1.543	1.550	1.605	1.633	1.660	1.759	1.950	2.137
0.70	1.534	1.511	1.452	1.440	1.451	1.507	1.535	1.562	1.663	1.846	1.964
0.75	1.428	1.408	1.358	1.349	1.363	1.420	1.449	1.476	1.578	1.741	1.794
0.80	1.336	1.318	1.276	1.270	1.286	1.343	1.372	1.400	1.498	1.620	1.642
0.85	1.254	1.239	1.203	1.199	1.217	1.274	1.303	1.331	1.423	1.507	1.513
0.90	1.182	1.169	1.138	1.135	1.155	1.212	1.241	1.268	1.352	1.403	1.403
0.95	1.118	1.106	1.080	1.078	1.099	1.156	1.185	1.210	1.282	1.308	1.308

X_c^* ＼ t (s)	0	0.01	0.06	0.1	0.2	0.4	0.5	0.6	1	2	4
1.00	1.061	1.050	1.027	1.027	1.048	1.105	1.132	1.156	1.211	1.225	1.225
1.05	1.009	0.999	0.979	0.980	1.002	1.058	1.084	1.105	1.146	1.152	1.152
1.10	0.962	0.953	0.936	0.937	0.959	1.015	1.038	1.057	1.085	1.087	1.087
1.15	0.919	0.911	0.896	0.898	0.920	0.974	0.995	1.011	1.029	1.029	1.029
1.20	0.880	0.872	0.859	0.862	0.885	0.936	0.955	0.966	0.977	0.977	0.977
1.25	0.843	0.837	0.825	0.829	0.852	0.900	0.916	0.923	0.930	0.930	0.930
1.30	0.810	0.804	0.794	0.798	0.821	0.866	0.878	0.884	0.888	0.888	0.888
1.35	0.780	0.774	0.765	0.769	0.792	0.834	0.843	0.847	0.849	0.849	0.849
1.40	0.751	0.746	0.738	0.743	0.766	0.803	0.810	0.812	0.813	0.813	0.813
1.45	0.725	0.720	0.713	0.718	0.740	0.774	0.778	0.780	0.780	0.780	0.780
1.50	0.700	0.696	0.690	0.695	0.717	0.746	0.749	0.750	0.750	0.750	0.750
1.55	0.677	0.673	0.668	0.673	0.694	0.719	0.722	0.722	0.722	0.722	0.722
1.60	0.655	0.652	0.647	0.652	0.673	0.694	0.696	0.696	0.696	0.696	0.696
1.65	0.635	0.632	0.628	0.633	0.653	0.671	0.672	0.672	0.672	0.672	0.672
1.70	0.616	0.613	0.610	0.615	0.634	0.649	0.649	0.649	0.649	0.649	0.649
1.75	0.598	0.595	0.592	0.598	0.616	0.628	0.628	0.628	0.628	0.628	0.628

X_c^* \\ t (s)	0	0.01	0.06	0.1	0.2	0.4	0.5	0.6	1	2	4
1.80	0.581	0.578	0.576	0.582	0.599	0.608	0.608	0.608	0.608	0.608	0.608
1.85	0.565	0.563	0.561	0.566	0.582	0.590	0.590	0.590	0.590	0.590	0.590
1.90	0.550	0.548	0.546	0.552	0.566	0.572	0.572	0.572	0.572	0.572	0.572
1.95	0.536	0.533	0.532	0.538	0.551	0.556	0.556	0.556	0.556	0.556	0.556
2.00	0.522	0.520	0.519	0.524	0.537	0.540	0.540	0.540	0.540	0.540	0.540
2.05	0.509	0.507	0.507	0.512	0.523	0.525	0.525	0.525	0.525	0.525	0.525
2.10	0.497	0.495	0.495	0.500	0.510	0.512	0.512	0.512	0.512	0.512	0.512
2.15	0.485	0.483	0.483	0.488	0.497	0.498	0.498	0.498	0.498	0.498	0.498
2.20	0.474	0.472	0.472	0.477	0.485	0.486	0.486	0.486	0.486	0.486	0.486
2.25	0.463	0.462	0.642	0.466	0.473	0.474	0.474	0.474	0.474	0.474	0.474
2.30	0.453	0.452	0.452	0.456	0.462	0.462	0.462	0.462	0.462	0.462	0.462
2.35	0.443	0.442	0.442	0.446	0.452	0.452	0.452	0.452	0.452	0.452	0.452
2.40	0.434	0.433	0.433	0.436	0.441	0.441	0.441	0.441	0.441	0.441	0.441
2.45	0.425	0.424	0.424	0.427	0.431	0.431	0.431	0.431	0.431	0.431	0.431
2.50	0.416	0.415	0.415	0.419	0.422	0.422	0.422	0.422	0.422	0.422	0.422
2.55	0.408	0.407	0.407	0.410	0.413	0.413	0.413	0.413	0.413	0.413	0.413
2.60	0.400	0.399	0.399	0.402	0.404	0.404	0.404	0.404	0.404	0.404	0.404
2.65	0.392	0.391	0.392	0.394	0.396	0.396	0.396	0.396	0.396	0.396	0.396
2.70	0.385	0.384	0.384	0.387	0.388	0.388	0.388	0.388	0.388	0.388	0.388
2.75	0.378	0.377	0.377	0.379	0.380	0.380	0.380	0.380	0.380	0.380	0.380
2.80	0.371	0.370	0.370	0.372	0.373	0.373	0.373	0.373	0.373	0.373	0.373
2.85	0.364	0.363	0.364	0.365	0.366	0.366	0.366	0.366	0.366	0.366	0.366
2.90	0.358	0.357	0.357	0.359	0.359	0.359	0.359	0.359	0.359	0.359	0.359
2.95	0.351	0.351	0.351	0.352	0.353	0.353	0.353	0.353	0.353	0.353	0.353
3.00	0.345	0.345	0.345	0.346	0.346	0.346	0.346	0.346	0.346	0.346	0.346
3.05	0.339	0.339	0.339	0.340	0.340	0.340	0.340	0.340	0.340	0.340	0.340
3.10	0.334	0.333	0.333	0.334	0.334	0.334	0.334	0.334	0.334	0.334	0.334
3.15	0.328	0.328	0.328	0.329	0.329	0.329	0.329	0.329	0.329	0.329	0.329
3.20	0.323	0.322	0.322	0.323	0.323	0.323	0.323	0.323	0.323	0.323	0.323
3.25	0.317	0.317	0.317	0.318	0.318	0.318	0.318	0.318	0.318	0.318	0.318
3.30	0.312	0.312	0.312	0.313	0.313	0.313	0.313	0.313	0.313	0.313	0.313
3.35	0.307	0.307	0.307	0.308	0.308	0.308	0.308	0.308	0.308	0.308	0.308
3.40	0.303	0.302	0.302	0.303	0.303	0.303	0.303	0.303	0.303	0.303	0.303
3.45	0.298	0.298	0.298	0.298	0.298	0.298	0.298	0.298	0.298	0.298	0.298

计算曲线只作到 $X_C^* = 3.45$ 为止。当 $X_C^* \geqslant 3.45$ 时，可以认为是距离发电机远端短路，短路电流的计算近似认为短路电流周期分量幅值不随时间变化，而按无限大容量电源供电系统进行。

利用计算曲线计算短路电流的方法：

计算曲线是按单台发电机典型接线绘制的。实际电力系统中并联工作的发电机很多，如把相关的每一台发电机都作为一个向短路点供给短路电流的电源来考虑，则计算量相当繁重。因此工程计算中在保证必要的计算精度情况下，采用电源合并的方法来化简电路。即把短路时短路电流周期分量变化规律大致相同的发电机合并起来，用一个额定容量等于其和的等值发电机来代表。同时对某些情况比较特殊的发电机单独考虑。这样就把电源分为数量有限的几组，从而简化了计算工作。

电源合并分组的原则一般如下：

（1）与短路点直接联接的发电机，由于离短路点很近，其特性对短路电流周期分量的变化具有决定性影响，应予单独分类考虑。

（2）对到短路点的电气距离大约相等并且属于同一类型发电机（发电厂），由于短路电流周期分量变化类似，与以合并成一类。

（3）如系统中有无限大功率电源，由于其提供的短路电流周期分量幅值不随时间变化，应与单独计算。

运用计算曲线法计算短路电流具体步骤：

（1）由计算电路图绘制等效电路图。图中应去掉系统中的负荷，输电线路的电容，变压器的励磁回路等。忽略电路中各元件的电阻，发电机电抗用其次暂态电抗表示，电路中如有无限大功率电源，其内电抗为零。选取统一的基准容量（如选 100MVA）及基准电压（用各电压等级的平均额定电压值），把系统各元件电抗归算成基准电抗标么值。

（2）进行等效电路网络的简化与变换。将等效电路的电源按分组的原则合并成几组（一般分为两、三组就可以了），每一组用一个等值发电机代表。如有无限大功率电源，单独成一组。合并电源后的简化网络还需进一步通过等效变换，得到各电源通过相互独立支路与短路点直接连接的星形电路，并求出各电源独立支路的电抗——转移电抗值。为具体说明网络简化与变换的过程，现以图 5-21 （a）的等效电路为例。

图 5-21（a）所示的等值电路，现决定电源 3 与电源 2 合并。合并后的网络就是图 5-21（b）。图 5-21（b）中的 X_8^*，由于电源 3、电源 2 合并就相当于认为两电源输出端电压相同，所以：

$$X_8^* = (X_4^* + X_5^*) \text{ // } (X_6^* + X_7^*) = \frac{(X_4^* + X_5^*)(X_6^* + X_7^*)}{X_4^* + X_5^* + X_6^* + X_7^*}$$

合并后的等值电源（2+3），其容量为电源 3 与电源 2 容量之和。经过电源合并后的简化网络图 5-21（b），因其中电源 1 与电源（2+3）向短路点输送的短路电流都要通过公共电抗 X_2^*，即有电源支路通过公共电抗与短路点相联的情况，所以还需进一步变化成图 5-21（c）才能运用计算曲线分别计算每一电源向短路点输送的短路电流。由图 5-21（b）到图 5-21（c）运用了等效变换的方法，就是将图中由 X_1^*、X_2^*、X_8^* 组成的星形网络变换成三角形网络并略去电源 1 与电源（2+3）之间的支路（因对短路电流计算无影响）而得到各电

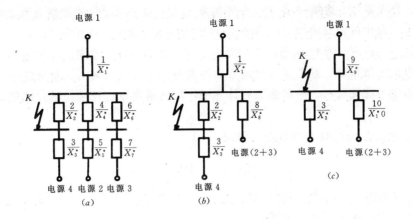

图 5-21 等效电路简化步骤

源与短路点直接相接的支路。图 5-21 (c) 中：

$$X_9^* = X_1^* + X_2^* + \frac{X_1^* \cdot X_2^*}{X_8^*}$$

$$X_{10}^* = X_8^* + X_1^* + \frac{X_8^* \cdot X_2^*}{X_1^*}$$

X_3^*、X_9^*、X_{10}^* 为各电源对短路点的转移电抗。

超过两个电源支路通过公共电抗与短路点相联时，网络变换成电源与短路点直接相联形式，计算各电源对短路点的转移电抗，一般要运用电源支路分布系数的方法。感兴趣的可参阅有关专业书籍，这里不再介绍。

（3）将上面求出的转移电抗按照各自等值发电机的容量归算为计算电抗 X_c^*，公式：

$$X_c^* = X_f^* \cdot \frac{S_{GN}}{S_d} \tag{5-66}$$

式中　S_{GN}——等值发电机的额定容量；

　　　X_f^*——对应的转移电抗值；

　　　X_c^*——与电源对应的计算电抗标么值。

（4）由求得的 X_c^* 根据适当的计算曲线查出需要 ts 时刻的各等值发电机的短路电流周期分量的标么值 $I_{zt}^{(3)*}$。

当 $X_c^* \geqslant 3.45$ 时，当 $I_{pt}^* = \dfrac{1}{X_c^*}$ $\tag{5-67}$

电路中无限大电源输送的短路电流周期分量由下式确定：

$$I_p^* = \frac{1}{X_f^*} \tag{5-68}$$

（5）计算任意 ts 时刻短路电流周期分量有名值 I_{pt}。短路点的短路电流周期分量有名值由下面公式计算：

$$I_{pt} = \sum_{i=1}^{m} I_{pt \cdot i}^* \frac{S_{GN \cdot i}}{\sqrt{3}\,U_{av}} + I_2^* \cdot \frac{S_d}{\sqrt{3}\,U_{av}} \tag{5-69}$$

式中：公式等号右边第一项为 m 台等值发电机向短路点提供的短路电流之和，第二项为无限大电源提供的短路电流，U_{av} 取短路点所处电压等级的平均额定电压。

（6）如需要提高计算精确度，可对实际参数与标准参数的差别进行修正性计算。其中包括励磁电压顶值倍数，励磁系统时间常数和发电机暂态过程时间常数的修正。这方面的详细论述可参考有关资料。一般性工程计算中，如对精度没有特殊要求，此项工作可不进行。

（7）计算任意 ts 时刻的短路功率用式：

$$S_{kt} = \sqrt{3}\, U_{av} I_{pt} \tag{5-70}$$

（8）计算短路冲击电流 i_{ch} 或短路电流最大有效值 I_{ch}（需得到 $t=0$s 时刻的短路电流周期分量有效值 I''，再利用公式计算）。

【例 5-3】 系统接线如图 5-22 (a)。试用计算曲线法确定图中 K-1 点三相短路时的 I''，S'' 和 i_{sh} 值。

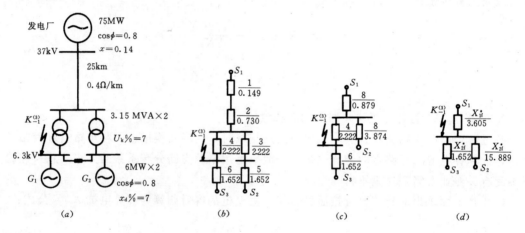

图 5-22　[例 5-3] 系统接线和等效电路图

【解】　（1）取 $S_d = 100\text{MVA}$

$$U_d = U_{av}$$

（2）各元件的基准电抗标幺值：

$$X_1^* = X \cdot \frac{S_d}{S_{G\Sigma}} = 0.14 \times \frac{100 \times 0.8}{75} = 0.149$$

$$X_2^* = x_o l \cdot \frac{S_d}{U_d^2} = 0.4 \times 25 \times \frac{100}{37^2} = 0.730$$

$$X_3^* = X_4^* = \frac{U_{K\%}}{100} \cdot \frac{S_d}{S_{TN}} = 0.07 \times \frac{100}{3.15} = 2.222$$

$$X_5^* = X_6^* = \frac{X_d''\%}{100} \cdot \frac{S_d}{P_G/\cos\varphi} = 0.1239 \times \frac{100 \times 0.8}{6} = 1.652$$

标注上各元件基准电抗标幺值的等值电路如图 5-22 (b)。

（3）化简等值电路

$$X_{1\text{-}2}^* = X_1^* + X_2^* = 0.149 + 0.730 = 0.879$$

$$X_{3\text{-}5}^* = X_3^* + X_5^* = 2.222 + 1.652 = 3.874$$

化简后的等值网络如图 5-22 (c)。

(4) 等效变换求转移电抗

发电厂对短路点的转移电抗：

$$X_{1f}^* = X_{1\text{-}2}^* \times X_4^* + \frac{X_{1\text{-}2}^* \cdot X_4^*}{X_{3\text{-}5}^*} = 0.879 + 2.222 + \frac{0.879 \times 2.222}{3.874} = 3.605$$

发电机 G_2 对短路点的转移电抗：

$$X_{2f}^* = 3.874 + 2.222 + \frac{2.222 \times 3.874}{0.879} = 15.889$$

发电机 G_1 对短路点的转移电抗：

$$X_{3f}^* = 1.652$$

经过等效变换的等值网络如图 5-22 (d)。

(5) 各电源的计算电抗：

$$X_{c.1}^* = 3.605 \times \frac{75/0.8}{100} = 3.38$$

$$X_{c.2}^* = 15.889 \times \frac{6/0.8}{100} = 1.19$$

$$X_{c.3}^* = 1.652 \times \frac{6/0.8}{100} = 0.124$$

(6) 查汽轮发电机计算曲线数字表得：

发电厂 $t = 0$ s 电流标幺值：$I_1''^* = 0.299$

发电机 G_2 $t = 0$ s 电流标幺值：$I_2''^* = 0.868$

发电机 G_1 $t = 0$ s 电流标幺值：$I_3''^* = 8.714$

(7) 计算各电源向短路点输送的次暂态短路电源有名值：

$$I_1'' = 0.299 \times \frac{75/0.8}{\sqrt{3} \times 6.3} = 2.569\text{kA}$$

$$I_2'' = 0.868 \times \frac{6/0.8}{\sqrt{3} \times 6.3} = 0.597\text{kA}$$

$$I_3'' = 8.714 \times \frac{6/0.8}{\sqrt{3} \times 6.3} = 5.989\text{kA}$$

所以：

短路点总次暂态短路电流：$I'' = 2.569 + 0.597 + 5.989 = 9.155\text{kA}$

短路功率：$S'' = \sqrt{3} U_d I'' = \sqrt{3} \times 6.3 \times 9.155 = 99.9\text{MVA}$

冲击电流：$i_{sh} = 2.55 I'' = 23.35\text{kA}$

第六节　两相短路电流的近似计算

供电系统除了三相短路之外，还有许多不对称短路，在工程中需对各种不对称短路的短路电流进行计算。不对称短路的计算一般要使用对称分量法。这里介绍另一种实用简单的两相短路电流的计算方法。由式（5-60）可知：$I''^{(3)} = \dfrac{E''}{\sqrt{3}\ (X''_G + X_L)}$。当发生两相短路时，两相短路次暂态电流 $I''^{(2)}$ 由图 5-23 可得出：

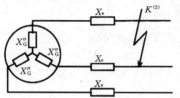

图 5-23　两相短路的等值电路

$$I''^{(2)} = \frac{E''}{2\ (X''_G + X_L)} \tag{5-71}$$

通过比较两式可以得出：

$$I''^{(2)} = \frac{\sqrt{3}}{2} I''^{(3)} = 0.87 I''^{(3)} \tag{5-72}$$

同时也可以得到：

$$\left.\begin{array}{l} i^{(2)}_{sh} = 0.87 i^{(3)}_{sh} \\ I^{(2)}_{sh} = 0.87 I^{(3)}_{sh} \end{array}\right\} \tag{5-73}$$

依照上面公式，就可通过对系统三相短路次暂态电流的计算而得到两相短路电流值。从上面公式中可看出三相短路时的次暂态电流、冲击电流、冲击电流最大有效值均要大于两相短路时相应的电流值。

二相及三相短路时的稳态短路电流之间的大小关系要进一步分析。在一般情况下，二相短路稳态电流要小于三相短路稳态电流。尤其是在短路点离电源很远时，即计算电抗 $X^*_{cx} \geqslant 3.45$ 时，发电机端电压在短路过程中认为不变，稳态短路电流 I_∞ 等于次暂态短路电流 I''。所以：

$$I^{(2)}_\infty = 0.87 I^{(3)}_\infty \tag{5-74}$$

当短路点距离发电机较近的时候，尤其是计算电抗 $X^*_c < 0.6$ 时，因三相短路时的发电机电枢反应的去磁效应比二相短路时要强，三相短路较二相短路电压下降的多，所以二相稳态短路电流 $I^{(2)}_\infty$ 要大于三相稳态短路电流 $I^{(3)}_\infty$。

一般民用及企业供配电系统短路，三相短路电流要大于二相短路电流。通常对电气设备的力稳定及热稳定的校验按其最大短路电流值即三相短路电流值考虑。对继电保护动作灵敏度校验时，用其最小短路电流值即二相短路电流进行。

第七节　低压电网短路电流计算

一、1kV 以下低压电网短路电流计算的几个特点：

（1）低压电网中的配电变压器容量要比高压供电系统容量小得多，一般的在配电变压器容量不大于其高压供电电源容量 5% 时，可以认为配电变压器高压侧的端电压短路时保持不变，而按照无限大电源供电考虑。

（2）低压配电网络中各元件的电阻值相对较大，在计算短路电流时一般不能忽略，要采用阻抗进行计算。仅在短路回路总电阻不大于总电抗值的 1/3 时，才可不计电阻影响。

（3）因低压配电网络中电阻较大，短路电流非周期分量衰减得快。在容量不大于 1000kVA 的配电变压器低压侧短路，短路电流非周期分量衰减时间不超过 0.03s。冲击系数一般在 1～1.3 范围内。

（4）低压配电网一般电压只有一级，除配电变压器，其它各电器元件的阻抗都用 mΩ（毫欧）表示，因而计算短路电路采用有名制较为方便。

二、低压配电网各元件阻抗

（一）系统电源电抗计算

在已知系统的短路容量 S_K（MVA），基准电压为 U_d（V）时，系统电抗有各值可用下式计算：

$$X_G = U_d^2 \times 10^{-3} / S_K \qquad (m\Omega) \qquad (5\text{-}75)$$

（二）变压器阻抗计算

变压器电阻： $$R_T = \frac{\Delta P_{Cu} \cdot U_{T \cdot N \cdot 2}^2}{S_{T \cdot N}^2} \qquad (m\Omega) \qquad (5\text{-}76)$$

式中　$S_{T \cdot N}$——变压器额定容量（kVA）；

　　　$U_{T \cdot N \cdot 2}$——变压器低压侧额定电压（V）；

　　　ΔP_{Cu}——变压器额定短路损耗（kW）。

变压器阻抗： $$Z_T = \frac{\Delta U_K \%}{100} \cdot \frac{U_{T \cdot N \cdot 2}^2}{S_{T \cdot N}} \qquad (m\Omega) \qquad (5\text{-}77)$$

式中　$\Delta U_K \%$——变压器短路电压百分数；

变压器电抗： $$X_T = \sqrt{Z_T^2 - R_T^2} \qquad (m\Omega) \qquad (5\text{-}78)$$

（三）母线的阻抗计算：

母线电阻： $$R_m = \frac{L}{\gamma \cdot S} \times 10^3 \qquad (m\Omega) \qquad (5\text{-}79)$$

式中　L——母线长度（m）；

　　　S——母线截面（mm²）；

　　　γ——电导率，对铝为 32（m/Ω·mm²），对铜为 53（m/Ω·mm²）。

母线电抗： $$X_w = 0.145 L \lg \frac{4 D_P}{b} \qquad (m\Omega) \qquad (5\text{-}80)$$

式中　b——母线宽度（mm）；

　　　L——母线长度（m）；

　　　D_P——母线相间几何均距（mm），$D_P = \sqrt[3]{D_{ab} \cdot D_{bc} \cdot D_{ca}}$，当各相在同一平面且间距相等，则 $D_P = 1.26D$。

（四）电源、架空配电线路的阻抗

低压各电缆的阻抗值见表 5-7，表 5-8。

屋外架空裸铝导线单位长度阻抗值见附表 20。

低压三芯铝芯各种绝缘电力电缆三相短路时的阻抗 （mΩ/m）　　　　表 5-7

芯线截面 (m²)	油纸绝缘		塑料绝缘		橡皮绝缘		芯线截面 (m²)	油纸绝缘		塑料绝缘		橡皮绝缘	
	电阻	电抗	电阻	电抗	电阻	电抗		电阻	电抗	电阻	电抗	电阻	电抗
3×2.5	15.500	0.098	14.800	0.100	14.800	0.107	3×50	0.792	0.066	0.754	0.075	0.754	0.080
3×4	9.690	0.092	9.220	0.093	9.220	0.099	3×70	0.566	0.065	0.538	0.073	0.538	0.078
3×6	6.460	0.087	6.150	0.094	6.150	0.094	3×95	0.417	0.064	0.397	0.072	0.397	0.077
3×10	3.880	0.082	3.690	0.088	3.690	0.092	3×120	0.330	0.065	0.314	0.071	0.314	0.075
3×16	2.420	0.078	2.300	0.083	2.300	0.084	3×150	0.264	0.065	0.251	0.072	0.251	0.075
3×25	1.580	0.069	1.510	0.078	1.510	0.087	3×185	0.214	0.064	0.204	0.072	0.204	0.075
3×35	1.130	0.067	1.080	0.075	1.080	0.084							

低压四芯铝芯各种绝缘电力电缆三相短路时的阻抗 （mΩ/m）　　　　表 5-8

芯线截面 (m²)	油纸绝缘		塑料绝缘		橡皮绝缘		芯线截面 (m²)	油纸绝缘		塑料绝缘		橡皮绝缘	
	电阻	电抗	电阻	电抗	电阻	电抗		电阻	电抗	电阻	电抗	电阻	电抗
3×4+1×2.5	9.690	0.100	9.220	0.099	9.220	0.105	3×50+1×16	0.792	0.073	0.754	0.082	0.754	0.082
3×6+1×4	6.460	0.094	6.150	0.099	6.150	0.100	3×70+1×25	0.566	0.072	0.538	0.081	0.538	0.079
3×10+1×6	3.880	0.088	3.690	0.093	3.690	0.097	3×95+1×35	0.417	0.072	0.397	0.081	0.397	0.083
3×16+1×6	2.420	0.083	2.300	0.087	2.300	0.091	3×120+1×35	0.330	0.072	0.314	0.078	0.314	0.079
3×25+1×10	1.580	0.076	1.510	0.082	1.510	0.090	3×150+1×50	0.264	0.070	0.251	0.077	0.251	0.079
3×35+1×10	1.130	0.075	1.080	0.083	1.080	0.086	3×185+1×50	0.214	0.068	0.204	0.077	0.204	0.078

在低压配电网的短路电流计算中，如遇到变压器至短路点由不同截面电缆连接组成的电路，应将电缆换算至同一截面下，电缆的等效计算长度 L_c 可近似按下式确定：

$$L_c = L_1 + L_2 \frac{\rho_2 S_1}{\rho_2 S_2} \tag{5-81}$$

式中　L_1，L_2——不同截面电缆长度 (m)；

　　　S_1，S_2——电缆截面 (mm²)；

　　　ρ_1，ρ_2——电缆的电阻率 (Ω·mm²/m)，$\rho_{cu} = \dfrac{1}{\gamma_{cu}} = \dfrac{1}{53}$，$\rho_{Al} = \dfrac{1}{\gamma_{Al}} = \dfrac{1}{32}$。

（五）低压电器的阻抗

电流互感器一次绕组阻抗，自动空气断路器过流线圈阻抗，自动空气断路器及刀开关的触头接触电阻见表 5-9、表 5-10、表 5-11。

开关触头的接触电阻(MΩ)　　　　表 5-9

额定电流（A）	50	70	100	140	200	400	600	1000	2000	3000
自动空气开关	1.3	1.0	0.75	0.65	0.6	0.4	0.25	—	—	—
刀开关	—	—	0.5	—	0.4	0.2	0.15	0.08	—	—
隔离开关	—	—	—	—	—	0.2	0.15	0.08	0.03	0.02

自动空气开关过电流线圈的阻抗(MΩ)　　　　　　表 5-10

线圈的额定电流（A）	50	70	100	140	200	400	600
电阻（65℃）	5.5	2.35	1.30	0.74	0.36	0.15	0.12
电抗	2.7	1.3	0.86	0.55	0.28	0.10	0.094

电流互感器一次线圈电阻及电抗（二次侧开路）(MΩ)　　　　表 5-11

型号	变流比	5/5	7.5/5	10/5	15/5	20/5	30/5	40/5	50/5	75/5	100/5	150/5	200/5	300/5	400/5	500/5	600/6	750/5
LQG	电阻	600	266	150	66.7	37.5	16.6	9.4	6	2.66	1.5	0.667	0.575	0.166	0.125		0.04	0.04
-0.5	电抗	4300	2130	1200	532	300	133	7.5	48	21.3	12	5.32	3	1.33	1.03		0.3	0.3
0-	电阻	480	213	120	53.2	30	13.3	7.5	4.8	2.13	1.2	0.532	0.3	0.133	0.075		0.03	0.03
49Y	电抗	3200	1420	800	355	200	88.8	50	32	14.2	8	3.55	2	0.888	0.73		0.22	0.2
LQC	电阻		300	170	75	42	20	11	7	3	1.7	0.75	0.42	0.2	0.11	0.05		
-1	电抗		480	270	120	67	30	17	11	4.8	2.7	1.2	0.67	0.3	0.17	0.07		
LQC	电阻		130	75	33	19	8.2	4.8	3	1.3	0.75	0.33	0.19	0.88	0.05	0.02		
-3	电抗		120	70	30	17	8	4.2	2.8	1.2	0.7	0.3	0.17	0.08	0.04	0.02		

三、低压配电网络短路电流计算

（一）三相短路电流周期分量计算

对于三相阻抗相等的低压配电网络，三相短路电流周期分量有效值 $I_p^{(3)}$ 据下式计算：

$$I_p^{(3)} = I''^{(3)} = I_\infty^{(3)} = \frac{U_{av}}{\sqrt{3} \cdot \sqrt{R_\Sigma^2 + X_\Sigma^2}} \quad \text{(kA)} \tag{5-82}$$

式中　U_{av}——为变电器低压侧平均额定电压，对 380V 网络取 400V。

R_Σ，X_Σ——短路回路每相总电阻及总电抗（mΩ）。

如三相线路中只在一相或两相上装有电流互感器，在三相短路时各相短路电流周期分量有效值不相等。这时仍可按上式计算，不过式中的 R_Σ 和 X_Σ 要用没装电流互感器那一相的总电阻、总电抗。

（二）冲击电流和短路全电流最大有效值

由于低压电网短路电流非周期分量衰减得快，一般仅在变压器出线的母线、中央配电屏及很接近变压器的地方短路时，才在短路第一个周期内考虑非周期分量。冲击电流为：

$$i_{sh} = \sqrt{2} K_{sh} I_p$$

K_{sh} 可由回路中 X_Σ/R_Σ 的比值由图 5-24 查得。或由公式直接计算：

$$K_{sh} = 1 + e^{-\frac{0.01}{\tau_k}} = 1 + e^{-\frac{\pi R_\Sigma}{X_\Sigma}} \tag{5-83}$$

当短路点附近接有单位容量 20kW 以上异步电动机时，应考虑其反馈冲击

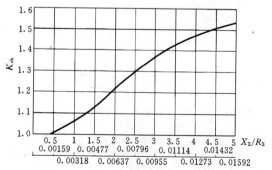

图 5-24　K_{ch} 于 X_Σ/R_Σ 的关系曲线

177

电流。所以短路点总的冲击电流值：

$$i_{sh\Sigma}=i_{sh}+i_{sh\cdot M}$$

短路全电流最大有效值用下列公式计算：

当 $K_{sh}>1.3$ 时，$I_{sh}=\sqrt{1+2\ (K_{sh}-1)^2}\cdot I_p$ (5-84)

当 $K_{sh}\leqslant1.3$ 时，$I_{sh}=\sqrt{1+50\tau_k}\cdot I_p$ (5-85)

（三）两相短路电流周期分量计算

因处于供电末端的低压电网距电源的电气距离很远，其容量与电源容量相比很小，因此两相短路电流按下式计算：

$$I_p^{(2)}=0.87I_p^{(3)}$$

（四）单相短路电流周期分量 $I_2^{(1)}$ 的计算

低压 380/220V 三相四线制配电网络中，常会发生相线与零线之间的单相短路。单相短路电流可以直接按照单相短路时相线、零线构成的四路引入"相—零"回路阻抗进行计算。公式为：

$$I_p^{(1)}=\frac{U_p}{\sqrt{(\Sigma R_0)^2+\ (\Sigma X_0)^2}}$$ (5-86)

式中　ΣR_0，ΣX_0——为"相—零"回路中的电阻之和与电抗之和。

　　　　U_p——电源的相电压。

"相—零"回路中的电阻和电抗应包括：变压器单相阻抗，回路导体的阻抗，电气设备的接触电阻，零线回路中的阻抗等。

为计算方便，对由不同导体构成的"相—零"回路及变压器单相的阻抗都制成表格以备计算之用。见表 5-12、表 5-13。表 5-14、表 5-15。变压器单相阻抗已换算至低压侧。

屋外架空铝导线"相—零"回路的单位长度阻抗值　　　　　　　表 5-12

导线截面 （根数×mm²）	电阻 （mΩ/m）	电抗 （mΩ/m）	阻抗 （mΩ/m）	导线截面 （根数×mm²）	电阻 （mΩ/m）	电抗 （mΩ/m）	阻抗 （mΩ/m）
4×16	4.70	0.743	4.76	3×95+1×25	1.73	0.674	1.86
3×25+1×16	3.68	0.730	3.76	3×95+1×35	1.49	0.662	1.63
3×35+1×16	3.44	0.719	3.52	3×95+1×50	1.16	0.651	1.33
3×50+1×16	3.11	0.707	3.19	3×120+1×35	1.41	0.656	1.56
3×50+1×25	2.09	0.694	2.71	3×120+1×50	1.08	0.643	1.26
3×70+1×25	1.87	0.684	1.99	3×150+1×50	0.84	0.634	1.10
3×70+1×35	1.63	0.673	1.77	3×150+1×70	0.66	0.631	0.913

注：1. 导线间的距离，当平行敷设时采用 400mm，当三角形敷设时为 600mm。

2. 回路的电阻按导体温度 70℃ 计算。

3. 电抗中不计及内电抗。

屋内安装在绝缘子上的架空铝芯橡皮绝缘线"相—零"回路的单位长度阻抗值 表 5-13

导线截面 （根数×mm²）	电阻 （mΩ/m）	电抗 （mΩ/m）	阻抗 （mΩ/m）	导线截面 （根数×mm²）	电阻 （mΩ/m）	电抗 （mΩ/m）	阻抗 （mΩ/m）
4×1.5	47.80	0.787	47.81	3×35+1×10	4.62	0.619	4.66
3×2.5+1×1.5	38.20	0.771	38.21	3×50+1×16	2.96	0.584	3.02
3×4+1×2.5	23.25	0.741	23.26	3×70+1×25	1.96	0.559	2.25
3×6+1×4	14.90	0.713	14.92	3×95+1×35	1.42	0.540	1.52
3×10+1×6	9.53	0.684	9.56	3×120+1×35	1.35	0.532	1.45
3×16+1×6	8.19	0.660	8.22	3×150+1×50	0.84	0.510	0.98
3×25+1×10	5.03	0.629	5.07				

注：导线平行敷设，间距 150mm。

铝线穿管敷设并利用电线管作零线时"相—零"回路单位长度阻抗值　　表 5-14

导线截面 （mm²）	电线管直径 （mm）	电阻 （mΩ/m）	电抗 （mΩ/m）	阻抗 （mΩ/m）	导线截面 （mm²）	电线管直径 （mm）	电阻 （mΩ/m）	电抗 （mΩ/m）	阻抗 （mΩ/m）
1.5	15	24.21	4.3	24.6	35	40	1.643	1.19	2.03
2.5	20	15.24	4.28	15.8	50	50	1.068	1.002	1.47
4	20	10.49	4.27	11.3	70	50	0.888	1.00	1.34
6	25	7.17	3.47	7.97	95	70	0.69	0.77	1.03
10	25	5.05	2.84	5.79	120	80	0.54	0.75	0.92
16	32	3.24	1.99	3.8	150	80	0.48	0.74	0.88
25	32	2.55	1.85	3.15					

注：相线温度按 70℃计算，零线温度按 40℃计算。

变压器单相阻抗表　　表 5-15

变压器容量（kVA）	50	63	80	100	125	160	200
阻抗（mΩ）	128.4	100.7	80.6	64.2	51.1	41.2	32.0
电抗（mΩ）	105.6	84.0	68.0	55.0	44.8	37.0	28.5
电阻（mΩ）	73.6	55.7	42.5	33.0	24.6	18.1	14.4
变压器容量（kVA）	250	315	400	500	630	800	1000
阻抗（mΩ）	24.3	20.3	15.6	12.8	10.2	9.1	7.3
电抗（mΩ）	22.0	18.6	14.8	12.0	9.6	8.6	6.9
电阻（mΩ）	10.5	8.1	6.0	4.4	3.4	2.9	2.2

【例 5-4】　求图 5-25 所示低压配电网络 $K^{(3)}$ 点短路时的三相短路电流周期分量和冲击电流值。

【解】　(1) 取 $U_d = U_{av} = U_N = 400V$

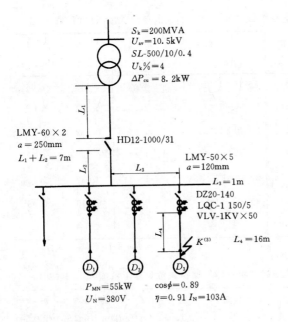

图 5-25 某低压配电网络系统接线图

图中标注：

$S_k=200MVA$
$U_{av}=10.5kV$
$SL-500/10/0.4$
$U_k\%=4$
$\Delta P_{cu}=8.2kW$

LMY-60×2
$a=250mm$
$L_1+L_2=7m$

HD12-1000/31

LMY-50×5
$a=120mm$
$L_3=1m$

DZ20-140
LQC-1 150/5
VLV-1KV×50
$L_4=16m$

$P_{MN}=55kW$
$U_N=380V$

$\cos\phi=0.89$
$\eta=0.91$ $I_N=103A$

（2）系统电抗

$$X_G=\frac{U_j\times10^{-3}}{S_K}=\frac{400^2\times10^{-3}}{200}=0.80m\Omega$$

（3）变压器阻抗

$$R_T=\frac{\Delta P_{Cu}\cdot U_{T\cdot N2}^2}{S_{T\cdot N}^2}=\frac{8.2\times400^2}{500^2}$$

$$=5.25m\Omega$$

$$Z_T=\frac{\Delta U_K\%}{100}\cdot\frac{U_{T\cdot N2}^2}{S_{T\cdot N}}=\frac{4}{100}\times\frac{400^2}{500}$$

$$=12.80m\Omega$$

$$X_T=\sqrt{Z_T^2-R_T^2}=11.67m\Omega$$

（4）母线阻抗

$$R_{(L1+L2)}=\frac{L}{\gamma S}\times10^3=\frac{7\times10^3}{32\times360}=0.61m\Omega$$

$$R_{L3}=\frac{1\times10^3}{32\times250}=0.13m\Omega$$

$$X_{(L1+L2)}=7\times0.145\lg\frac{4\times1.26\times250}{60}=1.34m\Omega$$

$$X_{L3}=1\times0.145\lg\frac{4\times1.26\times120}{60}=0.16m\Omega$$

（5）电缆阻抗

$$R_V=0.754\times16=12.1m\Omega$$

$$X_V=0.075\times16=1.20m\Omega$$

（6）电流互感器阻抗

$$R_h=0.75m\Omega, \quad X_h=1.2m\Omega$$

（7）D开关接触电阻

$$R_D=0.08m\Omega$$

（8）自动空气开关电流线圈阻抗及触头电阻

$$R_q=0.74m\Omega, \quad X_q=0.55m\Omega, \quad R_c=0.65m\Omega$$

（9）短路回路总阻抗

$$R_\Sigma=R_T+R_{(L1+L2)}+R_{L3}+R_V+R_D+R_Q+R_c+R_h$$

$$=5.25+0.61+0.13+12.1+0.08+0.74+0.65+0.75$$

$$=20.31m\Omega$$

180

$$X_\Sigma = X_G + X_T + X_{(L1+L2)} + X_{L3} + X_V + X_h + X_q$$

$$= 0.80 + 11.67 + 1.34 + 0.16 + 1.20 + 1.20 + 0.55$$

$$= 16.92 \text{m}\Omega$$

$$Z_\Sigma = \sqrt{R_\Sigma^2 + X_\Sigma^2} = 26.43 \text{m}\Omega$$

（10）$K^{(3)}$ 点短路时的各短路电流

$$I_p^{(3)} = \frac{400}{\sqrt{3} \times 26.43} = 8.74 \text{kA}$$

$$K_{sh} = 1 + e^{-\frac{\pi R_\Sigma}{X_\Sigma}} = 1.02$$

所以：$i_{sh} = \sqrt{2} \times 1.02 \times 8.74 = 12.61 \text{kA}$

如考虑异步电动机的冲击电流（仅计入 D_3 电动机影响）：

$$i_{sh \cdot M} = \sqrt{2} \times 4.5 \times I_{N \cdot M} \cdot K_{sh \cdot M}$$

$$= \sqrt{2} \times 4.5 \times \frac{55}{\sqrt{3} \times 380 \times 0.89 \times 0.91} \times 1 = 0.66 \text{kA}$$

总冲击电流：

$$i_{ch\Sigma} = i_{sh} + i_{sh \cdot M} = 12.61 + 0.66 = 13.27 \text{kA}$$

第八节　短路电流的效应

一、短路电流的热效应

短路故障时，巨大的短路电流通过导体能在极短时间内将导体加热到很高的温度，造成电气设备的损坏。短路电流的热效应的计算目的在于确定从短路发生到断路器切除故障这段时间内导体所能达到的最高温度，并把它与导体短路时最高允许温度相比较以判断导体的热稳定性。

短路电流通过截流导体时，由于作用时间短、电流大，可认为导体中产生的热量全部用于提高导体的温度，不向周围扩散，是一个绝热过程。并且由于导体温度升得过高，它的电阻及比热都不再是不变的，而将是温度的函数。短路时的热平衡微分方程为：

$$i_{Kt}^2 \cdot R_\theta \cdot \mathrm{d}t = C_\theta \cdot \gamma \cdot S \cdot L \cdot \mathrm{d}\theta \tag{5-87}$$

式中　i_{Kt}——短路电流的瞬时值；

$R_\theta = \rho_0 (1 + \mathrm{d}\theta) \dfrac{L}{S}$ 是温度为 $\theta℃$ 时的电阻，ρ_0 为 $0℃$ 时导体的电阻率，α 为温度系数。

$C_\theta = C_0 (1 + \beta\theta)$ 是温度 $\theta℃$ 时的比热，C_0 为 $0℃$ 时导体的比热，β 为温度系数。

γ——导体的密度；

S——为导体截面；

L——为导体长度。

把 R_θ 及 C_θ 代入公式（5-87），整理得：

$$i_{Kt}^2/S^2 \cdot dt = \frac{C_0 \cdot \boldsymbol{\gamma}}{\rho_0} \cdot \frac{1+\beta\theta}{1+\alpha\theta} \cdot d\theta \qquad (5\text{-}88)$$

对式（5-88）两边积分有：

$$\frac{1}{S^2} \int_{t_0}^{t_K} i_{Kt}^2 \cdot dt = \frac{C_0 \boldsymbol{\gamma}}{\rho_0} \int_{\theta_N}^{\theta_K} \frac{1+\beta\theta}{1+\alpha\theta} \cdot d\theta \qquad (5\text{-}89)$$

式中 左边积分上下限分别为短路开始时刻 t_0s 及断路器切除短路时刻 t_K秒。

右边积分上下限分别为导体短路前工作温度 θ_N℃和短路的最高温度 θ_K℃。

由式（5-89）右边积分得：

$$\frac{C_0 \boldsymbol{\gamma}}{\rho_0} \int_{\theta_N}^{\theta_K} \frac{1+\beta\theta}{1+\alpha\theta} \cdot d\theta = A_K - A_N \qquad (5\text{-}90)$$

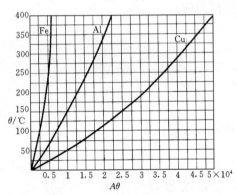

图 5-26　不同导体材料的温度

θ 与 A_θ关系曲线

式中

$$A_K = \frac{C_0 \boldsymbol{\gamma}}{\rho_0}\left[\frac{\alpha-\beta}{\alpha^2}\ln\ (1+\alpha\theta_K)\ +\frac{\beta}{\alpha}\theta_N\right]$$

$$A_N = \frac{C_0 \boldsymbol{\gamma}}{\rho_0}\left[\frac{\alpha-\beta}{\alpha^2}\ln\ (1+\alpha\theta_K)\ +\frac{\beta}{\alpha}\theta_N\right]$$

为使 A_K、A_N计算简单化，工程上根据铜、铝、钢金属的 ρ_0、C_0、$\boldsymbol{\gamma}$、α、β 参数的平均值制成 $A_\theta = f\ (\theta)$ 曲线如图 5-26。当已知某种导体材料的温度 θ℃时，可通过曲线查出相应的 A 值，或由某导体的 A 值从曲线上得到对应的温度 θ℃值。

公式（5-89）左边的积分因短路电流随时间变化规律复杂而计算起来困难。实际采用等效的假想时间方法。如图 5-27，为有自动励磁装置发电机的 $i_{Kt}^2 = g\ (t)$ 曲线。假如短路持续时间为 t_K，则此曲线与纵坐标、横坐标 OB 包围的面积 $ACBO$ 就是积分 $\int_{t_0}^{t_K} i_{Kt}^2 \cdot dt$。取适当比例后它就代表了短路全过程中导体产生的热量。现在假设同一导体中通过的始终是短路稳态电流 I_∞，经过时间 t_{ima}后产生的热量等于实际电流在短路全过程时间 t 内产生的热量。从图 5-27 上反映出的是矩形面积 $EDFO$ 等于面积 $ACBO$，即：

$$I_\infty^2 \cdot t_{ima} = \int_{t_0}^{t_K} i_{Kt}^2 \cdot dt \qquad (5\text{-}91)$$

式中的 t_{ima}被称为假想时间

因此式（5-90）变化成为：

$$\frac{I_\infty^2}{S^2} \cdot t_{ima} = A_K - A_N \qquad (5\text{-}92)$$

在已给出导体参数、短路稳态电流数值及已求得假想时间的情况下，由式（5-92）可算出导体短路时最高温度 θ_K。

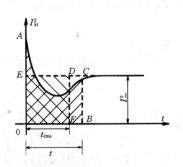

图 5-27　假想时间的确定示意图

步骤是：根据已知条件算出 $\dfrac{I^2_\infty}{S^2} \cdot t_{ima}$ 值，由导体的长期允许工作温度 θ_N 从 $A_\theta = f(\theta)$ 的曲线上查出对应的 A_N 值，按式（5-92）求出 $A_K = \dfrac{I^2_\infty}{S^2} \cdot t_{ima} + A_N$，再在 $A_\theta = f(\theta)$ 曲线上就可得到于 A_K 值对应的导体短路时实际最高温度 θ_K。此 θ_K 和表 5-16 中所列的导体短路时最高允许温度相比较，如小于或等于最高允许温度则被认为是满足热稳定的。否则，短路时导体不能保证热稳定，需要重新选择或采取相应的措施。

导体或电缆的长期允许工作温度和短路时允许最高温度 　表 5-16

导体种类和材料	短路时导体允许最高温度 $\theta_{K \cdot max}$（℃）	导体长期允许工作温度 θ_N（℃）	热稳定系数 C 值
3kV 以下铝芯绝缘电缆	200	80	
3kV 以下铜芯绝缘电缆	250	80	
6kV 铝芯油浸纸绝缘电缆及 10kV 铝芯不滴流电缆	200	65	90
6kV 铜芯油浸纸绝缘电缆及 10kV 铜芯不滴流电缆	220	65	150
10kV 铝芯油浸纸绝缘电缆	200	60	95
10kV 铜芯油浸纸绝缘电缆	220	60	165
铝芯交联聚乙烯绝缘电缆	200	90	80
铜芯交联聚乙烯绝缘电缆	230	90	135
铝芯聚乙烯绝缘电缆	130	65	65
铜芯聚乙烯绝缘电缆	130	65	100
铝母线及导线、硬铝及铝	200	70	87
锰合金硬铜母线及导线	300	70	171
铜母线（不与电器直接连接）	410	70	70
铜母线（与电器直接连接）	310	70	63

如果导体在短路前没有工作在额定电流下，其实际温度可按下式修正：

$$\theta'_N = \theta_H + (\theta_N - \theta_H) \cdot \left(\frac{I_w}{I_N}\right)^2 \tag{5-93}$$

式中　θ_N——导体额定条件下工作的允许温度；

　　　θ_H——导体周围环境温度；

　　　I_w——导体实际工作电流；

　　　I_N——导体额定工作电流。

由实际温度 θ'_N 查出对应的 A'_N 代替 A_N 计算。

电气工程设计，需要对选择的电气设备进行热稳定校验。一些如开关等电气设备出厂时，给出了设备在 t 秒时间内允许通过热稳定电流值 I_t。则据短路电流热效应的等效原则，设备满足热稳定的条件为：

$$I_t^2 \cdot t \geqslant I_\infty^2 \cdot t_{ima} \atop \text{或 } I_t \geqslant I_\infty \sqrt{\dfrac{t_{ima}}{t}} \Biggr\}$$ (5-94)

对于如母线、电缆等电气设备，它们的热稳定校验是通过比较实际截面与最小热稳定允许截面完成的。满足热稳定的条件是：实际采用截面 S_e 大于等于最小允许截面 S_{min}，即：

$$S_e \geqslant S_{min}$$ (5-95)

最小允许截面计算公式由式（5-92）变化而得到：

$$S_{min} = \frac{I_\infty}{\sqrt{A_K - A_N}} \sqrt{t_{ima}} = \frac{I_\infty}{C} \sqrt{t_{ima}}$$ (5-96)

式中 C——热稳定系数

考虑到交流电在导体中的趋肤效应，会使导体发热不均匀，导致温度提高。因此必需对式（5-96）用趋肤效应系数 K_g 修正。K_g 值见表 5-17。修正后的公式：

$$S_{min} = \frac{I_\infty}{C} \sqrt{t_{ima} \cdot K_g}$$ (5-97)

趋肤效应系数 K_g	表 5-17	
矩形母线截面	K_g	
（mm²）	TMY	LMY
600	1.0	1.0
800	1.14	1.0
1200	1.18	1.10
1600	1.30	1.14
2000	1.44	1.22
2400	1.60	1.28
3000	1.70	1.40
4000	2.00	1.62

热稳定的校验需要假想时间 t_j 作为已知条件。假想时间一般用以下的方式确定：

因短路时导体的发热效应由短路全电流决定，其中包括短路电流的周期分量和短路电流的非周期分量；它们的变化规律各不相同，因此要分开计算。假想时间我们也对应的把它分为两部分：

$$t_{ima} = t_{ima \cdot p} + t_{ima \cdot np}$$ (5-98)

式中 $t_{ima \cdot p}$——短路电流周期分量假想时间；

$t_{ima \cdot np}$——短路电路非周期分量假想时间。

所以，$I_\infty^2 t_{ima \cdot p} = I_\infty^2 t_{ima \cdot p} + I_\infty^2 t_{ima \cdot p}$

$t_{ima \cdot p}$ 可设想成是这样一个假想时间，当导体流过短路稳态电流值时，在 $t_{ima \cdot p}$ 时间内产生的热量等于同一导体在短路持续时间 t 内由短路电流周期分量产生的热量。$t_{ima \cdot np}$ 也可设想成是这样一个假想时间，当导体还是流过短路稳态电流值时，在 $t_{ima \cdot np}$ 时间内产生的热量等于短路实际持续时间 t 内由短路电流非周期分量所产生的热量。

短路电流周期分量假想时间 $t_{ima \cdot p}$ 的确定由下式：

$$\int_{t_0}^{t_K} I_{pt}^2 \cdot dt = I_\infty^2 \cdot t_{ima \cdot p}$$ (5-99)

式中 I_{pt}——短路电流周期分量有效值。

式 5-99 进一步变化，得到：

$$t_{ima \cdot p} = \int_{t_0}^{t_K} \left(\frac{I_{pt}}{I_\infty} \right)^2 \cdot dt$$ (5-100)

从式（5-100）中看出，在发电机参数给定后，$t_{ima\cdot p}$是短路时间 t 和 $\left(\dfrac{I''}{I_\infty}\right)$ 的函数。设 β'' $=\dfrac{I''}{I_\infty}$，则 $t_{ima\cdot p}=f(\beta'',t)$。用具有自动励磁装置的汽轮发电机和水轮发电机的平均计算曲线经过计算，将 $t_{ima\cdot p}=f(\beta'',t)$ 绘制成曲线如图 5-28。

当已知 β''、t 时从曲线上即可查出 $t_{ima\cdot p}$ 值。曲线中短路持续时间 t 最大为 5s，如果 $t>5$s，则

$$t_{ima\cdot p}=t_{ima\cdot p(5s)}+(t-5) \qquad (5\text{-}101)$$

无限大电源供电系统或远距离点（$X_c \geqslant 3.45$）短路时，短路电流周期分量不衰减。因此周期分量假想时间等于短路延续时间（$t_{ima\cdot p}=t$）。短路延续时间 t 为保护动作时间 t_{op} 与断路器分闸时间 t_{off} 之和，即

$$t=t_{op}+t_{off} \qquad (5\text{-}102)$$

保护动作时间将在第七章讨论，断路器的分闸时间在缺乏具体数据下：

对于快速及中速断路器 $t_{off}=0.11\sim0.16$s，可取 0.15s。

对于慢速断路器 $t_{off}=0.18\sim0.26$s，可取 0.20s。

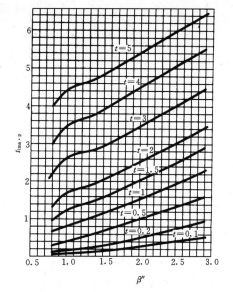

图 5-28　$t_{ima\cdot p}=f(\beta'',t)$ 曲线

非周期分量假想时间 t_{np} 确定由下式：

$$\int_{t_0}^{t_K}(i_{np})^2\cdot\mathrm{d}t=\int_{t_0}^{t_K}\left(\sqrt{2}\,I''e^{-\frac{t}{\tau_K}}\right)^2\cdot\mathrm{d}t=\tau_K\cdot I''^2\cdot\left(1-e^{-\frac{2t}{\tau_K}}\right) \qquad (5\text{-}103)$$

式中　$t_0=0$s，短路持续时间 $t_K-t_0=t$。

所以可得到：

$$t_{ima\cdot np}=\tau_K\left(\frac{I''}{I_\infty}\right)^2\left(1-e^{-\frac{2t}{\tau_K}}\right)=\tau_K\beta''^2\left(1-e^{\frac{2t}{\tau_K}}\right) \qquad (5\text{-}104)$$

当取平均值 $\tau_K=0.05$s，并近似认为 $\left(1-e^{-\frac{2t}{\tau_K}}\right)=1$ 时；

$$t_{ima\cdot np}=0.05(\beta'')^2 \qquad (5\text{-}105)$$

当短路实际持续时间 $t>1$s 时，相对而言，短路电流非周期分量产生的热量有限，$t_{ima\cdot np}$ 可以忽略。

二、短路电流的力效应

电流通载流导体时，导体相互之间会产生电动力的作用。在一般情况下，载流导体通过的是正常工作电流，电动力并不大。但在短路时，短路电流产生的电动力能达到很大的数值，尤其是在短路发生后的第一个周期内冲击电流通过的瞬间，它可能导致导体的变形，电气设备的严重损坏。因此必须对短路电流产生电动力的大小加工研究，以便在选择电气设备时，让其保证有足够的承受电动力作用的能力（即力稳定性），使它能可靠地工作。

我们首先来讨论两根平行的载流导体间的电动力。如图 5-29，两平行导体的长度为 L，轴线距离为 a。导体截面尺寸与距离 a 相比近似忽略，并且导体长度 L 比导体距离 a 大得多。

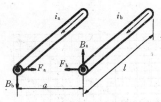

图 5-29　两平行载流导体
间的电动力

当两导体分别流过电流 i_a、i_b 时，导体 A 中电流 i_a 在导体 B 处的磁感应强度为：

$$B_a = \mu_0 \cdot \mu_r \frac{i_a}{2\pi a} = 2 \times 10^{-7} \frac{i_a}{a} \quad (\text{T}) \qquad (5\text{-}106)$$

式中　$\mu_0 = 4\pi \times 10^{-7}$（H/m）为真空磁导率；$\mu_r \approx 1$ 为空气相对磁导率。

导体 B 与磁感应强度 B_a 垂直。由于导体 B 中有电流 i_b 通过，其受到的电动力：

$$F_b = B_a \cdot i_b \cdot L \cdot \sin\frac{\pi}{2} = 2i_a \cdot i_b \cdot \frac{L}{a} \times 10^{-7} \quad (\text{N}) \qquad (5\text{-}107)$$

同理得：

$$F_a = B_b \cdot i_a \cdot L \cdot \sin\frac{\pi}{2} = 2i_a \cdot i_b \cdot \frac{L}{a} \times 10^{-7} \quad (\text{N})$$

两导体受到的电动力大小相等，方向相反，并且当两电流同方向时两力相吸，反方向时两力相斥。

运用公式（5-107）对截面是圆形的实心或空心导体间作用力的计算，其结果比较正确。但如导体截面是非圆形，并且导体截面尺寸与导体间距离相比相差不是很大时，为避免较大误差，必须对公式（5-107）进行修正，即：

$$F = 2K_x i_a i_b \frac{L}{a} \times 10^{-7} \quad (\text{N}) \quad (5\text{-}108)$$

式中　K_x——为形状系数。K_x 可根据 $\dfrac{a-b}{h+b}$ 和 $m = \dfrac{b}{h}$ 从图 5-30 中的曲线上查得。这里 b 为导体的宽度，h 为导体的高度，a 为两导体轴线的距离。

从图 5-30 中可看出 K_x 值在 $0\sim1.4$ 之间变化。当 $\dfrac{a-b}{h+b} \geqslant 2$，即两导体之间距离大于等于导体周长时，$K_x$ 值接近于 1，说明此时可不进行导体形状的修正。从 m 值来看，当 $m<1$ 时（即矩形导体竖放），形状系数 $K_x<1$；当 $m=1$ 时（即正方形导体），$K_x \approx 1$；当 $m>1$ 时（矩形导体平放），$K_x>1$。

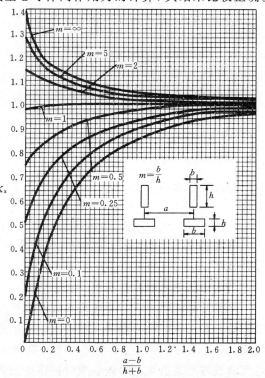

图 5-30　矩形截面导体的形状系数曲线

三相交流供电系统中,三相载流导体(比如室内的母线)常会出现等距离布置于同一平面的情况。这种布置形式下,三相载流导体所受电动力并不相等。现在需要找出最大受力相,确定短路时的最大电动力。如图5-31,A、B、C三相载流导体布置于同一平面,设通过三相电流的瞬时值为:

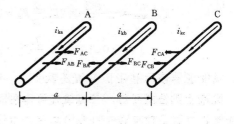

图 5-31 布置于同一平面的
三相载流导体的受力

$$i_A = I_m \sin (\omega t + \varphi)$$

$$i_B = I_m \sin (\omega t + \varphi - 120°)$$

$$i_C = I_m \sin (\omega t + \varphi + 120°)$$

则边缘相 A 相所受的合力 (以图所标注的相互吸引为正方向时):

$$F_A = F_{AB} + F_{AC} = 2K_x \cdot L \ (i_A \cdot i_B/a + i_A \cdot i_C/2a) \times 10^{-7}$$

$$= 2K_x \frac{L}{a} i_A \left(i_B + \frac{1}{2} i_C \right) \times 10^{-7}$$

$$= 2K_x \frac{L}{a} I_m^2 \sin (\omega t + \varphi) \left[\sin (\omega t + \varphi - 120°) + \frac{1}{2} \sin (\omega t + \varphi + 120°) \right] \times 10^{-7}$$

$$= -2K_x \frac{L}{a} I_m^2 \left[\frac{3}{8} + \frac{\sqrt{3}}{4} \sin (2\omega t + 2\varphi - 60°) \right] \times 10^{-7} \ (N) \tag{5-109}$$

当 $2\omega t + 2\varphi - 60° = 90$ 时, A 相有最大的受力:

$$F_{A \cdot max} = -2K_x \frac{L}{a} I_m^2 \left[\frac{3}{8} + \frac{\sqrt{3}}{4} \right] \times 10^{-7}$$

$$\approx -0.81 \times 2K_x \frac{L}{a} I_m^2 \times 10^{-7} \ (N) \tag{5-110}$$

式中负号表示出现最大受力时, 合力的方向与图 5-31 中标注的相反, 是互相排斥的。对边相 C 也可分析出其最大受力也为:

$$F_{C \cdot max} \approx -0.81 \times 2K_x \frac{L}{a} I_m^2 \times 10^{-7} \ (N)$$

中间相 B 上的合力, 取 F_{BA} 为正方向则:

$$F_B = F_{BA} - F_{BC} = 2K_x \frac{L}{a} i_B \ (i_A - i_C) \times 10^{-7}$$

$$= 2K_x \frac{L}{a} I_m^2 \sin (\omega t + \varphi - 120°) \left[\sin (\omega t + \varphi) - \sin (\omega t + \varphi + 120°) \right] \times 10^{-7}$$

$$= 2K_x \frac{L}{a} I_m^2 \times \frac{\sqrt{3}}{2} \sin (2\omega t + 2\varphi + 120°) \times 10^{-7} \ (N) \tag{5-111}$$

当 $2\omega t + 2\varphi + 120° = \pm 90°$ 时, B 相上所受合力最大:

$$F_{B \cdot max} = \pm \frac{\sqrt{3}}{2} \times 2K_x \frac{L}{a} I_m^2 \times 10^{-7}$$

$$\approx \pm 0.87 \times 2K_x \frac{L}{a} I_m^2 \times 10^{-7} \ (N) \tag{5-112}$$

式中正号表示相对于 A 相是吸引力，负号表示相对于 A 相是排斥力。

比较上列公式可知，三相载流导体在同一平面上，中间相导体受力最大。因此校验载流导体的力稳定时应以中间相导体受力为依据。代入短路后第一个周期内全电流的最大值冲击电流 i_{ch}，而得到短路后载流导体的最大受力：

$$F_{max} = \pm \frac{\sqrt{3}}{2} \times 2K_x \frac{L}{a} i_{ch}^2 \times 10^{-7} = \pm 1.73 K_x \frac{L}{a} i_{ch}^2 \times 10^{-7} \ (N) \tag{5-113}$$

第六章 电气设备选择

第一节 电气设备选择原则

电器设备的选择是供配电系统设计的主要内容之一。在选择时，应根据实际工程特点，按照有关设计规范的规定，在保证供配电安全可靠的前提下，力争做到技术先进，经济合理。

在供配电系统中，尽管各种电器设备的功能不同，但选择的条件有诸多是相同的。本节介绍电器设备选择应遵守的以下几项共同的原则。

一、按正常工作条件选择额定电压和额定电流

（1）电气设备的额定电压 $U_{N \cdot e}$ 应符合电器装设点的电网额定电压，并应大于或等于正常时最大工作电压 $U_{w \cdot m}$，即

$$U_{N \cdot e} \geqslant U_{w \cdot m} \tag{6-1}$$

（2）电气设备的额定电流 $I_{N \cdot e}$ 应大于或等于正常时最大的工作电流 $I_{w \cdot m}$，即

$$I_{N \cdot e} \geqslant I_{w \cdot m} \tag{6-2}$$

我国目前生产的电气设备，设计时取周围空气温度 40℃ 作为计算值。若装置地点日最高气温等于 +40℃，但不超过 +60℃，则因散热条件较差，最大连续工作电流应适当降低，即设备的额定电流应乘以温度校正系数 K_θ，

$$I'_{N \cdot e} = I_{N \cdot e} \cdot K_\theta = I_{N \cdot e} \cdot \sqrt{\frac{\theta_N - \theta}{\theta_N - 40}} \tag{6-3}$$

式中　$I_{N \cdot e}$、$I'_{N \cdot e}$——设备的额定电流值及经温度修正后的容许电流值（A）；

　　　　θ——实际环境温度，取最热月平均最高气温（℃），参见表 6-1；

　　　　θ_N——电气设备的额定温度，或载流导体的最高容许温度（℃）；

　　　　K_θ——温度修正系数。当 $\theta < \theta_N$ 时，每降低 1℃ 允许电流增加 $0.5\% I_{N \cdot e}$，但总数不得超过 20%；当 $\theta_N < \theta \leqslant 60℃$ 时，每增高 1℃ 允许电流应减少 $1.8\% I_{N \cdot e}$。

二、按短路情况来校验电气设备的动稳定和热稳定

如断路器、负荷开关、隔离开关等的动稳定性由满足式（6-4）得到保证，其热稳定性由满足式（6-5）得到保证：

$$\left. \begin{aligned} I_m &\geqslant I_{sh}^{(3)} \\ i_m &\geqslant i_{sh}^{(3)} \end{aligned} \right\} \tag{6-4}$$

$$\left. \begin{aligned} I_t^2 \cdot t &\geqslant I_\alpha^2 \cdot t_{ima} \\ I_t &\geqslant I_\alpha \sqrt{t_{ima}/t} \end{aligned} \right\} \tag{6-5}$$

全国主要城市气象资料数据 表 6-1

地　名	海拔高度 (m)	累年最热月（七月）温度（℃）		极端最高温度 (℃)	极端最低温度 (℃)	最热月地面下 0.8m 处土壤温度（℃）
		平　均	平均最高			
北　京	30.5	26.0	31.1	40.6	−27.4	25.0
天　津	5.2	26.4	30.6	39.7	−22.9	24.5
上　海	5.5	27.9	31.9	38.9	−9.4	27.2
石 家 庄	82.3	26.7	32.2	42.7	−26.5	27.3
太　原	779.3	23.7	29.9	39.4	−25.5	24.7
呼和浩特	1063.0	21.8	28.0	37.3	−32.8	20.1
沈　阳	43.3	24.6	29.3	38.3	−30.6	21.7
长　春	215.7	22.9	27.9	38.0	−36.5	19.3
哈 尔 滨	146.6	22.7	27.7	36.4	−38.1	18.4
合　肥	32.3	28.5	32.6	41.0	−20.6	
福　州	92.0	28.7	34.0	39.3	−1.2	
南　昌	49.9	29.7	32.5	40.6	−9.3	29.9
南　京	12.5	28.2	33.9	40.7	−14.0	27.7
杭　州	8.0	28.7	28.5	39.6	−9.6	27.7
贵　阳	1071.2	23.8	23.9	37.5	−7.8	24.1
昆　明	1892.5	19.9	29.9	31.5	−5.4	22.9
成　都	507.4	25.8	32.7	37.3	−5.9	26.7
重　庆	260.6	27.8	33.5	40.2	−1.8	28.2
南　宁	72.2	28.3	32.0	40.4	−2.1	
广　州	7.3	28.3	34.1	38.7	0.0	30.
长　沙	81.3	29.4	33.8	40.6	−11.3	29.1
汉　口	23.3	28.1	33.2	39.4	−17.3	
郑　州	111.4	27.5	32.3	43.0	−17.9	26.3
济　南	57.8	27.6	32.5	42.5	−19.7	28.7
西　安	396.8	27.7	29.0	41.7	−20.6	
兰　州	1518.3	22.4	24.5	39.1	−21.7	21.5
西　宁	2296.3	17.2	24.5	33.5	−26.5	17.4
银　川	1113.1	23.5	29.4	39.3	−30.6	21.5
乌鲁木齐	654.0	25.7	32.3	40.9	−32.0	22.1
拉　萨	3659.4	15.5 (六月)	21.8	29.4	−16.5	
台　北	9.0	28.4		37.0	−2.0	

式中　i_m、I_m——制造厂规定的电气设备极限通过电流的峰值和有效值（kA）；

　　$i_{sh}^{(3)}$、$I_{sh}^{(3)}$——按三相短路计算所得的短路冲击电流和短路全电流有效值（kA）；

　　　I_t、t——制造厂规定的电气设备在时间 ts 内的热稳定电流；

I_α、t_{ima}——短路稳态电流及假想时间。

对其他电气设备的动、热稳定校验计算方法，将在相应的设备选择中阐述。

三、按装置地点的三相短路容量来校验开关电器的断流能力（遮断容量）。即：

$$\left.\begin{array}{l} I_k^{(3)} \leqslant I_{N\cdot off} \\ S_K^{(3)} < S_{N\cdot off} \end{array}\right\} \tag{6-6}$$

式中　$I_{N\cdot off}$、$S_{N\cdot off}$——制造厂提供的在额定电压下允许的开断电流、允许的断流容量；

　　　$I_K^{(3)}$，$S_K^{(3)}$——电器设备安装处的短路电流、短路容量。

应特别注意铭牌断流容量值所规定的使用条件。如用于高海拔地区、矿山井下，或电压较低的电网中，都要降低断流容量值。

四、按装置地点、工作环境、使用要求及供货条件来选择电气设备的适当型式

为便于查阅，将选择校验项目用"○"表示，汇总于表 6-2。

选择电气设备时应校验的项目　　　　　　　　　表 6-2

序号	项目 设备名称	额定电压 （kV）	额定电流 （A）	额定断流容量 （MVA）	短路电流校验	
					动稳定	热稳定
1	断路器	○	○	○	○	○
	负荷开关	○	○		○	○
	隔离开关	○	○		○	○
2	熔断器	○	○	○		
3	自动空气开关	○	○	○		
4	电抗器	○	○		○	○
5	电流互感器	○	○		○	
	电压互感器	○	○			○
6	支柱绝缘子	○	○		○	○
	套管绝缘子	○				
7	母　线		○		○	○
	电　缆	○	○			○
8	开关柜*	○	○	○		
9	移相电容器	○				

＊注：开关柜校验项目是指装于柜内断路器的，其他设备都可免于校验。

第二节　高压开关设备选择

高压开关设备包括高压断路器、隔离开关、负荷开关、熔断器及高压开关柜等。根据建筑供配电需要，本节主要介绍 35kV 及以下设备。

一、高压断路器

（一）任务

高压断路器的主要任务是：在正常运行时用它接通或切断负荷电流；在发生短路故障或严重过负荷时，借助继电保护装置用它自动、迅速地切断故障电流，以防止扩大事故范围。

断路器工作性能好坏，直接关系到供配电系统的安全运行。为此要求断路器具有相当

完善的灭弧装置和足够大的灭弧能力。

（二）类型

高压断路器种类繁多，但其主要结构是相近的，它包括导电回路、灭弧室、外壳、绝缘支体、操作和传动机构等部分。

断路器根据所采用的灭弧介质和灭弧方式，大体可分下列几种：

1. 油断路器

油断路器是用绝缘油作灭弧介质。

按断路器油量和油的作用又分多油断路器和少油断路器。多油断路器油量多，油有三个作用，一是作为灭弧介质；二是在断路器跳闸时作为动、静触头间的绝缘介质；三是作为带电导体对地（外壳）的绝缘介质。多油断路器历史最长，但体积大，维护麻烦，除频繁通断负荷外，不太受用户欢迎。

少油断路器油量少（一般只有几 kg），油只作为灭弧介质和动、静触头间的绝缘介质用。其对地绝缘靠空气、套管及其他绝缘材料来完成，故不适用于频繁操作。少油断路器因其油量少，体积相应减小，所耗钢材等也小，价格便宜，维护方便，所以目前我国主要生产少油断路器。

2. 空气断路器

采用压缩空气为灭弧介质的叫压缩空气断路器，简称空气断路器。断路器中的压缩空气起三个作用，一是强烈地吹弧，使电弧冷却熄灭；二是作为动、静触头间的绝缘介质；三是作为分、合闸操作时的动力。该型断路器断流容量大，分闸速度快，但结构复杂，价格昂贵，维护要求高，因而一般用于国家电网 110kV 及以上大型电站或变电所。

3. 六氟化硫断路器

六氟化硫断路器是近些年发展的新产品。它采用具有良好灭弧和绝缘性能的气体 SF_6 作为灭弧介质。SF_6 气体在电弧作用下分解为低氟化合物，大量吸收电弧能量，使电弧迅速冷却而熄灭。这种断路器动作快，断流容量大，电寿命长，无火灾和爆炸危险，可频繁通断，体积小。虽然价格偏高、维护要求严格，但仍受人们欢迎，发展较快。在全封闭的组合电器中，多采用该型断路器。

4. 真空断路器

利用稀薄的空气（真空度为 10^{-4}mmHg 以下）的高绝缘强度来熄灭电弧。因为在稀薄的空气中，中性原子很少，较难产生电弧且不能稳定燃烧。真空断路器能适应频繁操作的负载，并具有开距小、动作快，燃弧时间短、开断能力强、结构简单、重量轻、体积小、寿命长、无噪音、维修容易、无爆炸危险等优点。近些年来发展迅速，特别是在 10kV 及以下领域，更为显著，完全可以取代多油断路器。但真空断路器不足之处是分断电感性负载的性能不如分断电容性负载，为限制过高的操作过电压，对经常分断高压电动机或电弧炉变压器等感性负载的真空断路器必须配置专用的 $R—C$ 吸收装置或金属氧化物避雷器。

（三）高压断路器铭牌所列的技术数据

1. 额定电压 $U_{N.QF}$

是保证正常长期工作时断路器所耐受的电压值。铭牌上所标的电压系指线电压的额定值。

2. 额定电流 $I_{N.QF}$

是断路器可以长期通过的最大电流。在长期通过额定电流时，断路器各部分温升不会超过国家标准。我国目前采用的额定电流等级有：200、400、600、1000、1500、2000、3000、4000、5000、6000、8000、10000A。

3. 额定开断电流 $I_{\mathrm{N.off}}$

是指断路器在额定电压下能正常开断的最大电流。它表示了断路器切断电路的能力。额定的开断电流 $I_{\mathrm{N.off}}$ 必须大于或等于其安装处的短路电流，即

$$I_{\mathrm{N.off}} \geqslant I_{\mathrm{K}}^{(3)} \tag{6-7}$$

4. 额定断流容量 $S_{\mathrm{N.QF}}$

由于断路器的开断能力不仅与切断电流有关，而且与切断电流时线路的电压有关。因而又可采用综合值额定断流容量来表示断路器的开断能力。额定断流容量等于额定电压与额定开断电流的乘积。在三相电路中，有如下关系式：

$$S_{\mathrm{N.QF}} = \sqrt{3}\, U_{\mathrm{N.QF}} \cdot I_{\mathrm{N.off}} \tag{6-8}$$

额定断流容量 $S_{\mathrm{N.QF}}$ 必须大于或等于其安装处的短路容量，即

$$S_{\mathrm{N.QF}} \geqslant S_{\mathrm{K}}^{(3)} \tag{6-9}$$

额定断流容量的大小，决定断路器灭弧装置的结构和尺寸。因此，对一般的断路器，当使用电压低于额定电压时，因其额定开断电流不变，所以断流容量相应降低。

$$S_{\mathrm{QF}} = S_{\mathrm{N.QF}} \frac{u}{u_{\mathrm{N.QF}}} \tag{6-10}$$

式中　S_{QF}——电压为 u 时的断流容量。

例如：一台 10kV 断路器，其额定断流容量为 220MVA，当装在电压为 6kV 的电路中时，其断流容量仅为

$$S_{\mathrm{QF}} = 200 \frac{6}{10} = 120 \mathrm{MVA}$$

5. 热稳定电流 I_{ts}

I_{ts} 表示断路器能承受短路电流热效应的能力。通常以电流有效值表示。

在短路时电流很大，在短时间内所产生的大量热量（其值与通过电流平方成正比）来不及向外散发，全部用来加热断路器，使其温度迅速上升，严重时会使断路器触头焊住，损坏断路器。因此，断路器铭牌规定了一定时间（如1、4、5、10s）的热稳定电流。例如 I_4 即表示短路电流通过 4s 的热稳定电流。其物理意义是：当热稳定电流 I_{ts} 通过断路器时，在规定时间 ts 内，断路器各部分温度不超过国家规定的短时允许发热温度、保证断路器不被损坏。

6. 动稳定电流 i_{es}

i_{es} 表示断路器能承受短路电流电动力作用的能力。通常用短路电流峰值表示。

其物理意义是：当断路器在闭合状态时，所能承受通过的最大电流峰值，而不会因电动力的作用发生任何机械损坏。该最大电流峰值称为动稳定电流 i_{es}，也称为极限通过电流。

（四）断路器的选择

（1）首先考虑工作条件确定断路器的额定值（电压、电流、频率、机械负荷）。

（2）结合环境条件（环境温度、相对湿度、海拔高度、最大风速等）选用断路器的型

号和规格。

（3）根据短路电流进行断流容量，动、稳定性校验。

在可用的几种断路器之间进行经济指标分析，在能满足工作要求的前提下，尽量选用维修方便、价格便宜、运行费用少的设备。

高压断路器必须配有合适的操作构才能使用，选择时不能掉以轻心。操作机构可分为：

1）手力式（手动）操作机构（CS_2）——用于就地操作合闸，就地或距离操作分闸。

2）电磁式（电动）操作机构（CD_{10}）——用于远距离控制操作断路器。

3）弹簧储能操作机构（CT_6）——用于进行一次自动重合闸。

4）压缩空气操作机构（CY_3）——用于控制操作 KW 型高压空气断路器。

二、高压隔离开关

（一）用途

隔离开关设有灭弧装置，因而不能接通和切断负荷电流。其主要用途是：

1. 隔离高压电源

用隔离开关把检修的电器设备与带电部分可靠地断开，使其有一个明显的断开点，确保检修、试验工作人员的安全。

2. 倒闸操作

在双母线接线的配电装置中，可利用隔离开关将设备或供电线路从一组母线切换到另一组母线。

3. 接通或断开较小电流，如激磁电流不超过 2A 的空载变压器、电容电流不超过 5A 的空载线路及电压互感器和避雷器等回路。

（二）类型

隔离开关分户内型及户外型（60kV 及以上电压无户内型）；按极数分，有单极和三极，按构造可分为双柱式、三柱式和 V 型等。一般是开启式，特定条件下也可以订制封闭式隔离开关。隔离开关有带接地刀闸和不带接地刀闸的；按绝缘情况又可分为普通型及加强绝缘型两类。

额定电流不过大的隔离开关使用手动操动机构。额定电流超过 8000A，或电压在 220kV 以上者，应考虑使用电动操动机构或液压，气压操动机构。

（三）隔离开关的选择

选用隔离开关时，首先应根据安装地点选择户内型（GN）或户外型（GW），然后根据工作电压或工作电流选择额定值，校验其动、热稳定值。一般均采用三极连动的三相隔离开关，只有在高压系统中性点接地回路中，采用 GW_9-10 型单极隔离开关。选用 35kV 及以上断路器两侧隔离开关和线路隔离开关，宜选用带接地刀闸的产品。往往出于安装或运行上的需要，而把较高额定电压或较大额定电流的隔离开关设计用在低电压或小电流的电路中，如变压器低压出口采用 GN_2-10/1000～2000 型。选择时，还要结合工作环境和配电装置的布置特点，计算开关接线端的机械负荷。机械负荷系指母线（或引下线）的自重，张力和覆冰风雪等造成的最大水平静拉力。10kV 级开关不应大于 250N，35～60kV 级不应大于 50N，110kV 级要小于 750N。

三、高压负荷开关

（一）用途

在高压配电装置中，负荷开关是专门用于接通和断开负荷电流的电器设备；在装有脱扣器时，在过负荷情况下也能自动跳闸。但因它仅具有简单的灭弧装置，所以不能切断短路电流。在大多数情况下，负荷开关与高压熔断器（一般为 RN 型）串联，借助熔断器切除短路电流。

（二）类型

高压负荷开关有户内型及户外型，配用手动操作机构工作。它有明显的断路间隙，也可以起到普通高压隔离开关的作用。但构造不同的是它比隔离开关多一套灭弧装置和快速分合机构。

1. FN 型户内高压负荷开关

当前此型产品主要有 FN2、FN3、FN4 等型号，早期产品 FN1 型已被淘汰。FN4 型为真空式负荷开关，是近些年研制成的性能较好的新产品。

FN2 型和 FN3 型负荷开关利用分闸动作带动汽缸中的活塞去压缩空气，使空气从喷嘴中喷向电弧，有效好灭弧功能。开关靠框架上的凸轮和弹簧组成快速分、合闸机构，使它不受操作人员动作快慢的影响。

2. FW 型户外产气式负荷开关

FW 型负荷开关主要用于 10kV 配电线路中，可安装在电杆上，用绝缘棒或绳索操作。分断时，有明显断路间隙，可起隔离作用。此开关无熔断器不能作短路保护用。

此开关的消弧管由固体产生材料制成。分闸瞬间电弧在消弧管内燃烧并被迅速拉长。电弧的高温使管内产生大量气体沿喷口高速喷出，使电弧很快降温熄灭。

选用高压负荷开关时，除注意环境条件和额定值外，要进行动、热稳定和断流容量校验，以保证安全。带熔断器的负荷开关要选好熔体管的额定电流值。户内型开关要选好配套操作机构，其中 CS4-T 型机构具有远距离脱扣功能。

四、高压熔断器

（一）用途

高压熔断器是常用的一种简单的保护电器。它广泛用于高压配电装置中，常用作保护线路、变压器及电压互感器等设备。它由熔体、支持金属体的触头和保护外壳三个部分组成；串接在电路中。当电路发生过负荷或短路故障时，故障电流超过熔流的额定电流，熔体被迅速加热熔断，从而切断电流，防止故障扩大。

（二）类型

按使用场所高压熔断器分户内型和户外型两类。户内型作成固定式，而户外型皆制成跌落式（熔丝熔断后熔体管自动断开）。

1. RN 系列户内高压熔断器

RN 型熔断器熔体管内除熔丝外充满石英砂，过载或短路电流将熔丝熔断后，靠它将游离气体降温而去游离，迫使电流过零时熄灭。

RN_1 型及其改进的 RN_5 型，通常用来保护供电线路及电力设备。RN_2、RN_4 或前者的改进型 RN_6 一般作为电压互感器的短路保护用（RN_3 型用于线路保护）。改进后两者的熔体管可以通用，其熔断特性和技术数据相同。但新型的体积变小、重量轻、泄漏距离大，防护性能好，且易于维护和更换。

2. RW 系列户外高压跌落式熔断器

跌落式熔断器主要是由绝缘瓷件和熔管组成的跌落机构、锁紧机构、上下固定触头、端部接线螺丝及安装用紧固板组成（参见图6-1）。

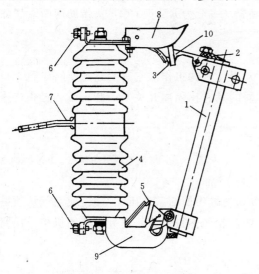

图 6-1 RW₃-10G 型跌落工熔断器结构

1—熔管；2—熔丝元件；3—上部固定触头；4—绝缘瓷件；5—下部固定触头；6—端部压线螺栓；7—紧固板；8—锁紧机构；9—熔管转轴支架；10—活动触头

正常工作时，跌落机构上部的活动触头被管中的熔丝拉紧，在锁紧机构的压力下与上固定触头接触通电。当熔丝熔断时，在熔管内产生电弧和高温，内衬的消弧管中产生大量气体向外喷射，使空气降温，进而电流过零时迅速去游离，电弧熄灭。由于熔丝已断，上部活动触头将向下移动脱离锁紧机构，受重力影响整个跌落机构以熔管转轴支架作支持点向下翻跌，形成明显的分断间隙，它兼起隔离开关作用。

跌落式熔断器一般制成熔断时自动脱落式，也有自动重合闸式（如 RW₃-10Z，RW₁-35Z 等）、爆炸式（如 RW₃-10B 型）。前者对外线的瞬间短路故障可以起到提高可靠性作用，后者可将下限断流容量压缩得更低。35kV 及以下跌落式熔断器一般用绝缘棒操作。60kV 及以上跌落式熔断器可用 CS4-TX 型操作机构配合实现电动分闸，故可投入变压器的瓦斯保护，还可开断负荷电流和切合空载架空线路等。安装此熔断器时，要将底座竖起，与垂直线倾斜一定角度，以利熔丝熔断时，熔管便于跌落。

（三）选择

选择高压熔断器时应按以下要求进行：

（1）熔断器的额定电压应符合线路或设备的额定电压；

（2）熔断器的额定电流 $I_{N \cdot FU}$，是指熔管的额定电流。熔体的额定电流 $I_{N \cdot FE}$ 应大于回路的正常工作电流 I_w，而小于或等于熔管额定电流 $I_{N \cdot FU}$。通常取 $I_{N \cdot FE} = (0.3 \sim 1.0) I_{N \cdot FU}$。选择 $I_{N \cdot FE}$ 时要考虑有足够的裕度，以保证运行中出现长期最大工作电流 $I_{w \cdot m}$ 或暂短过负荷电流 I_{OL}，或瞬时冲击性电流 $I_{sh}^{(3)}$ 等情况时，均不致误熔断。为此，须按下式选择熔体电流：

$$I_{N \cdot FE} = (1.4 \sim 2.5) I_w \approx (1.4 \sim 2.5) I_c \tag{6-11}$$

瞬时冲击性电流 $I_{sh}^{(3)}$ 是指变压器空载励磁电流、电容器组投入时的冲击电容电流、外部短路或电动机频繁自起动引起的冲击电流等。为了躲过这些电流而不产生误熔断，应保证熔体通过 $I_{sh}^{(3)}$ 时的熔断时间不小于 0.5s，亦即熔体的熔断时间 $t = 0.5s$ 时的熔断电流 $I_{off \cdot FE(0.5)}$ 应大于 $I_{sh}^{(3)}$。即选出的熔体还应根据下式作保护特性的校验：

$$K_{0.5} \cdot I_{N \cdot FE} > I_{sh}^{(3)} \tag{6-12}$$

式中　$K_{(0.5)}$——$t=0.5$s 时，熔断电流倍数。

常用的 RN_1-10 系列及低压 RTO 系列熔体的 $K(t)$ 值见表 6-3。

熔体额定电流 $I_{N \cdot FE}$（A）		15	20	25	30	40	50	60	80	100	150	200	250	300	350	400	500	600
熔断电流倍数 $K(t)$	$t=0.4$(s)	5	5.5	6	6.3	7	7.4	8.3	8.8	9	10	10	10	10.3	10.6	10.7	10.9	11
	$t=0.5$(s)	4.5	5	5.7	6	6.7	7	7.8	8.4	8.7	9.5	9.5	9.5	9.5	9.7	9.8	10	10

（3）熔断器的最大开断电流（上限断流容量）应大于所要切断的最大短路电流。其最小开断电流（下限断流容量）要小于短路电流的最小值。如不满足此条件，可串联限流电阻。

对于采用熔断器保护的配电变压器，可使公式（6-11）与公式（6-12）进一步简化为公式（6-13）与公式（6-14）进行选择。这因为：1）因变压器均留有一定的容量裕度，使 $I_{N \cdot T} > I_C$，故可按 $I_{N \cdot T}$ 选出熔体额定电流；2）根据实践经验，变压器变压侧熔断器的熔断时间不能小于 0.4s，才能和低压侧配出线保护相配合，不致发生越级熔断。已知配电变压器的变化 $K_T = \dfrac{10}{0.4}$，低压出口处三相短路穿越电流 $I'_{k2} = \dfrac{I_{k2}}{K_T}$，$I_{k2}$ 以 KA 为单位，得：

$$I_{N \cdot FE} = (1.4 \sim 2) I_{N \cdot T} \tag{6-13}$$

$$I_{N \cdot FE} \geqslant \frac{I_{k2}}{K_T \cdot K_{(t)}} = 0.04 \times (0.1 \sim 0.125) \times 10^3 \cdot I_{k2}$$

$$= (4 \sim 5) I_{k2} \tag{6-14}$$

式中　$I_{N \cdot FE}$——熔体的额定电流（A）；

　　　$I_{N \cdot T}$——变压器额定电流（A）；

　　　I_{k2}——变压器低压出口处三相短路电流值（kA）；

　　　K_T——变压器变比；

　　　$K_{(0.4)}$——$t=0.4$s 时，熔断器熔断电流倍数。

选出的 $I_{N \cdot FE}$ 应同时满足（6-13）及（6-14）的要求。通常按式（6-14）条件选出的熔体，均能符合式（6-13）的条件。

此外，选择 $I_{N \cdot FE}$ 还应考虑符合选择性灵敏度配合的要求。即后级或上级的 $I_{N \cdot FE}$，要比前级或下级的 $I_{N \cdot FE}$ 相差 2～3 个额定电流级差。这样，一般地就能满足选择性要求。

五、高压开关柜

（一）用途

6～35kV 高压开关柜，适用于交流 50Hz、3～35kV 电压的电力系统中，作电能接受、分配的通、断和监视保护之用。它是由制造厂按一定的接线方式，将同一回路的开关电器、母线、测量仪表、保护电器和辅助设备等都装配在封闭的金属柜中，成套供应用户。

这种设备结构紧凑、使用方便。广泛用于控制和保护变压器、高压线路和高压电动机等。

（二）类型

高压开关柜主要分固定式和手车式两种。从结构而言又分开启式、封闭式、半封闭式。就使用环境，又有户内、户外之分。就操作方式而言有电磁操作机构，弹簧操作机构和手动操作机构。

固定式高压开关柜有 GG-1A、GG-7A、GG-10、GG-11、GG-15、GG-20 等系列。手车式开关柜有 GFC-1、GFC-3、GFC-7、GFC-10、GFC-11、GFC-15、GFC-18、GFC-20 等系列产品。此外还有专用于户外的 GWC-3、GWC-15（封闭手车式）和 GWN-1（封闭固定式）等产品。

近些年来，各地开关厂生产出多种"五防型高压开关柜"，"五防型"是指：（1）防误合、误分断路口；（2）防止带负荷分、合隔离开关；（3）防止带电挂地线；（4）防止带地线合闸；（5）防止误入带电间隔。

"五防型"高压开关柜从电气和机械联锁上采取一定措施，提高了安全、可靠程度。

1. JYN$_2$-10 型交流金属封闭型手车式高压开关柜

此型开关柜配用 SN10-10 系列少油断路器。也可以配用 ZN 系列真空断路器作频繁投切之用。适用于三相交流 50Hz、电压 3～10kV、额定电流不超过 3000A 的单母线系统中，作设备或线路投切控制和监测保护用。

2. KGN-10 型交流金属铠装固定式开关柜

此高压开关柜适用于三相交流 50Hz、电压 3～10kV，额定电流不超过 2500A 的单母线系统，用来接受和分配电能并起保护作用。

3. JYN1-35 型交流金属封闭型移开式开关柜

此型开关柜适用于三相交流频率 50Hz、电压 35kV、额定电流 1000A 的单母线系统中，接受和分配电能。用此开关柜可比建 35kV 室外开关场，大大减少占地面积，降低造价。

（三）选择

选用高压开关柜，要根据使用环境决定户内还是户外型，根据开关柜数量的多少和对可靠性要求来确定使用固定式还是手车式开关柜。固定式柜价格便宜些，但是灵活性不如手车式。对可靠性要求不过高、开关柜台数又较少的变电所，尽量选用固定式开关柜以降低投资。要结合主结线设计确定开关柜的一次线方案。结合控制、计量、保护、信号等方面要求，选调或自行设计二次结线。选定开关柜之后，柜中主要部件要进行分断电流、动稳定〔（公式 6-4）〕、热稳定〔公式（6-5）〕，运行工作状况的校验，对控制电弧炉或轧钢机等需要频繁通断工作的开关柜，绝不准许用带少油断路器的开关柜，应选用带真空断路器、六氟化硫断路器或多油断路器的开关柜。

选定操作机构时，要结合变电所操作电源情况确定。有直流操作电源（硅整流、蓄电池等）处尽量采用电磁操作机构。小型变电所采用手动操作机构比较简便，但开关柜的断流容量要减弱很多，一般情况多推荐采用弹簧储能操作机构。

订购高压开关柜时，应向厂家提供下述资料：

（1）开关柜型号、一次线路方案编号、变电所主结线图及配用的操动机构。

（2）高压开关柜平面布置图。

（3）开关柜二次结线图和端子图；如选调二次接线标准图集中的方案时，应注明方案号及控制回路电压。

（4）订货时应说明是否需要柜中的可变设备，并注明电流互感器的变比。

(5) 如需采用非标准的一次、二次线路方案或委托生产厂设计，可同厂家协商。

第三节 低压开关设备选择

低压开关设备用来接通或断开 1000V 以下的交流和直流电路。通常使用的有低压熔断器、刀闸开关、自动空气开关，接触器等。

一、低压熔断器

（一）熔断器的规格及特性

熔断器种类很多，就其功能而言有快速熔断器（如 RSO、RS3、RLS 型等），自复熔断器（如 RZ 系列）、报警熔断器（如 RX1 型）、限流式熔断器（如 RTO 系列）、非限流熔断器（如 RM 系列等）。从构造上分类，有封闭管式、瓷扦式、螺旋式，有填料、无填料、熔断器开关等多种。现介绍几种供电系统中常用的类型。

1 RM10 系列无填料封闭管式熔断器

RM10 系列熔断器是在 RM3 的基础上统一设计的产品。主要用于额定电压交流 50Hz、500V 以下或直流 440V 及以下各电压等级的成套配电设备中，作为短路保护和防止连续过负荷之用。

本系列熔断器为可拆卸式，由熔断管、熔体及管座组成。具有结构简单，更换熔体方便等特点。不仅可以使用于湿热带地区及沿海地带，如再增加限制器等附件便可派生为船用产品。本系列产品接线方式分板前、板后两种。

2 RTO 系列有填料封闭管式熔断器

RTO 系列熔断器是限流式具有高分断能力的熔断器。在交流 50Hz、380V 时，极限分断容量可达 50kA。它广泛使用于供电线路或对断流能力要求较高的场所，如发电厂、变电所的主回路及靠近电力变压器出线端的供电线路中。

熔断器允许长期工作于额定电流及 110% 额定电压下。熔断管上装有红色醒目的指示器，能在熔断后，立即动作，从而识别故障线路，迅速恢复供电。

3.RS3 系列有填料封闭管式快速熔断器

RS3 系列有填料快速熔断器适用于交流 50Hz、1000V 及以下、额定电流 10～700A 电路。主要用作硅整流元件及其成套装置的短路或过载保护。熔断器由盖扳、熔管、熔体、填入的石英砂、接线板和指示器等几部分组成。熔管耐弧、耐热性能好。熔体为银片制成，长期工作不老化、不误动作。熔断器的指示器为红色醒目的机械装置，动作可靠。

此熔断器可在额定电流及 110% 额定电压下长期正常工作。它在断开任何电流时，其过电压峰值不超过试验回路额定电压的 2 倍。当它与单个整流元件串联使用时，熔断器额定电流有效值与整流元件额定电流的平均值的关系是 1.57 倍。因此考虑对应保护时，应按此规律选择熔断器。

（二）熔断器的选择

选择低压熔断器除考虑额定电压外，主要是选出熔管额定电流 $I_{N.FU}$ 和熔体额定电流 $I_{N.FE}$。

1. 对于保护配电线路、配电干线、分支线的熔断器，熔体电流 I_{FE} 的确定。

熔体电流 I_{FE} 应大于或等于回路的计算负荷电流 I_c，同时 I_{FE} 应小于该回路导线或电缆

的长期允许负荷电流 I_{al}，即

$$K_{saf}I_{al} \geqslant I_{FE} \geqslant I_c \tag{6-15}$$

式中　K_{saf}——安全系数，当保护线路过负荷时 $K_{saf}=0.8$；当保持明敷绝缘导线的短路时，$K_{saf}=1.5$；当保护穿管线路的短路时，$K_{saf}=2.5$。

上式说明在即定导线截面下，I_{FE} 不能选得太大，否则可能因线路长期（2h 以上）过载发热或短路故障时热稳定性不够，而引起火灾。

2. 对保护用电设备的熔断器，熔体电流 I_{FE} 的确定。

熔体电流 I_{FE} 应同时满足如下两个条件：

（1）在正常情况下，I_{FE} 应不小于该回路正常运行时的计算电流 I_c，即

$$I_{FE} \geqslant I_c \tag{6-16}$$

（2）I_{FE} 还应躲过由于电动机起动所引起的尖峰电流 I_{pk}，以使线路出现正常的尖峰电流而不致熔断：

$$I_{FE} \geqslant K_c I_{pk} \tag{6-17}$$

式中　K_c——选择熔体时用的计算系数。K_c 值应根据熔体的特性和电动机的拖动情况来决定。设计规范提供的数据如下：轻负荷起动时起动时间在 3s 以下者，$K_c=0.25\sim0.4$；重负荷起动时，起动时间在 3~8s 者，$K_c=0.35\sim0.5$；超过 8s 的重负荷起动或频繁起动、反接制动等，$K_c=0.5\sim0.6$；参见表 6-4；

　　　　I_{pk}——尖峰电流。对一台电动机，尖峰电流为 $K_{st\cdot M}\cdot I_{N\cdot M}$，对多台电动机 $I_{pk}=I_c+(K_{st\cdot M\cdot max}-1)\cdot I_{N\cdot M\cdot max}$。其中 $K_{st\cdot M}$ 为电动机起动电流倍数；$K_{st\cdot M\cdot max}$ 为起动电流最大的一台电动机的起动电流倍数；$I_{N\cdot M\cdot max}$ 为起动电流最大的一台电动机的额定电流。

3. 对保护电力变压器的熔断器，熔体电流 I_{FE} 的确定。

$$I_{FE} = (1.4 \sim 2)I_{N\cdot T} \tag{6-18}$$

式中　$I_{N\cdot T}$——变压器的额定电流。熔断器装设在哪一侧，就选用哪一侧的额定值。

用于保护电压互感器的熔断器，其熔体额定电流可选用 0.5A，熔管可选用 RNZ 型。

4. 对保护照明线路的熔断器，熔体电流 I_{FE} 的确定

I_{FE} 应满足（6-45）式，同时满足下式：

$$I_{FF} \geqslant K'_c I_c \tag{6-19}$$

式中　K'_c——选择计算系数，参见表 6-5。

电力线路熔体选择计算系数 K_c　　　　　　　　　　　　　　表 6-4

熔断器型号	熔体材料	$I_{N\cdot FE}$（A）	轻载起动 $t \leqslant 3s$	重载起动 $t \leqslant 8s$	频繁起动及 $t \geqslant 10 \sim 20s$
RTO	铜	$\leqslant 50$	0.33	0.45	0.50
		60~200	0.28	0.30	0.33
		>200	0.25	0.30	0.33

熔断器型号	熔体材料	$I_{N \cdot FE}$（A）	轻载起动 $t \leqslant 3s$	重载起动 $t \leqslant 8s$	频繁起动及 $t \geqslant 10 \sim 20s$
RT_{10}	铜	$\leqslant 20$	0.45	0.60	0.66
		$25 \sim 50$	0.38	0.45	0.50
		$60 \sim 100$	0.28	0.30	0.33
RM_7	铜	$\leqslant 60$	0.38	0.45	0.50
		$80 \sim 350$	0.45	0.50	0.55
		$\geqslant 400$	0.30	0.40	0.45
RM_1	锌	$10 \sim 350$	0.38	0.45	0.50
RL_1	铜、银	$\leqslant 60$	0.38	0.45	0.50
		$80 \sim 100$	0.30	0.38	0.42
RC_1A	铅、铜	$10 \sim 200$	0.30	0.38	0.42
RM_{10}	锌	$\leqslant 60$	0.38	0.45	0.50
		$80 \sim 200$	0.30	0.38	0.42
		>200	0.28	0.30	0.33

照明线路熔体选择计算系数 K_c　　　　　　　　　　表 6-5

熔断器型号	熔体材料	$I_{N \cdot FE}$（A）	白炽灯、荧光灯、卤钨灯、金属卤化物灯	高压水银灯	高压钠灯
RL_1	铜、银	$\leqslant 60$	1	$1.3 \sim 1.7$	1.5
RC_1A	铅、铜	$\leqslant 60$	1	$1 \sim 1.5$	1.1

（三）熔断器保护灵敏度校验及分断能力

1. 熔断器保护的灵敏系数 K_{sen} 计算如下：

$$K_{sen} = I_{k \cdot min} / I_{N \cdot FE} \qquad (6-20)$$

式中　$I_{k \cdot min}$——熔断器保护线路末端在系统最小运行方式下的短路电流，对中性点不接地系统，取两相短路电流 $I_k^{(2)}$；对中性点直接接地系统，取单相短路电流 $I_k^{(1)}$。

2. 熔断器的分断能力 $I_{off \cdot FE}$ 以下式衡量

$$I_{off \cdot FE} > I_{sh}^{(3)} \qquad (6-21)$$

式中　$I_{sh}^{(3)}$——为流经熔断器的短路冲击电流。

（四）上下级熔断器的相互配合

用于保护线路短路故障的熔断器，它们上下级之间的相互配合应是这样：设上一级熔体的理想熔断时间为 t_1，下一级为 t_2，因熔体的安秒特性曲线误差为 $\pm 50\%$，设上一级熔体为负误差，有 $t'_1 = 0.5t_1$，下一级为正误差，即 $t'_2 = 1.5t_2$，如欲在某一电流下使 $t'_1 > t'_2$，以保证它们之间的选择性，这样就应使 $t_1 > 3t_2$。对应这个条件可以熔体的安秒曲线上分别查出这两熔体的额定电流值。一般使上、下级熔体的额定值相差 2 个等级即能满足动作选择性的要求。

二、低压刀开关和负荷开关

刀开关种类很多,按其灭弧装置可分为有灭弧罩和不带灭弧罩两种。后者只能开断空载线路作隔离电源之用,前者可以拉断少量负荷电流;按其极数分类,有单极、双极和三极;按其操作方式分,有单投和双投两种。

目前开启式刀开关经过不断改进,原来的 HD0、HS0、HD1—HD8 和 HS1—HS3 系列均已淘汰。当前推荐使用 HD11、HD13、HD14 与 HS11、HS13 系列。

负荷开关有开启式和封闭式两类,它由带灭弧罩的刀开关和熔断器构成,后者外装封闭的金属外壳。它能有效的合、断负荷电流,且能进行短路保护,造价低廉,使用方便,在负荷不大的低压配电系统中得到广泛应用。

封闭式负荷开关(又名铁壳开关),目前推荐使用全国统一设计的 HH10、11 系列,前者的特点是管式和瓷托式两种熔断器都可用在同一底座上;后者是大容量负荷开关,采用管式熔断器,分断能力达到 50kA。早年生产的 HH1 和 HH5 系列已被淘汰。

开启式负荷开关(又名安全开关),目前推荐使用 HK2 系列产品,它是淘汰产品 HK 的改进型。

组合开关 HZ1 系列早已被淘汰,当前推荐使用 HZ10 系列。组合开关也属于刀开关的类别。

(一)HD、HS 系列刀开关

此两种系列产品适合于交流 380V(50Hz)、直流 440V,额定电流在 100～1500A 的系统中使用。一般情况只能开断空载线路,带有灭弧罩和杠杆操作机构时,可以不频繁地切断轻负荷电流。

(二)HH10 系列封闭式负荷开关

此系列产品适用于交流 220V、380V 或直流 440V、额定电流 10～100A 线路中,作为手动不频繁投、切负荷之用,兼有连续过负荷及短路保护之作用。

(三)HH11 系列封闭式负荷开关

此系列产品适用于交流 50Hz、380V、额定电流 100～400A 线路中,作为手动不频繁投、切负荷之用,兼有连续过负荷及短路保护之作用。开关一律为三极,并分带与不带中性线接线柱两种结构。

(四)HZ10 系列组合开关

此类组合开关适合于 50Hz、380V 或直流 220V 线路中,作手动不频繁切、合负荷,换接负荷与电源,调节串、并联负荷,测量三相电流和电压,控制小容量电动机正反转等用途。

此产品由装于多层绝缘件中的动、静触头组成。动触头装在贯通的方轴上,方轴受凸轮机构限制只能停在固定的通断位置。转动手柄,扭簧储能机构能使触点快速闭合或分断,而与手柄旋转速度无关。此装置有利于灭弧。

在开关主体上配上塑料保护外壳,即成为派生产品 HZ10H 系列保护式组合开关。它即可防止人体触及而感电,又可防止异物进入壳内。组合开关额定电流有 10、25、60、100A4种。

三、自动空气开关(低压断路器)

低压断路器种类繁多,按灭弧介质分有油浸式、真空式和空气式,应用最多的是空气式断路器。按动作速度分有普通型和快速型,如直流快速断路器、交流限流断路器等,其分断时间仅为 0.01～0.02s。按操作方式分有电动操作、储能操作和手动操作。按极数分有单极、二极、三极和四极等。按安装方式分有固定式、插入式和抽屉式等。按使用类别分有选择型和非选择型。按结构分有万能式断路器和塑壳式断路器。

万能式断路器即框架式断路器，所有器件均装于框架之内，其部件大部分设计成可拆卸的，便于制造、安装和检修。另外，这种断路器的容量较大，额定电流可达 4000A，可装设较多的具有不同保护功能的脱扣器。如可设计成配电保护用和电动机保护用的，选择性和非选择型的，以及反时限动作特性的等等。选择型配电用断路器多采用万能式。

由于万能式断路器的辅助触头数量多，便于操作或联动控制。另外，其至触头系统可设计成有足够的短时耐受电流，加之再有灭弧能力较强的灭弧室相配合，所以极限短路分断能力很高，特别适用于低压配电系统的主保护，如作为低压进线柜的主开关。

塑壳式断路器的主要特点是由塑料底座和塑料壳盖构成塑壳体，所有部件均组装于塑壳与基座之中。这类断路器的容量较小，额定电流一般在 600A 以内，适用于交流 50Hz，额定电压 380V，直流 440V 的电路中。断路器分为配电线路保护用和电动机保护用两类，线路保护断路器在正常情况下可对线路不频繁转换分配电能，还可对线路起过载保护和短路保护作用；电动机保护断路器也可在正常情况下对线路不频繁转换，并可对电动机起过载保护、欠压保护和短路保护。塑壳式断路器具有结构简单、紧凑和操作安全的特点。

（一）低压断路器的主要部件

1. 灭弧室

灭弧室常采用长短不同的钢片交叉组成灭弧栅，装在由绝缘材料制成的灭弧室内。在主触头分断时，被拉长的电弧被灭弧栅分割减若干小段电弧，灭弧栅对电弧的吸热、散热作用使电弧迅速冷却，也使电弧的总压降增加。这样，由于电源电压不足以继续维持电弧燃烧而迅速熄弧。在灭弧室内壁一般用钢板纸制成，以产生帮助灭弧的气体而增强灭弧效果。为了进一步使游离气体冷却，在栅片上方还设有灭焰栅片，以降低灭弧距离，以免造成相间灭弧短路。

2. 触头系统

触头系统主要由触头、载流母线、软连接线及脱扣器环节等组成，它是断路器的重要核心部件。对于容量较大的低压断路器，其触头系统设有主触头、副触头和弧触头，且三者依次并联。在主触头分断瞬时，电弧电流将由主触头经副触头转移到弧触头。在电弧转移过程中，所放出的高热易将主触头烧蚀，放在主触头与弧触头之间设置副触头，即副触头为过渡性触头。其触头分断的先后顺序为：主触头→副触头→弧触头。对于容量较小的低压断路器，由于分断电流不大，故一般不设副触头。

3. 脱扣器系统

根据供电系统网络及用电设备的不同要求，可选用具有不同脱扣系统的自动空气开关（断路器）。脱扣器的种类很多，主要有以下几种：

（1）欠压脱扣器。欠压脱扣器多为电磁式，由铁芯、线圈、衔铁和整定弹簧等组成，如图 6-2 中的 18 所示。当电网电压降低到额定电压的 35％时，衔铁 17 被释放，在弹簧 16 的作用下，衔铁推动杠杆 5 使搭钩 3 与锁键 2 脱扣，而实现断路器的触头 1 打开，即分闸。当电压大于额定电压的 75％时应保证脱扣器不动作。

对于带延时的欠压脱扣器，只需在脱扣器线圈回路中增加一组 RC 延时元件，如图 6-3

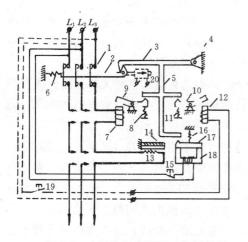

图 6-2 自动空气断路器工作原理图

1—触头；2—锁键；3—搭钩（表示自由脱扣器机构）；4—铰链；5—杠杆；6、8、11、16—弹簧；7—过流脱扣器；9、10、17—衔铁；15、19—按钮；18—欠压脱扣器；20—合闸电磁铁

所示。当电源电压为 $(75\sim105)\%V_N$ 时，二极管半波整流电路为欠压脱扣器线圈供电的同时，也为电容器 C 充电，保证脱扣器不动作。当电源电压下降至 $35\%V_N$ 时，电容器 C 经 R_1、R_2 继续对欠压脱扣器线圈供电（放电），直到其放电电压不足以继续维持线圈吸合时，衔铁 17 被释放，从而使脱扣器在欠压时延时动作。还可采用钟表机构延时。

一般欠压延时脱扣器的延时脱扣时间为 1、2、3s 三档，如果电源电压在预整定延时时间内恢复到正常值时，欠压脱扣器不动作，从而可防止电网出现短时电压降低（如备用电源转换、大型电动机起动、雷击等）时所引起的停电事故。

（2）过流脱扣器。如图 6-2 所示，在断路器每极上均装设过流脱扣器 7，三极断路器也可以装设两个。在给定电流范围内，脱扣器的动作电流可任意整定，其整定方式多用旋钮或螺杆调节整定值。当线路发生短路，即达到预整定电流值时，过流脱扣器 7 的铁芯线圈产生的电磁吸力可吸动衔铁 9，推动杠杆 5 使搭钩 3 和锁键 2 脱扣而实现断路器分断，可见这种脱扣器为瞬动过电流脱扣器。其安-秒特性如图 6-4 所示。如在瞬动电磁式过电流脱

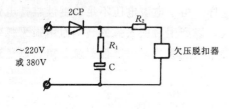

图 6-3 自动空气断路器的欠压延
时脱扣器原理图

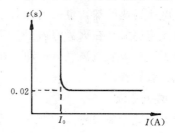

图 6-4 瞬动过电流脱扣器安-秒特性

扣器装置中增设阻尼机构（如钟表机构），即可得到短延时（0.1～1s）动作的过流脱扣器，从而可实现断路器的选择性分断。还有电子式过电流脱扣器，可实现瞬动、短延时及长延时的过电流脱扣器保护功能，或称作三段保护特性过电流脱扣器，其安-秒特性如图 6-5 所示。图中 I_0 为瞬动脱扣器的动作电流整定值，其动作时间约为 0.02s，可用于短路保护；I_1 为短延时过电流脱扣器的动作电流整定值，其动作时间约为 0.1～0.4s，可用于短路保护或过载保护；I_2 为长延时过电流脱扣器的动作电流整定值，其动作时间约为 10s 以上，可用于过载保护。附表中列出了过流脱扣器的电流整定范围，以供设计或安装调试时进行电流整定参考。

（3）热脱扣器。如图 6-2 所示，由加热电阻丝 13 和双金

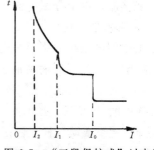

图 6-5 "三段保护式"过电流
脱扣器安-秒特性

属片 14 组成，一般与电流互感器配合制成，是一种反时限过流脱扣器。即线路电流越大，其动作时间就越短。当线路发生过载时，过载电流流过加热电阻丝 13 而使双金属片 14 受热弯曲，推动杠杆 5 使搭钩 3 与锁键 2 脱扣，使触头分断起过载保护作用。热脱扣器具有长延时特性，其延时时间可达 2～20min。

在 DZ10 型自动空气断路器中的瞬动电磁脱扣器上增加热脱扣器而制成复式脱扣器，可同时起到"短路、过载"保护，即"二段保护式"特性。

(4) 分励脱扣器。分励脱扣器由铁心线圈 12 和衔铁 10 组成，如图 6-2 所示。它由控制电源供电，经操作人员操作控制按钮 18 或继电信号使其线圈通电吸合，推动杠杆 5 使搭钩 3 与锁键 2 脱扣而实现远距离分闸。分励脱扣器的工作电压范围按标准规定为 70%～110% V_N，有些产品为 50%～110% V_N。而用作电网保护的特殊分励脱扣器的工作电压范围为 10%～110% V_N，由普通分励脱扣器和 RC 延时单元组成。当控制电源发生故障时，由充足电的电容器供电，可使分励脱扣器再继续工作 4～5min，从而提高了分励脱扣器动作的可靠性。

(二) 自动空气开关的选择

选择自动空气开关除注意额定电压、分断能力、使用条件之外，要注意开关主触头额定电流 I_N、电磁脱扣器（即瞬时或短延时脱扣器）额定电流 $I_{N \cdot ER}$ 和热（长延时）脱扣器的额定电流 $I_{N \cdot TR}$ 之间要满足下式关系：

$$I_N \geqslant I_{N \cdot ER} \geqslant I_{N \cdot TR} \geqslant I_c \qquad (6-22)$$

开关动作时间小于 0.02s（如 DZ 型）时，其开关分断能力用下式校验：

$$I_{off \cdot QA} \geqslant I_{sh} \qquad (6-23)$$

开关动作时间大于 0.02s（如 DW 型）时，其开关分断能力用下式校验：

$$I_{off \cdot QA} \geqslant I_k \qquad (6-24)$$

式中　$I_{off \cdot QA}$——自动空气开关的分断电流（kA）；

　　　I_{sh}——装设开关处冲击短路电流的有效值（kA）；

　　　I_k——装设开关处短路电流周期分量的有效值（kA）。

(三) 自动空气开关脱扣器电流整定

为使自动空气开关各脱扣器更好发挥保护功能，需结合保护对象，进行电流整流计算，然后正确选定。

1. 电动机用自动空气开关

热（或长延时）脱扣器一般作过负荷保护用，其电流整定值 $I_{OP \cdot TR}$ 应不小于电动机正常工作电流，也不应大于 $1.1 I_{N \cdot M}$，即

$$1.1 I_{N \cdot M} \geqslant I_{OP \cdot TR} \geqslant I_M \qquad (6-25)$$

式中　$I_{N \cdot M}$——电动机额定电流（A）；

　　　I_M——电动机正常工作电流（A）。

瞬时（电磁）过电流脱扣器用作短路保护，正常工作或电动机起动时不应动作。其电流整定值 $I_{OP \cdot ER}$ 为

$$I_{\text{OP·ER}} \geqslant K_{\text{rel}} \cdot I_{\text{pk}} \tag{6-26}$$

式中 K_{rel}——可靠系数，动作时间大于 0.02s 的开关取 1.35；动作时间小于 0.02s（如 DZ 型）的取 1.7～2；对有多台设备的干线，可取 1.3；

I_{pk}——尖峰电流（kA），见公式（6-17）。

2. 配电线路用自动空气开关

热（或长延时）脱扣器整定电流 $I_{\text{op·TR}}$，可用下式计算：

$$I_{\text{op·TR}} \geqslant K_{\text{rel}}' \cdot I_{\text{c}\Sigma} \tag{6-27}$$

式中 K_{rel}'——可靠系数，热脱扣器取 1.0～1.1，长延时脱扣器取 1.1；

$I_{\text{c}\Sigma}$——被控线路的计算电流（A）。

瞬时（电磁）脱扣器的整定电流 $I_{\text{op·ER}}$，可分下述两种情况进行计算：

（1）只有瞬时脱扣，而无短延时脱扣的情况：

$$I_{\text{op·ER}} \geqslant 1.1(I_{\text{c}\Sigma} + K_{\text{rel}}'' \cdot K_{\text{st}} \cdot I_{\text{N·m}}) \tag{6-28}$$

式中 K_{rel}''——可靠系数，取 1.7～2；

$I_{\text{N·m}}$——被控线路中，起动电流最大电动机的额定电流（A）；

K_{st}——被控线路中，起动电流最大电动机的起动电流倍数。

（2）既有瞬时脱扣又有短延时脱扣：

瞬时脱扣电流整定值 $I_{\text{op·ER}}$：

$$I_{\text{op·ER}} \geqslant 1.1 \text{ 倍下级空气开关处的 } I_{\text{k}} \tag{6-29}$$

短延时脱扣电流整定 $I_{\text{op·ER}}'$：

$$I_{\text{op·ER}}' \geqslant 1.1(I_{\text{c}\Sigma} + 1.35 K_{\text{st}} \cdot I_{\text{N·M}}) \tag{6-30}$$

（3）照明线路用自动空气开关：

$$I_{\text{op·TR}} \geqslant I_{\text{c}\Sigma} \tag{6-31}$$

$$I_{\text{op·ER}} \geqslant 6 I_{\text{c}\Sigma} \tag{6-32}$$

（四）灵敏度校验

由公式（6-25）至（6-32）所确定的动作电流值，必须满足下式灵敏度要求。灵敏度用灵敏系数 K_{sen} 表示。要求两相短路时，$K_{\text{sen}}^{(2)} \geqslant 2$。单相短路时，DZ 型空气开关的 $K_{\text{sen}}^{(1)} \geqslant 1.5$；DW 型自动空气开关的 $K_{\text{sen}}^{(1)} \geqslant 2$；装于防爆车间内的任何型自动空气开关的 $K_{\text{sen}}^{(1)} \geqslant 2$。

$$K_{\text{sen}}^{(2)} = \frac{I_{\text{K·min}}^{(2)}}{I_{\text{op·ER}}} \tag{6-33}$$

$$K_{\text{sen}}^{(1)} = \frac{I_{\text{K·min}}^{(1)}}{I_{\text{op·ER}}} \tag{6-34}$$

式中 $I_{\text{K·min}}^{(2)}$, $I_{\text{K·min}}^{(1)}$——配电线路末端、或电气距离最远一台用电设备处发生两相、单相短路时的最小短路电流（A）。

五、交流接触器

交流接触器在各种电力装置中应用极为广泛。作为线路或电机的远距离频繁通、断控制之用。由于产品结构不同、灭弧方式不同、加工工艺不同和材质不同，以及用途和运行环境不同，产品种类很多。由早期的 CTO，CT1，CT8、CJ10、CJ12 等系列，派生出适用条件苛刻及频繁启动和反接制动工作情况的 CJ10X 系列交流消弧接触器。后来又参照 IEC158—1 标准设计出更新换代的 CTX1 和 CJX2 系列产品，以及 CJ20 系列产品。

（一）常用产品介绍

1. CJ8 系列交流接触器

此接触器为桥式双触点结构，除三相主触头之外还有动断、动合辅助触头各两个。它适应长期工作制及间断长期工作制，允许操作频率为 600 次/h，通电持续率为 40% 的反复短时工作制。与热继电器联合使用时，允许操作频率为 50 次/h。

2. CJ12 系列交流接触器

此产品主触头为单断点串联磁吹灭弧结构，配有纵缝式灭弧罩。三相额定电流可达 600A，辅助触头为双断点式，有透明防护罩。型号最后有"Z"的为直流操作，否则为交流操作。其型号含义与 CJ8 系列交流接触器类似。

3. CJ15 系列交流接触器

此系列交流接触器最高额定电流可达 4000A，主要用于工频无芯感应电炉控制设备或其它大电流电力线路中，用以远距离控制通、断。主触头为单断点，采用纵缝式陶土灭弧罩，并有去离子栅装置，灭弧可靠。

4. CJ20 系列交流接触器

此系列产品为全国统一设计的新型接触器，适用于 50Hz，660V 电压以下电路中（个别等级可用于 1140V）。额定电流有：6.3、10、16、25、40、63、100、160、250、400、630A 等 11 种规格。吸引线圈分交流 50Hz：36、127、220、380V 和直流：24、48、110、220V 等规格。

此产品的操作频率、分断能力、动、热稳定性和使用寿命皆优于前述各种接触器。

（二）选择

（1）按线路的额定电压选择

$$U_{N \cdot KM} \geqslant U_{N \cdot l} \tag{6-35}$$

式中　$U_{N \cdot KM}$——交流接触器的额定电压（V）；

　　　　$U_{N \cdot l}$——线路的额定电压（V）。

（2）按电动机的额定功率或计算电流选择接触器的等级，并应适当留有余量。

（3）按短路时的动、热稳定校验。

线路的三相短路电流不应超过接触器允许的动、热稳定值。为使用接触器切断短路电流时，还应校验设备的分断能力。

（4）根据控制电源的要求选择吸引线圈的电压等级和电流种类。

（5）按联锁接点的数目和它需要遮断的电流大小确定辅助接点。

（6）根据操作次数校验接触器所允许的动作频率。

第七章　建筑供配电系统的继电保护

第一节　概　　述

一、继电保护装置的任务

供配电系统及设备在运行中，有可能发生一些故障和处于不正常运行状态。常见的主要故障是系统相间短路和接地短路及变压器、电动机、电力电容器等设备可能发生的匝间或层间局部短路。不正常运行状态主要指过负荷、温度过高、一相断线、小电流接地系统中的单相接地及因绝缘降低而引起的漏电等。

短路故障往往造成严重的后果，可能产生大于额定电流几倍到几十倍的短路电流并同时使系统的电压降低，影响系统正常运行，并且伴随着强力的电弧和电动力，使故障回路设备遭受损害。

不正常运行状态如果得不到及时处理将会造成线路及设备带故障运行，影响安全生产。长期过负荷将使设备绝缘老化；温度过高会使线路及设备绝缘降低；一相断线易于引起电动机过负荷；对小电流接地系统，一相接地易造成电弧接地过电压，并使其它两相对地电压升高 $\sqrt{3}$ 倍，两种过电压都可能引起相间短路；绝缘降低易造成触电事故。

为了保证供电安全可靠，供电系统主要电气设备及线路都要装设继电保护装置。其基本任务是：

（一）当被保护设备或线路发生故障时，保护装置迅速动作，有选择地将故障元件与电源切开，以减轻故障危害，防止事故蔓延，保证其它部分迅速恢复正常生产。

（二）当线路及设备出现不正常运行状态时，保护装置将会发出信号、减负荷或跳闸。此时一般不要求保护迅速动作，而是带有一定的时限，以保证选择性。

二、对继电保护装设的原则和基本要求

装设继电保护装置应根据电力系统接线和运行的特点，适当考虑其发展，合理地制定方案，构成保护系统，选择设备力求技术先进、经济合理。

保护系统中的线路和电气设备应有主保护和后备保护，必要时可增设辅助保护。

主保护——应能快速并有选择地切除被保护区域内的故障。

后备保护——应在主保护或断路器拒绝动作时切除故障。后备保护可分为远后备和近后备两种形式：

远后备——当主保护或断路器拒绝动作时，由相邻设备或线路的保护实现后备。

近后备——当主保护拒绝动作时，由本设备或线路的另一套保护实现后备；当断路器拒绝动作时，由断路器失灵保护实现后备。

辅助保护——当需要加速切除线路故障或消除方向元件的死区时，可采用由电流速断构成的辅助保护。

为了使继电保护装置能及时、正确地完成其任务，必须满足以下四个基本要求。即选择性、快速性、灵敏性和可靠性。对作用于跳闸的保护装置，这四个要求一般应同时满足。而对反应不正常运行状态，并作用于信号的保护装置，可降低要求。

（一）选择性

是指当系统发生故障时，继电保护装置应使离故障点最近的断路器首先跳闸，使停电范围尽量缩小，从而保证非故障部分继续运行。相反，如果系统中发生故障时，距故障点近的保护装置不动作（拒动），而离故障点远的保护装置动作（越级动作），就称失去选择性。

（二）快速性

要求快速切除故障，可以减轻故障的危害程度，提高电力系统并列运行稳定性；可以加速系统电压的恢复，为电动机自起动创造条件等。

故障切除的时间为继电保护装置动作时间与断路器或脱扣线圈跳闸时间（包括熄弧时间）之和。一般的快速保护动作时间为 30～120ms；断路器动作时间为 100～150ms。

（三）灵敏性

是指保护装置对故障的反应能力。一般是用灵敏系数来衡量。灵敏系数是以被保护设备故障时，通过保护装置的故障参数（如短路电流）和保护装置整定值的比值来确定。为使保护装置能可靠地起到保护作用，对各种保护装置的最小灵敏系数都有具体的规定。通常对主要保护的灵敏系数，要求不小于 1.5～2。对于具体的各种保护灵敏系数校验将在本章相关各节中介绍。

（四）可靠性

是指在保护范围内发生的故障，保护装置应正确动作，不应拒动。而在不该动作的时候，则不应误动。保护装置的可靠性要求是非常重要的，任何拒动或误动，都将使事故扩大，造成严重的后果。

以上四项对继电保护的基本要求是相互联系而有时又相互矛盾的。通常要求继电保护既能满足选择性又能满足快速性，但有时不可能同时实现，这时就要考虑是保证选择性牺牲快速性还是保证快速性牺牲部分选择性。必须根据具体情况，本着对系统有利的原则来决定保护方案。

三、继电保护装置的基本原理

建筑供配电系统中应用着各式各样的继电保护装置，尽管它们在结构上各不相同，但基本上都是由三个部分构成，如方框图 7-1 所示。其中测量部分用来反应和转换被保护对象的各种电气参数，经过它综合和变换后，送给逻辑部分，与给定值进行比较，作出逻辑判断，当区别出被保护对象有故障时，起动执行部分，发出操作指令，使断路器跳闸。

图 7-1　继电保护装置的原理框图

利用供电系统故障时运行参数与正常运行时参数的差别可以构成各种不同原理的继电

保护装置。例如:

(1) 利用电网电流改变,可构成电流速断、定时限过电流和零序电流等保护装置。

(2) 利用电网电压改变的,可构成低电压或过电压保护装置。

(3) 利用电网电流与电压间相位关系改变的可构成方向过电流保护装置。

(4) 既利用电网电流、电压改变又利用电流电压间相位关系改变及其他参数改变的可构成电机等设备的综合保护装置。

(5) 利用电网电压与电流的比值,即利用短路点到保护安装处阻抗的可构成距离保护等保护装置。

(6) 利用电网输入电流与输出电流之差的,可构成变压器差动保护等保护装置。

四、继电器的分类

保护装置中的重要元件是继电器。继电器的种类很多,其分类的方法主要有:

(一) 依反应的参数划分

包括电量的、非电量的。如电流继电器、电压继电器、功率方向继电器、阻抗继电器、温度继电器、瓦斯继电器等。

(二) 依继电器的工作原理划分

如电磁式、感应式、电动力式、热力式、半导体式、计算机集成式等。

由于我国大多数建筑供配电系统仍普遍应用机电式(电磁式和感应式等)的继电器,而且它们有成熟的调试运行经验,所以本章仍以机电式为重点来介绍保护的原则、原理和要求。

机电式继电器基本元件的主要类型见图7-2。

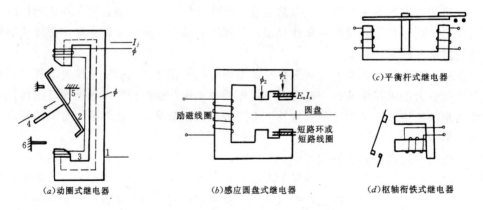

图 7-2　机电式继电器基本元件的主要类型

1—电磁铁;2—可动衔铁;3—线圈;
4—接点;5—反作用弹簧;6—止档

半导体继电器及保护装置在我国发展很快,应用日益广泛。这是因为它与机电式继电器相比具有下列特点:灵敏度高,动作速度快,耐冲击,抗振动,体积小,重量轻,功耗少,容易构成复杂的继电器及综合保护装置等。但半导体继电器也存在一定的缺点,主要是抗干扰能力相对较差,对环境有一定要求等。

半导体继电器分为两类:整流型和晶体管型,二者在保护的测量原理上有许多共同之处。但整流型不需外接自身工作电源,结构简单、可靠性较高,得到了较好的推广应用。

各种保护用的半导体继电器种类很多，有反应单一电气量的简单继电器，如电流、电压继电器；有反应两个以上电气量的大小或它们之间相位关系的复杂继电器，如功率方向、阻抗和差功继电器等。

电子技术的发展，特别是大规模集成电路的发展为继电保护及保护装置的发展开辟了广阔的前景，使保护装置性能稳定、体积更小、便于维修。单片机和计算机技术使继电保护及保护装置实现了智能化，代表了继电保护及保护装置今后的发展方向，因此在本章中将对晶体管保护及其发展而产生的电子保护及计算机保护作一定的介绍。

第二节　6～10kV 电网的过流保护和电流速断保护

一、电流互感器的极性与接线方式

（一）电流互感器基本结构原理

电流互感器的基本结构原理图如图 7-3 所示，它的一次绕阻匝数很少，有的直接穿过铁芯，只有一匝，导体相当粗，而二次绕组匝数很多，导体较细。工作时，一次绕组串联在供电系统的一次电路中，而二次绕组则与仪表、继电器的电流线圈串联，形成一个闭合回路。由于这些电流线圈的阻抗很小，所以电流互感器工作时二次回路接近于短路状态。二次线组的额定电流一般为 5A。

电流互感器的一次电流 I_1 与其二次电流 I_2 之间有下列关系：

$$I_1 \approx I_2 \ \frac{N_2}{N_1} \approx K_i I_2 \qquad (7\text{-}1)$$

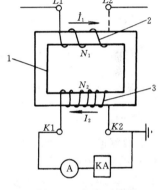

图 7-3　电流互感器

1—铁心；2——一次绕组；3—二次绕组

式中　N_1、N_2——电流互感器一次和二次绕组的匝数；

　　　　K_i——电流互感器的变流比，一般表示为额定的一次和二次电流之比，即 $K_i = I_1N/I_2N$，例如 300/5A。

（二）电流互感器的选择及 10% 误差曲线

电流互感器应按安装地点的条件及额定电压，一次电流、二次电流（一般为 5A），准确度级等条件进行选择，并校验其短路时的动稳定度和热稳定度。

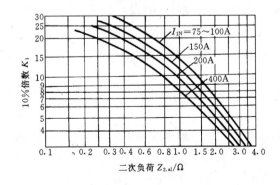

图 7-4　某型电流互感器的 10% 误差曲线

对于保护用电流互感器来说，通常采用 10p 准确级。其复合误差限值为 10%。

由于电流继电器是由电流互感器二次线圈供电的。所以继电保护装置的工作与互感器的准确度有密切的关系。按我国规程规定，用于继电保护的电流互感器的变化误差（简称比差）不得大于 ±10%，相位误差（简称角差）不得大于 7°。对于同一个电流互感器来说，在保证其误差不超过允许值的前提下，如果二次负荷阻抗 Z_2 较大，则允许的一次电

211

流倍数 K_1（互感器实际的一次电流 I_1 与其额定一次电流 I_{1N} 的比值）就较小。如果二次负荷阻抗 Z_2 较小，则允许的一次电流倍数 K_1 就较大。生产厂按照试验所绘制的允许比差为 10%，角差为 7° 的电流互感器的一次电流倍数（通称 10% 倍数）K_1 与最大允许的二次负荷阻抗 $Z_{2 \cdot al}$（Ω）的关系曲线就称为电流互感器的 10% 误差曲线，如图 7-2 所示。

如果已知电流互感器的一次电流倍数，就可从对应的 10% 误差曲线查得允许的二次负荷阻抗 $Z_{2 \cdot al}$。只要实际的二次负荷阻抗 $Z_2 \leqslant Z_{2 \cdot al}$ 就满足要求。如果不满足要求，就可改选互感器，选具有较大 I_{1N} 的互感器，或选具有较大的 $Z_{2 \cdot al}$ 的互感器。

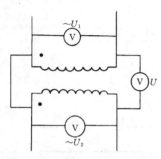

图 7-5　互感器的"加极性"和"减极性"的判别
U_1—输入电压；U_2—输出电压

（三）电流互感器极性及使用注意事项

我国电流互感器和变压器一样，其绕阻端子采用"减极性"标号法，所谓"减极性"就是互感器一次绕阻接上电压 U_1，二次绕阻感应一个电压 U_2。这时将一对同名端短接，则在另一对同名端测出的电压 $U = |U_1 - U_2|$。其接线原理图如图 7-5 所示。

如果测出的电压 $U = U_1 + U_2$，则互感器同各端是采用"加极性"标号法。由于我国规定互感器采用"减极性"标号法，因此同名端在同一瞬间具有同一极性，也就是说，同名端也就是同极性端。按规定，电流互感器的一次绕组端子标以 L_1，L_2 二次绕组端子标以 K_1、K_2，L_1 与 K_1 为 P″"同各端"，即"同极性端"。由于电流互感器二次绕组的电流为感应电动势所产生，所以该电流在绕组中的流向应为从低电位到高电位。因此，如果一次电流 I_1 从 L_1 流向 L_2，则二次电流 I_2 应为从 K_2 流向 K_1，如图 7-3 所示。在安装和使用电流互感器时，一定要注意端子的极性，否则其二次侧所接仪表、继电器中流过的电流就不是预想的电流，甚至可能引起事故。

电流互感器在工作时其二次侧不得开路，在安装时二次侧的接线一定要牢靠和接触良好，并且不允许串接熔断器和开关。

为了防止其一、二次绕组绝缘击穿时，一次侧的高电压串入二次侧，危及人身和设备的安全，电流互感器二次侧有一端必须接地。

（四）电流互感器的接线

电流互感器在三相电路中有如下四种常见的接线方式：

1. 一相式接线。即电流线圈通过的电流，反应一次电路对应相的电流，通常用在负荷平衡的三相电路中测量电流，或在继电保护电路中作为过负荷保护接线。

2. 两相 V 形接线，也称为两相不完全星形接线。与继电器相接，构成继电保护。

3. 两相电流差接线，也称为两相交叉接线，其二次侧公共线流过的电流，等于两个相电流的相量差。

4. 三相 Y 形接线。这种接线的三个电流线圈正好反应各相的电流，广泛用于不论负荷平衡与否的三相电路中。

第 2、3、4 三种电流互感器接线方式和继电器一起可以根据保护要求的不同，构成很多种继电保护接线方式。

二、保护装置的接线方式

（一）三种基本的接线方式

1. 三相三继电器的完全星形接线（如图7-6所示）。

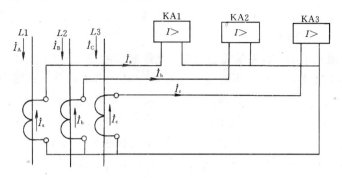

图 7-6 三相完全星形接线方式

2. 两相两继电器的不完全星形接线（如图7-7所示）

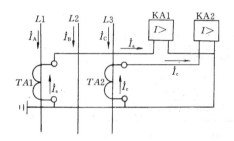

图 7-7 两相两继电器式接线

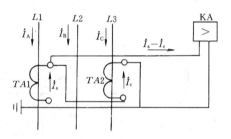

图 7-8 两相一继电器接线方式
TA1、TA2—电流互感器；KA—电流继电器

3. 两相一继电器的两相电流差接线
（如图7-8所示）

不完全星形和两相电流差接线方式能
保护各种相间短路，但在设有装设电流互
感器的一相（如图7-7及图7-8中的B相）
发生单相短路时，保护装置不会动作。完
全星形接法能保护任何相间短路和单相短
路。

在星形接法中，通过继电器的电流就
是电流互感器二次侧的电流。在两相电流

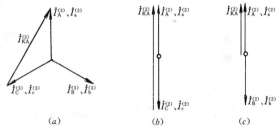

图 7-9 两相电流差接线方式在不同
短路类型下的电流向量图
(a) 三相短路；(b) A、C 两相短路；(c) A、B 两相短路

差的接线中，通过继电器的电流是两相电流之差，$I_{KA} = \dot{I}_a - \dot{I}_c$；在 AC 两相短路时，$I_{kAac} = 2I_a$，在 AB 或 BC 两相短路时，$I_{kAab}$ 或 $I_{kAbc} = I_c$。

两相电流差接线方式在不同短路类型下的电流向量图如图7-7所示。

由此可以看出不同的接线方式通过继电器的电流与电流互感器二次电流是不同的。因此在保护装置的整定计算中，由于不同的接线方式将引起通过继电器的电流与电流互感器的二次电流的不同。为了分析方便，引入接线系数的概念，它表示实际流入继电器的电流 I_{KA} 与电流互感器二次侧电流 I_2 之比值。如式7-13所示。

$$K_w = I_{KA}/I_2 \qquad (7-2)$$

由式（7-2）可知，对于星形接线，$K_w=1$。对于两相电流差接线，在不同短路形下 K_w 是不同的；对于短路时 $K_w=\sqrt{3}$；两相短路时 K_w 为 2 或为 1；单相短路时为 1。

（二）接线方式的分析

在小电流接地电网中，因为单相接地时，允许继续运行 1～2h，故当发生两点接地短路时，只需切除一个接地点。由于不完全星形接线方式比三相星形方式减少了设备，节省了投资，且它能反应任意两相短路，因而在 6～10kV 小电流接地系统中得到了广泛的应用。

如图 7-10 所示，在小电流接地电网中，1 号线的 C 相和 2 号线的 A 相发生两点接地短路，当 1 号线过流保护装在 A、B 相上，2 号线路过流保护装在 B、C 相上时，两线路的保护均不动作，造成一级保护动作越级跳闸，三条并联线路都将停电。如果各条线路上的保护都装在同名的两相上，如 A、C 相上，对于各种两相故障，两相两继电器方式可以保证有 2/3 的机会只切除一条故障线路，仅有 1/3 的机会要切除两条故障线路，从发生接地短路两点动作情况看，两相两继电器是比较好的。

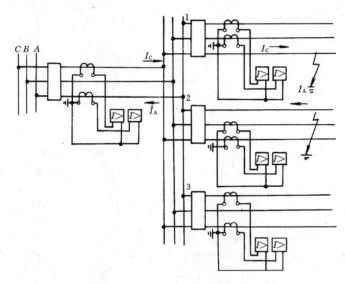

图 7-10　不完全星形接线过电流保护装设不固定相时
造成越级跳闸示意图

如果两相两继电器方式中，两条线路的过流保护不是装在同名的两相上，那么在发生两点接地短路时，将有 1/6 的机会保护装置不动作面引起越级跳闸，有 1/2 的机会要同时切除两条线路，只有 1/3 机会切除一条故障线路。因此，用两相两继电器方式时，必须要注意把保护接在同名的两相上。

当在辐射形线路上发生两点接地短路时，如图 7-11 所示，即使保护装置装设在 A，C 相上，当发生 1 号线 B 相接地，2 号线 C 相接地时，这时 1 号线的断路器不动作，而 2 号线的断路器动作，扩大了停电范围。要防止这样的现象发生，只有采用三相星形接线方式。

（三）三种接线方式的应用范围

两相电流差接线方式能反应各种相间短路具有接线简单、投资少等优点。但也存在着某些缺点，如用作变压器的后备保护，而变压器按 Y/△ 或 △/Y 及 Y/Y₀ 联接，则当变压器后短路时，有一种短路形式它不能动作，所以这种接线方式可用于保护电动机和某些 10kV

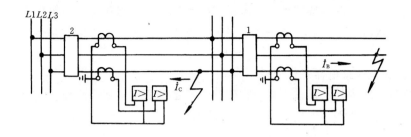

图 7-11 不完全星形接线过电流保护的越级跳闸

以下电压的线路。

两相不完全星形接线能反应各种相间短路但不能完全反应单相接地短路。因此在 10、35kV 小电流接地电网中得到了广泛的应用。它的缺点是当 Y/△ 或 △/Y 变压器后两相短路和 Y/Y₀ 变压器后单相短路时，比完全星形接线的灵敏系数小一半。为此，可在公共线中接入第三个电流继电器。如图 7-12 所示。该继电器中的电流，在没有零序电流分量时，等于第三相的电流。即：

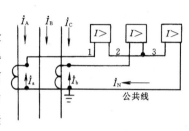

图 7-12 公共线接入第三个电流继电器的不完全星形接线

$$\dot{I}_N = \dot{I}_a + \dot{I}_c = -\dot{I}_c$$

完全星形接线方式不仅能反应各种类型的相间短路，而且能反应单相接地短路，保护装置的灵敏系数不会因故障相别的不同而变化。因此，这种接线方式主要用在大电流接地系统作为相间短路的保护。此外，在采用不完全星形接线方式不能满足灵敏系数的要求时，也可采用这种接线方式。

（四）保护装置的灵敏系数

灵敏系数是指在保护范围内发生故障和不正常进行状态时保护装置的反应能力，为了使保护装置在故障时能起保护作用，要求保护装置有一定的灵敏系数。电流保护装置的灵敏系数

$$S_p = \frac{I_{k \cdot min}^{(2)}}{I_{op \cdot 1}} \tag{7-3}$$

式中 $I_{k \cdot min}^{(2)}$——保护区末端金属性最小两相短路电流；

$I_{op \cdot 1}$——保护装置一次动作电流，即保护装置动作电流换算到一次电路的值，

$I_{op \cdot 1}$ 可按下式求得：

$$I_{op \cdot 1} = I_{op} \cdot K_i / K_w \tag{7-4}$$

式中 I_{op}——继电器的动作电路；

K_i——电流互感器的变比；

K_w——保护装置的接线系数。

三、电磁式电流继电器的工作原理

（一）动圈式电磁继电器

动圈式电磁继电器的组成如图 7-2（a）所示。主要由电磁铁 1，可动衔铁 2、线圈 3、接点 4、反作用弹簧 5、止档 6 等组成。

利用动圈式电磁继电器特性可构成电磁式电流继电器、电磁式电压继电器、电磁式中间继电器、电磁式时间继电器、电磁式信号继电器等。在本节中重点介绍电磁式电流继电器。

（二）电磁式电流继电器工作原理

当继电器的线圈中通以电流 I 时，在磁路内产生磁通中，它与磁势（IW）成正比。根据电磁理证，作用在磁铁上的电磁力矩 M 与磁通 ϕ 的平方成正比。即：

$$M = K_1 \phi^2$$

当气隙足够大时，磁阻 R_M 成线性，由磁路欧姆定律知：

$$\phi = \frac{IW}{R_M} \tag{7-5}$$

代入上式得：

$$M = K_1 \frac{W^2}{R_m^2} I^2 \tag{7-6}$$

继电器的动作条件是：电磁力矩 M 大于弹簧反作用力矩 M_r 和可动系统摩擦力矩 M_f 之和。即：

$$M \geqslant M_r + M_s \tag{7-7}$$

对于过电流继电器，能使它动作的最小电流值，称为动作电流，用 I_{op} 表示。由临界动作条件得动作电流为：

$$I_{op} = \frac{R_M}{W} \sqrt{\frac{M_r + M_f}{K_1}} \tag{7-8}$$

从上式看出电磁式继电器的动作电流，可以用以下方法进行调整

（1）改变继电器线圈的匝数（W）；

（2）改变弹簧反作用力矩（M_r）；

（3）改变磁阻（R_m），调节空气气隙（δ）。

继电器动作后，当电流减小时，在弹簧力的作用下，将衔铁返回，这时摩擦力起阻碍衔铁返回的作用。电磁力成为制动力。因而继电器的返回条件是：

$$M_r > M + M_f \tag{7-9}$$

能使继电器返回的最大电流值称为返回电流，用 I_{re} 来表示。

通常把返回电流与动作电流的比值叫做继电器的返回系数 K_{re}，即

$$K_{re} = I_{re}/I_{op} \tag{7-10}$$

返回系数是继电器的一项重要质量指标，对于反应参数增加的继电器如过流继电器，K_{re} 总小于 1，而反应参数减少的继电器，如低电压继电器，其返回系数总大于 1，希望返回系数越接近 1 越好。继电保护规程规定：过电流继电器的 K_{re} 应不低于 0.85；低电压继电器 K_{re} 应不大于 1.25。为使 K_{re} 接近 1，应尽量减少继电

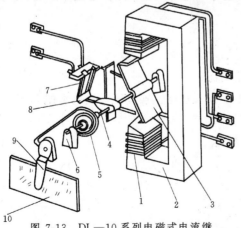

图 7-13　DL—10 系列电磁式电流继电器的内部结构

1—线圈；2—电磁铁；3—钢舌片；4—轴；5—反作用弹簧；6—轴承；7—静触点；8—动触点；9—起动电流调节转杆；10—标度盘（铭牌）

器运动系统的摩擦，并使电磁力矩与反作用力矩适当配合。

（三）DL—10系列电磁式电流继电器简介

电磁式电流继电器在继电保护装置中通常用作起动元件，在建筑供配电系统中常用的DL—10系列电磁电流继电器的基本结构如图7-13所示，其内部接线和图形符号如图7-22所示。

由图7-13可知，当继电器线圈1通过电流时，电磁铁2中产生磁通，力图使乙形钢舌片3向凸出磁极偏转。与此同时，轴4上的反作用弹簧5又力图阻止钢舌片偏转。当继电器线圈中的电流增大到使钢舌片所受的转矩大于弹簧的反作用力矩时，钢舌片便便吸近磁极，使常开触点闭合，常闭触点断开，这就叫继电器动作或起动。

在继电器动作后，减小线圈电流到一定的值时，钢舌片在弹簧作用下返回起始位置。

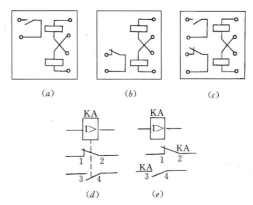

图7-14 DL—10系列电磁式电流继电器的内部接线和图形符号㈠

（a）DL—11型；（b）DL—12型；（c）DL—13型；（d）集中表示法；（e）分开表示法

电磁式电流继电器的动作电流有两种调节方法：一种是平滑调节，即拨动转杆9（参见图7-13）来改变弹簧5的反作用力矩；另一种是级进调节，即利用线圈1的串联或并联。当线圈由串联改为并联时，相当于线圈匝数减少1倍，由于继电器动作所需的电磁力是一定的，因此动作电流将增大1倍，反之，当线圈由并联改为串联时，动作电流将减小1倍。

这种电流继电器的动作极为迅速，可以说是瞬时动作，因此这种继电器也称为瞬时继电器。

四、定时限过电流保护装置

（一）工作原理

在单侧电源供电的辐射形网络中，每一线路电源端均装设断路器及保护装置。图7-15为定时限过电流保护的原理接线图。当线路发生相间短路时，电流继电器KA瞬时动作，闭合其触点，使时间继电器KT动作，KT经过整定的时限后，其延时触点闭合，使串联的信号继电器（电流型）KS和中间继电器KM动作。KS动作后，由于断路器QF的跳闸线圈YR通电，其跳闸铁芯动作，使断路器跳闸，切除短路故障部分，断路器跳闸时，其辅助触点QF随之断开跳闸回路，以减轻中间断路器触点的工作。在短路故障被切除后，继电保护装置除KS外的其它所有继电器均自动返回起始状态，而KS可手

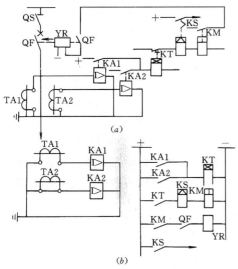

图7-15 定时限过电流保护的原理电路图

（a）电路图（按集中表示法绘制）；（b）展开图（按分开表示法绘制）

QF—断路器；TA—电流互感器；KA—DL型电流继电器；KT—DS型时间继电器；KS—DX型信号继电器；KM—DZ型中间继电器；YR—跳闸线圈

动复位。

图 7-16 为定时限过电流保护时限特性原理示意图。

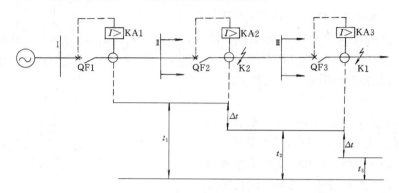

图 7-16 定时限过流保护时限特性

当线路上远端如 D_1 发生短路故障时，短路电流由电源经线路流至短路点，由于短路电流流经保护装置 KA1、KA2 及 KA3，且大于各保护装置的动作电流，所以上述各保护装置的电流继电器均起动，按选择性要求，只应保护装置 KA3 动作，使 QF3 跳闸。故障切除后保护装置 KA1 及 KA2 返回。所以各保护装置的动作时限应使 $t_1 > t_2 > t_3$ 及：

$$t_2 = t_3 + \Delta t$$
$$t_1 = t_2 + \Delta t = t_3 + 2\Delta t$$

Δt 称为时限级差，应越小越好，它包括断路器的动作时间，保护装置中时间继电器可能提前动作的负误差时间，上一级保护装置中时间继电器可能滞后动作的正误差时间，另外还要考虑一些时间富余量。根据断路器及继电器的类型不同，Δt 取为 0.35～0.7s。

由于各保护装置的动作时限大小是越接近电源，保护装置的动作时间越长，形成阶梯形的时限特性，由于各保护装置的动作时限是固定的，因而与电流大小无关，所以称为定时限过流保护。

保护装置除保护本线路外，还应起下一相邻线路的后备保护作用。当因某种原因下一级保护装置振动时，上一级保护应动作。

（二）整定计算及灵敏系数校验

定时限过电流保护的动作电流应按照故障时能可靠地动作，而在正常最大工作电流时，不应引起保护装置误动作的原则，并考虑由于电动机的起动和自起动以及用户负荷突变和其它原因引起的短时间冲击电流情况下保护也不应动作。同时还应考虑保护装置在外部短路被切除后能可靠地返回。

定时限过电流保护装置二次动作电流

$$I_{\text{op}} = \frac{K_{\text{rel}} \cdot K_{\text{w}}}{K_{\text{re}} \cdot K_i} I_{\text{L}\cdot\text{max}} \tag{7-11}$$

式中　I_{op}——电流继电器的起动电流；

$I_{\text{L}\cdot\text{max}}$——正常运行时被保护线路的长时最大工作电流，可取为 $(1.5\sim3) I_{30}$，I_{30} 为线路计算电流；

K_{rel}——可靠系数。考虑继电器动作电流误差及最大工作电流计算的不准确性而设定的。一般采用 1.15～1.25；

K_w—— 保护装置的接线系数，对两相两继电器接线（相电流接线）为 1，对两相电流误差接线为 $\sqrt{3}$；

K_{re}—— 继电器的返回系数。DL 继电器的返回系数，一般取 0.85，GL 型一般取 0.8，晶体管型取 0.85～0.9；

K_i—— 电流互感器的变化。

灵敏系数的校验公式：

$$S_p = \frac{I_{k \cdot min}^{(2)}}{I_{op \cdot 1}} \tag{7-12}$$

式中 S_p—— 灵敏系数，作为主保护要求 $S_p \geq 1.5$，作为后备保护要求 $S_p \geq 1.2$。

$I_{k \cdot min}^{(2)}$—— 作为主保护时为采用最小运行方式下本线路末端两相短路时的短路电流；作为相邻线路的后备保护时，应采用在最小运行方式下相邻线路末端两相短路时的短路电流。

$I_{op \cdot 1}$—— 折算到一次侧的电流继电器动作电流。

五、反时限过电流保护

（一）保护原理

反时限过电流保护的原理特点是：保护装置的动作时间与故障电流的大小成反比。即故障电流越大，动作时限越快。在同一条线路上，靠近电源侧的始端发生短路时，短路电流大，其动作时限短，反之末端发生短路，短路电流较小，动作时限较长。一般用 GL 型感应式电流继电器或半导体反时限电流继电器组成。它既是起动元件又是时间元件，且触点容量大，不必借用中间继电器，可实现直接跳闸。

图 7-17 为反时限过电流保护的展开式原理图。（简称展开图），图（a）为两相一继电器接线，图（b）为两相两继电器接线。

当供电线路发生相间短路时，电流继电器 KA 动作，经过一定延时后，其常闭触点闭合，紧接着其常闭触点断开。这时断路器因其跳闸线圈 YR 去分流而跳闸，切断短路故障部分。在继电器去分流跳闸的同时，其信号牌自动掉下，指示保护装置已经动作。在短路故障被切除后，继电器自动返回，其信号牌可手动恢复。

（二）反时限过电流保护的时限配合

反时限过流保护动作电流的选择计算与定时限过流保护相同。由于反时限过流保护动作时限随电流大小而变化，因此，整定的时间必须指出是某一电流值或动作电流的某一倍数下的动作时间。为了达到时限上的配合，整定时应首先选择配合点，在配合点上

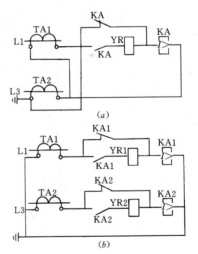

图 7-17 反时限过电流保护的
原理电路图（展开图）
(a)两相一继电器接线；(b)两相两继电器接线
TA—电流互感器；KA—GL15、25 型电流继电器；YR—跳闸线圈

的两套保护装置的动作时限级差最小。如图 7-18 所示的线路保护，保护 KA1、KA2 的配合点应选在 L_2 的始端 d_1 点，因为此点短路时，使同时流过保护 KA1、KA2 的短路电流最大，动作时限的级差最小。此时保护装置动作时限如能满足 $t_1 d_1 = t_2 d_1 + \Delta t$，则其它各点上的保

护装置的时限级差也定能满足要求。当一个保护装置的动作时限特性已定（如图 7-18 (c) 中的保护 KA2 的特性曲线 2）则在配合点上 KA2 的动作时限 $t_2 d_1$ 即为已知，如曲线 2 的 A 点。根据时限级差要求，则 KA1 的动作时限即可确定为 B 点。此点在保护装置动作时限特性曲线 1 上。由于配合点上各保护装置的动作电流或其倍数 n_1，n_2 为已知，故各保护装置的动作时限便可整定。

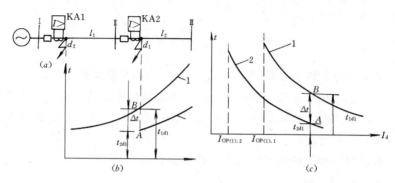

图 7-18　反时限过流保护的配合

(a) 网路图；(b) 距离与时限；(c) 电流与时限

因感应式继电器铝盘有转动惯性，误差较大，所以 Δt 取值较大，一般为 0.7s。

算得 $t_1 d_1$ 即获得保护装置 KA1 时限特性曲线上的一点 B，保护装置动作电流 $I_{op(1).1}$ 已经算出，$I_{op(1).1}$ 及点 B 两个因素一确定，则保护装置 KA1 的特性曲线 1 即可确定下来。

在调整继电器时，首先按 $I_{op(1)}$ 选好起动电流调整插销的位置，然后计算 d_1 点三相短路电流 I_{kd1}，再将 I_{kd1} 对应的二次电流通入 KA2 中，参考 10 倍动作电流的时间刻度 c 即扇形齿轮起始位置）使测得的动作时间为计算时间 $t_1 d_1$ 即可。

从时限特性可知，在 d_1 点短路时保护 KA1 和 KA2 动作时限 Δt 为最小。在远于 d_1 的其它点，时限级差 $\Delta t' > \Delta t$，可见，只要在 d_1 点满足时限配合要求，那么在其它各点短路时，均能满足选择性的要求。

（三）定时限与反时限过流保护时限的配合

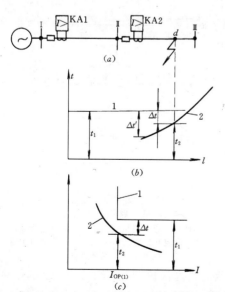

图 7-19　定时限与反时限过流保护时限配合

(a) 网路图；(b) 距离与时限；(c) 电流与时限

如图 7-19 所示，保护 KA1 是定时限过流保护，保护 KA2 是反时限过流保护，如果保护 KA1 的动作电流整定为 $I_{op(1).1}$，动作时限为 t_1，则配合点应选在保护 1 的保护范围末端 d 点，以保证两者保护的选择性，限止越级跳闸。即在 d 点短路时（d 点可用在最小运动方式下的短路电流求得），通过保护 KA2 的电流为：$I_d = I_{op(1).1}$，在配合点应满足 $t_1 - t_2 = \Delta t$，从图可以看出在 d 点以后短路时，$I_d < I_{op(1).1}$，保护 KA1 不动作，故不存在保护时限配合问题。在保护 KA1 和 KA2 的重叠保护范围内短路时，$I_d > I_{op(1).1}$ 故保护 KA2 的动作时限小于 t_2，此时时限级差 $\Delta t' > \Delta t$。所以只要在 $I_d = I_{op(1).1}$

处时限能配合，则 $I_d > I_{op(1) \cdot 1}$ 的其它各点必然能够配合。

（四）反时限过流保护与定时限过流保护比较

定时限过流保护的优点是：动作时限比较准确，整定简单。缺点是所需继电器数量较多，接线复杂，且需直流操作电源。此外靠近电源处的保护装置动作时限较长。

反时限过流保护的优点是：继电器数量大为减少，一种 GL 型电流继电器就基本上能代替定时限过流保护的电流继电器、时间继电器、中间继电器和信号继电器等一系列继电器。因而投资少，接线简单，适于交流操作。缺点是动作时限的整定比较麻烦，继电器动作的误差较大。

六、电流速断保护装置

（一）保护原理

由于定时限及反时限过流保护有一个明显的缺点，即越靠近电源的过电流保护，其动作时间越长，而短路电流值却是越靠近电源越大，危害也越严重，因而规定，当过电流保护的动作时限超过 1s 时，应装设电流速断保护。

电流速断保护就是一种瞬时动作的过电流保护，对于采用 DL 系列电流继电器的速断保护来说，就相当于定时限过流保护中抽去时间继电器，即在起动用的电流继电器之后，直接接信号继电器和中间继电器，最后由中间继电器的触点接通继电器的跳闸回路。图 7-20 (a) 是线路上同时装有定时限过电流保护和电流速断保护电路图，其中 KA1、KA2 与 KT、KS、KM 组成定时限过电流保护，而 KA3、KA4 与 KS、KM 组成电流速断保护。

如果采用 GL 系列电流继电器，则利用该继电器的电磁元件来实现电流速断保护，而其感应元件则用来作反时限过流保护，非常简单，经济。

为了把保护范围限制在本段线路并保证选择性要求，电流速断保护的动作电流（即速断电流）I_{gb}，应躲过它所保护线路末端的最大短路电流，即三相短路电流 $I_{K \cdot max}$，如图 7-20 (b) 所示，前一段线路 WL_1 末端 K-1 点的三相短路电流，实际上与后一段线路 WL_2 首端 K-2 点的三相短路电流是近乎相等的，因为两点之间距离很短。

由此可得电流速断保护动作电流（速断电流）的整定公式为

$$I_{qb} = \frac{K_{rel} \cdot K_W}{K_i} I_{K \cdot max} \tag{7-13}$$

式中　K_{rel}——可靠系数，对 DL 型继电器取 $1.2 \sim 1.3$；对 GL 型继电器，取 $1.4 \sim 1.5$，对脱扣器取 $1.8 \sim 2$；

　　　K_W——电流互感器接线系数；

　　　K_i——电流互感器变化。

（二）电流速断保护的"死区"及其弥补

由于电流速断保护的动作电流躲过了线路末端的最大短路电流，因此在靠近末端的一段线路上发生的不一定是最大短路电流（例如两相短路电流）时，电流速断保护就不可能动作，这就是说，电流速断保护实际上不能保护线路的全长。这种保护装置不能保护的区域，称为"死区"。如图 7-20 (b) 所示。

为了弥补死区得不到保护的缺陷，所以凡是装有电流速断保护的线路，必须配备带时限的过流保护，过电流保护的动作时间比电流速断保护至少长一个时间级差 $\Delta t = 0.5 \sim 0.7s$，而且前后过电流保护的动作时间又要符合"阶梯原则"，以保证选择性。

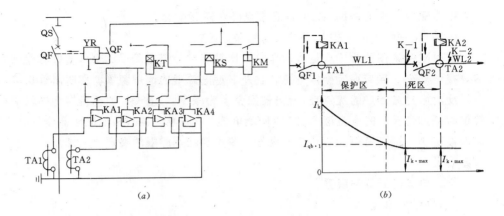

图 7-20　线路的定时限过电流保护和电流速断保护电路图及保护区

(a) 电路图；(b) 保护区

在电流速断的保护区内，速断保护为主保护，而在电流速断保护的死区内，则过电流保护为基本保护。

（三）电流速断保护灵敏系数校验

电流速断保护的灵敏系数应满足：

$$S_p = \frac{K_w \cdot I_K^{(2)}}{K_i I_{gb}} \geqslant 1.25 \sim 1.5 \tag{7-14}$$

式中　$I_K^{(2)}$——线路首端在系统最小运行方式下的两相短路电流；

　　　I_{gb}——电流速断保护动作电流值；

　　　K_w——电流互感器接线系数；

　　　K_i——电流互感器变比。

七、低电压闭锁过流保护

当过电流保护装置的灵敏系数达不到要求时，可采用低电压继电器闭锁的过电流保护装置来提高灵敏度，如图 7-29 所示。在供电系统正常运行时，母线电压接近于额定电压，因而低电压继电器 KV 的触点是断开的。由于低电压继电器 KV 的触点与电流保护装置 KA 的常开触点相串联，因此只要系统电压正常，即使电流继电器动作，其触点闭合，但因电压继电器的触点断开，断路器也不会跳闸。所以设有低电压继电器闭锁的过电流保护装置，其动作电流不必按躲过线路的最大负荷电流 $I_{L.max}$（为计算电流 I_{30} 的 1.5～3 倍）来整定，而只需按躲过线路的计算电流 I_{30} 来整定，当然保护装置的返回电流也应躲过 I_{30}。故此时过电流保护动作电流

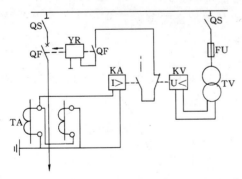

图 7-21　采用低电压继电器闭锁的过电流
保护原理电路

QF—断路器；TA—电流互感器；TV—电压互感器；
KA—电流继电器；KV—电压继电器；YR—跳闸线圈；

的整定计算公式为：

$$I_{op} = \frac{K_{rel} \cdot K_w}{K_{re} \cdot K_i} I_{30} \tag{7-15}$$

式中各系数的取值与式（7-10）相同。

由于过电流保护采用低电压继电器闭锁后可以减小保护装置的动作电流，提高了保护装置的灵敏系数。

上述低电压继电器的动作电压按躲过正常最低工作电压 U_{min} 来整定，当然其返还电压也应躲过 U_{min}，即小于 U_{min}，因此低电压继电器动作电压的整定计算公式为

$$U_{op} = \frac{U_{min}}{K_{rel} \cdot K_{re} \cdot K_u} \approx (0.6 \sim 0.7) \frac{U_N}{K_u} \tag{7-16}$$

式中　U_{min}——线路最低工作电压，取 $(0.85 \sim 0.95) U_N$；

U_N——线路额定电压；

K_{re}——低电压继电器返回系数，取 1.15；

K_{rel}——保护装置的可靠系数，取 1.2；

K_u——电压互感器变化。

八、晶体管定时限过流保护装置和晶体管速断保护装置

具有反时限特征的整流型电流继电器（如 LL—10 系列），它的保护性能与 GL—10 系列感应式继电器基本上相同，可以取代后者使用。

图 7-22 (a) 是 LL—10 系列电流继电器原理线路图，(b) 是它的结构方框图。继电器分为反时限与速断部分，它们的输入信号都是由电压形成回路经整流，滤波后供给。两部分输出经由或门加至比较电路，达到整定值时，启动出口元件，EJ 和 DE 相继动作，发出跳闸指令。

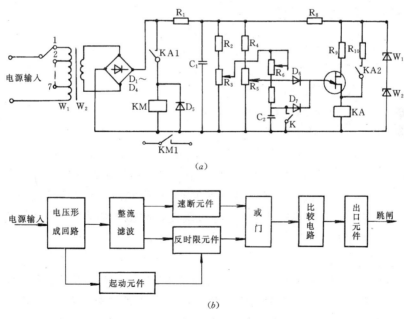

图 7-22　整流型电流继电器
(a) 原理图；(b) 方框图

继电器各主要组成元件作用如下：

（一）电压形成回路

它是继电器的测量元件，其作用有二：一是进行信号转换，把一次回路（仅用互感器）传来的交流信号进行变换和综合，变为起动逻辑元件所需要的电压信号（一般为数

伏）；二是起隔离作用，用它将交流强电系统同半导体电路系统隔离开来。此点之所以必要是因为晶体管电路不允许接地，而仅用互感器的二次侧必须一端接地。另外在中间变换器上加上屏蔽层接地，可以大大地抑制高频干扰。

LL—10系列继电器的电压形成回路KH是电抗变换器，它的结构特点是磁路带有气隙，因此不易饱和。当一次线圈输入被测电流I_1时，其二次线圈输出电压为：

$$U_2 = jWM\dot{I}_1 = j\dot{I}_1 Z \tag{7-17}$$

式中的M为一、二次间的互感系数，Z是电抗变换器的等效电抗。由上式看出：电抗变换器的二次输出电压超前一次电流90°，这是因为一次电流全部为励磁电流的缘故。

电流继电器还可用电流变换器组成电压形成回路，这实质上是一小型电流互感器，由不带气隙的磁路构成，在二次线圈上接以负载电阻R，其上的压降即是输出电压U_2，为使U_2与$\dot{I}_1$呈线性关系，在测量范围内磁路应不饱和。

（二）反时限部分

电包括起动元件和反时限元件两部分。起动元件其动作机构与舌片式电磁继电器相似。它带动一对常闭接点，在电路中接点与延时电容器C_2并接。

当继电器的输入电流达到反时限部分的整定值时，起动元件首先动作，打开其接点，使电容器C_2开始充电。当C_2上的电压U_{c2}上升到单晶管的峰点电压U_P时，C_2便经过单晶管对微型继电器ZJ放电，使它动作。继电器的动作时间t，主要是从C_2开始充电起，直到$U_{c2} = U_P$所需要的一段时间，其值为：

$$t = RC_2 \ln \frac{U}{U - U_p} \tag{7-18}$$

式中　C_2——反时限回路充电电容（μF）；

　　　R——充电回路等效电阻，即R_6，R_7之和（Ω）；

　　　U——R_2、R_3分压器的输出电压（V）；

　　　U_p——单结晶体管峰点电压（V）。

单晶管的工作电流是由R_8及W_1，W_2组成的稳压器供给，故U_p即为定值。当充电回路的时间常数RC_2为一定时，继电器的动作时间t与分压器输出电压U成指数关系。而U又与输入电流I_1成正比，故继电器的安秒特性为反时限特性。当过电流倍数较大时，电抗变换器铁芯趋于饱和，其输出电压随电流增大缓慢，构成定时限特性部分。其特性曲线与感应式电流继电器相似。

（三）速断部分

由分压器R_4、R_5获得电压经或门直接加到UJT发射极上。当继电器的输入电流达到速断部分的整定倍数时，分压器输出电压便达到UJT的峰点电压U_p，使ZJ_1立即动作。

微型继电器ZJ动作后，其接点ZJ_2自保，ZJ_1接通执行继电器DE，发出跳闸指令。断路器跳闸后，输入电流消失，继电器返回。

（四）继电器的整定

动作电流整定：用改变电抗变换器一次线圈抽头（共7档）进行调整。

速动电流倍数整定：用改变电位器R_5进行调整。

动作时间整定：用改变电位器R_6进行调整。

第三节　6～10kV 线路的单相接地保护及绝缘监视

在建筑供配电系统中，6～10kV 供电系统电源中性点通常是不接地的或少部分经消弧

在建筑供配电系统中配电线路主要采用电缆方式供电，因而 6～10kV 系统的单相接地保护及绝缘监视更得到重视。

在 6～10kV 电网中性点不接地系统中，当单相接地电流过大时易出现断续电弧，可能使电路发生电压谐振现象。出现谐振过电压，可达相电压的 2.5～3 倍，可能导致线路上绝缘薄弱点的绝缘击穿。当采用消弧线圈接入变压器中性点时，一方面可用消弧线圈的感性电流补偿系统中单相接地时的电容电流，一方面因单相接地电流变小而使单相接地时电弧难以形成。从而保证了系统的供电安全。

一、中性点不接地系统单相接地故障分析。

如图 7-23 所示，系统正常运行时，三个相的相电压 $\dot{U}_A$、$\dot{U}_B$、$\dot{U}_C$ 是对称的，三相对地电容电流 $\dot{I}_{C0}$ 也是平衡的。每相对地电压即为其相电压。

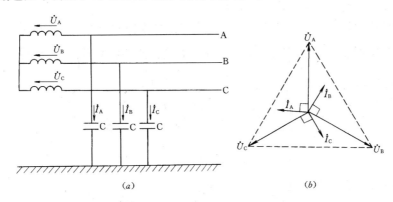

图 7-23　正常运行时的电源中性点不接地的电力系统

(a) 电路图；(b) 相量图

当系统发生一相接地时，例如 C 相，这时 C 相对地电压为零。系统发生了不对称单相接地故障。此时 A 相对地电压 $\dot{U}'_A = \dot{U}_{AC} = \dot{U}_A + (-\dot{U}_C)$。B 相电压 $\dot{U}'_B = \dot{U}_{BC} = \dot{U}_B - \dot{U}_C = \dot{U}_B + (-\dot{U}_C)$。其电路图和向量图如图 7-24 所示。

显然，A 相对地电压及 B 相对地电压都将升高 $\sqrt{3}$ 倍，达到线电压数值。

由于三相电网对地电压 $\dot{U}'_A$、$\dot{U}'_B$、$\dot{U}'_C$ 不再对称，其和不等于零，于是在故障点上出现了零序电压。按照对称分量法，零序电压 $\dot{U}'_0$ 为：

$$\dot{U}'_0 = \frac{1}{3}(\dot{U}'_A + \dot{U}'_B + \dot{U}'_C) = \frac{1}{3}(\dot{U}_A - \dot{U}_C + \dot{U}_B - \dot{U}_C + 0)$$

$$= \frac{1}{3}(\dot{U}_A - \dot{U}_C + \dot{U}_B - \dot{U}_C + \dot{U}_C - \dot{U}_C)$$

$$= \frac{1}{3}(\dot{U}_A + \dot{U}_B + \dot{U}_C - 3\dot{U}_C) = -\dot{U}_C \tag{7-19}$$

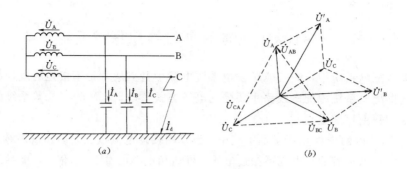

图 7-24　一相接地时的电源中性点不接地的电力系统

(a) 电路图；(b) 相量图

设变压器中性点对地电压为 $\dot{U}_0$。

则有：$\dot{U}'_C = \dot{U}_C + \dot{U}_0 = 0$

故　　　　　　　　　　　$\dot{U}_0 = -\dot{U}_C = \dot{U}'_0$　　　　　　　　　　　(7-20)

即变压器中性点电压与零序电压相等。

由于各相对地电压不等，各相对地电容中流过的电流也不相同，故在电网中存在着零序电流。由于零序电压 $\dot{U}_0$ 的存在，必然要在由对地电容阻抗构成的零序回路中，产生三个大小相等，相位相同的零序电流 $\dot{I}_0$。按照对称分量法，

$$\dot{I}_0 = \frac{1}{3}\left(\frac{\dot{U}_A + \dot{U}_0}{jZ_c} + \frac{\dot{U}_B + \dot{U}_C}{jZ_c} + \frac{\dot{U}_C + \dot{U}_0}{jZ_c}\right)$$

$$= \frac{\dot{U}_0}{jZ_c} = -j\omega C \dot{U}_0 \qquad\qquad (7\text{-}21)$$

则在故障状态下各相对地电流

$$\dot{I}'_A = \frac{\dot{U}_A}{jZ_c} + \frac{\dot{U}_0}{jZ_c} = \dot{I}_A + \dot{I}_0$$

$$\dot{I}'_B = \frac{\dot{U}_B}{jZ_c} + \frac{\dot{U}_0}{jZ_c} = \dot{I}_B + \dot{I}_0$$

$$\dot{I}'_C = \frac{\dot{U}_C}{jZ_c} + \frac{\dot{U}_0}{jZ_c} = \dot{I}_C + \dot{I}_0$$

故单相接地电流

$$\dot{I}_E = -(\dot{I}'_A + \dot{I}'_B + \dot{I}'_C) = -3\dot{I}_0 \qquad\qquad (7\text{-}22)$$

单相接地电流等于负的 3 倍零序电流。

单支路和多支路单相接地零序电流等效电路图如图 7-25 所示。

图 7-25 (a) 所示的供电系统中，由于变压器中性点与地之间没有零序电流通路，所以变压器线圈内部（0～M 段），不会有零序电流。零序电流只能在电网对地电容和故障点 N 之间流过。因此，如果在该供电系统的电源端装设零序电流互感器，是不可能反映出故障的。至于零序电压的分布规律，如果忽略三相电网中零序阻抗电压降的影响，那么在电网的任何地方对地的零序电压都是 $\dot{U}_0$。

在一个多支路的辐射电网中,如图
7-25(b)所示,如果某一支路(NO.1)发
生了人身触电或单相漏电故障,各个分
支电路中都将有零序电流通过,而人身
触电电流或漏电电流便等于这些零序
电流的总和。从电流的母线端往外看,
通过故障支路的零序电流,不仅大小而
且方向都和非故障支路不同。故障支路
中零序电流互感器流过的是非故障支
路零序电流之和。而其它非故障支路零
序电流互感器中,只流过本支路的零序
电流。(其值为电网零序电压除以对地
电容容抗)根据它们的大小不同,可做
成零序电流原理的选择性单相接地保
护装置。此外,故障支路的零序电流方
向是由线路流向母线,而非故障支路则
是由母线流向线路,它们的方向不同,
根据零序电流方向的不同可设计零序
电流方向保护原理的单相接地选择性
保护装置。由于各处的零序电压值一
样,因此不能利用零序电压实现保护的
选择性。

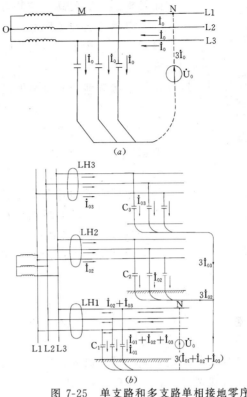

图 7-25 单支路和多支路单相接地零序
电流等效电路图

(a) 单支路;(b) 多支路

在实际供电系统中,存在着架空线和电缆线,其单相接地电流可由各支路接地电流相
加,并用下式近似计算:

架空线路 $$I_E = \frac{V_N}{350} \tag{7-23}$$

电缆线路 $$I_E = \frac{U_N l}{10} \tag{7-24}$$

式中 V_N——线路平均额定电压;

l——电压为 V_1 的线路总长度 (km)。

由于在中性点不接地系统中发生单相接地时,三相线路的线电压以及相位和量值均未
发生变化,三相用电设备的正常工作并未受到影响。但是这种线路不允许在一相接地的情
况下长期运行,因为如果另一相又发生接地故障时,就形成两相接地短路,这是非常危险
的。因此我国规程规定中性点不接地的电力系统发生一相接地故障时,允许继续运行 2h。运
行维修人员应争取在 2h 内查出接地故障;予以修复。如有备用线路,则应将负荷转移到备
用线路上去。在经过 2h 后接地故障尚未消除时,就应该切除此故障线路。

零序电流的取样通常采用零序电流互感器来取得。如图 7-26 所示。其一次侧为被保护
电缆式电线三相导线,铁芯套在电缆外,二次侧输出零序电流信号,可接入零序电流继电
器或其它测量部件。

零序电流互感器要求正确检测出零序电流,由于一次电流值可从几十毫安至几安,因

而要求其灵敏度高、空载电流小、退磁特性好、角度误差小。

灵敏度是指零序电流互感器的反应能力。灵敏度 K 通常用二次线圈感应电势 E_2 与一次电流 I_0 之比来描述，比值越大，灵敏度越高。

空载特性又叫空载电流特性，把一次电流中不含有零序电流时，在二次绕阻中感应的微小电流叫空载电流。由于一次绕阻间的位置不对称，二次绕阻间的位置，匝数及绕法不恰当都可能使二次绕阻中感应出空载电流。我们希望空载电流越小越好，尤其是在电源接通的瞬间，由于一次电流的剧增，会使空载电流相应地有很大的增加。如果空载电流很大，就会使保护装置在合闸的瞬间发生误动。

当零序电流互感器中通以较大的电流时，有可能造成互感器铁芯的饱和，使空载特性变坏。退磁特性是指大的零序电流消失后，电流互感器由饱和状态恢复到初始状态的能力。容易恢复到初始状态的称为退磁特性好。

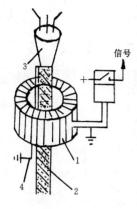

图 7-26 零序电流
互感器
1—环形铁芯；上绕二次
线圈；2—电缆；3—电缆头；
4—接地线

由于在零序电流互感器中存在励磁电流，同时还存在磁滞损耗和涡流损耗，因而其二次电压要超前一次电流 I_0 一定角度，而这个角度又随 I_0 的变化而变化。角度误差小就是要求二次电压随一次电流变化时超前角度的变化要小。

二、中性点不接地系统单相接地保护及绝缘监视

由于单相接地可以看成为系统单相绝缘降低使相对地绝缘 $R_E = 0$ 时的特殊状况，因而单相接地保护与绝缘监视在原理上是相同的或相近的。

1. 利用零序电压保护原理

当三相电网对地阻抗不平衡时，尽管电源电压对称，也会使三相电网的对地电压不对称，这主要是由于三相电网对地出现了零序电压造成的。因而可利用零序电压的大小来反应三相电网对地阻抗的不平衡程度，了解电网对地绝缘状况。

图 7-27 所示 6～10kV 电网传统绝缘监视装置就是采用这一原理实现的。

三相五柱式电压互感器（或接三个单相电压互感器）其原边接至三相母线，副边有两组绕组，一组接成星形，其上接三个电压表，反应各相电压，一组接成开口三角形，与电压继电器联接，反应接地时出现的零序电压，其值为 $3\dot{U}_0$。当供电系统发生单相接地时，开口处电压失去平衡，产生大约 100V 电压，起动电压继电器，发出接地信号，值班员根据信号依次拉开送馈电线路寻找故障。

电网正常运行时，由于电压互感器本身存在着误差和高次谐波电压，会造成三角形绕阻开口处的不平衡电压，此时电压继电器不应该动作，因此，电压继电器的动作要躲过这个不平衡电压值，一般整定为 15V。

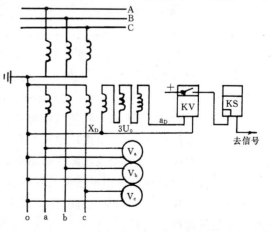

图 7-27 绝缘监视装置

2. 零序电流的保护原理

由以上分析，当电网发生单相接地或单相对地绝缘降低时，非故障支路上流过的是本支路零序电流，而故障支路上流过的是所有非故障支路零序电流。显然故障支路中流过较大的零序电流。利用鉴别零序电流的大小可实现单相接地保护及绝缘监视，并且可以把故障支路和非故障支路区分开来，达到选择性保护目的。

保护动作电流的整定时要使电流继电器躲过其它线路上发生单相接地时在本线路上引起的电容电流。即：

$$I_{op1} = K_{rel}I_c \tag{7-25}$$

式中　K_{rel}——可靠系数，当保护装置带时限时取 1.5～2，当保护装置不带时限时取 4～5；

　　　I_c——本线路的零序电容电流。

灵敏系数按本线路发生单相接地时，保护应可靠动作校验。即

$$S_p = \frac{I_{c\Sigma} - I_c}{I_{op \cdot 1}} \tag{7-26}$$

式中　$I_{c\Sigma}$——最小运行方式下单相接地时网络总的电容电流。

这种原理的单相接地保护装置能够具体判断发生接地故障的线路，而且网络馈线越多，总电容电流越大时，灵敏系数越容易满足要求，因此在线路数较多的建筑供配电系统中将得到较多应用。

3. 零序电流方向保护原理

在电网对地绝缘电阻较正常情况下，故障支路零序电流滞后零序电压近似90°，而非故障支路零序电流超前零序电压近似90°，如果将零序电压相位前移约90°，则故障支路中零序电流则近似与零序电压同相，而非故障支路中零序电流则近似与零序电压反问。利用比相器进行相位比较，就能准确判断出故障线路和非故障线路。

图 7-27 为闭锁型积分比相器电路图。通过比相找出故障支路，零序电压信号从电压互感器上取出并移相近90°，零序电流信号从零序电流互感器上取出并经放大处理。

零序电压信号及零序电流信号分别由运算放大器进行近似过零的比较，并整形成方波，

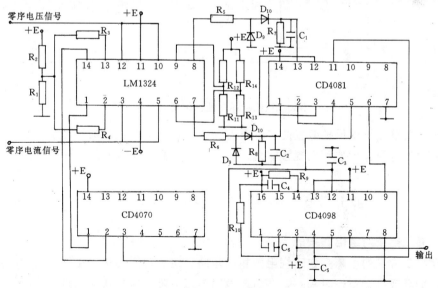

图 7-28　闭锁型积分比相器电路图

当两方波信号输入异或门后，异或门将输出一脉冲宽度＜10ms 的周期脉冲信号。设比相器动作角度为－75°＜φ＜75°，即在此范围内比相器输出高电平。由于工频第一个周波为 20ms，对应于 75°角度，脉冲宽度应为 5.8ms，即当异或门输出脉冲宽度大于 5.8ms 时，比

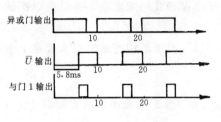

图 7-29 信号波形图

相器应输出高电平。为了检测异或门脉冲宽度是否大于 5.8ms，将异或门输出的脉冲输入由 CD4098 单稳态触发器及电容 C_4、电阻 R_9 进行上升沿触发，并以 $\overline{Q}$ 端反向输出。将异或门输出信号及 $\overline{Q}$ 端输出信号送入由 CD4081 集成电路片脚 4、5、6 构成的与门 1，则当异或门输出脉冲宽度大于 5.8ms 时，与门 1 有脉冲输出，反之则无。为防止闭锁型积分比相器因谐波干扰信号或零序电压、零序电流信号输入为零而误动作，电路中增加了零序电压、零序电流的鉴幅功能，使零序电流，零序电压达不到一定幅值时比相器不能输出高电平。信号波形图如图 7-29 所示。

这样，与门 1 输出的周期脉冲和零序电压零序电流信号经鉴幅、展宽后的输出信号相与，若此时由 CD4081 的 11、12、13 脚组成的与门 3 仍有脉冲输出，将输入到由 CD4098 及电阻 R_{10}、电容 C_6 组成的单稳态触发器，将输入脉冲展宽为连续的高电平输出。

该比相电路动作速度快，几乎稳定为 10ms，抗干扰能力强，误动作少。

6～10kV 线路单相接地保护及绝缘监视装置还可用微机来实现。大多采用零序电流方向的原理。其原理框图如图 7-30 所示。

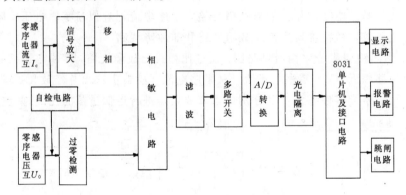

图 7-30 微机单相接地保护装置原理框图

采用微机单相接地保护装置能实现对各支路绝缘状况巡回检测、显示、报警功能，软件功能的开发可使保护装置实现智能化，具有可靠性高、调试维修方便的特点。

第四节 高压电动机及移相电容器继电保护

一、高压电机对继电保护的要求

电动机最常见的故障是定子绕阻的相间短路、定子绕阻的单相接地、定子绕阻匝间短路等。它能导致电动机严重损坏，并引起电网电压下降，应尽快切除这种故障。

电动机的不正常运行状态主要是指过负荷，引起过负荷的原因是电动机所带机械负荷

过大或机械部分故障、供电网络电压过低及一相断线等。长时间过负荷运行，将使电动机温升超过允许值，造成绝缘老化，甚至烧毁。

根据上述情况，对高压电动机的定子绕阻及其引出线，一般应装设电流速断保护，对其有六个引出端子的重要电动机如果电流速断保护的灵敏系数不够，应设置纵联差动保护，对生产过程中易发生过载的电动机应根据负载特性，装设带时限作用于信号或跳闸的过负荷保护。另外，还可装设低电压保护。当电压短时降低时，应在一定时限内切除次要电动机，以保证重要电动机的自起动再运行。在中性点不接地系统中当电动机单相接地电容电流大于 10A 时，应装设单相接地保护作用于跳闸。

另外电动机常用热继电器、感应式继电器、半导体继电器及直接反应电机绕阻温度的温度继电器、直接反应电机轴温的温度继电器等，作为电动机过流及过负荷保护。

随着科技的进步，集电机过流、过负荷、断相功能一体的半导体综合保护装置已发展成为电子型的或微机型的综合保护装置，并在近几年得到了较为广泛的应用。

在本节中仍重点介绍电动机的电流速断和过负荷保护。

对于容量小于 2000kW 的高压电机，若生产工艺过程不宜过负荷时，通常只采用电磁式继电器组成的电流速断保护。因为它是保护网络的末端，保护装置可以不带时限。保护装置的电流互感器接在电动机的引线上，通常用两相式接线，如图 7-31 所示。

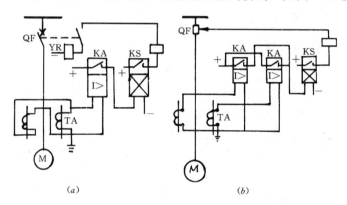

图 7-31　电磁式电流继电器构成的电动机相间短路保护

(a) 两相电流差接线；(b) 不完全星形接线

对于可能过负荷的离压电动机可采用具有反时限和速断分别出口的过电流继电器，其反时限部分用作过负荷保护，动作于信号或跳闸。速断部分用作短路保护，通常用两相式接线，如图 7-32 所示。若灵敏度允许可采用两相电流差接线。

对于容量在 2000kW 以上，且有 6 个引出线的重要电动机，可装设纵向差动保护，且对同步电动机要装设失步保护。

二、感应式过电流继电器的工作原理及特性

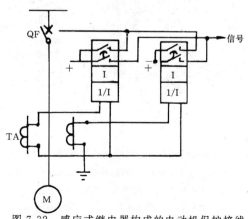

图 7-32　感应式继电器构成的电动机保护接线

在中小型工厂供电系统中常采用感应式电流继电器作为高压电动机的过电流保护装置，因为感应式电流继电器兼有电磁式电流继电器、时间继电器、中间继电器和信号继电器的功能，从而能大大简化继电保护装置。

感应式继电器主要由固定磁极、励磁线圈、圆盘、短路环或短路线圈组成，为了产生旋转磁场（或进行场移），必须具备在空间上和时间上具有相位差的两个磁通。对于像功率方向和阻抗继电器，由于它们有两个输入量（电压和电流），易于获得两个相位不同的磁通。而对于反应单一量的保护装置，如过电流继电器，则必须用分相电路或带短短路环的分相磁路来获得。

图 7-33 为 GL-$\frac{10}{20}$ 系列感应式电流继电器的结构图。

当线圈中通过电流时，电磁铁 2 在带有短路环 3 的磁极上产生内部磁通 $\dot{\phi}_1$。

在无短路环的磁极内通过的磁通为 $\dot{\phi}_2$，$\dot{\phi}_2$ 与 $\dot{I}_J$ 同相位，故在 $\dot{\phi}_1$ 与 $\dot{\phi}_2$ 之间形成相位角 ϕ。由于 $\dot{\phi}_1$、$\dot{\phi}_2$ 在相位上一前一后，都穿过铝盘 4，这时作用于铝盘上的转矩其方向与磁场移动方向一致，其值为：

$$M = Kf\phi_{1m}\phi_{2m}\sin\phi \tag{7-27}$$

式中　ϕ_{1m}、ϕ_{2m}——$\dot{\phi}_1$、$\dot{\phi}_2$ 的幅值；

　　　　K——继电器结构常数；

　　　　f——电源频率；

　　　　ϕ——$\dot{\phi}_1$、$\dot{\phi}_2$ 之间相位角。

继电器的铝盘在转矩 M_1 的作用下开始转动后，由于铝盘切割永久磁铁 8 的磁通面在铝盘上产生涡流，这涡流与永久磁铁的磁通作用，又产生一个与转矩 M_1 的方向相反的制动力矩 M_2，这制动力矩的大小与铝盘转速 n 成正比。即

$$M_2 = K_2 n$$

当铝盘的转速增大到某一定值时，$M = M_2$，这时铝盘以匀速旋转。

继电器的铝盘在上述转矩 n 和制动力矩 M_2 的作用下，铝盘受力有使框架 6 绕轴顺时针偏转的趋势，但受到弹簧 7 的阻力。如果继电器线圈中的电流增大，则框架受力也增大。当此电流增大到继电器的动作电流值时，弹簧 7 的阻力被克服，框架顺时针偏转，铝盘前移，使蜗杆 10 与扇形轮齿轮 9 啮合，这就叫做继电器的感应元件动作。

由于铝盘的转动，扇形齿轮沿着蜗

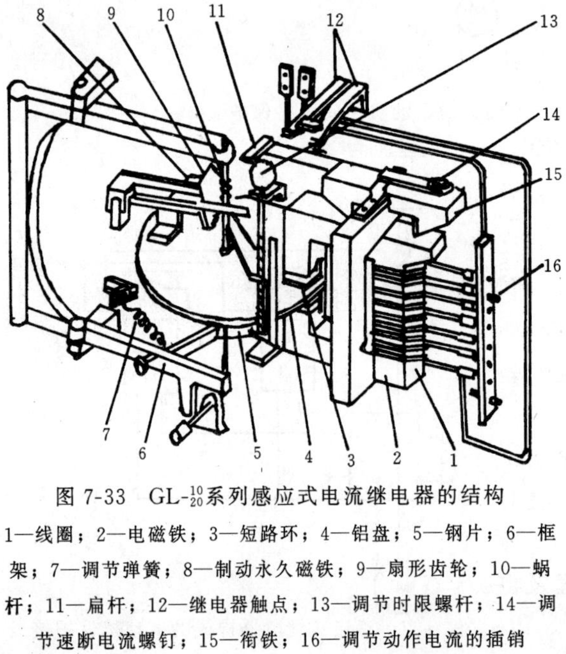

图 7-33　GL-$\frac{10}{20}$ 系列感应式电流继电器的结构

1—线圈；2—电磁铁；3—短路环；4—铝盘；5—钢片；6—框架；7—调节弹簧；8—制动永久磁铁；9—扇形齿轮；10—蜗杆；11—扇杆；12—继电器触点；13—调节时限螺杆；14—调节速断电流螺钉；15—衔铁；16—调节动作电流的插销

232

杆上升，最后使继电器触点12换接，同时使信号牌掉下，从观察孔里可以看到红色的信号指示，表示继电器已经动作。

在框架偏转后，利用钢片5与电磁铁2之间的吸力，以保持蜗杆与扇形齿轮紧密地啮合，直至继电器触点换接为止。

当继电器线圈中的电流增大到整定的速断电流值时，电磁铁立即将衔铁吸下，使触点瞬时闭合，同时掉下信号牌，也显示红色信号，这就叫做继电器的电器元件动作。

图7-34为GL-$^{10}_{20}$系列电流继电器的动作特性曲线。当继电器起动后而线圈中的电流不很大时，此时据式（7-27），因 $\dot{\phi}_1$、$\dot{\phi}_2$ 均与线圈中的电流 I_{KA} 成正比，当继电器结构一定时，相角差 φ 为常数，则式（7-27）可写成：

$$M = K_1 I_{KA}^2 \qquad (7-28)$$

继电器感应元件的动作时限与电流的平方成反比。线圈电流越大，铝盘转矩越大，转速越高，动作时限越短，这就是反时限特性。如图7-34所示曲线的 ab 段。

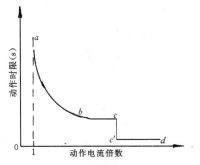

图7-34　GL-$^{10}_{20}$系列电流继电器的
动作特性曲线

ab—反时限特性；bc—定时限特性；
$c'd$—速断特性

当继电器线圈中的电流继续增大时，铁芯中的磁通逐渐达到饱和状态，这时尽管线圈电流增大，但作用于铝盘的转矩不再增大，从而使动作时限也恒定不变。这一阶段的动作特性叫做定时限特性。如图7-34曲线中的 bc 段。

当继电器线圈中的电流进一步增大到继电器整定的速断电流值时，电磁铁瞬时将衔铁15吸下，使继电器触点12切换，同时也使信号牌掉下，给予动作的信号指示，很明显，电磁元件具有"速断特性"，如图7-34曲线中的 $c'd$ 段。因此电磁元件又称速断元件。动作特性曲线上对应于开始速断时间的动作电流倍数，称为速断电流倍数。即

$$n_{qb} = \frac{I_{qb}}{I_{op}} \qquad (7-29)$$

式中　I_{op}——感应式电流继电器的动作电流；

$\quad\quad I_{qb}$——感应式电流继电器的速断电流，即继电器线圈中使速断元件动作的最小电流。

GL-$^{10}_{20}$系列继电器的这种有一定限度的反时限动作特性，总起来叫做"有限反时限特性"。继电器实际运行时，往往没有定时限阶段，因为速断电流的整定值一般只有感应元件动作电流的2～8倍，基本上在反时限阶段。

继电器的动作电流 I_{op} 可利用插销16来改变线圈1的抽头（即匝数）来进行级节调节，也可利用调节弹簧7的拉力来进行平滑的细调。

继电器的速断电流倍数 n_{qb}，是利用螺钉14以改度衔铁15与电磁铁2之间的气隙来调节的，气隙越大，n_{qb}越大，但要注意一般螺钉14上标明的动作电流倍数（或称速断电流倍数），实际是速断电流与整定的感应元件动作电流的比值。由于用螺钉调节气隙，准确度不高，所以误差较大，且衔铁不够灵敏，返回系数低。

继电器感应元件的动作时间是利用螺杆13来改变扇形齿轮顶杆行程的起点,而使动作特性曲线上下移动。不过要注意,继电器时限调节螺杆的标度尺,是以10倍动作电流的动作时间来刻度的,即标尺上标示的动作时间,是继电器通过的电流为其动作电流10倍时的动作时间,而继电器实际的动作时间与通过继电器的电流大小有关,需从相应的动作特性曲线上去查得。

三、高压电动机电流速断保护

对于异步电动机电流速断保护的动作电流应按躲过电动机的最大起动电流整定,即:

$$I_{ob} = \frac{K_{rel} \cdot K_w \cdot K_{st}}{K_i} I_{NM} \qquad (7\text{-}30)$$

式中 K_{rel}—— 可靠系数,对 DL 型继电器,取 $1.4 \sim 1.6$;对 GL 型继电器取 $1.8 \sim 2.0$;用于差动保护时取 1.3;

       I_{NM}—— 电动机额定电流 (A);

       K_{st}—— 电动机起动电流倍数;

       K_i—— 电流互感器变比;

       K_w—— 接线系数,接于相电流时取 1.0,接于相电流差时取 $\sqrt{3}$。

对于同步电动机,电流速断保护动作电流应按躲过电动机的起动电流或外部短路时电动机的输出电流。

$$I_{ob} = \frac{K_{rel} \cdot K_w K_{st}}{K_i} I_{NM} \text{ 和}$$

$$I_{ob} = \frac{K_{rel} \cdot K_w}{\cdot K_i} I_{k \cdot max}^{(3)} \qquad (7\text{-}31)$$

式中 $I_{K \cdot max}^{(3)}$—— 同步电动机三相短路时输出的超瞬变电流 (A)。

保护装置的灵敏度按下式校验:

$$S_p = \frac{I_{K \cdot min}^{(2)} K_w}{K_i I_{qb}} \geqslant 2 \qquad (7\text{-}32)$$

式中 $I_{K \cdot min}^{(2)}$—— 最小运行方式下,电动机接线端两相短路时,流过保护安装处的超瞬变电流 (A)。

四、高压电动机的过负荷保护

保护装置的动作电流整定值应按躲过电动机的额定电流整定,即:

$$I_{op} = \frac{K_{rel} \cdot K_w}{K_{re} K_i} I_{NM} \qquad (7\text{-}33)$$

式中 K_{rel}—— 可靠系数,取 1.05,作用于跳闸时取 1.2;

       K_{re}—— 返回系数,取 0.85。

保护装置的动作时限按躲过电动机起动及自起动时间整定,即:

$$t_{op} \approx (1.1 \sim 1.2) \cdot t_{st} \qquad (7\text{-}34)$$

由于电动机的起动时间 t_{st} 一般为 $10 \sim 15s$,所以继电器动作时间 t_{op} 一般应不大于 15s。

对于同步电动机兼作失步保护的动作电流

$$I_{op} = (1.4 \sim 1.5) \cdot \frac{K_w \cdot I_{NM}}{K_i} \tag{7-35}$$

动作时限整定为大于电动机起动时间。

用反时限特性保护过负荷时，应按起动电流整定时限。

五、高压电动机的低电压保护

供电网络电压降低时，网络中所有异步电动机的转速都要下降，同步电动机则可能失步，而当电压恢复时，由于大量电动机自起动电流很大，以致网络电压不能迅速恢复，增加了自起动时间；甚至使自起动成为不可能。因此，当电压降低到使电动机最大转矩接近负载转矩（电动机的额定转矩）受到颠覆威胁时，不需要和不允许自起动的电动机及次要电动机，应用低电压保护装置将其从电网上切除，以保证重要的电动机自起动或不致于颠覆。

低电压保护动作值按下式整定

$$V_{op} = \frac{V_N}{K_i} \sqrt{\frac{M_{max}/M_N}{M_{N \cdot max}/M_N}} = \frac{V_N}{K_i} \sqrt{\frac{0.9 \sim 1}{1.8 \sim 2.2}} \approx 0.7 V_N \tag{7-36}$$

式中　M_{max}——电压为 V_{op} 时，电动机最大转矩；

M_N——额定电压 V_N 时，电动机的额定转矩；

$M_{N \cdot max}$——额定电压 V_e 时，电动机的最大转矩；

M_{max}/M_N——电动机最大转矩倍数，一般为 1.8～2.2；

K_i——电压互感器变比。

保护装置的动作时限为：当上级变电所馈击线装有电抗器时，应比本变电所其它馈击线短路保护大一个时限阶段；当上级变电所馈出线未装电抗器时，一般比上级变电所馈出线短路保护大一个时限阶段。一般低电压保护动作时限，取 0.5～1.5s。

对于需要自起动，但根据保安条件在电源电压长时间消失后，需从电网自动断开的电动机。其低电压保护装置的整定电压，一般为额定电压的 50%。时限一般为 5～10s。

【例 7-1】　有 6kV、850kW 电动机两台，1 台带有重要负载，但依保安条件，电压长时消失后需自动切断电源；第 2 台不允许自起动。试对其保护装置进行整定计算。

已知参数：$I_{NM} = 97A$；$K_{st} = 5.8$；$\dfrac{M_{N \cdot max}}{M_N} = 2.2$；$I_{k \cdot min}^{(3)} = 9kA$；$K_{TV} = 6000/100V$；$K_{TA} = \dfrac{150}{5}$（不完全星形接线）。

【解】　过负荷和相间短路的速断保护用 GL-10 系列继电器。

1. 过负荷动作于跳闸

$$I_{op} = \frac{K_{rel} \cdot K_w}{K_{ve} \cdot K_i} I_{ed} = \frac{1.25 \times 1 \times 97}{0.8 \times 150/5} = 5.05A$$

整定取 5A

$$I_{op \cdot 1} = 5 \times \frac{150}{5} = 150A$$

按起动条件当 $I_{\text{st}}/I_{\text{op}\cdot 1}=\dfrac{97\times5.8}{150}=3.75$ 时，

$$t_{\text{op}}\geqslant 15\text{s}$$

整定 GL-10 继电器的反时限特性。

2. 电流速断保护整定

$$I_{\text{op}\cdot1}=K_{\text{rel}}\cdot I_{\text{st}}=1.8\times5.8\times97=1012\text{A}$$

速断电流倍数

$$n_{\text{qb}}=\frac{1012}{150}=6.8,\text{整定值取 }7$$

灵敏系数：

$$S_{\text{p}}=\frac{9000\times0.87}{150\times7}\approx7.3$$

3. 低电压保护

不允许自起动的电动机

$$V_{\text{op}\cdot1}=V_{\text{e}}\sqrt{\frac{M_{\text{max}}/M_{\text{N}}}{M_{\text{N}\cdot\text{max}}/M_{\text{N}}}}=\sqrt{\frac{1}{2.2}}V_{\text{N}}\approx0.67V_{\text{N}}=4000\text{V}$$

$$V_{\text{op}}=\frac{0.67\times6000}{6000/100}=67\text{V}$$

$$t=0.5\text{s}$$

需要自起动的电动机

$$V_{\text{op}\cdot1}=0.5V_{\text{e}}=3000\text{V}$$

$$V_{\text{op}}=50\text{V}$$

$$t=10\text{s}$$

六、电动机断相（不对称）保护

常见的电动机不对称运行有：（1）变压器一次侧缺相，二次侧电压严重不对称，使电动机端电压不对称，引起三相电流不对称；（2）供电线路有一相接地也可能出现三相电压不对称，引起三相电流不对称；（3）电动机内部有局部匝间短路，三相电流出现不对称；（4）电动机供电线路断一线，电动机端电压不对称，使三相电流不对称或端电压对称，但电动机定子绕阻一相断线，使一相电流为零。

电动机三相电流不对称可按对称分量法分为正序、负序和零序。正序电流产生正向转矩，负序电流产生反向制动转矩，零序电流增加损耗。带同样负载，正向转矩需要克服负载转矩以及由负序电流产生的反向制地动转矩，因此负担加重，电流剧增，引起损耗增加（包括零序电流产生的损耗和附加损耗），电动机就会烧毁。

断相故障是最常见和最严重的一种不对称故障，分析它的过电流情况具有典型意。

当电动机星形接法断一（相）线时，在满载情况下其另外两相的电流将为电动机额定

电流的 $\sqrt{3}$ 倍，在电动机三角形接法断一线时，其另外两相线电流为电动机额定线电流的 $\sqrt{3}$ 倍，而其中电机绕阻一相相电流将为正常情况下相电流的 2 倍，这还是在假设电动机断相前后功率因素不变、效率不变、转速不变的前提下推得的，实际上断相以后这三个参数均要下降，其相电流还要增加。

实际上断相电流的计算不但与断相位置、接线方式、负载大小、转速、效率、功率因数有关，还与负载的性质、变压器容量和电机断相时所处的运行状态有关。

电动机设置电流不对称保护是最为理想的，但比较复杂，目前不少保护装置只设计断相保护，也能解决大部分问题。

一般说来，电动机端电压不对称，一定会产生三相不对称电流，而三相对称端电压也可能产生不对称三相电流（例如绕阻断一相），因此，从理论上讲引出电动机三相相电流信号进行不对称鉴别是检测断相（不对称）故障最可靠的方法。

实际上相电流信号较难引出，而通常以鉴别三相线电流不对称程度来代替，一般情况下相电流的不对称也会造成线电流的不对称，因此，这种方法也是可靠的。

断相（不对称）保护技术是从晶体管电路发展而来的，目前大多采用静态集成电路来实现。其一般方法是引出不对称信号，由鉴幅电路进行鉴幅，超过一定门坎值后，也就是实际的不对称超过容许的不对称程度后经过数秒钟至数十秒钟的固定短延时后推动触发器翻转实现保护。

设置一固定的短时限是为了避免电动机起动时常会发生的三相电流不对称，以及线路中偶然出现的瞬间电流不对称引起的误动作。

七、电动机综合保护装置

对于中、小电动机而言，考虑到经济性和实际安装位置的限制等，分别独立设置各种保护有困难，出现了集电流速断保护、过负荷保护和断线保护于一体的电动机综合保护装置。

一般说来，综合保护装置中各种保护具有共同的电源，共同的或部分共同的动作电路和检测电路，因此线路相应得到简化，缩小了体积，提高了经济性和可靠性。

在技术上除了信号取样部分采用的基本电路无较大变化外，动作电路和检测电路的实现已从采用晶体管电路变为采用静态集成电路，近几年发展成采用单片机电路。并且一台微机综合保护装置可对多台电动机进行巡回检测。

八、6～10kV 电力电容器保护

在建筑供电系统中感性负载较多，为了提高功率因数，减少电能损耗，多数变电所（站）中装设有电力电容器。

电容器内部故障主要是电容元件内部部分绝缘损坏，局部元件短路和断线，造成电容量变化产生不平衡电流；局部元件短路等原因造成过负荷，使温度上升，容器膨胀甚至发生爆炸等。因此，电容器组必须设置内部故障保护装置。

1. 熔断器保护

每个电容器是由若干个电容元件串并联组合而成，在电容器内部，生产时已装有熔丝，在使用时还应对一个或几个电容器再装单个的熔断器，这种方法可以有选择地切除短路故障的电容器。但此种方法，对电容器内部元件断线（或内部元件绝缘损坏短路使内部元件熔丝熔断）和电容过负荷而过热的危险不能检测和保护。因此还可采用过流保护和差动保护。

2. 无时限或带时限过电流保护

保护装置的动作电流是按电容器组的额定电流整定的，并应躲过电容器组接通电路时的冲击电流。

$$I_{op} = K_{rel} \cdot K_w \cdot \frac{I_{NC}}{K_i} \tag{7-37}$$

式中　K_{rel}——可靠系数，取 2～2.5；

　　　K_w——接线系数，接于相电流时取 1，接于相电流差时取 $\sqrt{3}$；

　　　K_i——电流互感器变比；

　　　I_{NC}——电容器组额定电流（A）。

保护装置的灵敏系数按最小运行方式下电容器组首端两相短路时，流过保护安装处的短路电流校验。

$$S_p = \frac{I^{(2)}_{K \cdot min}}{I_{op \cdot 1}} \geqslant 1.5 \tag{7-38}$$

式中　$I^{(2)}_{k \cdot min}$——最小运行方式下电容器组首端两相短路时，流过保护安装处的超瞬变电流（A）。

$$I_{op \cdot 1} = \frac{I_{op} \cdot K_w}{K_i} \tag{7-39}$$

当灵敏系数 $K_s \geqslant 1.5$ 时过流保护可不带时限，否则应带 0.1～0.2s 的时限，构成带时限的过电流保护。

3. 横联差动保护

当电容器组按星形连接时，横差保护装置，装在连接两组中性点的连线上，如图 7-35 所示。

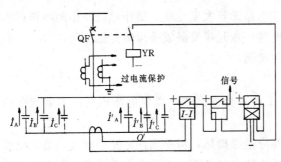

图 7-35　星形连接电容器组的横差保护

正常时，两组电容器三相都处于平衡状态即：

$$\dot{I}_A + \dot{I}_B + \dot{I}_C = 0$$

因此，在中性点 OO' 中电流为零，电流互感器二次电流为零，继电器不动作。当任一个电容器内部故障（短路、断线）时，电容量变化引起电容器组的平衡状态破坏，中性线 OO' 中将有不平衡电流流过，使继电器动作于信号或跳闸。

这种保护接线简单，只用一个电流互感器误差小，灵敏度高，可以反应电容内部的各主要故障，但不能指示出是哪一个电容器发生了故障。另外，如果三相电压不平衡时，可能因不平衡电流而发生误动。

当电容器组连接为△形时，横联差功保护装设于每相中并联分支电容器支路上，如图7-36所示。

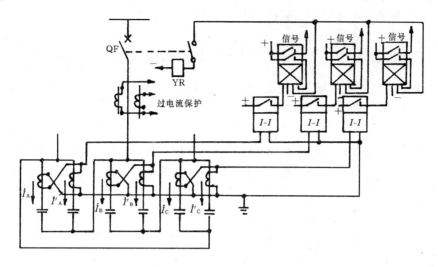

图 7-36 三角形连接电容器组的横差保护

当电容器组工作正常时，由于电容器组上两臂的容量是相等的，所以 $\dot{I}_A = \dot{I}'_A$、$\dot{I}_B = \dot{I}'_B$、$\dot{I}_C = \dot{I}'_C$，因此反应到电流互感器的二次电流差为零，继电器不动作。当任一个电容器内部发生故障时，故障臂的电流增大或减少，使电流互感器二次产生差电流，继电器动作于信号或跳闸。

此种接线的优点是：由于每相有单独的保护，不受电压不平衡的影响，灵敏度高，可以保护电容器内部各主要故障。保护动作后可以通过信号继电器辨别故障发生在哪一相上。但缺点是接线复杂，使用设备多，投资较大。

保护装置的动作电流应按躲过正常工作时电流互感器二次侧差动回路中的最大不平衡电流，当单台电容器内部 $50\% \sim 75\%$ 串联元件击穿时，使保护装置有一定的灵敏系数。

$$I_{op} \geqslant K_{rel} \cdot I_{dsq} \qquad (7\text{-}40)$$

式中　K_{rel}——可靠系数，取 $2 \sim 2.5$；

　　　I_{dsq}——最大不平衡电流（A），由测试决定。

4. 电力电容器单相接地保护

对电容器组的保护可装设单相接地保护装置。保护装置的动作电流（按最小灵敏系数 1.5 整定）为：

$$I_{op} \leqslant \frac{I_{c\Sigma}}{1.5} \qquad (7\text{-}41)$$

式中　$I_{c\Sigma}$——电网的总单相接地电容电流（A）。

5. 电力电容器过电压保护

电力电容器对加在它两端的电压是相当敏感的，一般规定电网电压不得超过其额定电压的 10%。因此若电容器装设处的电压可能经常超过其额定电压 10% 时，宜装设过电压保护。过电压保护装置可作用于信号，或带 3～5min 的时限动作于跳闸，以免电容器长期过电压运行使寿命缩短或介质击穿而损坏。

保护装置动作电压值按不超过 110％额定电压值整定。即：

$$V_{op} \geqslant 1.1V_{N2} \tag{7-42}$$

式中　V_{N2}——电压互感器二次额定电压，其值为 100V。

九、发电机的保护

1. 概述

在建筑供电系统特别是高层建筑供配电系统中，发电机的安全运行对负载的不间断供电及电力系统正常工作的稳定性有着重要的作用。为了保证供电系统的正常运行必须设置继电保护装置使发电机在故障时能有选择性地从系统中切除或在发电机不正常运行状态时发出信号。

对于建筑供配电中应用较多的容量在 6000kW 以下的发电机较常用的保护主要有纵差动保护及过电流、过负荷保护。

2. 发电机纵差动保护

发电机的纵差动保护主要用于保护发电机定子绕阻相间短路。其原理与变压器的差动保护相同。两组电流互感器一组装在发电机出口断路器附近，另一组装在中性点侧，通常选用 BCH-2 型差动保护继电器来实现发电机的差动保护。

发电机纵差动保护装置的动作电流按下列条件的最大值整定：

（1）躲过发电机外部短路时的最大不平衡电流。

$$I_{op} = K_w \cdot K_{tx} K_{np} \Delta f_{max} I_{K \cdot max} / K_i \tag{7-43}$$

式中　K_w——可靠系数，取 13；

　　　K_{eq}——电流互感器同型系数，取 0.5；

　　　K_{np}——暂态电流非周期分量的影响系数，采用 BCH-2 型差动继电器时取 1.0～1.3；

　　　Δf_{max}——互感器允许相对误差，取 10％；

　　　$I_{K \cdot max}$——发电机外部三相短路时，流经保护的最大周期性短路电流。

（2）为避免保护在电流互感器二次回路断线时的误动作，保护装置起动电流应躲过发电机的最大负荷电流，即：

$$I_{op} = K_w \cdot I_{N \cdot G} / K_i \tag{7-44}$$

式中　K_w——可靠系数，取 1.3；

　　　$I_{N \cdot G}$——发电机最大负荷电流；

　　　K_i——电流互感器变比。

3. 发电机过电流和过负荷保护

过电流保护是发电机内部故障和外部故障的后备保护。由于在发电机外部短路，例如在变压器后短路的情况下，所产生的稳态短路电流不很大，有时甚至接近发电机的负载电流，为满足保护装置灵敏系数的要求，通常要采用低电压闭锁的过电流保护。其原理接线图与图 7-33 相近。这样，电流继电器的动作受到经低压继电器控制的中间继电器的闭锁，并且由于电压继电器接在相间电压上，对相间短路有较高的灵敏系数。

电流继电器动作电流按躲过发电机的额定电流来整定。

$$I_{op} = \frac{K_w}{K_{re} \cdot K_i} \cdot I_{N \cdot G} \tag{7-45}$$

式中　K_w——可靠系数，取 1.2；

　　　K_{re}——返回系数，取 0.85；

　　　$I_{N \cdot G}$——发电机额定电流；

　　　K_i——电流互感器变化。

电压继电器的整定应按躲过电动机自起动时发电机母线的最低电压，以区别正常过负荷和事故过电流。

$$V_{op} = (0.5 \sim 0.6)V_{N \cdot G}/K_i \tag{7-46}$$

式中　$V_{N \cdot G}$——发电机的线电压；

　　　K_i——电压互感器变比。

过电流保护的动作时限应以发电机电压母线上其它保护装置最大时限再大一个时限级差 Δt，但不大于 10s。

低电压起动的过电流保护灵敏系数，需要分别对电流元件和电压元件进行校验。

$$S_{P \cdot I} = \frac{I_{k \cdot min}^{(2)}}{I_{op \cdot 1}} \tag{7-47}$$

式中　$I_{k \cdot min}^{(2)}$——后备保护范围末端两相短路时流经保护的最小电流。

$$S_{P \cdot V} = \frac{V_{op \cdot 1}}{V_{k \cdot max}} \tag{7-48}$$

式中　$V_{K \cdot max}$——后备保护范围末端三相短路时，保护安装处的最大残压。

要求灵敏系数不小于 1.2。这种保护的灵敏系数在变压器或电抗器后发生短路时，也可能不够，故一般用于容量为 3000kW、电压为 3~6kV 的小型发电机组上。

发电机的过负荷保护原理接线图如图 7-37 所示，保护装置的动作电流整定为：

$$I_{op} = \frac{K_{rel} \cdot K_w}{K_{re} \cdot K_i} I_{N \cdot G} \tag{7-49}$$

式中　K_{rel}——可靠系数，取 1.05；

　　　K_w——接线系数；

　　　K_{re}——返回系数，取 0.85；

　　　K_i——电流互感器变比；

　　　$I_{N \cdot G}$——发电机额定电流。

过负荷保护装置的动作时限应比发电机过电流保护动作时限大一个 Δt。

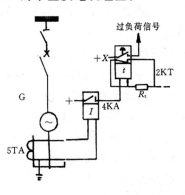

图 7-37　过负荷保护原理接线图

工程设计时，过负荷保护不需要单独使用一个电流互感器，通常与过电流保护共用1组，以简化接线。其原理接线图如图7-37所示：

第五节 电力变压器的继电保护

一、概述

变压器是建筑供配电系统中最重要的电气设备，在大型高层建筑供电系统中35kV变压器已大量使用。变压器能否正常工作将对供电系统的可靠性和安全运行带来严重的影响。同时大容量的变压器也是非常贵重的设备，因此必须根据变压器的容量和重要程度来装设专用的保护装置。

变压器可能发生的故障有：

1. 变压器油箱内的故障

主要有变压器内部绕阻的多相短路、匝间短路、单相接地短路以及铁芯烧损等。

2. 变压器油箱外的故障

主要有变压器外部绝缘套管及引出线上的多相短路、单相接地短路等，此外还有变压器外部短路引起的过电流等。

变压器的不正常运行状态主要为过负荷及油箱的油面降低等。

变压器常用的保护装置主要有：

（1）瓦斯保护：作为变压器内部故障的主保护。监护油箱内相间、匝间、碰壳（接地）、油面降低等故障，保护装置发出信号或瞬时动作去跳闸。

（2）差动保护：作为变压器内部绕阻、绝缘套管及引出线相间短路的主保护。较小容量变压器可用电流速断代替差动保护。差动保护瞬时动作于跳闸。

（3）过电流与速断保护：作为外部短路及变压器内部短路的后备保护。过电流带时限动作跳闸，速断瞬时动作可跳闸。

（4）零序电流保护：当变压器中性点直接接地或经放电间隙接地时，可装设零序电流保护，作为变压器外部接地保护。

（5）过负荷保护：保护因过载而引起的过电流，一般根据变压器运行时有无过载可能而考虑装设，通常延时动作于信号。在无人值班的变电所内，也可作用于跳闸或自动切除一部分负荷。

（6）温度保护：监视变压器油箱上层油温。通常使用电接点温度表计触发信号。

保护装置的设计配置原则，要根据变压器的容量和其在系统中的主要程度，遵照继电保护，自动装置设计技术规程进行。如、小型火力发电厂设计规范规定：800kVA及以上油浸式主变压器和400kVA及以上的车间内油浸式变压器，应装设瓦斯保护；6300kVA及以上变压器应设置纵联差动保护；6300kVA以下变压器宜设置电流速断保护装置，当电流速断保护的灵敏系数不够时应装设纵联差动保护等。

二、瓦斯保护

在变压器油箱内发生线圈短路故障时，电弧将使绝缘油（通常为25号变压器油）和绕阻绝缘材料等分解产生气体，瓦斯保护就是利用这种气体来实现保护的装置，又称为气体继电保护。

瓦斯保护可以有效地反应变压器的内部故障。运行经验表明，变压器油箱内部的故障大部分是由瓦斯保护动作切除的，瓦斯保护和差动保护常构成变压器的主保护。

瓦斯保护的主要元件是瓦斯继电器。例如 FJ₃—80 型，它安装在变压器油箱本体通往油枕的管道之间，为了增加瓦斯保护的灵敏系数与可靠性，必须使变压器内部故障所产生的气体全部顺利地通过瓦斯继电器，因此，油箱体要向油枕方向倾斜 1%～1.5%，油管应向油枕方向倾斜 2%～4%，如图 7-38 所示。

当变压器内部轻微故障时，产生的少量气体上升并聚集在瓦斯继电器内，迫使油面下降油杯亦随之转动下降，致使上磁钢接近一对干簧触点，动作后发出轻瓦斯故障信号。如果是严重故障，产生大量气体，同时油温升高，热油膨胀，箱体内压力剧增，形成油气流迅速冲动继电器下部挡板，致使磁钢接近另一对干簧接点一作用于跳闸。如图 7-39 所示。

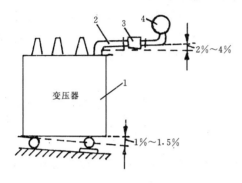

图 7-38　气体继电器在变压器上的安装
1—变压器油箱；2—联通管；
3—气体继电器；4—油枕

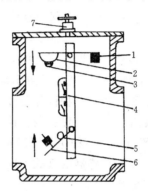

图 7-39　FJ₃—80 型气体继
电器结构示意图
1—平衡锤；2—油杯；3—磁钢；
4—干簧管；5—磁钢；6—挡板；
7—放气阀

瓦斯保护接线图如图 7-40 所示。

在瓦斯继电器顶部设有放气阀，其作用是放出检修后和继电器动作后在继电器中集存的气体，以防止误动作或动作后使保护恢复工作以及分析动作原因等。

瓦斯继电器的整定，要通过压差式流速试验设备或者油泵式油速试验设备进行，起动值接油速度整定，一般对重瓦斯采用 0.5～1.5cm/s，当变压器有强迫油循环装置时用 1～1.5cm/s 范围；对轻瓦斯采取气体在继电器内占有空间的体积来整定，当为 250～300cm³ 时发出信号。

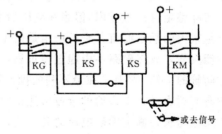

图 7-40　瓦斯保护接线图

瓦斯保护的主要优点是：动作快，灵敏度高，接线简单，能反应变压器油箱内部各种类型的故障。特别是匝间短路，匝数很少时除瓦斯保护外其电保护都不能动作。因此瓦斯保护对保护这种故障有特殊的重要意义。

三、变压器的差动保护

（一）变压器差动保护的原理

差动保护及其电流互感器的联接关系分为纵联差动和横联差动两种，这里介绍纵联差动保护。它以反应被保护设备两侧电流的差额而动作，其原理如图 7-41 所示。

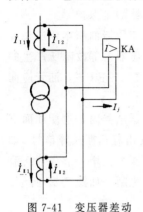

图 7-41　变压器差动
保护原理

差动保护主要用来保护变压器内部线圈及其引出线发生多相短路，同时也保护单相接地短路和匝间短路。

把变压器两侧用于差用的电流互感器按极性首尾串联，起动元件电流继电流并接在联线上，这样进入继电器的电流为两侧电流互感器二次侧电流之差，即：

$$I_{KA} = \dot{I}_{12} - \dot{I}_{II2}$$

只要适当选择两侧电流互感器变比和接线方式，使在正常运行或外部发生短路故障时流入继电器电流很小，继电器不会动作。当保护范围以外发生故障时，两侧电流增大，但继电器感受到的电流不变，也不会动作。当保护范围内故障时，致使流入继电器的电流增大，从而起动继电器，瞬时跳开变压器两侧的断路器，切除故障。

（二）不平衡电流的产生及防止或减少措施

变压器正常运行和保护区外部故障时，常产生不平衡电流，如不采取防止或减少不平衡电流的措施将会使差动保护装置误动作。

1．不平衡电流产生的主要原因是：

（1）两侧电流互感器的型式不同：由于电流互感器的型式不同，特性也不一致，所以将引起不平衡电流。

（2）两侧电流互感器的变比不同：由于变压器的高、低压侧的额定电流不同，因此在实现变压器差动保护时，必须选用变比不同的电流互感器，在选用电流互感器时，两侧电流互感器的计算变比与标准变比不完全相符，这也将引起不平衡电流。

（3）在运行中改变变压器的变比：当变压器改变调压分接头时，其变比也随之改变，原有电流互感器的二次电流的平衡关系被破坏，将使继电器中增加不平衡电流。

（4）变压器的励磁涌流：变压器正常运行时，励磁电流仅流经变压器的电源侧，造成差动回路中的电流不平衡，但这个电流很小，一般只占额定电流的 2%～10%。在变压器差动保护实际整定时不予考虑。但当在变压器空载投入或外部短路故障切除后电压恢复时，都可能产生很大的励磁涌流。它的产生是由于变压器突然加上电压或电压突然升高时，因为磁通不能突变，故在磁路内引起过渡过程，而出现稳态分量和自由分量磁通，使合成磁通偏于时间轴的一侧。例如，在最不利的投入瞬间，（电压瞬时值 $U=0$ 时投入），变压器铁芯中的剩磁与暂态过程中磁通的合成可达正常磁通的 2 倍以上，使变压器铁芯严重饱和，励磁电流迅速增长到额定励磁电流的几十倍，甚至比短路电流还要大，达到变压器额定电流的 6～8 倍。这个很大的冲击励磁电流称为励磁涌流，如图 7-42 所示。

图 7-50 表示了这种投入的暂态过程情况，A 点表示稳定形态下的磁感应，B 点表示空载投入时最不利瞬时所对应的励磁电流 i_B。同时波形偏离时间轴一侧，含有大量的非周期分量和高次谐波。

变压器励磁涌流有如下的特点：

涌流中含有很大的非周期分量和高次谐波分量。其中二次谐波可达基波的 40%～60%，三次谐波约为 10%～20%。因此，励磁涌流的变化曲线为尖顶波，最初完全偏于时间轴的一侧，且有较长一段区间内 $t=0$，此区间的角度称为间断角，如图 7-42 中 θ，励磁涌流间断角可达 120°；

励磁涌流衰减的时间常数与铁芯的饱和程度有关。饱和越深，电抗越小，衰减越快。因此，开始瞬间衰减很快，以后逐渐减慢，经 0.5s～1s 后，其值通常不超过变压器额定电流的 25%～50%。要数 10s 才能完全衰减。在一般情况下，变压器容量越大，衰减持续时间越长，但总的趋势是涌流衰减的速度常比短路电流衰减的速度缓慢；

励磁涌流最大达额定电流的 8～10 倍。

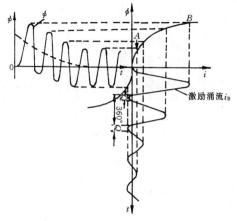

图 7-42　变压器空载投入时励磁涌流变动曲线

（5）变压器各式绕阻接线方式不同：如变压器两侧绕阻按 Y/△-11 方式接线时，其高压侧与低压侧电流相位不同，有 30° 的相位差。因此，即使变压器两侧的电流互感器二次电流在数值上相等（$I_{Ⅰ2}=I_{Ⅱ2}$），由于相位不同，差动回路仍有很大的不平衡电流流过。

2. 对不平衡电流可采取如下防止或减少措施：

（1）对由于变比和特性不同而产生的不平衡电流，可用补偿法和提高保护的整定值来躲过。

（2）对励磁涌流可采取如下限制措施：

1）延时（1s）动作，躲过涌流峰值。

2）提高保护整定值躲过涌流。经验证明在继电器有动作时间内涌流已衰减到额定电流的 3.5～4.5 倍以下，故差动速断保护的动作电流整定为额定电流的 3.5～4.5 倍即可。它的缺点是灵敏度往往受到限制。

3）利用励磁涌流中的非周期分量助磁，使铁芯饱和，以躲过励磁涌流的影响。如采用 FB-1 型速饱和变流器和 BCH 型差动继电器等。

4）利用鉴别励磁涌流间断角和涌流二次谐波制动或直流分量制动的原理组成能躲过励磁涌流的半导体差动继电器。

（3）对于 Y/△ 接线的变压器，因两侧电流存在相位差，而产生差电流流入继电器。对此可采用相位补偿的方法来消除这种不平衡电流的影响。通常采用将变压器星形侧的电流互感器接成三角形，而将变压器三角形侧的电流互感器接成星形，在适当考虑联接方式后即可将相位校正过来。其补偿原理接线图如图 7-43 所示。

图中 $\dot{I}_{A1}^{y}$、$\dot{I}_{B1}^{y}$、$\dot{I}_{C1}^{y}$ 为变压器 Y 形侧的一次电流，$\dot{I}_{A2}^{△}$、$\dot{I}_{B2}^{△}$、$\dot{I}_{C2}^{△}$ 为变压器△形侧的一次电流，后者超前 30°。图 7-51（a）为 Y/△-11 接线的变压器纵差保护接线圈。图（b）为电流互感器原边向量图，图（c）为采取补偿措施后电流互感器二次侧电流向量图。在将 Y 侧的电流互感器采用相应的三角形接线而将△形侧的电流互感器采用 Y 形接线后，则 Y 侧互感器副边输出的电流为 $\dot{I}_{A2}^{y}-\dot{I}_{B2}^{y}$、$\dot{I}_{B2}^{y}-\dot{I}_{C2}^{y}$、$\dot{I}_{C2}^{y}-\dot{I}_{A2}^{y}$，它们与 $\dot{I}_{A2}^{△}$、$\dot{I}_{B2}^{△}$、$\dot{I}_{C2}^{△}$ 同相位。这样就可使差动回路两侧的电流相位相同。

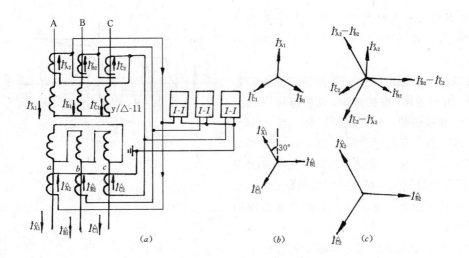

图 7-43　Y/△-11 接线变压器的纵差动保护接线和向量图

（图中电流方向对应于正常工作情况）

（*a*）接线图；（*b*）电流互感器原边电流向量图；（*c*）纵差动回路两侧电流向量图

当采用相位补偿后应注意电流互感器变比的选择。当电流互感器采用上述联接方式后，在互感器接成△形侧的差动臂中，电流扩大了 $\sqrt{3}$ 倍。为保证在正常及外部故障情况下差动回路中无电流，必须将该侧电流互感器的变比加大 $\sqrt{3}$ 倍，以减小二次电流，使之与另一侧的电流相等。为此必须用以下方法选择电流互感器变比。

变压器 Y 接线侧，电流互感器接成△形时的变比

$$K_{i(\triangle)} = \sqrt{3}\,\frac{I_{\text{NT(Y)}}}{5}$$

变压器△接线侧，电流互感器接成 Y 型时的变比

$$K_{i(y)} = \frac{I_{\text{NT}(\triangle)}}{5}$$

式中　$I_{\text{NT(Y)}}$——变压器星形接线的线圈额定电流；

　　$I_{\text{NT}(\triangle)}$——变压器三角形接线的线圈额定电流；

　　　5——电流互感器二次线圈额定电流。

（三）变压器差动保护继电器

变压器差动保护继电器必须具有躲过励磁涌流和外部短路故障的能力，而保护区内故障应可靠动作。变压器差动保护继电器主要有：

1. BCH-2 型差动继电器

BCH-2 型差动继电器是由带短路线圈的速饱和变流器和执行元件 DL-11/0.2 型电流继电器构成。其原理结构图如图 7-44 所示。

在铁心的中间柱上绕有差动线圈 W_c 和平衡线圈 W_p，在右侧铁芯柱上绕有与执行元件连接的二次线圈 W_2，短路线圈的两部分 W_d，W_d' 则分别绕于中间及左侧铁芯柱上，并且对于左边窗口来说是同向串联的。

由于速饱和变流器铁芯截面积较小，当励磁涌流流过差动线圈 W_c 时，其中很大的非周期分量使铁芯饱和。由于饱和使其电流由 W_c 向 W_2 转变困难，当衰周期性分量衰减后，该电流的周期分量才能转变到二次侧。图 7-45(a) 为励磁涌流作用下速饱和变流器的工作情况：励涌电流 i_{bp} 中的非周期分量使铁芯饱和，这时在 Δt 时间内不平衡电流 i_{bp} 变化虽然很大，但对应的磁通变化 $\Delta\phi$ 却因

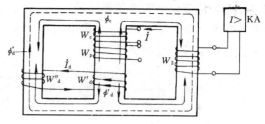

图 7-44　BCH-2 差动继电器原理结构图

饱和而很小，二次的感应电势 $E_2 = \dfrac{\Delta\phi}{\Delta t}$ 很小，所以继电器中的电流 I_{KA} 也很小。

在变压器内部短路时，流入速饱和变流器差动线圈 W_c 的电流是接近正弦波的短路电流，其中的非周期分量衰减很快。当短路电流的周期分量通过线圈 W_c 时，铁芯中在 Δt 时间内的磁通变化 $\Delta\phi$ 很大，如图 7-45 (b) 所示，二次线圈的感应电动势 E_2 很大，保证继电器能可靠地动作。

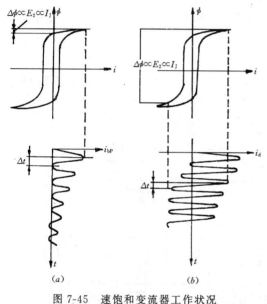

图 7-45　速饱和变流器工作状况
(a) 变压器通过励磁涌流时；(b) 变压器内部短路时

当差动线圈 W_c 通过正弦交流时，产生磁通 ϕ_c 在短路线圈中，W_d 中感应电动势 e'_d。在 e'_d 的作用下，短路线圈 W'_d 和 W''_d 中流过电流 I_d。由楞次定律可知，磁势 $I_d W'_d$ 产生的磁通 $\phi_{d'}$ 总是对 ϕ_c 起祛磁作用的。而 $I_d W''_d$ 在左边柱上产生通过二次线圈的助增磁通，通过 W_2 的合成磁通为 ϕ_2，在二次线圈中感应出势，产生电流。在铁芯未饱和的情况下，保持 W''_d 的匝数为 W'_d 的两倍，则 ϕ'_d 和 ϕ''_d 对总磁通 ϕ_2 的影响近似于相互补偿，故短路线圈的存在基本上不影响正弦交流向二次线圈 W_2 的转变。

当差动线圈中流过含有非周期分量的励磁涌流（不平衡电流）时，非周期分量电流使铁芯饱和，由于短路线圈的存在，在 W_c 中流过同样的周期分量电流时，由中间柱进入二次线圈的交流磁通减少了。由左边柱进入二次线圈磁通的减少则更为显著。因为由左边柱进入二次线圈的磁通需要通过由 W_c 线圈到短路线圈，再由短路线圈到二次线圈的双重转变作用，即使 ϕ_2 减少的更多。使通过继电器的电流更小。所以 BCH-2 型差动继电器比没有短路线圈的 FB-1 型速饱和变流器躲过励磁涌流的性能更好。内部故障时，短路电流中虽也含有非周期分量使铁芯饱和，但其非周期分量衰减很快，衰减后短路电流交流分量传至二次，使继电器可靠动作。可见，内部故障时，BCH-2 的动作有一定延时，增大 W'_d，W''_d 的匝数时，则动作速度降低，但不超过 35ms。

BCH-2 型差动继电器的动作安匝为 60 安匝，动作电流可用改变 W_c 的匝数来整定。其

内部接线及用于双绕阻变压器时的接线，见图7-46，其中平衡线圈W_p是可调的，用以补偿不平衡电流。调节W_{pI}及W_{pI}，即增大小电流侧的匝数，以保持正常工作和外部故障时，在不平衡电流下其合成磁势最小。

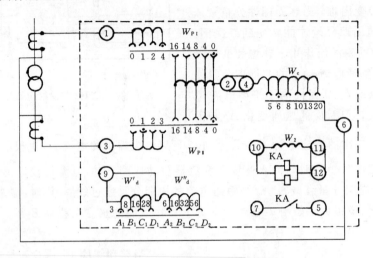

图7-46　BCH-2型差动继电器的接线

2. 半导体差动继电器

这里只介绍鉴别间断角的差动继电器。

图7-47（a）为这种保护的方框图，7-47（b）为其原理接线图，其主要组成部分是：

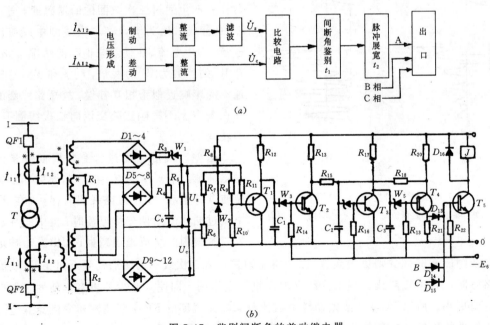

图7-47　鉴别间断角的差动继电器

（a）原理接线图；（b）方框图

（1）电压形成电路：它是由两个电抗变换器KH_1及KH_2组成一相保护的测量电路。每个电抗变换器有两个副线圈，一为制动线圈，一为差动线圈。按正常运行和外部故障时的电流方向，一对差动线圈接成差电流回路（即按电压相减原则差动线圈互相串联）输出电压正比于 $I'_{12}-I_{\mathrm{II}2}$，实际上反应差动保护的不平衡电流经整流后输出脉动电压 U_c。差动回路中的 R_1 用于调节两个二次电压的平衡，以保证正常运行和外部短路时差动回路的输出为最小。R_2 的作用是使 KH_2 和 KH_1 有同样的负荷和移相角。一对制动线圈分别整流后并联，制动线圈中电压最大者击穿稳压管 W_1 后，在 R_5 上的压降即为制动电压 U_z，要使 W_1、R_3 ～ R_5 及 C_0 适当配合，以取得合适的制动特性。

（2）比较回路：它由三极管下及其输入电路组成，当 (U_c-U_z) 大于 R_6 提供的"门槛"电压 U_b 时便截止，则比较电路有信号输出。图 7-56 阴影部分为下的截止区，t_b 称为间断时间（间断角）。

（3）间断角鉴别电路：它由三极管 T_2、T_3 及电容 C_1、C_2 的充电回路所组成。使 C_2 充电至 W_4 击穿电压所需时间为 4ms 左右（约合 70°角）。

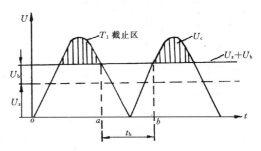

图 7-48 T_1 的输入电位

（4）脉冲展宽电路：它由 T_4、R_{17}、C_3，W_5 等组成，使 C_3 充电至 W_5 击穿所需时间约为 20～30ms。

（5）出口电路：它由 D_{13}～D_{15}、T_5 和继电器 J 等组成，为三相差动保护共用出口电路。

当差动继电器接通直流电源时，电路状态如图 7-47 所示。T_1 导通，T_2 截止，C_2 被充电到稳压管 W_4 击穿电压，使 T_3 导通，C_3 被短接，T_4、T_5 截止，出口继电器 J 不动作。

在变压器正常运行时，差动回路仅有不平衡电流造成的不大的输出电压，小于保护的整定值，电路中三极管 T_1 仍为原来状态，保护不动作。

当变压器内部故障时，差动电压 U_c 比制动电压 U_z 大，如图 7-49 所示，在 $U_c>(U_z+U_b)$ 时 T_1 截止，C_1 充电，当 U_{c1} 电压达到 W_3 击穿电压时 T_2 导通，C_2 迅速放电，T_3 截止，C_3 开始充电。自间断间的起点 a 开始，T_1 重新导通 C_1 迅速放电，T_2 截止，C_2 开始放电，但此种情况下的间断时间 t_b 小于 C_2 充电至 W_4 击穿电压所需的时间 4ms，所以，至间断角终点 b 时，T_1 又截止，C_1 充电使 T_2 又导通，C_2 再次放电。因此，只要间断角小于 4ms，对 C_3 的充电就无影响，经过约为一周期的时间后 U_{c3} 达到 W_5 的击穿值，T_4 导通，其射极输出使 T_5 导通，出口继电器 J 动作。上述 C_1、C_2、C_3 的充电波形及 T_4 的动作情况如图 7-49 所示。

当保护区外部故障时，差动电压 U_c 和制动电压 U_z 都比内部故障时小，而 U_c 更为突出。波形如图 7-50 所示，此种情况下，在间断角 t_b 内，C_2 有充足的时间被充电至 W_4 的击穿电压，使 T_3 导通，C_3 放电。因此，C_3 的充电时间小于 20ms，不能使 T_4，T_5 导通，故保护装置可以躲过外部故障。

在变压器空载合闸等情况下，励磁涌流 I_u 和它在电抗变换器二次产生的电压 U_{KH} 及 C_1、C_2、C_3 的充电电压等波形，如图 7-51 所示。涌流出现后，虽然 T_1、T_2、T_3 都相继翻转，但由于它有远大于 70°的间断角，C_2 在此期间能充电至使 T_3 导通，C_3 被放电，使 U_{c3} 总是达不到 W_5 的击穿值。因此，T_4 不可能导通。所以，可躲过励磁涌流。

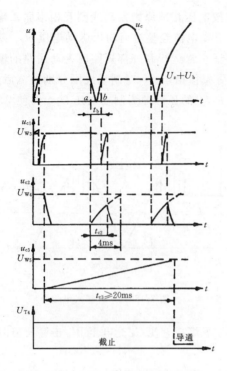

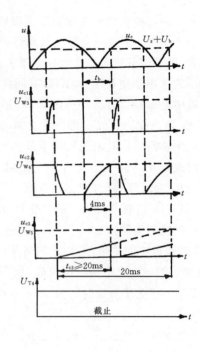

图 7-49　变压器内部故障时保护动作状况

图 7-50　变压器外部故障时
保护的动作状况

（四）三绕组变压器差动保护的特点

在变压器正常运行和外部短路时，三绕组变压器三侧电流向量的总和（归算到同一电压等级）必然为零。它可能是由一侧流入，另两侧流出；也可能是由两侧流入，而以第三侧流出。因此，如果先将任何两侧电流相加，再和第三侧电流比较，就和双绕组变压器的工作情况完全相同，这就是构成三绕组变压器差动保护的理论依据。

三绕组变压器差动保护的原理接线如图 7-52 所示。在正常运行和外部故障时，如果忽略不平衡电流，则流入继电器的电流为：

$$\dot{I}_{KA} = \dot{I}_{12} + \dot{I}_{II2} + \dot{I}_{III2} = 0$$

而当保护范围内故障时，例如 d 点，则流入继电器的电流为：

$$\dot{I}_{KA} = \dot{I}_{12} + \dot{I}_{II2} + \dot{I}_{III2} = \frac{\dot{I}_d}{K_{LH}}$$

即等于故障点的总电流。当 $I_{KA} > I_{op}$ 时，保护装置立即动作，使所有各侧断路器路闸。

为了保证在正常运行和外部故障时，流入继电器的电流 I_j 接近于零，除了采取和双绕组变压器同样的方法来减少不平衡电流外，还需注意以下几点：

三绕组变压器各侧电流互感器的变比不应根据各侧的容量来确定，而应根据最大的同一额定容量来选择。

为了保证动作的选择性，保护装置的起动电流和双绕组变压器差动保护一样，必须躲过外部故障时的最大不平衡电流和励磁涌流。

250

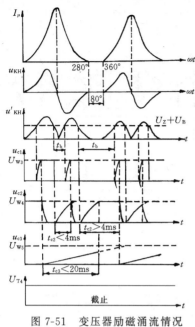

图 7-51 变压器励磁涌流情况
下保护的动作状况

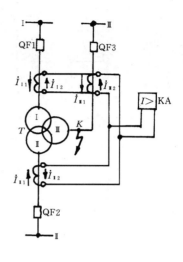

图 7-52 三绕组变压器差动保
护单相原理接线图

但必须指出，在三绕组变压器中不平衡电流比双绕组变压器要大。因为外部短路时装在故障点那一侧的电流互感器要流过所有各侧短路电流的总和，即相当于外部短路电流的倍数提高了，因而使电流互感器的误差加大。所以对三绕组变压器，为了提高差动保护装置的灵敏度，大多数情况下都要采用带制动特性的差动保护。

同双绕组变压器一样，由于电流互感器不能按需要选择，三侧电流互感器的二次电流之和不为零，这时需要用差动继电器的平衡线圈 W_p 来补偿。要注意的是，为了保证 I、II、III 三侧中每两侧绕组之间的平衡，需要用两个平衡线圈，分别接在电流较小的两侧。设最高电压侧的电流互感器二次额定电流最大，则取它作为基本侧，并直接接差动线圈，其余两侧接相应的平衡线圈如图 7-53 所示。

（五）变压器 BCH-2 型差动保护整定计算

1. 按平均电压及变压器最大容量计算变压器各侧额定电流 I_{NT}，按 K_w、I_{NT} 选择各侧电流互感器一次额定电流。按下式计算出电流互感器二次回路额定电流 I_{N2}：

$$I_{N2} = \frac{K_w I_{NT}}{K_i}$$

式中　K_w——三相对称情况下电流互感器的接线系数，星形接线时 $K_w=1$，三角形接线时

$K_w = \sqrt{3}$；

K_i——电流互感器的变比。

取二次额定电流 I_{N2} 最大的一侧为基本侧。

2. 计算各侧外部短路时的最大短路电流

3. 按下面三个条件决定保护的动作电流

（1）躲过变压器励磁涌流

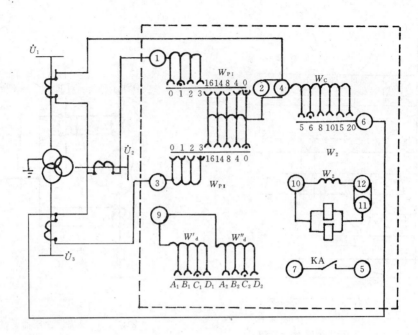

图 7-53　BCH-2 用于保护三绕组变压器的单相原理接线图

$$I_{op \cdot 1} = K_{rel} \cdot I_{NT}$$

式中　K_{rel}——可靠系数，采用 1.3；

　　　I_{NT}——变压器额定电流。

（2）躲过外部短路时的最大不平衡电流

$$I_{op \cdot 1} = K_{rel} \cdot I_{dsq \cdot m}$$

式中　K_{rel}——可靠系数，取 1.3；

　　　$I_{dsq \cdot m}$——保护外部故障时最大不平衡电流，$I_{dsq \cdot m}$ 可按下式计算：

$$I_{dsq \cdot m} = (K_{np}K_{eq} \cdot 10\% + \Delta U\% + \Delta f_c)I_{k \cdot max}^{(3)}$$

式中　10%——电流互感器允许的最大相对误差。

　　　K_{eq}——电流互感器的同型系数，型号不同时取 1；

　　　K_{np}——非周期分量引起的误差，一般取 $K_{np}=1$；

　　　$\Delta U\%$——由带负荷调整分接头引起的误差，一般取调压范围的一半；

　　　f_c——采用的互感器变比或平衡线圈匝数与计算值不同时，所引起的相对误差。在计算之初不能确定时可取 5%；

　　　$I_{K \cdot max}^{(3)}$——保护范围外部短路时的最大短路电流。

（3）躲过电流互感器二次断线引起的不平衡电流：

在正常运行情况下，为防止电流互感器二次断线时引起差动保护误动作，保护装置的起动电流应大于变压器的最大负荷电流 $I_{w \cdot max}$。当负荷电流不能确定时，可采用变压器的额定电流 I_{NT}，并引用 K_{rel}（一般采用 1.3），则保护装置的一次侧动作电流

$$I_{op \cdot 1} = K_{rel}I_{w \cdot max} = K_{rel} \cdot I_{NT}$$

选用以上三个条件算得的最大动作电流作为计算值。在以上的计算中，所有短路电流值都是归算到基本侧的值，所求出的动作电流也是基本侧的动作电流计算值。

4. 继电器差动线圈匝数的确定

（1）三卷变压器：基本侧直接接差动线圈，其余两侧接相应的平衡线圈。基本侧继电器的动作电流计算值：

$$I_{op \cdot c} = \frac{I_{op \cdot 1}}{K_i} K_w$$

基本侧继电器差动线圈计算匝数：

$$W_{d \cdot c} = \frac{AW_0}{I_{op \cdot c}} = \frac{60}{I_{op \cdot c}}$$

式中 AW_0——继电器动作安匝，无实测值时可采用额定值 $AW_0 = 60$ 安匝否则 $AW_0 \neq 60$。

按照继电器线圈实有抽头选择较小而相近的匝数作为差动线圈的整定匝数 W_{op}。

根据 W_{op} 再计算出基本侧实际的继电器动作电流 I_{op}

$$I_{op} = \frac{AW_0}{W_{op}}$$

（2）双绕组变压器：两侧电流互感器分别接于继电器的两个平衡线圈上。确定基本侧的继电器动作电流及线圈匝数的计算与三卷变压器方法相同。

依继电器线圈实有抽头，选用差动线圈的匝数 W_c 和一组平衡线圈匝数 $W_{eq \cdot I}$ 之和，较差动线圈计算匝数 $W_{p \cdot c}$ 小而近似的数值。确定基本侧整定匝数 W_{cz}。即：

$$W_{d \cdot op} = W_{eq \cdot I} + W_d \leqslant W_{p \cdot c}$$

5. 非基本侧平衡线圈匝数的确定

（1）双绕组变压器平衡线圈的匝数

$$W_{eq II \cdot c} = W_{d \cdot op} \frac{I_{N2I}}{I_{N2 II}} - W_d$$

式中 I_{N2I}、$I_{N2 II}$——为接有平衡线圈 I、II 的电流互感器二次额定电流。

选用接近 $W_{eq II \cdot c}$ 的匝数作为整定匝数 $W_{d \cdot op}$。

（2）三卷变压器平衡线圈匝数：

$$W_{eq I \cdot c} = \frac{I_{N2} - I_{N2 I}}{I_{N2 I}} W_{d \cdot op}$$

$$W_{eq II \cdot c} = \frac{I_{N2} - I_{N2 II}}{I_{N2 II}} W_{d \cdot op}$$

式中 I_{N2}——基本侧电流互感器二次额定电流。

选用按近计算的平衡线圈匝数作为整定匝数 $W_{eq \cdot op}$。

6. 计算 Δf_c

$$\Delta f_c = \frac{W_{eq \cdot c} - W_{eq}}{W_{eq \cdot c} + W_d}$$

式中 $W_{eq \cdot c}$——平衡线圈计算匝数；

$W_{cq \cdot op}$——平衡线圈整定匝数；

$W_{d \cdot op}$——差动线圈整定匝数。

若 $|\Delta f_c| > 0.05$ 时，则需将其代入式（7-46）重新计算动作电流。

7. 短路线圈抽头的确定

对于中，小容量的变压器可试选端子 $C_1—C_2$ 或 $D_1—D_2$；对于大容量变压器，由于励磁涌流倍数较小，而内部故障时，电流中的非周期分量衰减较慢，又要求迅速切除故障，因此短路线圈应采用较小匝数，可取抽头端子 $B_1—B_2$ 或 $C_1—C_2$。所选抽头匝数是否合适，应在保护装置投入运行时，通过变压器空载试验确定。

8. 灵敏系数校验

$$S_{p \cdot min} = \frac{I_{Ij}W_{Ig} + I_{IIj}W_{IIg} + I_{IIIj}W_{IIIg}}{AW_0} \geq 2$$

式中　I_{Ij}、I_{IIj}，I_{IIIj}——变压器出口处最小短路时 I、II、III 侧流进继电器线圈的电流；

W_{Ig}、W_{IIg}、W_{IIIg}——I、II、III 侧电流在继电器的实际工作匝数（工作匝数为各侧平衡线圈匝数与差动匝数之和）。

有时也用如下简化公式：

$$S_{P \cdot min} = \frac{I_j}{I_{op}} \geq 2$$

式中　I_j——最小故障时流入继电器的总电流；

I_{op}——继电器的整定电流。

双绕组变压器灵敏度计算与上述相同，只是第三侧数字为零。

【例 7-2】　BCH—2 作为单侧电源降压变压器的差动保护。$S_{be} = 15MVA$，$35 \pm 2 \times 2.5\%/6.6kV$；$Y/\triangle—11$；$U_d\% = 8\%$，试对 BCH—2 进行整定计算。

已知 35kV 母线三相短路电流：$I_{K \cdot max}^{(3)} = 3570A$；

$I_{k \cdot min}^{(3)} = 2140A$。6kV 母线的三相短路电流：$I_{K \cdot max}^{(3)} = 9420A$；$I_{K \cdot min}^{(3)} = 7250A$；归算至 35kV 侧 $I_{K \cdot max}^{(3)} = 1600A$；$I_{k \cdot mix}^{(3)} = 1235A$。6kV 侧最大工作电流为 1300A。

表 7-1

名　称	各　侧　数　值	
额定电压（kV）	35	6
变压器额定电流（A）	$\frac{15000}{\sqrt{3} \times 35} = 248$	$\frac{15000}{\sqrt{3} \times 6.6} = 1315$
电流互感器接线方式	$\triangle$	Y
电流互感器计算变比	$\frac{\sqrt{3} \times 248}{5} = \frac{429}{5}$	$\frac{1315}{5}$
选电流互感器变比	$\frac{600}{5}$	$\frac{1500}{5}$
电流互感器二次回路额定电流	$\sqrt{3} \times \frac{248}{120} = 3.57$	$\frac{1315}{300} = 4.38$

【解】　1. 算出各侧一次额定电流,选出电流互感器,确定二次回路额定电流,计算结果如表 7-1 所示。

由表 7-1 可以看出，6kV 侧电流互感器二次回路额定电流大于 35kV 侧。因此，以 6kV 侧为基本侧。

2. 计算保护装置 6kV 侧的一次动作电流。

（1）按躲过外部最大不平衡电流

$$I_{op \cdot 1} = K_{rel}(K_{np}K_{eq}10\% + \Delta U + \Delta f_c)I_{k \cdot max}^{(3)}$$
$$= 1.3(1 \times 1 \times 0.1 + 0.05 + 0.05) \times 9420 = 2450A$$

（2）按躲过励磁涌流

$$I_{op \cdot 1} = K_{rel} \cdot I_{N \cdot T} = 1.3 \times 1315 = 1710A$$

（3）按躲过电流互感器二次断线

因为最大工作电流为1300A，小于变压器额定电流，故不予考虑。

因此，应按躲过外部故障不平衡条件选用6kV侧一次动作电流 $I_{op \cdot 1} = 2450A$。

3. 确定线圈接线与匝数

平衡线圈 I、II 分别接于 6kV 侧 35kV 侧。

计算基本侧（6kV侧）继电器动作电流为：

$$I_{op} = \frac{K_w \cdot I_{op \cdot 1}}{K_i} = \frac{1 \times 2450}{300} = 8.16A$$

基本侧差动线圈计算匝数

$$W_{cs} = \frac{AW_0}{I_{op}} = \frac{60}{8.16} = 7.35 \text{ 匝}$$

依 BCH-2 内部实际接线，选择实际整定匝数为 $W_{d \cdot op} = 7$ 匝，其中取差动线圈匝数 $W_d = 6$，平衡线圈 I 的匝数 $W_{eq \, I} = 1$。

4. 确定 35kV 侧平衡线圈的匝数

$$W_{eq \, II \cdot c} = W_{d \cdot op} \frac{I_{N2 \, I}}{I_{N2 \, II}} - W_d = 7 \times \frac{4.38}{3.57} - 6 = 2.6 \text{ 匝}$$

确定平衡线圈 II 实用匝数 $W_{eq \, II} = 3$ 匝。

5. 计算由实际匝数与计算匝数不等而产生的相对误差 Δf_c

$$\Delta f_c = \frac{W_{eq \, II \cdot c} - W_{eq \, II}}{W_{eq \, II \cdot c} + W_d} = \frac{2.6 - 3}{2.6 + 6} = -0.0465$$

因为 $|\Delta f_c| < 0.05$，且相差很小，故不需核算动作电流。

6. 初步确定短路线圈的抽头：选用 $C_1 - C_2$ 抽头。

7. 计算最小灵敏系数

按最小运行方式下，6kV 两侧两相短路校验。因为基本侧互感器二次额定电流最大，故非基本侧灵敏系数最小。35kV 侧通过继电器的电流为：

$$I_j = \frac{\sqrt{3} \cdot I_{d \cdot max}^{(3)}}{K_i} = \frac{\sqrt{3} \times 1235 \times \frac{\sqrt{3}}{2}}{120} = 15.5A$$

继电器的整定电流为：

$$I_{op} = \frac{AW_0}{W_d + W_{eq \, II}} = \frac{60}{6 + 3} = 6.67A$$

则最小灵敏系数为：

$$S_{p \cdot min} = \frac{I_j}{I_{op}} = \frac{15.5}{6.67} = 2.32 > 2$$

最小灵敏系数满足要求。

四、电流速断保护

对于建筑供配电系统中，小容量的变压器可以在其电源侧装设电流速断保护代替纵差动保护，作为变压器电源侧线圈和电源侧套管及引出线故障的主要保护。

变压器电流速断保护的原理接线图如图 7-54 所示。

电流互感器装设在电源侧。电源侧为中性点直接接地系统时，保护采用完全星形接线方式；电源侧为中性点不接地或经消弧线圈接地系统时，则采用两相不完全星形接线方式。

变压器电流速断保护的起动电流按躲过变压器二次侧母线三相短路时的最大短路电流整定，即：

$$I_{op \cdot 1} = K_{rel} I_{k \cdot max}$$

式中 K_{rel}——可靠系数，取为 $1.2 \sim$

1.3；

$I_{k \cdot max}$——变压器二次侧母线三相短路时的最大短路电流。

电流速断保护的起动电流还应躲

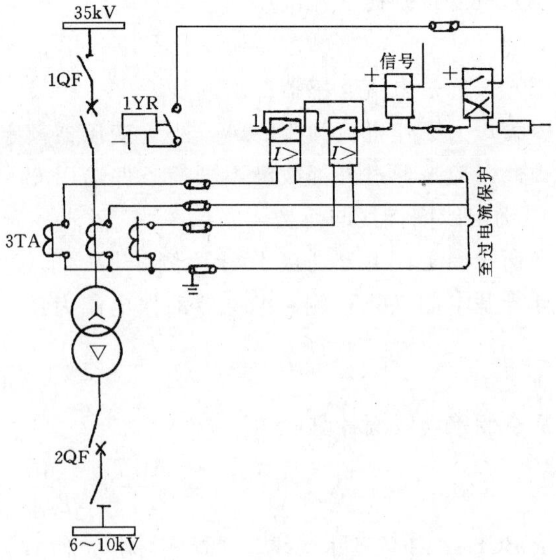

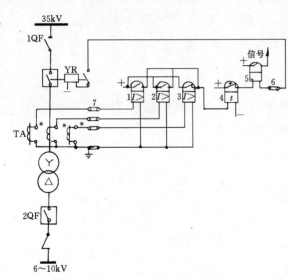

图 7-54　变压器电流速断
保护原理接线图

过变压器空载合闸时的励磁涌流，按上式整定的起动电流可以满足这一要求。

电流速断保护的整定值较高，它既要躲开变压器低压侧短路时的最大短路电流，又要躲开变压器空载投入时的励磁涌流，所以只能保护变压器变压线圈以上的部分，而对变压器低压线圈不能保护，因而电流速断保护应用有着一定的局限性。但因其接线简单，动作快速，在过电流保护及瓦斯保护相配合之下，可以很好地作为中，小容量变压器的保护。

五、变压器过电流保护

为了反应变压器外部短路引起的过电流，并作为变压器主保护的后备保护，变压器还要装设过电流保护。

1. 单电源供电变压器的过电流保护

单电源供电变压器的过电流保护原理接线图如图 7-55 所示，电流互感器装设在电源侧，这样可使变压器也包括在保护范围之内。

为了得到较高的灵敏度，变压器过电流保护的电流互感器及继电器通常采用三相星形接线方式。因为 35kV 变压器的接线一般都是采用（Ｙ/△）接

图 7-55　单电源供电变压器
的过电流保护原理接线图

1、2、3—电流继电器 DL-11/20 型；
4—时间继电器 DS-112/220 型；5—电
流信号继电器 DX-11/1 型；6—跳闸
连接片；7—电流试验端子

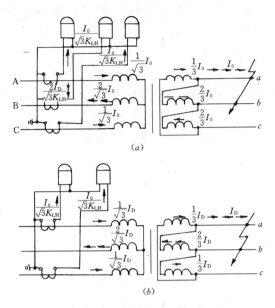

图 7-56 变压器 Y/△接线低压
侧两相短路高压侧各相流过的电流

(a) 电流互感器星形接线；

(b) 电流互感器不完全星形接线

线，当变压器低压侧 a，b 两相短路时，采用完全星形接线时三相星形接线高压侧 B 相流过的最大短路电流是 $\frac{2}{\sqrt{3}} I_D$；当采用不完全星形接线时，同样条件下 A、C 两相流过的最大短路电流是 $\frac{1}{\sqrt{3}} I_D$。如图 7-56 所示。可见三相完全星形接线灵敏度比两相不完全星形接线高 1 倍。

过电流保护的一次侧起动电流的整定原则是躲过最大负荷电流，即：

$$I_{op \cdot 1} = K_{rel} \cdot I_{N \cdot T}$$

式中　K_{rel}——可靠系数，取 1.2～1.3；

　　　$T_{N \cdot T}$——变压器的额定电流。

2. 双电源（内桥）供电变压器的过电流保护

建筑供配电及工厂供配电系统中经常遇到由两条进线，两条出线及两台变压器构成的内桥式接线，对每台变压器末级形成双电源供电。它的过电流保护是采用"和电流"的接线方式，即电源侧断路器的电流互感器中的电流和分段断路器的电流互感器中的电流相加后接入电流继电器，双电源（内桥）供电变压器的过电流保护原理接线图如图 7-57 所示。

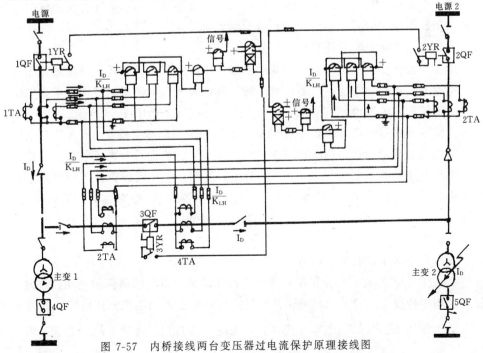

图 7-57　内桥接线两台变压器过电流保护原理接线图

采用"和电流"接线的过电流保护装置，其突出的优点是用1套过电流保护装置兼作两台断路器的保护，可节约1套过电流保护装置。对内桥接线的变压器来说，由于省去了分段断路器的过电流保护装置，从而可省去1级整定值，使上、下级过电流保护更容易相互配合。

内桥接线的过电流保护装置采用"和电流"的方式接入，可以保证保护装置的动作的选择性。

图7-57中的电流互感器的极性都是以变压器高压侧电流流入变压器的方向作为电流互感器的正极性端的，当内桥接线正常运行时，通常是开桥运行，即分段断路器3QF断开运行，此时分段断路器的电流互感器中电流为零，其"和电流"的过电流保护和单电源供电变压器的过电流保护原理一样。

当电源又停用，分段断路器3QF合上，由电源1向1号及2号变压器供电时，若2号变压器短路，则短路电流 I_D 经过电流互感器1TA、3TA、4TA、送到2号变压器。根据图中的接线知：2号变压器过电流保护装置中电流继电器的电流是电流互感器3TA和2TA二次侧电流之和；因电源又停用，2TA的电流为零，故流入2号变压器过电流保护中电流继电器的电流。只为从3TA流入的短路电流 I_D，它使保护动作，跳开分段断路器3QF，切除故障变压器的电源。

流入1号变压器过电流保护装置中电流继电器的电流是电流互感器1TA和4TA二次侧电流之和，由于1TA和4TA中的短路电流大小相等，方向相反，其和为零，其过电流保护不会动作，电源1仍可向1号变压器供电，实现保护动作的选择性。

3. 三绕组变压器过流保护

三绕组变压器过流保护的保护原则是保证当外部短路时，过电流保护应保证有选择性地只断开直接供给故障点短路电流那一侧的断路器，从而使另外两侧绕组仍然可以继续运行。对两侧电源或三侧电源的三绕组变压器，为了确保保护的选择性在三侧绕组上都装设过电流保护，而动作时间最小的那一侧还加装方向元件。

六、带低电压闭锁的变压器过电流保护

变压器过电流保护既要保证躲开变压器最大工作电流，又要使在变压器最小运行方式下，短路时有足够的灵敏度，当动作电流整定值较大时，灵敏系数往往达不到要求，采用低电压闭锁的过电流保护可解决这一矛盾。其原理接线图如图7-58所示。

为了保证变压器短路故障和6～10kV母线短路故障时的灵敏度，低电压继电器应接至6～10kV电压互感器的线电压上，其起动电压应小于正常运行情况下的最小工作电压。

三个低电压继电器都接在线电压下，且触点并联，这样可以保证各种相间短路时，低电压继电器可靠地动作。而且只要有一只低电压继电器起动，整套过电流保护就能动作。但在实际应用中要注意这样的接线不能反应电网中的单相接地故障，因此不能用在中性点直接接地系统中。

七、变压器单相接地保护

Y/Y_0 接法的变压器，当变压器一次侧为两相两继电器接线或两相差动接线时，需在变压器二次侧中性线上设置单相接地保护装置，保护装置采用零序电流的保护原理来实现。

在变压器低压侧b相发生单相接地时，在高压侧B相只流过 $\frac{2}{3}I'_k$ 的电流，而A，C相

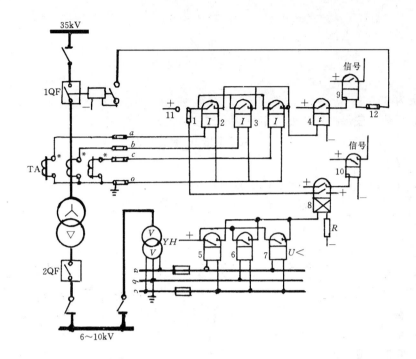

图 7-58　变压器带低电压闭锁的过电流保护原理接线图

1、2、3—电流继电器；4—时间继电器；5、6、

7—低电压继电器；8—中间继电器；9—电流信号

继电器；10—电压信号继电器；11、12—切换连接片

都是 $\frac{1}{3}I'_R$，况且它们大小相等、方向相同，这样经过差接的电流互感器后，二次流入继电器线圈中的电流为零。或者说只有不平衡电流流过，保护不会动作。

变压器单相接地保护的整定，要躲过变压器正常工作时中性线上流过的最大不平衡电流，规范规定这个不平衡电流不应超过低压侧额定线电流的 25%，则

$$I_{op \cdot 1} = 0.25 K_{rel} I_{NT2}$$

式中　K_{rel}——可靠系数 1.2～1.3；

I_{NT2}——变压器低压侧额定线电流。

保护时限取 0.5～0.7s，保护的灵敏系数按低压侧干线末端发生单相短路来校验，要求 $S_p \geqslant 1.25 \sim 1.5$。如果低压侧干线距离较近，或低压侧采用电缆出线，可以不装设单相接地保护。

【例 7-3】　某自备电站厂用变压器一台，为 SJL₁800kVA，6.3/0.4kV，73/1154A。6kV侧电流互感器变流比为 150/5A，0.4kV 侧电流互感器为 1500/5A，按两相两继电器接线。低压侧中性线上电流互感器为 500/5A。变压器低压侧外部三相短路时，短路电流折算到高压侧的值为 732A，高压侧保护装设处两相短路电流为 12.6kA。低压侧母线上电动机的自起系数为 3.3。试整定变压器的电流速断、过电流、接地保护。

【解】

（1）电流速断保护，按躲过外部短路电流时流经保护的最大短路电流整定，则

$$I_{\text{op}\cdot1} = K_{\text{rel}}I_{\text{k}\cdot\text{max}} = 1.4 \times 732 = 1025\text{A}$$

继电器的动作电流

$$I_{\text{op}} = \frac{I_{\text{op}\cdot1}}{K_i} = \frac{1025}{30} = 34.2\text{A}$$

整定为 35A。

灵敏系数,按保护安装处两相短路电流校验,即:

$$S_{\text{p}} = 12600/(35 \times 30) = 12 > 2$$

满足要求。

(2) 过电流保护,考虑电动机的自起动情况:

$$I_{\text{op}\cdot1} = K_{\text{ye}l} \cdot K_{\text{st}} \cdot I_{\text{NT}\cdot1} = 1.2 \times 3.3 \times 73 = 290\text{A}$$

继电器动作电流

$$I_{\text{op}} = I_{\text{op}\cdot1}/K_i = 290/30 = 9.70\text{A}$$

整定为 10A,时限 0.5s。

灵敏系数

$$S_{\text{p}} = \frac{0.866 \times 732}{10 \times 30} = 2 > 1.5$$

满足要求。

(3) 单相接地保护

0.4kV 侧零序电流,按中性线上最大不平衡电流计算,为

$$I_{\text{op}\cdot1} = 0.25K_{\text{rel}}I_{\text{NT}\cdot2} = 0.25 \times 1.2 \times 11.54 = 346\text{A}$$

继电器动作电流

$$I_{\text{op}} = \frac{346}{100} = 3.46\text{A}$$

整定为 3.5A,时限 1.5s。

八、变压器过负荷保护

变压器过负荷,大多数都是三相对称的,所以过负荷保护只要在一相上用一个电流继电器来实现。过负荷保护通常经过延时作用于信号。为防止外部短路时发出错误信号,过负荷保护动作时间,应大于变压器过电流保护时间。在实行运行中,为了在出现自行消除的短时过负荷不致发出信号,通常过负荷保护的动作时间取为 10s。同时,时间继电器的线圈应允许有较长时间通过电流,应选用线圈串有限流电阻的时间继电器。

对于单电源双绕组变压器,过负荷保护与过电流保护合用一组电流互感器,它只装在有运行人员监视的变压器上。过负荷保护动作后只发出信号,运行人员接到信号后可进行处理。

对单侧电源的三绕组变压器,当三侧绕组容量相同时,只装在电源侧,当三侧绕组容量不同时,装在电源侧和容量较小的一侧;两侧电源的三绕组变压器装在所有三侧。

过负荷保护装置的动作电流应为:

$$I_{\text{op}\cdot1} = K_{\text{rel}}I_{\text{NT}}/K_{\text{re}}$$

式中　$K_{\text{re}l}$——可靠系数,采用 1.05;

　　　K_{re}——返回系数,采用 0.85;

　　　I_{NT}——变压器额定电流。

【例 7-4】

已知 1 台降压变压器，$35\pm2\times2.5\%/10\mathrm{kV}$，容量为 $10000\mathrm{kVA}$，$\curlyvee/\triangle$-11 接线。

经计算得出：35kV 侧最大运行方式下三相短路电流 $I_{\mathrm{K1\cdot max}}^{(3)}=4.46\mathrm{kA}$，最小运行方式下三相短路电路 $I_{\mathrm{K1\cdot max}}^{(3)}=3.0\mathrm{kA}$；10kV 侧最大运行方式下三相短路电流 $I_{\mathrm{K2\cdot max}}^{(3)}=2.62\mathrm{kA}$，最小运行方式下三相短路电流 $I_{\mathrm{k2\cdot min}}^{(3)}=2.43\mathrm{kA}$，试计算变压器电流速断保护、过电流保护及过负荷保护的整定值。

【解】

1. 电流速断保护的整定计算

电流继电器动作电流整定值

$$I_{\mathrm{op}}=\frac{K_{\mathrm{rel}}\cdot K_{\mathrm{w}}\cdot I_{\mathrm{k\cdot max}}}{K_i}=\frac{1.3\times1\times2620\times\frac{10.5}{35}}{60}=17.03\mathrm{A}$$

取 $I_{\mathrm{op}}=18\mathrm{A}$

灵敏系数按保护安装处最小两相短路电流计算为：

$$S_{\mathrm{p}}=\frac{I_{\mathrm{d\cdot min}}^{(2)}}{K_i\cdot I_{\mathrm{op}}}=\frac{\sqrt{3}\times3000}{2\times60\times18}=2.4>2$$

$S_{\mathrm{p}}>2$ 满足要求。

2. 过电流保护的整定计算

为了提高保护灵敏度，电流互感器采用三相星形接线。

$$I_{\mathrm{op}}=\frac{K_{\mathrm{rel}}\cdot K_{\mathrm{w}}\cdot K_{ol}}{K_{\mathrm{re}}\cdot K_i}I_{\mathrm{NT}}=\frac{1.3\times1\times1.5}{0.85\times60}\times165=6.3\mathrm{A}$$

动作电流整定值可取 $I_{\mathrm{op}}=7\mathrm{A}$；动作时限可取 $t=0.15\mathrm{s}$

灵敏系数：

$$S_{\mathrm{p}}=\frac{I_{\mathrm{K\cdot min}}^{(2)}}{K_i\cdot I_{\mathrm{op}}}=\frac{\frac{\sqrt{3}}{2}\times2430\times\frac{10.5}{35}}{60\times7}=1.51$$

灵敏系数 $S_{\mathrm{p}}=1.51\approx1.5$ 满足要求。

3. 过负荷保护

动作电流整定值为：

$$I_{\mathrm{op}}=\frac{K_{\mathrm{rel}}\cdot K_{\mathrm{w}}\cdot I_{\mathrm{NT}}}{K_{\mathrm{re}}\cdot K_i}=\frac{1.15\times165}{0.85\times60}=3.72\mathrm{A}$$

时限取 $4\sim15\mathrm{s}$。

第八章 供电系统的自动装置与自动监控系统

第一节 供电网络的自动重合闸装置

一、自动重合闸的作用

在高压架空线路上，由于雷电大气过电压或电网操作过电压，在线路或设备上引起放电闪络，闪络时间约40微秒（μs）左右，闪络时使线路形成短路，使断路器分闸，线路停电，造成损失。

人们在实践中发现，因闪络使电网短路故障，断路器分闸后，绝大多数短路故障已经消失，只有极少数故障是永久性的，需要检修线路或设备才能排除其故障，称它为永久性故障。既然如此，人们提出了自动重合闸装置，以减少瞬间故障停电所造成的国民经济损失。据国内外统计，一次重合闸成功率为（60～90）%，而二次重合成功率仅15%左右；三次重合成功率仅3%左右；所以一般只采用一次重合闸。而对于超高压（500kV或800kV）大电网的重载输电线路，将影响几个省、市大面积用电时，才能必要考虑二次自动重合闸问题。在建筑供配电技术领域内，一般都只用一次自动重合闸。自动重合闸装置ARD(Auto-Reclosing Device)，有机械型和电气型两种主要区别。

机械型ARD适用于弹簧操动机构的断路器，使用交流操作电源；免除了直流合闸电源设备。交流操作是发展方向。

电气型ARD适用于电磁操动机构的断路器，而且必须具有直流合闸电源设备。

二、自动重合闸装置选择要点

按照《继电保护和自动装置设计技术规范》的规定，电压在1kV及以上的线路长度超过1km的架空线路，或架空线与电缆混合线路，当具有断路器时，应装设自动重合闸装置；当采用高压熔断器时，一般装设自动重合熔断器。

（1）按照自动重合闸方式，用弹簧的机械储能来驱动断路器自动合闸，称为机械式自动重合闸装置，用在交流操作电源的弹簧操动机构的断路器。电气式自动重合闸装置采用电磁操动机构驱动断路器合闸，称为电气式自动重合闸装置是用在直流操作电源的电磁操动机构的断路器，因此，必须设置直流操作电源。

（2）在供配电系统中，一般只采用一次自动重合闸装置。

（3）自动重合闸装置动作后，应自动复归原位，并为下次动作准备条件。

（4）在线路上安装了带时限的保护装置时，尽可能采用自动重合闸后加速保护动作方式，使线路尽快切除永久性故障。

（5）在单侧电源供给几条串联线路段的线路上，为尽快断开线路故障，可采用重合闸前加速保护动作方式。

（6）采用自动重合闸装时，对油断路器须另外校核断流容量，在切断短路电流到一次重合于故障状态之间的无电流时间很短，约0.5s。去游离时间短，介质绝缘能恢复慢，断流容量下降，但又必须第二次切除短路电流，有可能断路器实际断流容量不够，会造成事故。因此，必须校核油断路器的断流容量，并应有必要的技术裕量。

三、机械式一次自动重合闸装置

在高层建筑内 10kV 变电所中，采用真空断路器 ZN-10 比少油断路器 SN-10 更安全些。免除了油的燃烧。泄漏、爆炸危险。使运行维护和检修也容易一些。

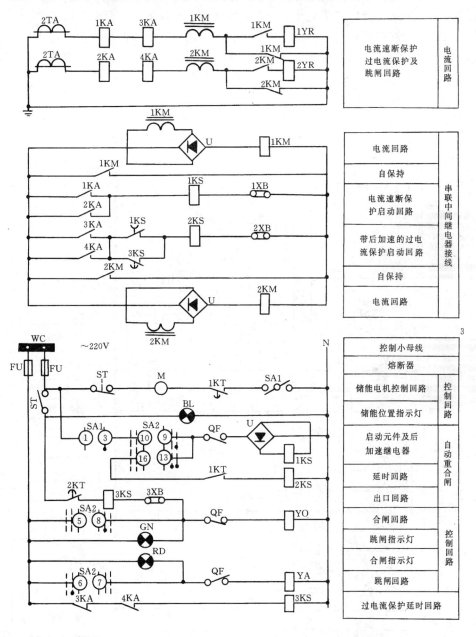

图 8-1　机构式一次自动重合闸电路展开图（后加速保护）

图例：1～4KA 电流继电器，1～2KM 中间继电器，1～3KT 时间继电器，1～3KS 信号继电器，M 储能电动机，YO 合闸线圈，YR 脱扣器，SA1 切换开关，

当自动重合闸装置投入运行时，切换开关SA1的1-3接点闭合，输电线路正常工作时，线路断路QF处于合闸位置，弹簧操动机构已经储能，准备动作。

当断路器因继电保护动作而分闸时，断路器辅助触点KA动作，切换开关SA2的9-10接点仍闭合，使时间继电器1KT通电转动，瞬时闭合接点，因SA2接点16～13仍闭合，使时间继电器2KT转动，延时闭合接点，使合闸线圈YO带电重合闸。如重合闸成功，所有继电器复归到原来位置，储能电动机又对弹簧储能，作好下次合闸的准备工作。

如果供电线路存在永久性故障，一次重合闸不成功，继电保护动作，将使断路器再分闸。但由于弹簧储能需要较长时间，不会再次重合闸，因此保证了重合闸只重合一次。

在手动分闸时，SA2的10-9、16-13接点都断开了，时间继电器1KT无电不起动，重合闸装置不会动作。

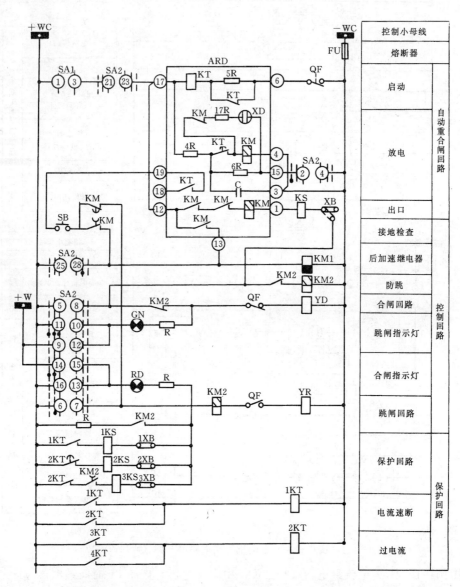

图 8-2　电气式一次自动重合闸电路展开图（后加速保护）

时间继电器 1KT 延时断开的常开接点，用于加速过电流保护电路的动作，使断路器迅速分闸、当自动重合（或手动合闸）于永久性故障的情况。

在单侧电源线路点安装自动重合闸装置时，其动作时限的整定为

$$t_{op} = (0.8 \sim 1.0)s \tag{8-1}$$

或再长点时间。

后加速继电器采用瞬时动作延时返回的继电器，返回时间在 0.4s 左右，在此时间内，被加速的过电流保护装置足以使断路器分闸。在直流操作电源时采用 DZS-145 型继电器，在交流操作电源时，采用 JF3-21/1 型继电器，其整定时限为 0.4s。

四、电气式一次自动重合闸装置

图 8-2 上，当自动重合闸装置在线运行时，转换开关 SA1 的 1-3 接点闭合，重合闸电路中的电容 C 已充电完毕。当断路器分闸时，断路器辅助接点 QF 闭合，转换开关 SA2 的 21-23 接点仍闭合，使时间继电器 KT 起动，经延时闭合时间继电器 KT 的接点，使已充电

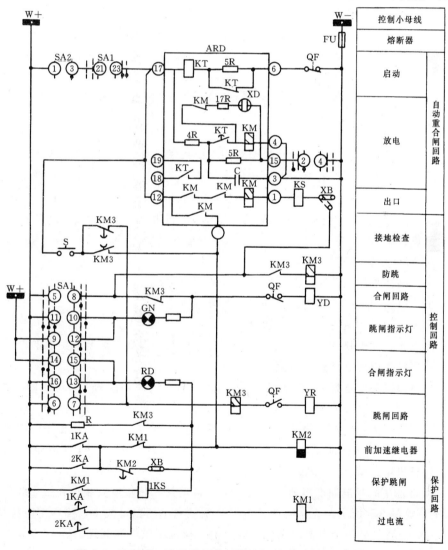

图 8-3 电气式一次重合闸装置接线展开图（前加速保护）

265

的电容 C 经中间继电器 KM 线圈放电，使 KM 动作而接通合闸电路，并由 KM 的电流线圈自保持动作状态。如重合闸成功，则所有继电器复归原位（或称复位），电容 C 又开始充电，充电时间需要 15～25s 后，才能达到中间继电器 KM 所要求的动作电压值，从而保证了自动重合闸装置只重合一次，绝无二次。

如重合闸不成功，有永久故障存在时，时间继电器 KT 起动，但由于电容 C 充电间长，中间继电器 KM 不动作，重合闸电路也不通，因此不可能重合闸，只能一次重合闸。

在手动分闸时，接点 SA2 的 21-23 断开、2-4 闭合，电容 C 放电使重合闸装置决不可能重合，这是重合闸装置必须满足的重要条件之一。因手动操作分闸，是运行状态所需，自动重合闸装置应该不动作、不合闸。

中间继电器 KM 的作用，是加速继电保护电路动作，迅速使断路器分闸，切断永久性故障线路。

按钮 SA3 是在配电网络发单相接地故障时，代替切换开关 SA2 进行一次断路器分合试验，便于寻找接地故障线路。

图 8-3 与图 8-2 大同小异，但图 8-3 是前加速保护动作电路的电气式一次自动重合闸电路展开图。

第二节　备用电源自动投入装置的功能

一、概述

在供电安全性和可靠性需求较高的多功能高层建筑及重要工厂的变电所中，一般都设置两个及以上的独立电源，有备用电源和备用线路。在低压侧也设置联络断路器，作为运行或检修时的备用电源。因此，需要有备用电源自动投入装置 APD（Reserve-source auto-putinto device），汉语拼音字缩写为 BZT（备自投）。利用这种自动装置，可以提高供电的安全性和可靠性。

二、对 APD 装置的基本要求

（1）保证确在工作电路断开后，方可投入备用电路；

（2）工作电路的电压消失时，自动投入装置均应动作；

（3）保证自动投入装置只动作一次；

（4）低电压起动电路的接线方式，应能避免电压互感器熔丝熔断而引起的误动作。

三、高压备用电源自动投入装置

在双电源供电的变电所中，安装 APD 可以减少备用电源切换为工作电源的时间，保证供电的连续性。

（1）有明备用的双电源变电所中，备用电源自投装置应安装在高压备用电源进线断路器上，正常时由工作电源 A 供电，当工作电源切除时，QF1 分闸，APD 使 QF2 断路器自动合闸，保证供电连续性。如图 8-4 所示。

（2）有暗备用的双电源变电所中，备用电源自动投入装置应安装在高压母线分段断路器 QF3 上，见图 8-5 所示。正常时两个电源分别供电给两段母线上，当一个电源切除时，APD 使 QF3 合闸，另一个电源向两段母线供电，保证了供电连续性。

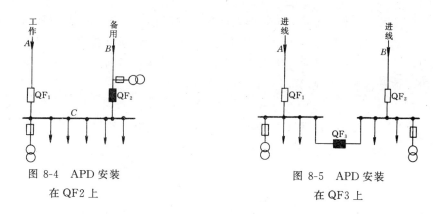

图 8-4　APD 安装
在 QF2 上

图 8-5　APD 安装
在 QF3 上

第三节　直流操作的自动投入装置

在图 8-6 上,有两个工作电源,备用电源自动投入装置 APD 设在母线分段断路器上,它们的控制保护电路展开图见图 8-7。

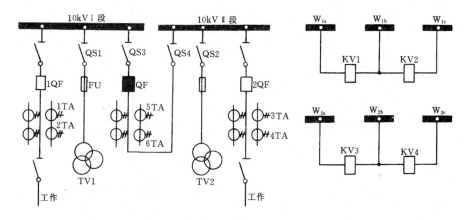

图 8-6　备有电源自动投入的装置的变电所一次接线和电压回路（直流操作）

(1) APD 装置采用低电压启动方式。

APD 装置投入运行时,切换开关 SA1 接点 13-15 闭合,用电压继电器 1kV、3kV 监视备用电源电压,2kV、4kV 监视工作电压失压情况。而且电源电压降低到某个极限值时才会动作,一般是降低到额定电压的 25% 时,才会动作。

(2) 电压继电器 1kV、3kV 监视备用电源电压,一般整定 1kV、3kV 的动作电压为

$$U_{op} = (0.6 \sim 0.7)U_N \tag{8-2}$$

而 2kV、4kV 电压继电器监视工作电源电压,动作整定值为

$$U_{op} = 0.25U_N \tag{8-3}$$

式中　U_{op}——电压继电器动作电压 (V);

　　　U_N——继电器所在母线的额定电压 (V)。

(3) 为防止电压互感器 1TV、2TV 熔丝断线,而使 APD 误动作,在 APD 启动回路中串联了电压互感器的断线闭锁 1G 和中间继电器 1KM 接点,见图 8-7 (a)（2G 和 2KM 接点见图 8-7 (b)）

（4）当备用电源电压正常，中间继电器 KM 常开接点闭合，经时间继电器 2KT（见图 8-7）4KT（见图 8-7）延时后，使发生故障的工作电源进线断路器分闸，断路器动作时间的整定原则，应避开出线短路而产生 APD 误动作。故电源进线断路器动作时间 t 大于出线断路器的动作时限 t_1 的一个时段 Δt（$0.5 \sim 0.7$）s

$$t = t_1 + (0.5 \sim 0.7)\text{s} \tag{8-4}$$

（5）在故障工作电源断路器分闸以后，经断路器辅助接点 1QF（2QF）的常闭接点，接通母线分段断路器的合闸电路。

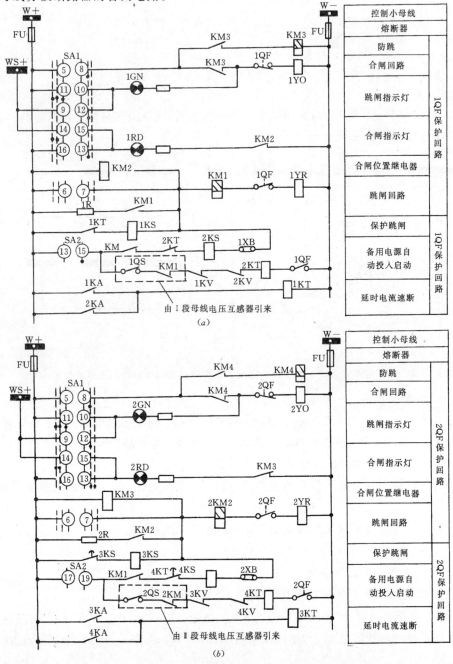

图 8-7　直流操作的备用电源自动投入装置原理接线图（一）

268

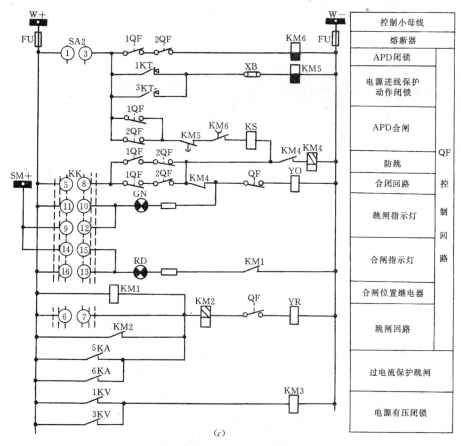

图 8-7　直流操作的备用电源自动投入装置原理接线图（二）

（6）在合闸电路中串联闭锁中间继电器 KM 的延时释放常闭接点和 KM6 的延时释放常开接点，见图 8-7（c）。前者避开了工作电源进线保护动作时 APD 投入故障母线上。后者保证 APD 只动作一次。

（7）一般 KM6 继电器延时为 0.5s，中间继电器 KM 整定为 0.7~0.9s。

（8）如 APD 投到故障母线时，继电保护动作，使分断路器分闸。

第四节　交流操作的自动投入装置

在变电所中采用交流电源操作断路器的方法和技术措施，已经普遍实现了；特别是用户级的变配电所更是如此。

一、APD 安装在电源进线断路器上（如图 8-8a 所示）

图 8-8（a）备用电源自动投入装置（交流操作）

电路 APD 工作过程与前述类似，此处不再重述了。

二、APD 安装在母线分段断路器上

Ⅰ段母线由线源为工作电源，Ⅱ段母线进线电源为备用电源。在Ⅰ、Ⅱ两段母线的分段断路器上安装 APD 装置。

工作原理见图 8-8（b）所示。

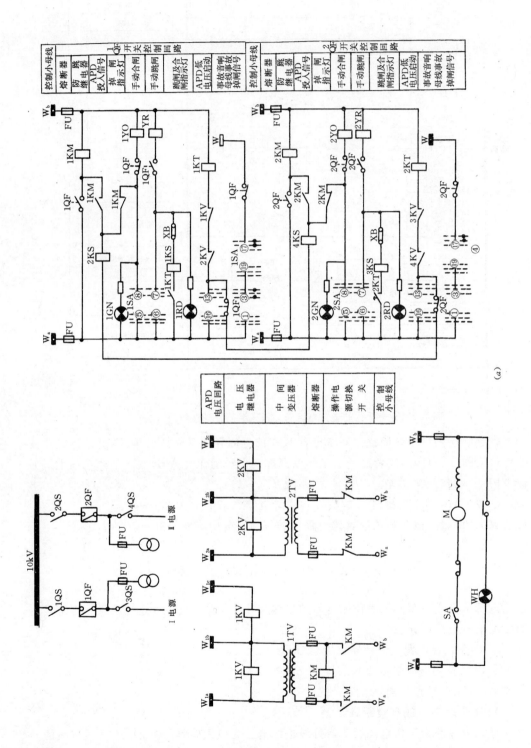

图 8-8(*a*)　备用电源自动投入装置电路（交流操作）

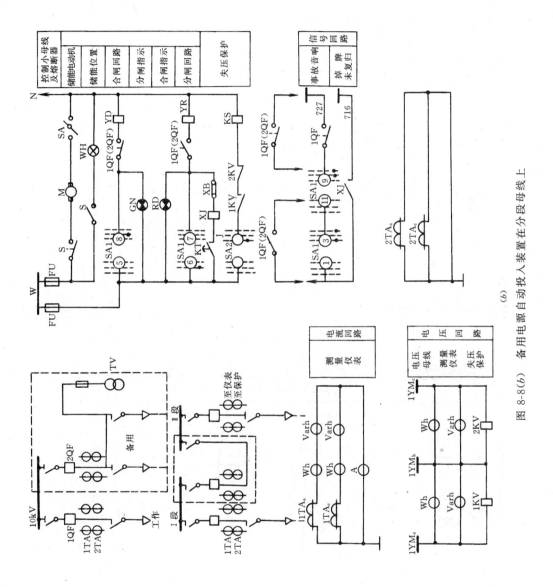

图 8-8(b)　备用电源自动投入装置在分段母线上

271

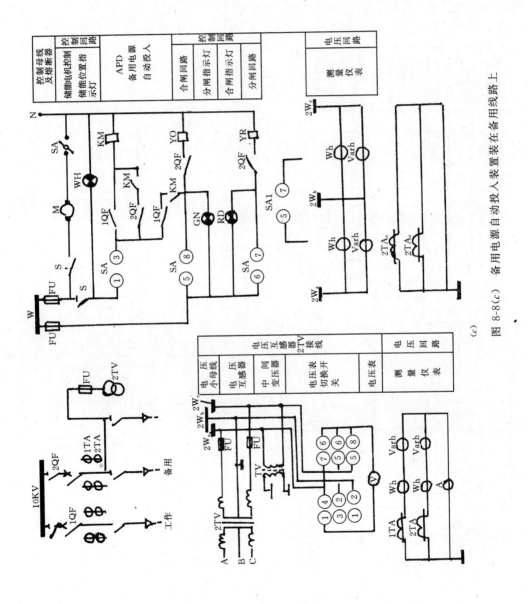

图 8-8(c) 备用电源自动投入装置装在备用线路上

三、APD 安装在备用线段上

用在单母线不分段的情形下，备用线路有几路电源可供选用（图 8-8c）。

第五节　微机综合自动监控装置

一、微机综合自动化系统的特点及功能

现代变电所运行状态的实时检测、控制、继电保护、远动功能、运行状态定时制表记录等，许多国家都用计算机网络系统来完成上述功能的实现。国外也称此为微机综合自动化装置。在电力、石油、交通等工业部门得到了长足发展与进步。

传统的远动功能是遥测、遥信、遥控、遥调，简称四遥，即遥远测量、遥远信号、遥远控制、遥远调节。

在现代电力系统中，已经普遍使用计算机局域网络来完成电力系统调度、运行管理、在线监测，下达遥控、遥调指令，由终端计算机执行指令，并向中心调度局回传执行结果信息，刷新中调局画面状态信息等等；例如电网上各发电厂、各枢纽变电所、各主干线路等的有功功率，无功功率、频率、电压水平等重要运行参数，都必须进行状态在线监控，达到全电网的安全、可靠、优质、经济运行。

微机综合自动化装置的主要特点如下所述。

（1）微机综合自动化装置具有微机局域网的性质。采用分层分布式结构，获得了高可靠性、快实时性、强功能性的技术指标；

（2）硬件电路采用标准化、模块化结构，提高抗干扰能力；

（3）主机选用可靠性高的工业挖机，前置单元采用单片计算机，使主机系统、单片机系统的软硬件资源共享、组成局域网络，使系统扩展容量方便，兼容性强；

（4）系统在硬件软件及电源等技术上，采用冗余及容错技术，有自检和自恢复功能，提高了综合装置的在线适定性和实时性；

（5）采用高实时性和人机界面灵活的实时多任务操作系统；

（6）系统采用接地屏蔽；强、弱电隔离，信号线屏蔽等措施，提高抗干扰能力；

（7）装置功能应符合电力部有关技术规范的规定。

二、微机综合自动化装置的技术功能

1. 数据采集与处理

由各种模板采集模拟量（电压、电流、功率、温度等）、开关量（断路器、刀闸、继电保护、自动装置等）分、合位置信号，脉冲电度信号等的采集处理，在线监视运行和越限报警。对实时数据分类，按不同时间打印制表是监控管理的基础功能；

2. 屏幕彩色显示栏目

（1）主接线图，不同电压等级用不同颜色表示；

（2）母线及线路潮流；

（3）母线电压及负荷曲线；

（4）三相电流、电压、有功、无功等表格显示；

（5）画面上的电压、电流、有功、频率等模拟量定时刷新；开关状态变位后，在 4ms 内刷新；屏幕显示刷新周期小于 4s；

（6）操作过程显示；

（7）保护设定值，阈值显示，定值修改显示；

（8）信息显示与记录。

保护动作信息、开关变位信息，故障信息实时显示、记录并打印，显示区在屏幕下角。

（9）监控各种模板工况巡检显示

3. 运行操作

运行当班人员用链盘操作断路器分闸或合闸，并自动记录操作工号、姓名、操作时间，操作结果等。在主机退出运行时，值班人员可对断路器手动操作。

4. 故障报警

在断路器变位而无正常操作时，有喇叭报警声，提醒有保护动作分闸或合闸；在过负荷、过温、轻瓦斯动作时，蜂鸣器给出预警信号。

5. 定时、随机、实时打印记录

运行报表定时打印；运行数据、操作等随机打印；系统故障信息、开关变位信息、保护动作信息实时打印记录；

6. 事件顺序记录

保护动作、开关变位、运行操作、历史数据、违章操作，自动装置等动作时间顺序记录。

7. 电度统计

设脉冲电度表，底数由键盘置入，统计时起度与电度表刻度一致。

8. 具有遥测、遥信、遥控、遥调功能，可实现远动技术特征。

9. 其他技术需求。

第六节　主机系统结构及配置

一、主机系统结构及配置

变电所综合自动化装置宜于采用工业控制级的微机，如 586 及以上工业控制计算机作为主机，前端模板采用 8098 单片计算机。

工业控制计算机具有总线缓冲匹配、硬件自复位和加强抗干扰措施等特别设计，而一般商用机则没有这些技术措施。因为工作在工业现场的计算机面对着各种电磁干扰，光、温、湿、振动、化学气体污染腐蚀尘埃污染锈蚀等等；因此，主机工作环境必须有良好设计和正确施工，才能得到可靠保障。主机可用单机或双机配置，显示屏幕可选用 20 英寸大屏幕，分辨率在 1024×768 以上。配置宽行 24 针打印机、键盘和鼠标。见图 8-9。

二、微机监控系统

微机综合自动化装置的监控系统，按功能分为检测、监视、控制、自动装置等四个部分。

（一）检测子系统

被检测量有系统电压、频率、各线路电流、有功及无功功率、功率因数、电度累计。还有系统工作的各路直流电压。

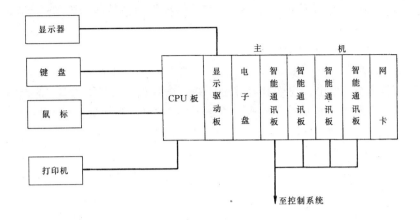

图 8-9　主机系统结构图

（1）电压、电流等模拟量检测误差 $\Delta \leqslant 1.0\%$；

（2）频率检测分辨率为 0.01Hz；

（3）有功、无功功率测量误差 $\Delta \leqslant 1.5\%$

（4）用电压、电流专用变送器测量，$\Delta \leqslant 0.25\%$

（5）用专用功率变送器测量 $\Delta \leqslant 0.5\%$

一般而言，供电局是按电源进线电度表计收取电费，微机累计电度是为企业电耗与生产成本核算提供数据。

（二）监视子系统

（1）监视断路器分、合闸；

（2）控制出口回路监视；

（3）电压互感器断线监视；

（4）直流电源接地监视；

（5）电力系统接地监视。

（三）控制子系统

（1）微机对各断路器的分、合闸操作，是按照防误操作条件进行的。首先对每个断路器都已给定了编码。在对断路器 QF 进行操作时，给出编码输出，回读自校，QF 状态及刀闸状态检测和显示，并保存状态字，然后给出控制操作指令，首先是断路器编码，原状态码，变化状态码，微机自动逐位比较检查无误后，给出操作指令。执行后的状态字，可以回传并记录保存。对断路器的操作，必须认真仔细逐位闭锁，自动防误操作，目的在于供电的安全性和可靠性。

如果微机自动控制失效，还可使用手动控制进行操作，手动操作断路器作为后备操作。

2. 微机自动调压控制

当供电系统采用变压器自动分接头有载调压时，微机在线多次检测电网电压高于（或低于）允许电压偏移值，微机认为电压值需要调节时，在屏幕下角给出提示闪光信号，并有喇叭发声信号，提请值班操作员认可，可否调压？当值班员认定需要调压时，给出调压指令字，微机自动执行调压指命后，保存新的状态字，以备下次调用该状态字。并读取电网电压值显示于屏幕上。

当供电网采用全自动自补偿稳压器调压时，则微机综合自动化装置，可不使用电压调节控制功能。

3. 线路接地搜索马切除接地线路

在小电流接地电网中，例如 10kV、35kV 电网为小电流接地系统，当发生一相接地时，虽然电网可短暂运行，但必须尽快找到接地线路，并切断接地故障线路，使电网正常运行。

特别是 10kV 电网供电网络，出线很多是电缆线路，流经接地点的电容电流数值较大，需要迅速找出故障线路并切除之。可由计算机自动搜索各路出线 1、2、3、…i…，当第 i 路出线分闸后，计算机检测到出线电缆 i 的接地信号消失了，因此，证明是第 i 路出线发生单相接地了，计算机立即提示并记录第 i 路出线接地故障信息自动打印检修该线路的工作票。

4. 自动无功补偿

在变电所功率因数和电压改变时，自动投补偿电容器和自动改变有载调压变压器分接头、实现电压及无功控制。

5. 低频低压自动减负荷

在电力系统频率过低时，按预先规定的减负荷次序，一般分为五级，对线路依次切除，使频率恢复为止。习惯上我国也习称为按周（波）减载（负载）

6. 自动限制负荷

按用户规定的用电计划，超过用电负荷时自动报警，经规定延时后仍超负荷，则自动切除该供电线路。

7. 备用电源自动投入

经检测电源进线电压、母线联络断路器状态和电流值、电压值等量，自动完成备用电源自动投入。

第七节　微机保护系统

微机保护是采用 Intel 8098 单片计算机为核心的智能模板，组成了微机保护系统。工作性能稳定、灵敏、动作可靠。

一、10 及 35kV 线路保护

保护配置三段式电流保护，可带方向和低电压闭锁，任一段都可闭锁不用，还具有三相自动重合闸功能，重合次数可以选择，也可以闭锁，一般选为一次重合闸。保护模板采用双重配置，互为备用，提高保护动作的可靠性，克服了误动和拒动现象。

保护动作电流整定范围（额定电流为 5A）如下：

（1）电流速断保护整定为 2～50A 或 2～100A；

整定级差 0.2A 或 0.4A；

（2）限时电流速断保护整定为 2～50A；整定级差 0.2A，整定动作时间 0.5～10s。

（3）过电流保护整定为 0.5～12.5A；整定级差为 0.1A，动作时间 0.5～10s 级差为 0.1s。

（4）无时限电流速断保护动作时间，即故障发生到出口继电器动作时间：

1）整定动作电流为 1.1 倍整定值时，动作时间小于 110ms；

2）动作电流为 2 倍整定值时，动作时间小于 50ms；

关于微机保护整定值的修改，可在系统主计算机键盘上进行修改。微机保护动作信息由主计机自动处理。

二、10 及 35kV 变压器保护

保护配置有差动电流速断，含二次谐波制动和双百分率穿越制动的差动保护原理，还有低电压闭锁的过电流保护，瓦斯保护、温度保护、过负荷保护。这些保护均为硬件双重配置，互为备用；以提高保护动作的可靠性。

保护整定范围的额定电流为 5A，额定相电压为 57V；即 $100V/\sqrt{3}$ 取整数。

(1) 电流速断保护动作电流整定为 0.5～50A，整定级差为 0.2A，

(2) 差动保护动作电流整定范围 1～12.5A，级差 0.1A，第一级制动电流 0.5～12.5A，级差，0.1A，制动系数 0.3～0.6；第二级制动电流 2～50A，级差 0.1A，制动系数 0.5～1；

(3) 过电流保护动作电流整定范围 0.5～12.5A，整定级差 0.1A，保护动作时间整定范围 0.5～10s 级差 0.1s。

(4) 低压闭锁 2～100V，整定级差 0.5V；

(5) 保护整组动作时间：

1) 差动电流速断保护：在 1.1 倍整定值时，整组动作时间小于 110ms，在 2 倍整定值时，整组动作时间小于 40ms。

2) 差动保护：在 1.1 倍整定值时，整组动作时间小于 130ms 在 2 倍整定值时，整组动作时间小于 60ms 二次谐波制动系数可在 12.5%～25%内选择；穿越制动系数可在主机键盘上整定。

三、10/35kV 电容器组保护

保护配置有过电流保护，三相电流不平衡速断保护，零序电流保护、过电压、欠电压保护。保护模板为双重布置，互为备用，提高可靠性。几种保护动作值整定范围与整定级差，分别与变压器的同类保护是完全相同的参数。以便模板设计调试标准化，互换性强。

四、110kV 变压器保护系统

保护配置有差动电流速断、含二次谐波制动和穿越制动的差动保护，复合电压闭锁过电流保护，零序电压闭锁的零序电流保护、过负荷保护、瓦斯保护、温度保护等。上述保护可以多重配置，提高保护可靠性。

保护整定范围（额定相电压 57V，额定电流 5A）。

(1) 电流速断、差动动作范围 0.5～50A，整定级差为 0.2A；

(2) 差动保护动作电流整定范围 1～12.5A，整定级差 0.1A；第一级制动电流 0.5～12.5A，级差 0.1A，制动系数 0.3～0.6。第二级制动电流 2～50A，整定级差 0.1A，制动系数 0.5～1。

(3) 过电流保护动作电流范围为 0.5～12.5A，整定级差 0.1A，动作时间 0.5～10s；级差为 0.1s；

(4) 电压闭锁整定范围 2～100V，整定级差 0.5V；

(5) 负序、零序电压整定范围 2～100V；零序电流整定范围 0.5～12.5A，整定级差 0.1A，保护整组动作时间：差动电流速断保护小于 20ms，差动电流保护动作时间小于 30ms；二次谐波制动系数和穿越制动系数都可以整定。

五、110kV 线路保护

保护配备有相间距离保护、接地距离保护，零序电流保护，高频方向保护等。模板多重配置，互为备用，提高可靠性。保护额定相电压 57V，额定电流为 5A。

(1) 相电压整定范围有效值 0.5～80V；

(2) 相电流整定范围 0.5～75A 或 1～150A；

(3) 相间距离及接地距离保护整定范围（二次值）0.2～64Ω；最大灵敏角 47°～90°可调；

(4) 过电流及零序电流整定范围 0.5～40A，整定级差 0.1A；

(5) 保护整组动作时间：

1) 相间距离和接地距离 I 段（0.7 倍整定值时）小于 20ms；

2) 零序电流 I 段（1.2 倍整定值时）小于 20ms；

3) 高频方向保护整组动作时间小于 30ms。

六、微机保护系统的组成与结构

综上所述，微机保护主要内容为线路保护、变压器保护、补偿电容器组的保护。

微机保护采用模块结构，可分为分体式模块结构和整体式模块结构。保护系统在实现方式上有交流型保护和直流型保护。微机保护系统运行功能是完全自主的和独立的，具有很强的实时性和可靠性。即使主计算机因故停止运行后，微机保护系统也必须投入运行，保护被保护对象（线路或变压器等）电网的正常运转和正常供电，只有当被保护线路或变压器从电网中分闸切除后，与它们相配合的微机保护方可将其停止运行，进行维护。

在设计制造与安装调试微机保护系统时，须充分考虑微机保护系统的自主能力，抗干扰能力，耐受能力；这是提高微机保护系统运行可靠性和灵敏性的根本措施。

（一）分体模块结构

主模块有线路保护模块，变压器保护模块，电容器组保护模块，方向、同期检测模块等，其他还有变换模块，I/O 模块，电源模块等，按功能设计需要进行组合，模块之间用导线联接起来和用扁平电缆和双绞线联接。电压 10～35kV 电网采用直流保护模块，计算量小，性能稳定。

1. 线路保护模块有两块线路保护板，每块线路保护板用两只单片机 8098，可保护四条输电线路，一个保护模块内的两块线路保护板相互交叉联接，互为备用，双重配置，即每条线路具有独立的两套保护设备，提高保护可靠性和必要的技术冗余性，见图 8-10。

2. 变压器保护模块有两块变压器保护板，每块变压器保护板，有两只 8098 单片计算机。可以保护两台变压器，这两块变压器保护板采用交叉接线方式，互为备用，即每台变压器都有两套独立保护装置，每套保护分为变压器主保护和辅助保护。每个变压器保护模块可以保护两台变压器；见图 8-11。

3. 电容器组保护模块有两块电容器保护板，每块保护板可保护两组电容器。两块保护板交叉联接，互为备用，使每组电容器具有两套保护，实现保护冗余度，提高了保护可靠性，见图 8-12。

（二）整体式模块结构

对 110kV 微机保护采用整体式模块结构，将变换部分、保护部分、I/O 部分、电源部分等，整体安装在模块箱内，用母板和电缆联接各部分。110kV 微机保护含有变压器保护、

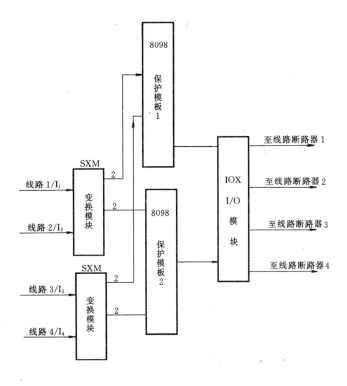

图 8-10　微机线路保护模块的分体式结构

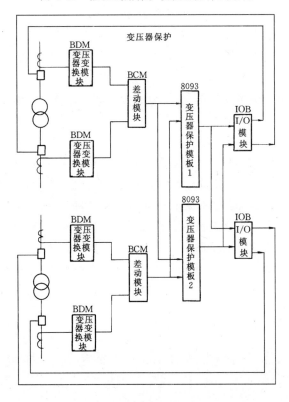

图 8-11　微机变压器保护模块分体式结构

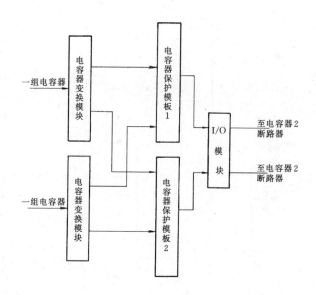

图 8-12 电容器组保护模块分体式结构

线路保护和故障录波、故障距离测量等。

1. 变压器保护模块箱

110kV 变压器保护模块含多只 8098 单片机,可保护一台变压器,一台变压器有一套保护。但保护采用双 CPU、双输入、双 A/D 采样,双信号出口,双电源互为备用,从而提高了保护动作的可靠性,具备了必要的技术冗余度。

2. 110kV 线路保护模块箱

110kV 线路保护模块可以保护一条 110kV 线路,它具有相间距离保护、接地距离保护、零序电流(含方向)保护,综合自动重合闸等多种保护功能。

这种模块箱式结构,是将变换部分、I/O 部分、保护部分、电源部分等,都一体式安装在模块箱内;便于运行维护和检查。

3. 对 110kV 线路故障录波与测距

输电线路因短路故障时,可对 4 条线路的电压、电流暂态过程的数据,由微机采样记录于内存中,称为故障录波记录 2min。在事故后,显示或打印这些数据、进行事故分析,查找事故原因,以便采取补救和防犯措施。这是故障录波的用途之一。

我们利用故障时电压、电流录波值,进行适当的处理和计算,可以在该微机上显示出这次故障点的距离值。称此为故障测距。这是录波测距的用途之二。

有可能故障距离不十分准确,但对输电线路永久性故障点的寻找勘察,却有重要参考价值,可节省维修线路时间和人力。综上所述,微机智能化监控系统可以带来明显的经济和社会效益。

第八节　微机综合自动化变电所工程设计

一、联接系统设计

对于新建的重要工程中的变电所,采用微机化监控系统进行综合自动化运行管理,在技术上是完全可行的和适宜的、必要的。变电所二次线路的功能，全部由微计算机综合自动化装置来完成实现，即测量、监视、控制、保护、信号、自动装置、远动功能等。

这种联接施工设计叙述如下：

（1）将电流互感器 TA、电压互感器 TV 次级与变送器屏相应模块的端子联接；

（2）对脉冲电度表计费用表亦应接入；

（3）微机综合自动化装置 MCIAE（Micro Computer integrated Aatomation equipment）的输出线路直接接至断路器操作机构相应端子；

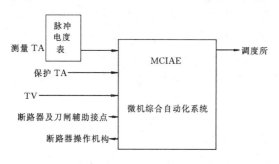

图 8-13　微机综合自动化
装置联接系统图

（4）断路器 QF 和刀闸的辅助接点接至 MCIAE 对应模块的开（关量输）入端子；

（5）将直流合闸电源（220V）接至断路器操动机构；

（6）将直流屏应有 220V 直流输出提供给 MCIAE 的工作电源及断路器分闸操动电源。

微机综合自动化装置的联接系统见图 8-13。

（7）直流合闸电源分别接入各断路器上相应的端子上。

二、MCIAE 作远方终端（RTU）使用

在此条件下，微机综合自动化装置仅具有信号监视、测量、远动功能。如需要遥控功能时，可以具有操作控制功能，见以下远动功能设计。

三、远动接口

（1）将 MCIAE 作为远动装置使用时，它具有两个 RS-232 接口，经调制解调器（Modem）与两个调度所通讯，传输各种数据。

（2）当有下行信息（如遥控）的变电所，可以选用四线全双工通道。当只有上行信息的变电站，则可选用二线双工通道。

（3）通道与调制解调器联接处，应安装适合的压敏电阻，以削弱雷电波对通道感生的过电压，保护 Modem 不被击坏。

（4）本系统需要的直流操作电源，由直流电源屏引入控制保屏内。

（5）根据对变电站的功能及技术需要，选择变换器屏，监控屏，脉冲电度表屏，计量仪表屏，直流电源屏，模拟电路屏，控制台等组合而成为变电所的 MCIAE 系统。

四、微机综合自动化系统（MCIAS）的组成及结构设计

MCIAS 变电所微机综合自动化系统由三大部分组成，即主机系统，微机保护系统，微机监控系统组成。

主机系统是网络的上位机部分，而保护、监控系统则是计算机网络的下位机部分。整个系统是一个计算机局域网络。

主机系统可分为单机系统，双机系统，多机系统三种类型结构。

1. 单机系统

只有一台主机，称为单机系统。既有与下位机通讯任务，人机接口任务，还有系统数据库维护任务。主机根据实时多任务操作系统对任务进行调度和执行。一旦主机有故障时，整个系统无法运行，单机系统的可靠性，主要是取决于主机的可用率。在变电所中，MCIAS一般不采用单机系统；是电力系统运行安全性和可靠性所决定的。

一般说来，主机选用 Intel586 及以的工业控制级计算机，简称工控机。显示器为 20"大屏幕彩色显示器 1～2 台，分辨率为 1024×768，根据不同需要，可采用各种宽行 24 针打印机。再配置键盘后鼠标、不间断（UPS）电源。

微机综合自动化装置 MCIAE 的主机采用工业控制级机型，工控机在硬件上具有总线缓冲匹配功能、硬件自复位功能，抗干扰能力强等技术性能，是商用机所没有的性能。用在工业现场作监控的计算机，必须选用工控机。

主机软件主要分为实时多任务操作系统、数据库访问、网络操作系统，用户应用程序四大部分。

2. 双机系统

当 MCIAS 有两台主机时，称为双机系统。两台主机分别承担各自的任务，两台主机通过网卡进行联系，根据网络操作系统，实现任务分配和数据共享，当一台主机故障时，另一台主机将承担全部任务，保持系统正常运行。

对双机系统而言，外部设备都可以独立配置齐备，以便互为备用。如图 8-14 星型结构网络、图 8-15 总线网络结构所示。

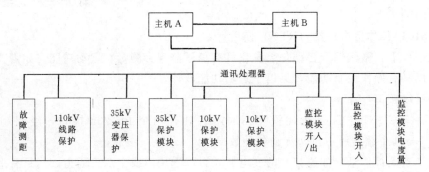

图 8-14　星型网络结构

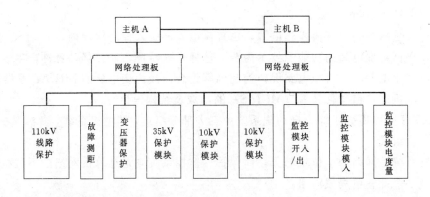

图 8-15　总线网络结构

3. 多机系统

多机系统可用一台主机（高挡微机或小型计算机）担任网络服务器，使主机之间构成局域网络，相互通讯。多台主机共同分担系统全部任务。系统运行的安全性、可靠性及技术裕量都得到了提高。

图8-14为星型网络结构，主机A及B经通信处理器分别与各保护模块通讯联系，各保护模块含 Intel8098 单片计算机，对被保护设备运行状态信息数据，进行采集、分析计算、处理操作，并通知主机，作运行状态记录，同时修改运行状态模拟图。

图8-15为总线网络结构，主机A及B，分别经过自己的网络处理板与各设备保护模块进行通讯，交换数据信息。各保护模块都与总线联接，称为总线网络结构。保护模块含有 Intel 8098 单片计算机分析处理各被控设备运行状态数据和信息，并将操作结果信息告之主机A或B。

综上所述，各保护模块，都是智能模块，可以不断处理各自被保护设备运行状态数据处理，处理结果进行状态操作，例如断路器分、合闸操作等。这两种网络结构在正常运行时，运行效率是相当的，表现不出优劣。

但在通讯处理器故障和一块网络处理板故障时，两个系统的运行状态和抗故障能力，就明显不同了。例如通讯处理器故障时，可能主机A及B将停止运行，以更换或修理通讯处理器。而一块网络处理板故障时，将当维修或更换网络处理板时，整个系统仍可正常运行，由一台主机担任全部任务。

可以看出，总线网络结构较星型网络结构的抗故障能力强些，运行可靠性好些。

对于多机系统可采用分布式结构，环形结构；这与多台主机之间各自的功能与用途不同而有区别，例如调度所与变电所微机监控通讯用或中心调度所与大型用户变电所微机监控通信，或变电所内部微机监控通讯中使用。其信息数据规模、通信方式、是否使用调制解调器，都将影响网络系统结构的设计选择。在中、小型变配电所的微机监控工程设计中，主机一般选用两台运行方式，相互作为热备用，其可靠性已能满足实际需要了。

第九节　磁补偿式电流与电压传感器

一、概述

供配电所微机综合自动化装置（MCIAE），提高了综合性。它将传统的继电器保护装置、远动装置、中央信号、自动重合闸、自动按周波减载、事故录波、定时抄表记录……等等分散装置，综合在微机监控自动化装置中。因此称为微机综合自动化装置。在世界各国的供配电及大中型变电所、发电厂中都已广泛使用了。

在微机综合自动装置中，当从电网上取得各种电气数据信息时，无论是电流、电压、功率、电度等模拟数据的获取，都必须使用相应的传感器，本节将叙述磁补偿式传感器及其变送器的工作原理。

二、磁补偿式电流传感器

在环形磁路中，原级绕组匝数为 N_1，流通被测电流 I_1，次级绕组匝数为 N_2，流通补偿电流 I_2 时，使两个绕组产生大小相等而方向相反的平衡磁动势，即有

$$N_1 I_1 = N_2 I_2 \tag{8-5}$$

故 $$I_2 = \frac{N_1}{N_2}I_1 = kI_1 \tag{8-6}$$

当 $k = N_1/N_2 =$ 常数时，I_2 正比于 I_1。

有 $$U_0 = R_m I_2 \tag{8-7}$$

称 U_0 为输出电压值，在规定了额定输入电流 I_1 及额定输出电流 I_2 后，选择测量电阻 R_m 的值，使得

$$U_0 = R_m I_2 = 5\text{V} \tag{8-8}$$

以便与模/数（A/D）转换电路配合使用。见图 8-16。

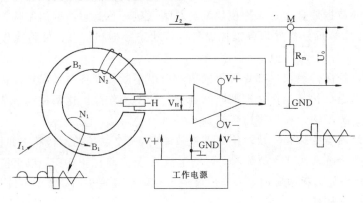

图 8-16　磁补偿式电流传感器

霍耳器件 H 安置在环形磁路开口处，始终处于检测零磁通的状态之中。

这种传感器有许多优点，原级与副级绝缘可达 $3\sim6\text{kV}$；温度每变化 1℃，输出值仅变化小于 0.01%，即万分之一以下，温度特性优良。平均无故障时间为 $2\times10^6\text{h}$；尺寸小、重量轻；便于与微机接口。

这种电流传感器可以测量直流电流，也可测量交流电流、脉冲电流，输出电压跟踪输入电流流波形。

三、磁补偿式电压传感器

磁补偿式电压传感器如图 8-17 所示。图中 R_1 为限流电阻。初级磁动势为 I_1N_1，在磁路中产生磁场 B_1，另由 I_2N_2 产生相反磁场 B_2，进行补偿后，保持磁平衡状态：

$$I_1N_1 = I_2N_2$$

$$I_2 = \frac{N_1}{N_2}I_1 = kI_1$$

$$k = \frac{N_1}{N_2} \tag{8-9}$$

可见，I_2 正比于 I_1，输出电压为

$$U_0 = R_m I_2 \tag{8-10}$$

霍尔元件安置在磁环气隙磁场中，始终处于检测零磁通的作用。额定输入电流为 10mA 时，传感器有最佳精度，因此按 10mA 电流输入值与需要测量的电压值，例如 500V，选择电阻 R_1 的值，即

$$R_1 = \frac{U}{10\text{mA}} = \frac{500}{10\times10^{-3}} = 50\text{k}\Omega$$

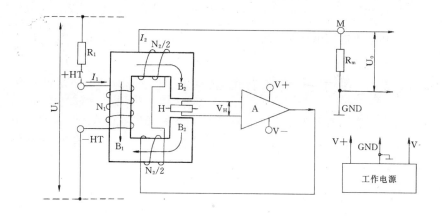

图 8-17 磁补偿式电压传感器

余类推。

第十节 钳型电流传感变送器

这种电流传感变送器可用于主电路（一次电路）系统的交（或直）流电流的传感变送，可长距离传送标准直流信号，作为遥测信息送到计算机接口后，由计算机采样。

其工作原理见图 8-18 所示。

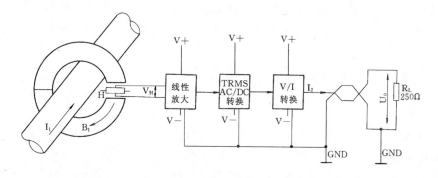

图 8-18 钳型电流传感变送器

钳型是指该感感变送器可直接安装在母线、导线上，像钳张开夹住导线一样方便。它可用于测量直流或交流电流的情形。

图 8-18 上，初级绕组为 1 匝，电流 I_1 在磁环中激发磁场为 B_1，霍尔元件仍安置在磁环开口气隙中，受 B_1（或 I_1）激发的霍尔电压 V_H 经线性放大后，进行交流变为直流的变换，再进行直流电压变为电流的转换，即（V/I）转换，以克服电压传输会沿线路降落，造成误差增大的缺点。直流电流传输是不损失电流，在终端电阻 R_L 上产生的输出电压 U_0 也就保持着与电流成正比的数值。可见 V/I 变换是必要的。

传输线路采用双绞线路，旨在利用双绞线上的杂散电磁干扰可以相互抵消的优点，且有降低线路成本的作用。直流电流输出有 0～20mA，0～10mA 或 4～20mA 标准值。以便于采样接口之需。

交流（或直流）电流输入值可从 100A～2000A 范围；有各种规格可供选择。

第十一节　隔离型电压变送器

隔离型电压变送器有两种类型，即交流电压输入型和直流电压输入型。交流电压额定输入值从 36～1200V 有 11 种规格，直流电压额定输入值从 2～1000V 有 18 种规格可供选择。

隔离型电压变送器工作原理如图 8-19 所示。

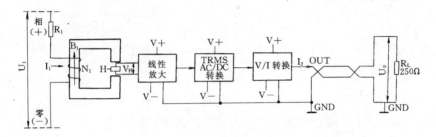

图 8-19　隔离型电压变送器

在图 8-19 上，串联限流电阻 R_1 后使电流 I_1 减小，可以提高被测电压值。IN_1 在磁路中激发磁场 B_1，霍尔元件仍安置在磁路气隙中，直接检测磁场 B_1，霍尔电压为 V_H，将 V_H 线性放大后，进行整流变为直流电压，再将直流电压 U 变为直流电流 I，即 V/I 变换，仍用双绞线，传输标准直流信号，额定输出电流为 0～20mA，在 250Ω 上的输出电压为 0.05V。

第十二节　三相功率传感器及变送器

一、概述

在各级电压的电网中，都需要监视三相电网中的有功功率和无功功率的数值，功率总加的数值，以便随时掌握电网运行状态。因此需要安装三相功率传感变送器，与计算机综合自动化装置联接，实时显示电网功率潮流分布及变化动向，提高电网实时调度水平；增强供配电所电能管理和节电措施；可以获得社会经济效益。

二、三相有功功率传感器

在变配电站和发电厂中使用微机综合自动化装置时，需要用三相功率传感器供微机采集三相有功及无功功率的数值，以及各相功率的总加值。

目前研制的霍尔电功率传感器，电流输入额定值为 1～500A，允许过载 30 倍，持续 5s。额定输入电压为 1～20V，串联适当的限流电阻后，可输入额定电压为 1V～1kV。还可持续过载 3 倍额定电压，且不损坏。传感额定功率为 1W～500kW 范围，适用频率为 40～500Hz 或 25Hz～4kHz 的三相有功功率传感器。

三、三相无功功率传感器

目前研制的霍尔无功功率传感器的电流额定输入范围是 1～500A，电压额定输入范围是 1～20V，频率变化范围是 50±5Hz；输出负载能力为 5mA，8kΩ；输出响应时间小于

200ms。无功功率值传感范围是 1Var～500kVar。

关于单相及三相功率传感器的具体应用和联接电路，见图 8-20 所示。

图（a）表示单相功率测量电路；L 表示电源相线，N 表示电源中线。WB221N 为单相交流电压隔离传感器（采样器），V_0 为表示功率的标准直流电压输出值，表示功率也可用直流电流 I_0 为输出值；但只能采用其中的一种方式。±12V 及电源地为外接电源电压的情形。

图（c）则不使用外接电源，而采用被测单相电路的电压整流、滤波、稳压供给自用，其余相同。

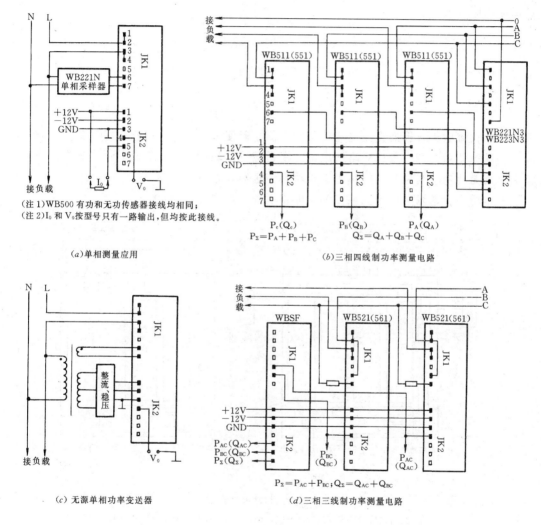

(注 1)WB500 有功和无功传感器接线均相同；
(注 2)I_0 和 V_0 按型号只有一路输出，但均按此接线。

（a）单相测量应用

$P_\Sigma = P_A + P_B + P_C$　　$Q_\Sigma = Q_A + Q_B + Q_C$

（b）三相四线制功率测量电路

（c）无源单相功率变送器

$P_\Sigma = P_{AC} + P_{BC}$；$Q_\Sigma = Q_{AC} + Q_{BC}$

（d）三相三线制功率测量电路

图 8-20　单相、三相功率传感器电路的联接

图（b）及图（d）分别为三相四线制和三相三线制功率测量电路中的具体应用的联接方法。图 8-20 上，JK1 是电流及电压输入接口，JK2 是辅助电源及输出接口。当输入电流 ≤2A 时，由 JK1-1（同相端）和 JK1-3（反向端）输入。当输入电流为 3～5A 时，JK1-1 与 JK1-2 并联为同相输入，JK1-3 与 JK1-4 并联为反相输入。

电压输入口是 JK1-6 为同相输入端，JK1-7 为反向输入端。辅助电源输入口 JK2-1 为正极；JK2-2 为负极；JK2-3 为辅助电源和输出电压（V_0）的公共端；JK2-4 为变送电压 V_0 输出端；JK2-5 为变送电流 I_0 输出端，负载另一端与电源极相接。

四、三相有功功率和无功功率变送器

采用三相功率变送板，板上有 A、B、C 三相各单元的功率输出，同时还有三相功率总加；用输出电压信号分别表示各相功率时，则总功率表示为三瓦法（或两瓦法）时，有

$$P = P_A + P_B + P_C \tag{8-11}$$

输出电压信号为

$$U = U_1 + U_2 + U_3 = \sum_{i=1}^{3} U_i \tag{8-12}$$

如采用电流信号分别表示各相功率时，则有总加功率相应的输出电流信号

$$I = I_1 + I_2 + I_3 = \sum_{i=1}^{3} I_i \tag{8-13}$$

采用标准直流电压或标准直流电流信号输出值，以便于同微机采样接口标准信号一致。

变送板使用 $\pm 12 \sim \pm 15V$ 直流电源。变送板可以联接为三相有功功率变送器，也可联接为三相无功功率变送器；统称为三相功率变送器，如图 8-21 所示。

三相功率变送器可用于三相四线制电路系统，如图 8-21（a）所示。

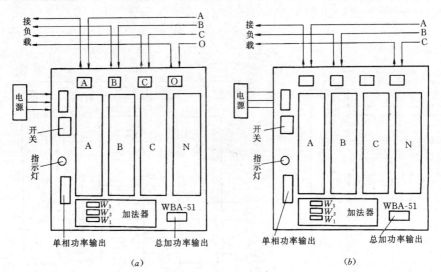

图 8-21　三相功率变送器

(a) 三相四线制功率变送器的联接；(b) 三相三线制功率变送器的联接

三相功率变送器也可用于三相三线制电路系统，如图 8-21（b）所示。

变送板上的多圈精密电位器 W_1、W_2、W_3，有以下用途：W_1 是表示三相总功率（总加）的电压（ΣU）的调零点电位器；W_2 是调节总功电压输出的额定值；W_3 是总功电流（ΣI）输出额定值调节电位器。在试验调试时，应按照先调零点（W_1），再调输出电压额定值（W_2），最后调节输出电流额定值（W_3）的顺序进行调节。

第九章 过电压及接地

第一节 概　　述

一、过电压保护及接地的重要意义

建筑供配电系统中过电压保护和接地装置是保证安全供电的重要措施之一。根据电网过电压状况及工程特点、规模和发展规划，选用适当的过电压保护装置及采用适当的接地方式和接地是非常必要的。

（一）过电压及其分类

电机、变压器、输配电线路和开关设备等的对地绝缘，在正常工作时只承受相电压。当由于某些原因，电网的电磁能量发生突变，就会造成设备对地或匝间电压的异常升高，就产生了过电压。过电压分为大气过电压和内部过电压。

由于大气中雷云放电，雷云直接对设备及供配电系统放电或雷电感应而引起的过电压称为大气过电压或称外部过电压。这种过电压在供电系统中占的比重最大。它又分为直击雷过电压和感应雷过电压。直击雷过电压是雷电对建筑物或电器设备直接放电，放电雷电流可达几万甚至几十万 A。感应雷过电压是当雷云出现在架空线路上方时，由于静电感应在架空线上积聚大量异号电荷，在雷云对其它地方放电后，线路上原来被约束的电荷被释放形成自由电荷以电磁波速度向线路两侧流动，形成感应过电压，其电压可达几十万 V。大气过电压的幅值与供电系统本身运行状况无关，只与雷电情况和防雷措施有关。

由于系统的操作、故障和某些不正常运行状态，使供配电系统电磁能量发生转换而产生的过电压称为内部过电压。其中由于操作（分合闸）而引起的过电压，叫操作过电压。内部过电压的幅值与电网的额定电压成正比，一般为额定电压的 2.5～4 倍。常见的内部过电压有：

（1）切断小电感电流时的过电压。例如切除空载变压器及电抗器等。

（2）开断电容性负载时的过电压。例如开断空载长线和电容器等。

（3）中性点不直接接地系统中，间隙性的电弧接地过电压。

（4）谐振过电压。

（二）接地和接地装置

电气设备的任何部分与土壤间作良好的电气连接，称为接地。直接与土壤接触的金属导体称为接地体或接地极。连接于电气设备接地部分与接地体间的金属导线称为接地线。接地体可分为人工接地体和自然接地体，人工接地体是指专门为接地而装设的接地体，自然接地体是指兼作接地体用的直接与大地接触的各种金属构体、金属管道及建筑物的钢筋混凝土基础等。接地体和接地线组成的总体称为接地装置。

当电气设备发生接地故障时，电流就通过接地体向大地作半球形散开，这一电流称为接地电流。电气设备的接地装置的对地电压与接地电流之比为接地电阻。实验表明，离接地体越远，土壤导电面积越大，电阻就越小。在 2.5m 长的单根接地体 20m 处，导电半球形面积可达 2500m²，土壤散流电阻已小到可以忽略，也就是这里的电位已趋近于零，可以认为远离接地体 20m 以外的地方电位为零，称为电气上的"地"或"大地"。

二、大气过电压

在建筑供配电系统中，大气过电压经常对电气设备的绝缘造成危害，要采取科学的防雷措施，有必要介绍雷电的基本知识。

（一）雷云放电过程

雷云中电荷的形成，有各种学说。最常见的说法是当天气闷热、潮湿时，大气气流受热上升，形成冰晶。在高空中冰晶和过冷的水滴相混合时，形成冰雾。冰晶带正电而冰雾带负电。冰晶被气流带到云顶的上部，形成带正电的雷云，而冰雾则形成带负电的雷云。雷云与雷云或雷云与大地之间构成一个巨大的电容器，当雷云中的电荷聚积到足够数量时，雷云对地之间或不同电荷的云间就会发生强烈的放电现象。在放电初始阶段，由于空气产生强烈地游离，形成指向大地的一段导电通路，叫做雷电先导。雷电先导脉冲式地向地面发展，到达地面时，与地面异性电荷发生剧烈地中和，出现极大的电流并有雷鸣和闪光伴随出现，这就是主放电阶段。主放电存在的时间极短，约为 50~100μs，其温度可达 2000℃并给周围空气急剧加热，骤然膨胀而发生雷鸣，主放电电流可达数百 kA，是全部雷电流中的主要部分。主放电阶段结束后，雷云中的残余电荷经放电通道入地，称为放电的余辉阶段，持续时间较长约为 0.03~0.05s，余辉电流不大于数百 A。

雷电流对地面波及物有极大危害性，它能伤害人畜、击毁建筑物，造成火灾，并使电气设备绝缘受到破坏，影响供电系统的安全运行。

（二）雷电流特性

雷云放电具有很高的电压幅值和强大的电流幅值。通常可能测量的是雷电流幅值及其增长变化速度（也称为雷电流陡度）这两个参数。掌握了这两个参数就能够计算大气过电压并采取防雷保护措施。但雷电活动是大自然的气象变化形成的，各次雷云的放电条件不同，其参数只能通过多次观测所得的统计数字来表示。

雷电流幅值大小的变化范围很大，在相同的雷电情况下，被击物的接地电阻值不同，其雷电流也各异。为了便于互相比较，将接地电阻小于 30Ω 的物体，遭到直击雷击时产生的电流最大值，叫雷电流幅值。我国雷电流幅值概率曲线如图 9-1 所示。这是根据大量实测数据得出的。

图中横坐标上的百分数是表示雷电流幅值超过纵坐标上所示值的概率。该曲线也可用下式表示：

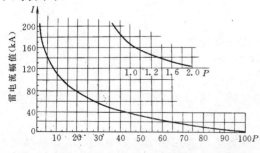

图 9-1 我国雷电流幅值概率曲线

$$\lg P = -\frac{I}{108} \qquad (9\text{-}1)$$

式中　P——雷电流超过 I 的概率；

　　　I——雷电流幅值（kA）。

从曲线可知，幅值超过 20kA 的雷电流出现的概率为 65%，而超过 120kA 的概率只有 7%。一般防雷设计中雷电流的最大幅值取为 150kA。

对于我国西北、内蒙古等部分地区，由于形成雷云的条件较差，其雷电流幅值应按图9-1查得的减半计算。

根据测量，雷电流波是一种非周期性脉冲波，其幅值和陡度随各次放电条件而异。通常幅值大时陡度也大，幅值和最大陡度都出现在波头部分。故防雷设计只考虑波头部分。

至今对雷电流波头的增长规律尚未完全掌握，目前在防雷设计中有三种规定，如图9-2所示。

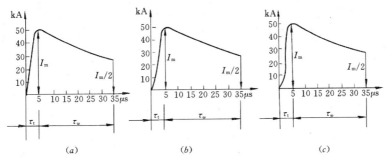

图 9-2　雷电流波形

图中（a）为斜角波头；（b）为指数函数波头；（c）为半余弦波头。波头形状的规定会涉及到雷电流陡度，有时会影响到设计结果。通常为简化计算结果，在能保证足够的安全基础上对工厂企业一般防雷设计，采用斜角波头作为设计依据。

雷电流波头陡度用 $\alpha=\dfrac{\mathrm{d}i}{\mathrm{d}t}$（kA/$\mu$s）表示。当用斜角波头计算时，其陡度为 $\dfrac{\pi}{100}$ 即为32kA/μs，此时波头长度一般取2.6μs。在我国防雷设计中，雷电流波头一般取为2.6μs。

（三）大气过电压的基本形式

在高空中雷云间放电，虽很强烈，但对人和地面物体没有危害。雷云对大地的放电将产生对电网供配电系统有很大破坏作用的大气过电压。其基本形式有三种：

1. 直接雷过电压

雷云直接击中电力装置及建筑物等物体时，强大的雷电流流过该物体的阻抗泄入大地，在该物体上产生较高的电压降，称为直接雷过电压。

2. 感应雷过电压

雷电过程中，雷电对设备、线路或其他物体产生静电感应，形成自由电荷向两端流动，产生很高的过电压。特别对架空线路，在高压线路上过电压可达几十万 V，低压线路上也可达几万 V。这种过电压就是对电力装置有危害的静电感应过电压。

3. 侵入波（进行波）过电压

由于架空线路遭受直接雷击或感应雷而产生的高电位雷电波，沿架空线路侵入变电所而造成危害。据统计，这种雷电侵入波占电力系统雷害事故的50％以上。因此，对其防护问题，应予相当重视。

（四）雷电的危害

雷电对电网供配电系统与装置以及建筑物危害极大，主要表现在以下几个方面

1. 雷电的机械效应

雷电所产生的电动力可摧毁设备、杆塔和建筑，并伤害人畜。

2. 雷电的热效应

强大的雷电流所产生的热量，可烧毁导线和电气设备。

3. 雷电的电磁效应

雷电的电磁效应将使架空线和设备上产生危害极大的感应过电压，击穿电气绝缘，引起火灾和爆炸，造成人身伤亡。

4. 雷电的闪络放电

雷电的闪络放电将使电网产生过电压，烧坏绝缘子，引起停电或跳闸。

（五）我国雷电活动情况

我国地域辽阔，各地区气候特征不同，雷电活动在不同地区的频繁程度也不同。对雷电的活动状况可用雷暴日和雷击次数来表示。

1. 雷暴日

雷暴日是指每年中有雷电活动的天数，在一天内只要听到雷声就算一个雷电日。雷暴日次数一般取其统计的平均值。我国某些城市的年平均雷暴日见表 9-1 所示。

某些城市的年平均雷暴日 表 9-1

地　　区	年平均雷暴日	地　　区	年平均雷暴日
上　海	35	西　安	20
北　京	40	重　庆	40
南　京	38	南　昌	60
天　津	30	长　沙	50
广　州	90	福　州	60
哈尔滨	80	兰　州	25
沈　阳	33	太　原	40

在我国把平均年雷暴日小于 15 的叫少雷区，大于 40 的叫多雷区。在防雷设计上要根据雷暴日的多少因地制宜地采取防雷措施。

2. 雷击次数

因为在一个雷暴日中会有不同的雷电次数，雷暴日并非为完善的雷电活动指标，因而在进行建筑防雷设计时通常采用年预计雷击次数这一参数。

建筑物年预计雷击次数按下式确定：

$$N = kN_gA_e \qquad (9-2)$$

式中　N——建筑物预计雷击次数（次/a）；

　　　k——校正系数，在一般情况下取 1；在下列情况下取相应数值：位于旷野孤立的建筑物取 2；金属屋面的砖木结构建筑物取 1.7；位于河边、湖边、山坡下或山地中土壤电阻率较小处、地下水露头处、土山顶部、山谷风口等处的建筑物以及特别潮湿的建筑物取 1.5；

　　　N_g——建筑物所处地区雷击大地的年平均密度［次/（$km^2 \cdot a$）］；

　　　A_e——与建筑物截收相同雷击次数的等效面积（单位为 km^2）。

雷击大地的年平均密度应按下式确定：

$$N_g = 0.024T_d^{1.3}$$

式中 T_d——年平均雷暴日，根据当地气象台、站资料确定 (d/a)。

第二节　建筑物及变电所对雷击的防护

一、建构筑物的防雷等级及措施

建筑物（含构筑物，下同），根据其重要性、使用性质、发生雷电次数的可能性和后果，按其对防雷的要求，分为下列三类：

（一）第一类防雷建筑物

遇下列情况之一时，应划为第一类防雷建筑物：

（1）凡制造、使用或贮存炸药、火药、起爆药、火工品等大量爆炸物质的建筑物，因电火花而引起爆炸，会造成巨大破坏和人身伤亡者。

（2）具有 0 区或 10 区爆炸危险环境的建筑物。

（3）具有 1 区爆炸危险环境的建筑物，因电火花而引起爆炸，会造成巨大破坏和人身伤亡者。

（二）第二类防雷建筑物

遇下列情况之一时，应划为第二类防雷建筑物：

（1）国家级重点文物保护的建筑物。

（2）国家级的会堂、办公建筑物、大型展览和博览建筑物、大型火车站、国宾馆、国家档案馆、大型城市的重要给水水泵房等特别重要的建筑物。

（3）国家级计算中心、国际通讯枢纽等对国民经济有重要意义且装有大量电子设备的建筑物。

（4）制造、使用或贮存爆炸物质的建筑物，且电火花不易引起爆炸或不致造成巨大破坏和人身伤亡者。

（5）具有 1 区爆炸危险环境的建筑物，且电火花不易引起爆炸或不致造成巨大破坏和人身伤亡者。

（6）具有 2 区或 11 区爆炸危险环境的建筑物。

（7）工业企业内有爆炸危险的露天钢质封闭气罐。

（8）预计雷击次数大于 0.06 次/a 的部、省级办公建筑物及其它重要或人员密集的公共建筑物。

（9）预计雷击次数大于 0.3 次/a 的住宅、办公楼等一般性民用建筑物。

（三）第三类防雷建筑物

遇下列情况之一时应划为第三类防雷建筑物：

（1）省级重点文物保护的建筑物及省级档案馆。

（2）预计雷击次数大于或等于 0.012 次/a，且小于或等于 0.06 次/a 的部、省级办公建筑物及其它重要人员密集的公共建筑物。

（3）预计雷击次数大于或等于 0.06 次/a，且小于或等于 0.3 次/a 的住宅、办公楼等一般性民用建筑物。

（4）预计雷击次数大于或等于 0.06 次/a 的一般性工业建筑物。

（5）根据雷击后对工业生产的影响及产生的后果，并结合当地气象、地形、地质及周围环境等因素，确定需要防雷的 21 区、22 区、23 区火灾危险环境。

(6) 在平均雷暴日大于 15d/a 的地区，高度在 15m 及以上的烟囱、水塔等孤立的高耸建筑物；在平均雷暴日小于或等于 15d/a 的地区，高度在 20m 及以上的烟囱、水塔等孤立的高耸建筑物。

(四) 建筑物的防雷措施

按 GB 50057—94《建筑物防雷设计规范》中一般规定，各类建筑物应采取防直接雷和防雷电波侵入的措施。第一类防雷建筑物和第二类防雷建筑物中有爆炸危险的场所，应有防直击雷、防雷电感应和防雷电波侵入的措施。第二类防雷建筑物除有爆炸危险的场所外及第三类防雷建筑物，应有防直接雷和防雷电波侵入的措施。具体防雷措施参考规范第 3.2.1 条至 3.4.10 条。

当一座防雷建筑物中兼有第一、二、三类防雷建筑物时，其防雷分类和防雷措施宜符合下列规定：当第一类防雷建筑物的面积占建筑物总面积的 30% 及以上时，该建筑物宜确定为第一类防雷建筑物。当第一类防雷建筑物的面积占建筑物总面积的 30% 以下，且第二类防雷建筑物的面积占建筑物总面积的 30% 及以上时，或当这两类防雷建筑物的面积均小于建筑物总面积的 30%，但其面积之和又大于 30% 时，该建筑物宜确定为第二类防雷建筑物。但对第一类防雷建筑物的防雷电感应和防雷电波侵入，应采取第一类防雷建筑物的保护措施。当第一、二类防雷建筑物的面积之和小于建筑总面积的 30%，且不可能遭直接雷击时，该建筑物可确定为第三类防雷建筑物；但对第一、二类防雷建筑物的防雷电感应和防雷电波侵入，应采取各自类别的保护措施；当可能遭直接雷击时，宜按各自类别采取防雷措施。

当一座建筑物中仅有一部分为第一、二、三类防雷建筑物时，其防雷措施宜符合下列规定：当防雷建筑物可能遭直接雷击时，宜按各自类别采取防雷措施。当防雷建筑物不可能遭直接雷击时，可不采取防直击雷措施，可仅按各自类别采取防雷电感应和防雷电波侵入的措施。当防雷建筑物的面积占建筑物总面积的 50% 以上时，宜按《规范》第 3.5.1 条的规定采取防雷措施。

对其它不需装设防直击雷装置的建筑物，只要求在进户处或终端杆上将绝缘子铁脚接地。但符合下列条件之一的，绝缘子铁脚可不接地 (1) 年平均雷暴日在 30 以下的地区；(2) 受建筑物屏蔽的地方；(3) 低压架空干线的接地点距进户处不超过 50m；(4) 土壤电阻率在 200Ω·m 及以下地区，使用铁横担的钢筋水泥杆线路。

据观测研究发现，建筑物容易遭受雷击的部位与屋顶的坡度有关。

(1) 平屋顶或坡度不大于 1/10 的屋顶，易受雷攻击部位为檐角、女儿墙、屋檐；

(2) 坡度大于 1/10、小于 1/2 的屋顶，易受雷击部位为屋角、屋脊、檐角、屋檐；

(3) 坡度大于或等于 1/2 的屋顶，易受雷击部位为屋角、屋脊、檐角。

屋面遭受雷击的可能性是极少的。设计时应根据屋顶的实际情况分析，确定最易受雷击的部位，然后在这些部位根据要求装设避雷针或避雷带 (网) 进行重点保护。

(五) 变配电所的防雷措施

1. 装设避雷针

用来防护整个变配电所，使之免遭直接雷击。如果变配电所在附近高大建筑物上的避雷针保护范围以内或变配电所本身为室内型时，不必再考虑直击雷的防护。

2. 高压侧装设阀式避雷器

主要用来保护主变压器，以免雷电冲击波沿高压线路侵入变电所，损坏变电所设备。避雷器应尽量靠近变压器安装，其接地线应与变压器低压侧接地中性点及金属外壳连在一起接地。如果进线是具有一段引入电缆的架空线路，则阀式避雷器或排气式避雷器应装在架空线路终端的电缆头处。

3. 低压侧装设阀式避雷器或保护间隙

这主要是在多雷区用来防止雷电波沿低压线路侵入而击穿变压器的绝缘。当变压器低压侧中性点不接地时，其中性点可装设阀式避雷器或保护间隙。

二、避雷针及避雷线的保护范围及计算

(一) 接闪器选择

接闪器就是专门用来接受直接雷击的金属物体。接闪的金属杆称为避雷针。接闪的金属线称为避雷线或架空地线。接闪的金属网、金属带称为避雷网、避雷带。

接闪器应由下列的一种或多种组成：

(1) 独立避雷针；

(2) 架空避雷线或架空避雷网；

(3) 直接装设在建筑物上的避雷针、避雷带或避雷网。

避雷针可用直径为 10～20mm 长为 1～2m 的钢棒，也可用顶端打扁并焊接封口的钢管制成。为了防锈应镀锌或涂漆，在腐蚀性较强的厂区还要适当加大避雷针截面，或采取更有效的防腐措施。

避雷网或避雷带宜采用圆钢或扁钢，优先采用圆钢。圆钢直径不应小于 8mm。扁钢截面不应小于 48mm^2，其厚度不应小于 4mm。当烟囱上采用避雷环时，其圆钢直径不应小于 12mm。扁钢截面不应小于 100mm^2，其厚度不应小于 4mm。

架空避雷线和避雷网宜采用截面不小于 35mm^2 的镀锌钢绞线。

接闪器要通过接地引下线与接地体（接地装置）相连。

接地引下线应保证雷电流通过时不致熔化，只要用直径不小于 8～12mm 的圆钢或截面不小于 48mm^2 的扁钢，或截面不小于 25mm^2 的镀锌钢绞线制成。当用钢筋混凝土杆作支持物时，可用钢筋作引下线。若用钢结构支架作支持物，则可利用结构本身引下电流而不另设接地引下线。引下线每隔 1.5m 左右加以固定，联接处必须烧焊或用线夹、螺钉可靠接牢。易受机械碰撞破坏之处应加以防护。

接地体为埋入地下土壤中的各型接地极的总称，用来向大地引泄雷电流。埋设于土壤中的人工垂直接地体宜采用角钢、钢管或圆钢；埋于土壤中的人工水平接地体宜采用扁钢或圆钢。圆钢直径不应小于 10mm；扁钢截面不应小于 100mm^2，其厚度不应小于 4mm；角钢厚度不应小于 4mm；钢管壁厚不应小于 3.5mm。在腐蚀性较强的土壤中，应采取热镀锌等防腐措施或加大截面。

(二) 避雷针的保护范围及计算

避雷针的功能实质上是引雷作用，它能对雷电场产生一个附加电场（这附加电场是由于雷云对避雷针产生静电感应而引起的），使雷电场畸变，从而将雷云放电的通路由原来可能向被保护物体发展的方向，吸引到避雷针本身，然后经与避雷针相连的引下线和接地装置将雷电流泄放到大地中去，使被保护物体免受直接雷击。所以，避雷针实质上是引雷针，

它把雷电波引入地下，从而保护了线路、设备及建筑物等。

避雷针的保护范围，以它能防护直击雷的空间来表示，采用 GB50057—94 建筑物防雷设计规范中规定采用的"滚球法"来确定。

所谓"滚球法"就是以 h_r 为半径的一个球体，沿需要防直击雷的部位滚动，当球体只触及接闪器（包括被利用作为接闪器的金属物），或只触及接闪器和地面（包括与大地接触并能承受雷击的金属物），而不触及需要保护的部位时，则该部分就得到接闪器的保护，也就在避雷针（线）的保护范围之内。

接闪器的布置及滚球半径如表 9-2 所示。

接 闪 器 布 置 表 9-2

建筑物防雷类别	滚球半径 h_r（m）	避雷网网格尺寸（m）
第一类防雷建筑物	30	<5×5 或<6×4
第二类防雷建筑物	45	<10×10 或<12×8
第三类防雷建筑物	60	<20×20 或<24×16

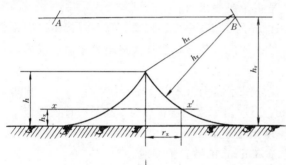

图 9-3 单支避雷针的保护范围

布置接闪器时，可单独或任意组合采用滚球法、避雷网。

1. 单支避雷针的保护范围计算

单支避雷针的保护范围计算方法如图 9-3 所示。

（1）当避雷针高度 h 小于或等于 h_r 时：

1）距地面 h_r 处作一平行于地面的平行线；

2）以针尖为圆心，h_r 为半径，作弧线交于平行线的 A、B 两点；

3）以 A、B 为圆心，h_r 为半径作弧线，该弧线与针尖相交并与地面相切。从此弧线起到地面止就是保护范围。保护范围是一个对称的锥体。

4）避雷针在 h_x 高度的 xx' 平面上和在地面上的保护半径按式（9-3）和（9-4）计算。

$$r_x = \sqrt{h(2h_r - h)} - \sqrt{h_x(2h_r - h_x)} \tag{9-3}$$

$$r_0 = \sqrt{h(2h_r - h)} \tag{9-4}$$

式中　r_x——避雷针在 h_x 高度的 xx' 平面上的保护半径（m）；

　　　h_r——滚球半径，按本章中表 9-2 确定（m）；

　　　h_x——被保护物的高度（m）；

　　　r_0——避雷针在地面上的保护半径（m）。

（2）当避雷针高度 h 大于 h_r 时，在避雷针上取高度 h_r 的一点代替单支避雷针针尖作为圆心。其余作法与 $h \leqslant h_{\mathrm{r}}$ 时相同。

2. 双支等高避雷针的保护范围计算

双支等高避雷针的保护范围，在避雷针的高度 h 小于或等于 h_{r} 的情况下，当两支避雷针的距离 D 大于或等于 $2\sqrt{h(2h_{\mathrm{r}}-h)}$ 时，应各按单支避雷针保护范围计算方法确定；当 D 小于 $2x\sqrt{h(2h_{\mathrm{r}}-h)}$ 时，应按如图 9-4 的方法确定。

（1）$AEBC$ 外侧的保护范围，按照单支避雷针的方法确定。

（2）C、E 点位于两针间的垂直平分线上。在地面每侧的最小保护宽度 b_0 按式（9-5）计算。

$$b_0 = CO = EO$$

$$= \sqrt{h(2h_{\mathrm{r}}-h)-\left(\frac{D}{2}\right)^2} \quad (9\text{-}5)$$

在 AOB 轴线上，距中心线任一距离 x 处，其在保护范围上边线上的保护高度 h_{x} 按式（9-6）计算

$$h_{\mathrm{x}} = h_{\mathrm{r}} - \sqrt{(h_{\mathrm{r}}-h)^2+\left(\frac{D}{2}\right)^2-x^2}$$

$$(9\text{-}6)$$

该保护范围上边线是以中心线距地面 h_{r} 的一点 O' 为圆心，以 $\sqrt{(h_{\mathrm{r}}-h)^2+\left(\frac{D}{2}\right)^2}$ 为半径所作的圆弧 AB。

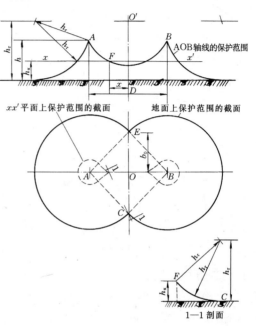

图 9-4　双支等高避雷针的保护范围

（3）确定两针间 $AEBC$ 内的保护范围。先确定 ACO 部分的保护范围，BCO、AEO、BEO 部分的保护范围确定方法与 ACO 部分的相同。在任一保护高度 h_{x} 和 C 点所处的垂直平面上，以 h_{x} 作为假想避雷针，按单支避雷针的方法逐点确定。如图 9-4 中 1—1 剖面图。

（4）确定 xx' 平面上保护范围截面的方法就是以单支避雷针的保护半径 r_{x} 为半径，以 A、B 为圆心作弧线与四边形 $AEBC$ 相交；同样以单支避雷针的 (r_0-r_{x}) 为半径，以 E、C 为圆心作弧线与上述弧线相接。见图 9-4 中的粗虚线。

3. 双支不等高避雷针的保护范围计算

当两支避雷针的高度不等时，在 h_1、h_2 分别小于或等于 h_{r} 的情况下，当 D 大于或等于 $\sqrt{h_1(2h_{\mathrm{r}}-h_1)}+\sqrt{h_2(2h_{\mathrm{r}}-h_2)}$ 时，避雷针的保护范围计算应按单支避雷针保护范围计算所规定的方法确定；当 D 小于 $\sqrt{h_1(2h_{\mathrm{r}}-h_1)}+\sqrt{h_2(2h_{\mathrm{r}}-h_2)}$ 时，按图 9-5 所示方法并按如下步骤确定保护范围：

（1）$AEBC$ 外侧的保护范围，按单支避雷针的方法确定。

（2）CE 线或 HO' 线的位置按式（9-7）计算。

$$D_1 = \frac{(h_{\mathrm{r}}-h_2)^2-(h_{\mathrm{r}}-h_1)^2+D^2}{2D} \quad (9\text{-}7)$$

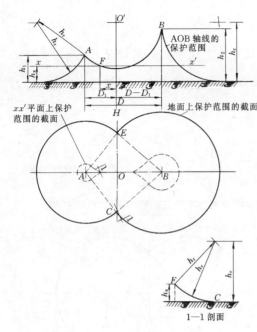

图 9-5　双支不等高避雷针的保护范围

（3）在地面上每侧的最小保护宽度 b_0 按式（9-8）计算。

$$b_0 = CO = EO$$

$$= \sqrt{h_1(2h_r - h_1)^2 - D_1^2} \qquad (9\text{-}8)$$

在 AOB 轴线上，A、B 间保护范围上边线按式（9-9）计算。

$$h_x = h_r - \sqrt{(h_r - h_1)^2 + D_1^2 - x^2} \qquad (9\text{-}9)$$

式中　x——距 CE 线或 HO' 线的距离。

该保护范围上边线是以 HO' 线上距地面 h_r 的一点 O' 为圆心，以 $\sqrt{(h_r - h_1)^2 + D_1^2}$ 为半径所作的圆弧 AB。

（4）两针间 $AEBC$ 内的保护范围，ACO 与 AEO 是对称的，BCO 与 BEO 是对称的，ACO 部分的保护范围按以下方法确定：在 h_x 和 C 点所处的垂直平面上，以 h_x 作为假想避雷针，按单支避雷针的方法确定（见图 9-5 的 1—1 剖面图）。确定 AEO、BCO、BEO 部分的保护范围的方法与 ACO 部分的相同。

（5）确定 xx' 平面上保护范围截面的方法与双支等高避雷针相同。

4. 矩形布置的四支等高避雷针的保护范围计算。

矩形布置的四支等高避雷针在避雷针高度 h 小于或等于 h_r、D_3 大于或等于 $2\sqrt{h(2h_r - h)}$ 时，其保护范围应按双支等高避雷针的方法确定；在 D_3 小于 $2\sqrt{h(2h_r - h)}$ 时，应按图 9-6 所示方法并按如下步骤确定保护范围：

（1）四支避雷针的外侧各按双支避雷针的方法确定。

（2）B、E 避雷针连线上的保护范围（见图 9-6 的 1—1 剖面图），外侧部分按单支避雷针的方法确定。两针间的保护范围按以下方法确定：以 B、E 两避雷针针尖为圆心，h_r 为半径作弧相交于 O 点，以 O 点为圆心，h_r 为半径作圆弧，与针尖相连的这段圆弧即为针间保护范围。保护范围最低点的高度 h_0 按式（9-10）计算：

$$h_0 = \sqrt{h_r^2 - \left(\frac{D_3}{2}\right)^2} + h - h_r \qquad (9\text{-}10)$$

（3）图 9-6 的 2—2 剖面的保护范围按以下方法确定：以 P 点的垂直线上的 O 点（距地面的高度为 $h_r + h_0$）为圆心，h_r 为半径作圆弧与 B、C 和 A、E 双支避雷针所作出在该剖面的外侧保护范围延长圆弧相交于 F、H 点。F 点（H 点与此类同）的位置及高度可按式（9-11）及（9-12）确定：

$$(h_r - h_x)^2 = h_r^2 - (b_0 + x)^2 \qquad (9\text{-}11)$$

$$(h_r + h_0 - h_x)^2 = h_r^2 - \left(\frac{D_1}{2} - x\right)^2 \qquad (9\text{-}12)$$

4）确定图 9-6 的 3—3 剖面保护范围的方法与步骤 3）相同。

5）确定四支等高避雷针中间在 h_0 至 h 之间于 h_y 高度的 yy' 平面上保护范围截面的方法：以 P 点为圆心，$\sqrt{2h_r\ (h_y-h_0)\ -\ (h_y-h_0)^2}$ 为半径作圆或圆弧，与各双支避雷针在外侧所作的保护范围截面组成该保护范围截面。见图 9-6 中的虚线。

（三）避雷线的保护范围及计算

确定架空避雷线的高度时应计及弧垂的影响。在无法确定弧垂的情况下，当等高支柱间的距离小于 120m 时，架空避雷线中点的弧垂宜采用 2m，距离为 120～150m 时，宜采用 3m。

1．单根避雷线的保护范围计算

当避雷线的高度 h 大于或等于 $2h_r$ 时，无保护范围；当避雷线的高度 h 小于 $2h_r$ 时，应按图 9-7 所示方法并按如下步骤确定保护范围。

（1）距地面 h_r 处作一平行于地面的平行线；

（2）以避雷线为圆心，h_r 为半径，作弧线交于平行线的 A、B 两点；

（3）以 A、B 为圆心，h_r 为半径作弧线，该两弧线相交或相切并与地面相切。从该弧线起到地面止就是保护范围。

（4）当 h 小于 $2h_r$ 且大于 h_r 时，保护范围最高点的高度 h_0 按式（9-13）计算：

$$h_0 = 2h_r - h \tag{9-13}$$

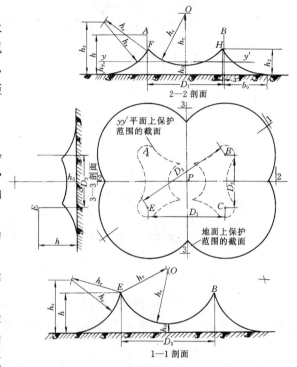

图 9-6　四支等高避雷针的保护范围

（5）避雷线在 h_x 高度的 xx' 平面上的保护宽度按式（9-14）计算：

$$b_x = \sqrt{h(2h_r-h)} - \sqrt{h_x(2h_r-h_x)} \tag{9-14}$$

式中　b_x——避雷线在 h_x 高度的 xx' 平面上的保护宽度（m）；

　　　h——避雷线的高度（m）；

　　　h_r——滚球半径，按表 9-2 确定（m）；

　　　h_x——被保护物的高度（m）。

（6）避雷线两端的保护范围按单支避雷针的方法确定。

2．两根等高避雷线的保护范围计算

（1）在避雷线高度 h 小于或等于 h_r 的情况下，当 D 大于或等于 $2\sqrt{h\ (2h_r-h)}$ 时，各按单根避雷线规定的方法确定保护范围；当 D 小于 $2\sqrt{h\ (2h_r-h)}$ 时，按图 9-8 所示方法

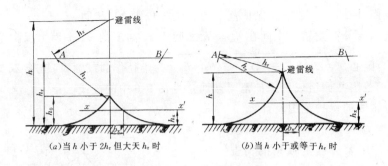

(a)当 h 小于 2h_r 但大于 h_r 时   (b)当 h 小于或等于 h_r 时

图 9-7 单根架空避雷线的保护范围

并采取以下步骤确定保护范围。

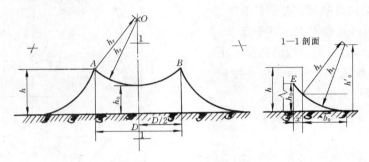

图 9-8 两根等高避雷线在 h 小于或等于 h_f 时的保护范围

1）两根避雷线的外侧保护范围各按单根避雷线的方法确定；

2）两根避雷线之间的保护范围按以下方法确定：以 A、B 两避雷线为圆心，h_r 为半径作圆弧交于 O 点，以 O 点为圆心，h_r 为半径作圆弧交于 A、B 点；

3）两避雷线之间保护范围最低点的高度 h_0 按式（9-15）计算。

$$h_0 = \sqrt{h_r^2 - \left(\frac{D}{2}\right)^2} + h - h_r \qquad (9-15)$$

4）避雷线两端的保护范围按双支避雷针的方法确定，但在中线上 h_0 线的内移位置按以下方法确定（如图 9-8 的 1—1 剖面）：以双支避雷针所确定的中点保护范围最低点的高度 $h_0' = h_r - \sqrt{(h_r-h)^2 + \left(\frac{D}{2}\right)^2}$ 作为假想避雷针，将其保护范围的延长弧线与 h_0 线交于 E 点。内移位置的距离 x 也可按式（9-16）计算：

$$x = \sqrt{h_0(2h_r - h_0)} - b_0 \qquad (9-16)$$

式中 b_0——按式（9-5）确定。

（2）在避雷线高度 h 小于 2h_r 且大于 h_r，而且避雷线之间的距离 D 小于 2h_r 且大于 $2\left[h_r - \sqrt{h(2h_r - h)}\right]$ 的情况下，按图 9-9 所示方法并采取下列步骤确定保护范围：

1）距地面 h_r 处作一与地面平行的线；

2）以避雷线 A、B 为圆心，h_r 为半径作弧线相交于 O 点并与平行线相交或相切于 C、E 点；

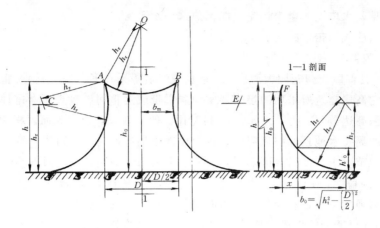

图 9-9　两根等高避雷线在高度 h 小于 $2h_r$ 且小于 h_f 时的保护范围

3）以 O 点为圆心，h_r 为半径作弧线交于 A、B 点；

4）以 C、E 为圆心，h_r 为半径作弧线交于 A、B 并与地面相切；

5）两避雷线之间保护范围最低点的高度 h_0 按式（9-17）计算。

$$h_0 = \sqrt{h_r^2 - \left(\frac{D}{2}\right)^2} + h - h_r \tag{9-17}$$

6）最小保护宽度 b_m 位于 h_r 高处，其值按式（9-18）计算

$$b_m = \sqrt{h(2h_r - h)} + \frac{D}{2} - h_r \tag{9-18}$$

7）避雷线两端的保护范围按双支高度 h_r 的避雷针确定，但在中线上 h_0 线的内移位置按以下方法确定（如图 9-9 的 1—1 剖面）：以双支高度 h_r 的避雷针所确定的中点保护范围最低点的高度 $h_0' = \left(h_r - \frac{D}{2}\right)$ 作为假想避雷针，将其保护范围的延长弧线与 h_0 线交于 F 点。内移位置的距离 x 也可按式 9-19 计算。

$$x = \sqrt{h_0(2h_r - h_0)} - \sqrt{h_r^2 - \left(\frac{D}{2}\right)^2} \tag{9-19}$$

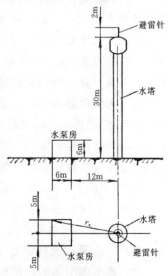

图 9-10　【例 9-1】所示避雷针的保护范围

【**例 9-1**】　某厂一座 30m 高的水塔旁边，建有一水泵房（属第三类防雷建筑物），尺寸如图 9-10 所示。水塔上装有一支高 2m 避雷针，试问此针能否保证这一水泵房。

【**解**】　查表 9-2 得滚球半径 $h_r = 60$m，而 $h = 30$m + 2m = 32m，$h_x = 6$m，因此由式（9-3）得

$$r_x = \sqrt{32 \times (2 \times 60 - 32)}\text{m} - \sqrt{6 \times (2 \times 60 - 6)}\text{m}$$
$$= 26.9\text{m}$$

现水泵房在 $h_x = 6$m 高度上最远一角距离避雷针的水平距离为

$$r = \sqrt{(12 + 6)^2 + 5^2}\text{m}$$
$$= 18.7\text{m} < r_x$$

由此可见，水塔上的避雷针完全能保护这一水泵房。

三、高层建筑防击雷的措施

（一）接闪器

在国内，目前除广州花园大酒店、北京长城饭店等采用 E、F 放射性避雷系统中的放射电极外，其它高层建筑所采用的接闪器常为避雷带或避雷网，较少用避雷针。有些高层建筑总建筑面积高达数万、数十万 m^2，但高宽比一般也较大，建筑天面面积相对较小，常常只要在天面四周及水池顶部四周明设避雷带局部再加些避雷网即可满足要求。

按设计规范要求，接闪器可采用直径不小于 $\phi 8mm$ 圆钢，或截面不小于 $48mm^2$、厚度不小于 4mm 的扁钢。在设计中，往往把最低要求看成是标准数据，采用 $\phi 8mm$ 圆钢作避雷带，由于机械强度不够，易受外力作用而变形或断裂，在耐腐蚀上也是不足。因此有的大厦采用 $\phi 25mm$ 厚壁钢管作成栏杆或用 $\phi 16mm$ 圆钢来作避雷带，外刷银粉，不但美观、实用，避雷效果也很好。对于百年大计的大厦，花这点代价也是值得的。

避雷带一般沿女儿墙及电梯机房或水池顶部的四周敷设，不同平面的避雷带应至少有两处互相连接。连接应采用焊接，搭焊长度应为圆钢直径的 6 倍或扁钢宽度的 2 倍并且不少于 100mm。对于第一类防雷高层建筑物，相邻引下线间的间隔不大于 18m，对于二类防雷高层建筑物，这一间距可放宽至 24m，但至少不能少于 2 根。

有些大厦在女儿墙的拐角处增设有长约 1.5m 的短针，并将之与女儿墙上的避雷带相结合作为接闪器。

当天面面积较大，或底部裙楼较高较宽，或因建筑物的高宽比不大等，都可能出现单靠敷设上述的避雷带也无法保护整座建筑物的情况，这时应根据建筑物的造型增设避雷针或避雷网。

屋面上的所有金属管道和金属构件都应与避雷装置相焊连，这一点在设计和施工中常被忽视，应予以重视。

当高层建筑物太高或其它原因难以装设独立避雷针、架空避雷线、避雷网时，可将避雷针或网格不大于 $5m \times 5m$ 或 $6m \times 4m$ 的避雷网或由其混合组成的接闪器直接装在建筑物上且需做到所有避雷针应采用避雷带互相连接、引下线不少于两根，并应沿建筑物四周均匀或对称布置，其间距不应大于 12m。建筑物应装设均压环，环间垂直距离不应大于 12m，所有引下线、建筑物的金属结构和金属设备均应连到环上等。

电视天线的防雷处理也是一个关系到千家万户的安全问题，如果采用避雷针保护，天线应距离避雷针 5m，以免造成反击，并使天线置于避雷针的保护区域内，但避雷针的位置不应影响天线的接收效果。如果不设避雷针保护，应把天线的金属竖杆、金属支架、同轴电缆的金属保护套管等均与避雷装置良好焊在一起。

此外，在高层建筑防雷措施中应注意侧击雷的防护。

对第一类防雷建筑物防侧击雷措施

（1）从 30m 起每隔不大于 6m 沿建筑物四周设水平避雷带并与引下线相连；

（2）30m 及以上外墙上的栏杆、门窗等较大的金属物与防雷装置连接；

（3）在电源引入的总配电箱处宜装设过电压保护器。

对高度超过 45m 的钢筋混凝土结构、钢结构第二类防雷建筑物，应采取以下防侧击和等电位的保护措施：

（1）钢构架和混凝土的钢筋应互相连接，钢筋的连接应符合规范第 3.3.5 条的要求；

（2）应利用钢柱或柱子钢筋作为防雷装置引下线；

（3）应将 45m 及以上外墙上的栏杆、门窗等较大的金属物与防雷装置连接。

（4）竖直敷设的金属管道及金属物的顶端和底端与防雷装置连接。

对第三类防雷建筑物中高度超过 60m 的高层建筑物，其防侧击雷和等电位的保护措施依第二类防雷建筑物中高度超过 45m 的高层建筑物保护措施的（1）、（2）、（4）条的规定，并应将 60m 及以上外墙上的栏杆、门窗等较大的金属物与防雷装置连接。

（二）引下线

在高层建筑中，利用柱或剪力墙中的钢筋作为防雷引下线是我国常用的方法。这种方法已写入国标《建筑物防雷设计规范》。按规范要求，作为引下线的一根或多根钢筋在最不利的情况下其截面积总和不应小于一根直径为 10mm 钢筋的截面积，这一要求在高层建筑中是不难达到的。高层建筑中柱中主筋在 20mm 以上的很常见。为安全起见，应选用钢筋直径不小于 $\phi16mm$ 的主筋作为引下线，在指定的柱或剪力墙某处的引下点，一般宜采用两根钢筋同时作为引下线，施工时应标明记号，保证每层上下串焊正确。如果结构钢筋因钢种含碳量或含锰量高，如经焊接易使钢筋变脆或强度降低时，可改用不少于 $\phi16mm$ 的付筋，或不受力的构造筋，或者单独另设钢筋。

对于作为引下线的钢筋的接续连接方法，在高层建筑中应坚持通长焊接，搭焊长度应不小于 100mm。

高层建筑防侧击雷具体施工时，就是将引下线与圈梁或楼层结构大梁连接，由圈梁或结构大梁钢筋引出至预埋铁件，然后由预埋件焊一条钢筋与金属门窗相连。但是这道工序的工作量非常大，一般高层建筑的铝门窗是采用射钉枪把门窗压条固定在砖墙或混凝土墙上的，与预埋连接件尚有一段距离，而且铝门窗如何与避雷装置牢固连接，在工艺上也存在一定困难。因此，如何解决铝窗的接地，是防雷设计中一个值得探讨的问题。如果大厦采用玻璃幕墙，门窗的金属边框与避雷装置的连接就非常方便。因为玻璃幕墙的金属支架固定在墙中预埋铁件上，而预埋铁件又与柱子或剪力墙上的钢筋相连。

（三）接地装置

按设计规范规定，一类防雷建筑物的接地装置的冲击接地电阻不超过 5Ω。由于高层建筑占地面积较小，使得高压配电装置及低压系统的接地、重复接地等较难独立设置，因此常将这些接地系统合用一个接地装置，并采取均压措施。当雷电流通过接地装置散入大地时，接地装置的电位将抬高，为防止内侧形成低电位或雷电波侵入，应将引入大厦的所有金属管道均与接地装置相连。

当上述系统共用一个接地装置时，接地电阻应不大于 1Ω。

目前，我国的高层建筑的接地装置大多以大厦的深基础作为接地极，用基础作接地极有以下诸方面的优点：

（1）接地电阻低。主要是因为：高层建筑广泛使用钢筋混凝土作基础，当混凝土凝固后，里面留下很多的小孔隙，借助于毛细作用，地下水渗进其中，对于硅酸盐混凝土而言，使其导电能力增强。在混凝土基础的承力构件内，钢筋纵横交错，密密麻麻，彼此经焊接或绑扎后，与导电性混凝土紧密接触，使整个基础具有很高的热稳定性与疏散电流的能力，因而使得接地电阻很低。由于高层建筑基础很深，有的深至地下岩层，常在地下水位以下，使得接地电阻终年稳定，不受气候与季节的影响。

为了避免电解腐蚀，直流系统的接地不得利用大厦的基础。

（2）电位分布均匀，均压效果好。因为用大厦的桩基及平台钢筋作接地极，使整个建筑物地下如同敷设了均压网，使地面电位分布均匀。

（3）施工方便，维护工程量少。采用基础作接地极可省去另外设置接地极时大量土方开挖工程量，施工时只要与土建密切配合，不失时机地把有关钢筋焊接起来即可。同时由于避雷装置采用结构钢筋，平时这些钢筋被混凝土保护，不易腐蚀，不受机械损伤，使维护工程量减少到最小限度。

（4）节省材料。由于利用建筑结构钢筋作避雷装置，可节约大量钢材。

（四）防止雷电反击

高层建筑中，大厦的结构钢筋实际上都已或紧或松地跟避雷接地装置连成一体。为了防止雷电反击，还应将建筑物内部的配电金属套管、水管、暖气管、煤气或石油液化汽管、空调通风管道等一切金属管道和金属构件及支架均与防雷接地装置作等电位连接；垂直敷设的电气线路，可在适当部位装设带电部分与金属支架的击穿保护装置。各种接地装置（除另有特殊要求外）都宜连接成一体。由于等电位原理，上述措施可使电位均匀。从而可以避免大厦产生雷电反击的危害。

（五）防止高电位引入

对于因雷电波入侵造成室内高电位引入的问题，可采用如下措施：

（1）尽量采用全电缆进线。当实在有困难时，架空线路应在大厦入户前50m外换接电缆进线，换接处装设避雷器，同时电缆外皮、避雷器及架空线绝缘子铁脚均应接地，接地冲击电阻不大于10Ω。

（2）进入建筑物的架空金属管道应在入户处与接地装置相接。

（3）低压直埋电缆线路或进入建筑物的金属管道，应在入户处将电缆金属外皮、电缆金属进户导管等与接地装置相连接。

（六）基础接地极设计与施工

高层建筑的基础桩基，不论是挖孔桩还是冲孔桩、钻孔桩，都是将一根根钢筋混凝土柱子伸入地中，直达几十米深的岩层。桩基上面做大厦的承台，承台也是用钢筋混凝土制作的，它把桩基连成一体，承台一般有1m多厚，承台上面是大厦的剪力墙及柱子，大厦的地面部分就座落于承台之上。

四、避雷针与被保护对象反击现象

建筑物及变电所一般用避雷针（线）来防护直击雷，使被保护物处于避雷针（线）的保护范围之内，但当雷电流沿引下线入地时，所产生的高电位对被保护对象发生反击现象，为防止反击现象的发生，避雷针（线）与被保护物之间应有足够的安全距离。

（一）空气中的安全距离

以独立避雷针的安全距离来说明，如图9-11所示，避雷针距被保护物最近的 A 点电位 U_A 为：

$$U_A = iR_{sh} + L\frac{\mathrm{d}i}{\mathrm{d}t} = \dot{U}_R + U_L \tag{9-20}$$

式中　R_{sh}——接地装置的冲击接地电阻（Ω）；

L——从 A 点到地面这一段避雷针的电感（mH）；令 $L=hL_0$，L_0 为引下线单位长度电感（μH/m），通常每米约为 1.3μH；

i——雷电流（kA），其幅值一般小于或等于 100kA，在设计中为安全起见，可取为 150kA；

$\dfrac{\mathrm{d}i}{\mathrm{d}t}$——雷电流陡度（kA/$\mu$s），取斜角波波头长为 2.6$\mu$s，则 $\dfrac{\mathrm{d}i}{\mathrm{d}t}=\dfrac{250}{2.6}=57.7$kA/$\mu$s；

U_R——电位的电阻分量值；

U_L——电位的电感分量值。

由式 7-20 可得：

$$U_A = 150R_{sh} + 75h(\text{kV}) \tag{9-21}$$

由于电位的电感分量 $L\dfrac{\mathrm{d}i}{\mathrm{d}t}$ 只存在于斜角形波头时间 2.6μs 以内，而电阻分量 iR_{sh} 却存在于整个雷电冲击波的持续时间内，约数十 μs。所以，两者对空气绝缘的作用不同，前者取空气中的平均冲击耐压强度 750kV/m，而后者取为 500kV/m。于是，可求出不发生避雷针向被保护物反击的空气距离 S_k 为：

$$S_k \geqslant \frac{150R_{sh}}{500} + \frac{75h}{750} = 0.3R_{sh} + 0.1h \tag{9-22}$$

对避雷线，也有类似的计算公式，此略。

一般 S_k 不宜小于 5m，为尽量降低雷击避雷针(线)时在周围导体中产生的感应过电压，当条件许可时，S_k 宜适当加大。

（二）地面以下的安全距离

避雷针（线）的接地体与被保护物的接地体间也应保持一定的地中距离，如图 9-11 所示，以免在土壤中发生反击。

对避雷针和单端接地的避雷线，如雷电流仍取 150kA，一般土壤的冲击击穿电压为 300kV/m，则接地体间发生反击的地中距离 S_d 为：

$$S_d \geqslant \frac{150R_{sh}}{300} = 0.5R_{sh}(\text{m}) \tag{9-23}$$

由于土壤击穿时，放电通道内有较大的电压降，根据实际运行经验，应按式（9-24）计算即可：

$$S_d \geqslant 0.3R_{sh}(\text{m}) \tag{9-24}$$

对两端或多次接地的避雷线，由于分流作用，S_d 可相应缩短，但各种情况下，S_d 不宜小于 3m。

（三）防止危及其他设备及人员的措施

为了保障人身安全，独立避雷针不应设在人畜经常来往的通道上，避雷针及其接地装置与道路及出入口间的距离不易小于 3m。否则，应采取均压措施，或铺设砾石或沥青路面。

为避免将雷害引入室内，严禁将架空照明线路，通讯线

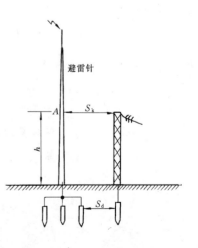

图 9-11 避雷针与被保护
对象的距离

路及无线电天线等架在避雷针（线）的构架上。

（四）关于户外配电装置架构上装设避雷针（线）的问题

如果避雷针（线）的设计高度为 h，由于配电装置架构已有一定高度 h_0，若允许将避雷针（线）装设在配电装置的架构上，则避雷针（线）的高度只要 $h-h_0$ 就可以了，这显然是经济的。

对于 60kV 及以上的配电装置，由于电气设备和母线的绝缘水平较高，不易造成反击，允许将避雷针装设在配电装置的架构或房顶上。这时，避雷针应与主接地网连接，连接点间距离，沿接地体的长度不得小于 15m，并在其附近装设集中接地装置。但土壤电阻率大于 $500\sim1000\Omega\cdot m$ 的地方，宜装设独立避雷针。

35kV 及以下的配电装置，由于绝缘水平低，所以在其门型构架或房顶口不易装设避雷针。

第三节　变电所对线路侵入的雷电冲击波时的保护

一、冲击时沿导线传播的物理过程

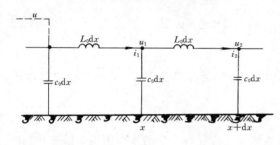

图 9-12　均匀无损线路的等值电路

雷电冲击中，过电压在线路传播时，其传播速度和大小都受到线路参数的影响。线路的电阻、电感和对地的电容电导，都是分布参数。由于电阻远小于电抗，对地电导远小于电容的导纳，在过电压波的传播过程中，起主要作用的是线路电感和对地电容，而电阻和电导可以略去不计。这种忽略了电阻和电导的线路，叫无损线路，其等值电路如图 9-12 所示。其中 L_0 是以地为回路的导线单位长度的电感，C_0 为导线单位长度上的对地电容。设导线半径为 r，悬挂高度为 h，则

$$L_0 = \frac{\mu_0}{2\pi}\ln\frac{2h}{r}\quad(\mathrm{H/m})\tag{9-25}$$

$$C_0 = \frac{2\pi\varepsilon_0}{\ln\dfrac{2h}{r}}\quad(\mathrm{F/m})\tag{9-26}$$

式中　μ_0——介质的导磁系数；

ε_0——介质的导电系数。

对空气来说：

$$\mu_0 = 4\pi\times10^{-7}\quad\mathrm{H/m}$$

$$\varepsilon_0 = \frac{10^{-9}}{36\pi}\quad\mathrm{F/m}$$

对电缆来说

$$\mu_0 = 4\pi \times 10^{-7} \quad \text{H/m}$$

$$\varepsilon_0 = \frac{10^{-9}}{9\pi} \quad \text{F/m}$$

对于各处 L_0 和 C_0 都相等的线路，称为均匀无损线路。

在均匀无损的线路上，加入一个雷电过电压直角波 u 如图 9-12 的虚线所示。此时在加电压处的电容首先充电，与电容直接连接的导线上也建立起电压 u_0。由于电感 L_0 上的电流不能突变，所以离加电压处远一些的电容则要经过一定时间才能充电。建立起电压 u_0 离加电压处越远的电容建立电压所需的时间越长。故加于线路上的电压波不是瞬时传到导线另一端，而是以一定的速度从首端向末端运动，这种现象称为行波。在此过程中，导线中的电流也是一种行波；这是因为线路首端的导线先有电流，然后随各分布电容 C_0 的充电，电流依次自首端流向末端。

设如图 9-12 中，导线在 x 点的对地电压为 u_1、在 $x+dx$ 点电压变为 u_2，同样流向 x 点的电流为 i_1，流向 $x+dx$ 点的电流为 i_2，则

$$du = u_2 - u_1 = -L_0 dx \frac{\partial i}{\partial t}$$

$$di = i_2 - i_1 = -C_0 dx \frac{\partial u}{\partial t}$$

整理后得：

$$\frac{\partial u}{\partial x} = -L_0 \frac{\partial i}{\partial t} \tag{9-27}$$

$$\frac{\partial i}{\partial x} = -C_0 \frac{\partial u}{\partial t} \tag{9-28}$$

将 (9-27) 及 (9-28) 两式分别对 x、t 取偏导数得：

$$\frac{\partial^2 u}{\partial x^2} = -L_0 \frac{\partial^2 i}{\partial x \partial t} \tag{9-29}$$

$$\frac{\partial^2 i}{\partial x^2} = -C_0 \frac{\partial^2 u}{\partial x \partial t} \tag{9-30}$$

$$\frac{\partial^2 u}{\partial x \partial t} = -L_0 \frac{\partial^2 i}{\partial t^2} \tag{9-31}$$

$$\frac{\partial^2 i}{\partial x \partial t} = -C_0 \frac{\partial^2 u}{\partial t^2} \tag{9-32}$$

将 (9-32) 式的值代入 (9-29) 式，将 (9-31) 式代入 (9-30) 得：

$$\frac{\partial^2 u}{\partial x^2} = L_0 C_0 \frac{\partial^2 u}{\partial t^2} \tag{9-33}$$

$$\frac{\partial^2 i}{\partial x^2} = L_0 C_0 \frac{\partial^2 i}{\partial t^2} \tag{9-34}$$

令 $V = \dfrac{1}{\sqrt{L_0 C_0}}$ 代入 (9-33)、(9-34) 两式得

$$\frac{\partial^2 u}{\partial x^2} = \frac{1}{V^2} \frac{\partial^2 u}{\partial t^2} \tag{9-35}$$

$$\frac{\partial^2 i}{\partial x^2} = \frac{1}{V^2} \frac{\partial^2 i}{\partial t^2} \qquad (9\text{-}36)$$

（9-35）式与（9-36）式的通解为：

$$u = u_1(x - vt) + u_2(x + vt) \qquad (9\text{-}37)$$

$$i = i_1(x - vt) + u_2(x + vt) \qquad (9\text{-}38)$$

（9-37）式的电压与（9-38）式的电流部分为两部分，其中 $u_1(x-vt)$ 叫前行波电压。$i_1(x-vt)$ 叫前行波电流。而 $u_2(x+vt)$ 与 $i_2(x+vt)$ 则叫反行波电压和反行波电流。图 9-13 所示为前行波和反行波。

怎样理解上述结论，现以图 9-14 来说明 $u_1(x-vt)$ 是前行波电压。

某一行波电压 u_1 上的某点 a，当 $t=t_1$ 时，在线路 x_1 处。由于电压波 u_1 向前运动，当 $t=t_2$ 时，a 点行至线路 x_2 处。因为波形 a 处的电压相等，则得：

$$u_{1a} = u_1(x_1 - vt_1) = u_1(x_2 - vt_2) \qquad (9\text{-}39)$$

因时间 $t_2 > t_1$，故只有 $x_2 > x_1$ 时，上式才能成立。即 u_1 是向 x 增加的方向运动的，所以叫前行波。此时：

$$x - vt = 常数 \qquad (9\text{-}40)$$

对（9-40）式微分得：

$$\frac{\mathrm{d}x}{\mathrm{d}t} = V \qquad (9\text{-}41)$$

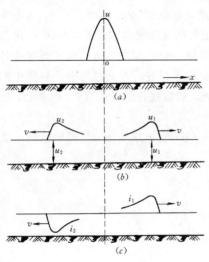

图 9-13　前行波与反行波
(a)初期电压分布;(b)电压前行波与反行波;
(c)电流前行波与反行波

V 为行波的传播速度其值为：

$$V = \frac{1}{\sqrt{L_0 C_0}} = \frac{1}{\sqrt{\mu_0 \varepsilon_0}} \qquad (9\text{-}42)$$

将有关参数代入（9-42）式得
架空线路中波的传播速度为：

$$V = \frac{1}{\sqrt{4\pi \times 10^{-7} \times \dfrac{10^{-9}}{36\pi}}} = 3 \times 10^8 \mathrm{m/s}$$

故行波在架空线路中的传播速度等于光速。
电缆线路中波的传播速度为：

$$V = \frac{1}{\sqrt{4\pi \times 10^{-7} \times \dfrac{10^{-9}}{9\pi}}}$$

$$= 1.5 \times 10^8 \mathrm{m/s}$$

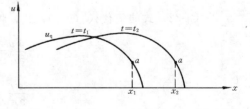

图 9-14　前行波电压说明图

实际线路上往往有两个方向的行波同时存在。如线路上有两个点同时遭到雷击时，则两点间的线路上就会同时存在两个行波，如图 9-15 所示。更为常见的是行波在线路参数变换处发生反射，而使线路上存在两个方向的行波。

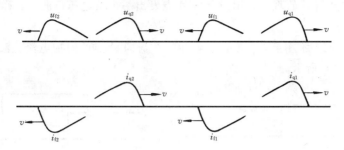

图 9-15 线路上存在两种行波的示意图

当线路上同时存在前行波与反行波时，其各点的电压和电流可按叠加原理求得即：

$$u = u_q + u_f \tag{9-43}$$

$$i = i_q + i_f \tag{9-44}$$

假如前行波和反行波电压的符号相同时，则导线对地电容所获得电荷的符号也相同，同号电荷运动方向相反，故两个电流方向相反。如规定前行波的电流为正，则反行波的电流为负。即前行波的电流电压同号，反行波的电流电压总是反号即：

$$\frac{u_q}{i_q} = z \tag{9-45}$$

$$\frac{u_f}{i_f} = - z \tag{9-46}$$

将（9-45）与（9-46）式之值代入（9-43）得

$$i = i_q + i_f = \frac{1}{z}(u_q - u_f) \tag{9-47}$$

所以线路上同时存在有前行波和反行波时，线路波阻、电压、电流三者之间的关系，不再是欧姆定律的关系。

雷电通道比较长，其中每个单位长度对地有电容 C_0，本身又有电感 L_0，因此应视为分布参数电路。其波阻约为 300Ω。

式（9-43）～式（9-46）是行波传播的四个基本方程，加上边界条件和起始条件，就可以解决行波的各种具体问题。

二、冲击时的折射和反射

雷电冲击时，雷电波在线路中传播，如遇到线路波阻改变，如由架空线路进入电缆、电抗器、变压器等电气设备，在连接处将产生波的折射与反射，造成行波电压和电流的变化。现以直角波从架空线路传播到电缆线路为例来说明波的折射与反射。

假设架空线路的入射波阻为 Z_r，电缆线路的折射波阻为 Z_z，且 Z_r 大于 Z_z。当架空线路上的过电压入射波 u_r 传到交点 A 时，由于 Z_r 大于 Z_z，架空线路流入 A 点的电流小于流入电缆的电流，使 A 点在单位时间内流入的电荷少于流出的电荷，因而使 A 点的电位由入射电压 u_r 下降为折射电压 u_z，即加至折射阻抗 Z_z 的电压。故 A 点左面的架空线路各邻近点电位高于 A 点，从而使各邻近点有一附加电流流向 A 点，直到各邻近点的电位降到 u_z 为止。

这种自右向左电压降低的现象，相当于从 A 点发出一个负电压行波 u_f，称为反射电压。如图 9-16（a）所示。

同样，由架空线路 A 点，自右向左产生一个流向 A 点的附加电流行波 i_f，叫做反射电流。如图 9-16（b）所示。

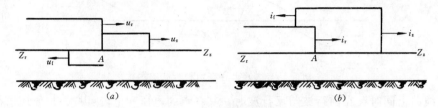

图 9-16　折射点 A 处的电压行波和电流行波

（a）电压行波；（b）电流行波

这样，交点 A 处的电压和电流均出现了三个分量。即入射电压 u_r、折射电压 u_z、反射电压 u_f 及入射电流 i_r，折射电流 i_z 与反射电流 i_f。

如果电缆有一定长度，行波还没有传到另一交点，此时电缆段上还无反射波，根据交点 A 两边的电压或电流应相等，可得

$$u_z = u_r + u_f \tag{9-48}$$

$$i_z = i_r + i_f = \frac{1}{Z_r}(u_r - u_f) \tag{9-49}$$

因 u_z 和 i_z 是电缆段的前行波，故

$$u_z = i_z Z_z \tag{9-50}$$

根据（9-48）到（9-50）三式可得折射电压 u_z、反射电压 u_f 与入射电压 u_r 三者之间的相互关系为：

$$u_z = \frac{2Z_z}{Z_r + Z}u_r = \alpha u_r \tag{9-51}$$

$$u_f = \frac{Z_z - Z_r}{Z_r + Z_z}u_r = \beta u_r \tag{9-52}$$

式中　α——折射系数；

　　　β——反射系数。

现以两个极端情况，来进一步说明波的折射与反射。

（一）末端开路回路中波的折射与反射（$Z_z = \infty$）

设线路波阻为 Z_r，开路处的波阻为 Z_z，入射电压为 u_r，此时电压的折射系数 α 与反射系数 β 分别为：

$$\alpha = \frac{2Z_z}{Z_r + Z_z} = \frac{2}{\dfrac{Z_r}{Z_z} + 1} = 2$$

$$\beta = \frac{Z_z - Z_r}{Z_r + Z_z} = \frac{1 - \frac{Z_r}{Z_z}}{\frac{Z_r}{Z_z} + 1} = 1$$

故:

$$u_z = \alpha u_r = 2u_r$$

$$u_f = \beta u_r = u_r$$

$$i_z = \frac{u_z}{Z_z} = 0$$

$$i_f = \frac{-Z_f}{Z_r} = -i_r$$

当入射电压 u_r 等于反射电压 u_f 时,叫全反射。此时开路处将出现 2 倍的过电压。这是因为开路处电流为零,其全部磁能转变为电能的缘故。其电流电压波形如图 9-17 所示。

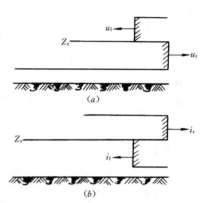

图 9-17　末端开路时电压和电流的反射波
(a) 电压行波; (b) 电流行波

(二) 线路末端对地短路时波的折射与反射 $(Z_z = 0)$

此时电压的折射系数与反射系数分别为:

$$\alpha = \frac{2Z_z}{Z_z + Z_r} = 0$$

$$\beta = \frac{Z_z - Z_r}{Z_z + Z_r} = \frac{-Z_r}{Z_r} = -1$$

$$u_z = \alpha u_r = 0$$

$$u_f = \beta u_r = -u_r$$

此时的反射电流与折射电压分别为:

$$i_f = -\frac{u_f}{Z_r} = i_r$$

$$i_z = i_f + i_r = 2i_r$$

其电流电压的反射波形如图 9-18 所示。

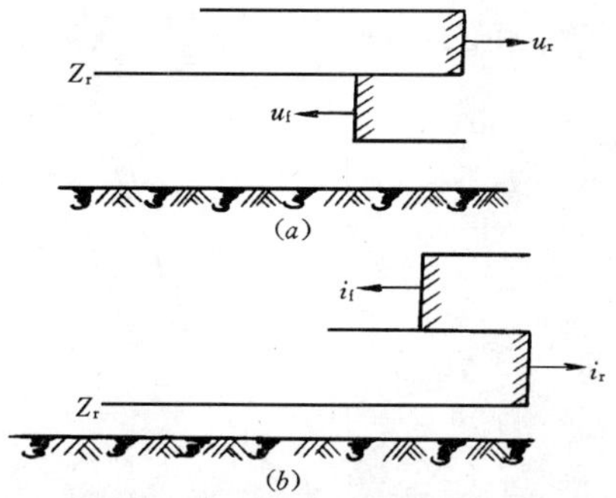

这种反射电压等于负的入射电压,叫负的全反射。这时 A 点电压降低为零,折射电流等于两倍的入射电流,这是因为全部电场能量转化为磁场能量的缘故。

为了使折射点的行波电压和电流计算简便,用集中参数来代替线路的分布参数,将式 (9-51) 整理后得:

$$2u_r = u_z\left(1 + \frac{Z_r}{Z_z}\right) = Z_z i_z + Z_r i_z = i_z(Z_z + Z_r)$$

图 9-18　末端短路时电压和电流的反射波形
(a) 电压行波; (b) 电流行波

$$\tag{9-53}$$

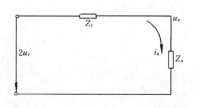

图 9-19　波过程的等值回路

其等值回路如图 9-19 所示。

当折射段的波阻 Z_z 中尚无反射波时，则折射点 A 的电压和电流可用图 9-19 的集中参数等值回路进行计算，即：

$$i_z = \frac{2u_r}{Z_z + Z_r}$$

$$u_z = i_z Z_z$$

这种等值电路法又叫彼德逊法则。

【例 9-2】　某变电所母线上共有 n 条线路，当雷电波 u_r 从一条线路侵入到母线时，求母线上的过电压。

【解】　设变电所各条线路的波阻为 Z，根据彼德逊法则绘出波过程的等值回路如图 9-20 所示。

由图可得母线上的折射电流为：

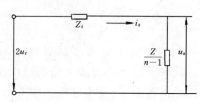

图 9-20　【例 9-2】的计算等值回路

$$i_z = \frac{\alpha u_r}{Z + \dfrac{Z}{n-1}} = \frac{\alpha u_r (n-1)}{Z \cdot n}$$

故母线上的过电压

$$u_z = i_z Z_z = \frac{2u_r(n-1)}{Z \cdot n} \cdot \frac{Z}{n-1} = \frac{\alpha}{n} u_r$$

此时折射系数 $\alpha = \dfrac{2}{n}$，可见变电所的出线回路数越多，母线上的过电压越低。

三、冲击时侵入实网络的分析

雷电波冲击时侵入实网络时主要分析行波通过串联电感和并联电容时的情况。

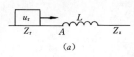

（a）

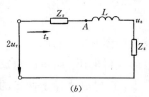

（b）

图 9-21　串联电感线路结线
及其等值回路

（a）结线图；（b）等值回路

（一）行波通过串联电感时的情况

某串联电感如图 9-21（a）所示。当一个矩形电压波 u_r 从 Z_r 方向袭来时，等值回路如图 9-21（b）所示。

其电压方程为：

$$2u_r = i_z(Z_r + Z_z) + L\frac{\mathrm{d}i}{\mathrm{d}t} \tag{9-54}$$

解此方程得：

$$i_z = \frac{2u_r}{Z_r + Z_z}\left(1 - e^{-\frac{t}{\tau}}\right) \tag{9-55}$$

式中　τ——时间常数，即：

$$\tau = \frac{L}{Z_r + Z_z}$$

故 Z_z 上的折射电压

$$u_z = i_z Z_z = \frac{2u_r Z_z}{Z_r + Z_z}(1 - e^{-\frac{t}{\tau}}) \tag{9-56}$$

当时间常数 T 大时，自由分量变化较慢，折射电压 u_z 波头较平缓，其 u_z 的电压变化速度为：

$$\frac{du_z}{dt} = -\frac{2u_r Z_z}{Z_r + Z_z}\left(1 - \frac{1}{\tau}\right)e^{-\frac{t}{\tau}} = \frac{2u_r Z_z}{L}e^{-\frac{t}{\tau}} \tag{9-57}$$

其最大变化速度（即波头的最大陡度）出现在 $t = 0$ 时，即：

$$\left(\frac{du_z}{dt}\right)_{max} = \frac{2u_r Z_z}{L} \tag{9-58}$$

故 u_z 的最大陡度与 u_r、Z_z 和 L 有关。

根据 A 点两边电压相等可得：

$$u_f + u_r = u_z + L\frac{di_z}{dt} = u_z + 2u_r e^{-\frac{t}{\tau}} \tag{9-59}$$

将（9-56）式中 u_z 值代入（9-59）式中整理后得反射电压为：

$$u_f = \frac{u_r(Z_z - Z_r)}{Z_z + Z_r} + \frac{2u_r Z_z}{Z_r + Z_z}e^{-\frac{t}{\tau}} \tag{9-60}$$

此时反射系数 β 随时间 t 而变化。当 $t = 0$ 时，$\beta = 1$。当 $t = \infty$ 时，反射系数的极限值为：

$$\beta = \frac{Z_z - Z_r}{Z_r + Z_z}$$

所以在 L 前 A 点的反射电压 u_f 值是按指数衰减。它从入射电压 u_r 衰减到由波阻 Z_r 与 Z_z 决定的极限值。当线路与电感串联时，在电感上 A 点前的线路，所受过电压为入射电压 u_r 的 α 倍。

图 9-22 为无限长矩形波袭击到电感 L 上的行波电压的变化曲线。当入射电压 u_r 达到电感线圈 L 时，由于线圈中的磁能不能突变，此时电流立即降到零，然后才缓慢地上升，而由 L 传到 Z_z 上的折射电压，也由零逐渐地上升到最大值。因此，在电感 L 后面的回路，其过电压陡度可以降低。如果入侵波为有限波长，当波长小于时间常数 τ 时，因为 u_z 还没有达到稳定值而 $u_r = 0$，故 u_z 的幅值也可降低。

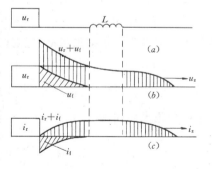

图 9-22　直角波袭击到电感上时的电压电流波形变化

(a) 结线图；(b) 电压波形；(c) 电流波形

（二）行波通过并联电容时的情况

如图 9-23（a）所示。在波阻为 Z_r 与 Z_z 的两线段联接处 A 点与大地之间并接入一个电容 C，当矩形波 u_r 从 Z_r 上侵入时，结点 A 处产生波的折射和反射，其等值回路如图 9-23（c）所示。

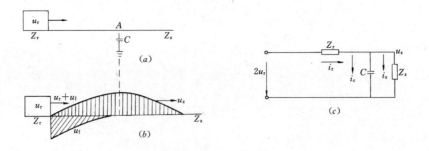

图 9-23　并联电容电路及其等值回路

(a) 结线图；(b) 电压波形；(c) 等值回路

从等值回路中得电压方程为：

$$2u_r = (i_c + i_z)Z_r + i_z Z_z$$

$$= \left(C \frac{\mathrm{d}u_z}{\mathrm{d}t} + \frac{u_z}{Z_z} \right) Z_r + u_z$$

$$= u_z \frac{Z_r + Z_z}{Z_z} + C \frac{\mathrm{d}u_z}{\mathrm{d}t} Z_r$$

方程式的解为：

$$u_z = \frac{2u_r Z_z}{Z_r + Z_z}(1 - e^{-\frac{t}{\tau}}) \tag{9-61}$$

式中　τ ——时间常数，其值为：

$$\tau = \frac{Z_r Z_z C}{Z_r + Z_z}$$

从（9-61）式中可以看出当 $t=0$ 时，$u_z=0$

这是由于电容器 C 上的电压不能突变，当行波到达电容器 C 上的一瞬间，电容器相当于短路，行波电压在 A 点突然下降到零，随着电容器的充电，电压逐渐上升。此时，电容器 C 上的电压即等于折射阻抗 Z_z 上的折射电压，故 u_z 将从零值开始增长，当 $t=\infty$ 时，A 点电压达到由入射波阻与折射波阻的分压比所决定的稳态电压值即

$$u_z = \frac{2u_r Z_z}{Z_r + Z_z}$$

折射电压的最大陡度为

$$\left(\frac{\mathrm{d}u_z}{\mathrm{d}t} \right)_{\max} = \frac{2u_r}{CZ_r} \tag{9-62}$$

因此，在两线段联接处有并联电容时，折射波的最大陡度与入射回路的波阻 Z_r 和电容器的容量 C 值有关，而与折射波阻 Z_z 无关。当侵入波的波长小于时间常数 T 时，并联电容不仅能使 A 点后面线路上所受过电压的陡度可降低，并可使其幅值减少。这就是供电时常在直配电机的出线处或母线上对地并联一组电容器，用以减少过电压波的陡度与幅值，对电机进行过电压保护的一种措施。

并联电容后 A 点的反射电压为

$$u_{\mathrm{f}} = u_{\mathrm{z}} - u_{\mathrm{r}} \tag{9-63}$$

将（9-61）式的值代入（9-63）式得：

$$u_{\mathrm{f}} = \frac{u_{\mathrm{r}}(Z_{\mathrm{z}} - Z_{\mathrm{r}})}{Z_{\mathrm{r}} + Z_{\mathrm{z}}} - \frac{2u_{\mathrm{r}}Z_{\mathrm{z}}}{Z_{\mathrm{r}} + Z_{\mathrm{z}}}e^{-\frac{t}{\tau}} \tag{9-64}$$

直角波通过并联电容的 A 点时的波形如图 9-23（b）所示。

四、避雷器的工作原理及保护特性

避雷器是防止雷电波侵入的主要保护设备，与被保护设备并联。当线路上出现了危及设备绝缘的过电压时，避雷器的火花间隙就被击穿，或由高阻变为低阻，使过电压对地放电，从而保护了设备的绝缘。而过电压消失后，避雷器又能自动恢复到初始状态。

避雷器主要分阀型避雷器和管型避雷器两种。

（一）阀型避雷器

阀型避雷器由火花间隙和非线性电阻片（又叫阀片）两种基本元件组成，装在密封的磁套管内，其上端接于线路，下端接地，其结构示意图如图 9-24 所示。

火花间隙根据额定电压高低，由相应数量的单个间隙迭合而成。每个间隙由两个一定形状的黄铜片电极组成，电极中间用一个 0.5～1mm 云母垫圈隔开。如图9-25（a）所示。由于电极距离小，电场比较均匀，可得到较平坦的放电伏秒特性。

阀片是由电工用金刚砂（碳化硅）和粘合剂在一定温度下烧结而成，如图 9-25（b）所示。其伏安特性曲线可用公式表示为：

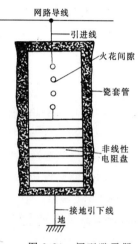

图 9-24　阀型避雷器
结构示意图

$$U = CI^{\alpha} \tag{9-65}$$

$$R = \frac{U}{I} = CI^{\alpha-1} \tag{9-66}$$

式中　C——材料系数，与阀片截面及高度有关；

　　　α——阀片的非线性系数，$0 < \alpha < 1$，其值越小，非线性程度越高，金刚砂的 α 一般在 0.2 左右。

由阀片的伏安特性公式可看出其具有非线性特性，正常电压时，阀片电阻很大，过电压时，阀片电阻变得很小，如图9-25（c）所示。

雷电流通过阀电阻时要形成电压降，这就是残余的过电压，称为残压，这残压要加在被保护设备上。因此，残压不能超过设备绝缘允许的耐压值，否则，设备绝缘仍要被击穿。避雷器的残压与雷电流大小及波形有关。

避雷器在工频或冲击电压时，火花间隙的击穿电压分别称为工频放电电压和冲击放电电压。前者应保证内过电压时间隙不击穿。而冲击放电电压和残压是避雷器保护特性的两个重要参数。它们的数值越小，被保护设备的绝缘水平就越低。

阀型避雷器的基本参数除上述残压、冲击放电电压、工频放电电压外，还有：

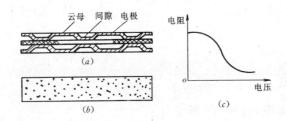

图 9-25　阀式避雷器的组成部件及特性
(a) 单元火花间隙；(b) 阀片；(c) 阀电阻的伏安特性曲线

额定电压：由安装避雷器的系统电压等级决定；

灭弧电压：保证灭弧（切断工频续流）的条件下，容许加在避雷器上的最高高频电压；

通流容量：避雷器的通流容量主要取决于阀片的通流容量。与避雷器通过的电流相应有冲击和工频两种，阀型避雷器阀片的通流能力大致为：波形为 $20/40\mu s$、幅值为 5kA 的冲击电流和幅值为 100A 的工频半波电流各 20 次。

在使用场所上可分为：

(1) 电站阀型避雷器，主要用于发电厂、变电所高压配电装置和变压器的雷电侵入波过电压保护。35kV 及以下除低值电阻接地系统外，宜采用碳化硅普通阀式避雷器或有串联间隙金属氧化物避雷器。

(2) 一般采用旋转电机磁吹式避雷器或旋转电机无间隙金属氧化物避雷器作为旋转电机的雷电侵入波过电压保护。

(3) 采用碳化硅普通阀型避雷器，或有串联间隙金属氧化物避雷器，作为变电所的 3～10kV 侧和 3～10kV 配电系统过压保护。

(二) 管型避雷器

管型避雷器又称为排气式避雷器，由产气管、内部间隙和外部间隙三部分组成，实质上是一个具有灭弧能力的保护间隙。其结构如图 9-26 所示。产气管由纤维、有机玻璃或塑料制成。内部间隙装在产气管内，一个电极为棒型，另一个电极为环型。

当高压雷电波侵入到管型避雷器，其电压值超过火花间隙放电电压时，内外间隙同时击穿，使雷电流泄入大地，限制了电压的上升，对

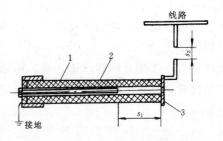

图 9-26　排气式避雷器
1—产气管；2—内部电极；3—外部电极；
S_1—内部间隙；S_2—外部间隙

电气设备起到了保护作用。间隙击穿后，除雷电流外，工频电流也可随之流过间隙（称工频续流）。由于雷电流和工频续流在管子内部间隙发生强烈电弧，使管子内壁的材料燃烧，产生大量灭弧气体从开口孔喷出，形成强烈纵吹作用，能很快吹灭电弧，全部灭弧时间至多 0.01s。外部间隙又称隔离间隙，在正常工作时其空气为绝缘的，使避雷器与系统隔离，正常工作时不带电。

为了保证避雷器可靠地工作，在选择管型避雷器时，开断续流的上限应不小于安装处短路电流最大有效值（考虑非周期分量）；开断续流的下限应不大于安装处短路电流可能的最小值（不考虑非周期分量）。因为管型避雷器采用的是自吹灭弧原理，其灭弧能力大小由开断电流决定。当续流过小时，压力过低，不足以灭弧，续流太大，管内压力过高，易使管子产生爆炸或破裂。

管型避雷器具有构造简单，能将过电压波泄漏入地，并有切断工频续流的能力。但由

于放电电压不稳定，伏秒特性曲线较陡，不易与电气设备的绝缘配合。同时，动作后产生的截波，对变压器绝缘有危害。因而管型避雷器多用于保护变电所的进线及线路绝缘薄弱点，而其它设备的绝缘保护则采用阀型避雷器。

（三）保护间隙

保护间隙又称角式避雷器，其结构如图 9-27 所示。主要由镀锌圆钢制成的主间隙和辅助间隙组成。当侵入的雷电波使间隙放电后，电压幅值受限制。主间隙用于灭弧，辅助间隙为防止意外短路。

保护间隙经济简单、维护方便，但保护性能差，灭弧能力小，容易造成接地或短路故障，引起线路开关跳闸或熔断器熔断。因此，对于装有保护间隙的线路上一般要求装设自动重合闸与其配合，以提高供电可靠性。保护间隙主要用于室外且负荷次要的线路上。

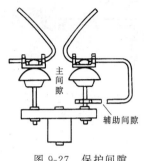

图 9-27　保护间隙

通常 10kV 保护间隙的主间隙不小于 25mm，6kV 时不应小于 15mm，3kV 时不应小于 8mm，35kV 时不应小于 210mm。3kV 辅助间隙为 5mm，6～10kV 为 10mm，35kV 为 20mm。

保护间隙的结构应符合以下要求：

（1）应保证间隙稳定不变；

（2）应防止间隙动作时电弧跳到其它设备上、与间隙并联的绝缘子受热损坏、电极被烧坏；

（3）间隙的电极易镀锌。

（四）压敏电阻避雷器

近年来，国内外已开始使用压敏电阻避雷器。压敏电阻是由氧化锌、氧化铋等金属氧化物烧结而成的多晶半导体陶瓷非线性元件。其非线性系数很小（$\alpha=0.05$），具有很好的伏安特性，工频下呈现极大电阻，能迅速抑制工频续流，不必再用火花间隙来熄灭工频续流引起的电弧，因而不涉及冲击放电电压等问题，性能大为提高，另外其通流能力较强，所以体积小，380V 及以下电气设备过电压保护的压敏电阻其直径只有 40mm 左右，因而对于低压电气设备而言是一种比较理想的防止过电压保护装置，目前已在千伏级以下交直流电压的电力系统、低压设备上得到了广泛应用。但其只能用于室内，不能用于室外。用于高压系统的压敏电阻避雷器还在研制阶段，今后如能使压敏电阻避雷器的成本降低，它完全有可能取代现有的阀型避雷器。

五、避雷器与保护结线图

（一）避雷器与主变压器的电气距离

变电所的输电线路分布很广，线路上常发生雷电过电压，入侵波常常侵入变电所，因而变电所中常采用阀型避雷器来防止雷电侵入波给设备带来危害。

阀型避雷器通常装在变电所母线上，变电所内最重要的设备是变压器，它的价格高，绝缘水平又较低，因此，阀型避雷器的安装地点应尽量在电气距离上靠近主变压器，以减少变压器所受的过电压幅值。

由于阀型避雷器伏秒特性与变压器伏表特性相近，其绝缘配合较理想，因而通常采用阀型避雷器作为变压器过压保护装置。

避雷器离变压器装设点越远，变压器上的过电压幅值就越大，故主变压器与阀型避雷器之间有一最大允许距离。从保护的可靠性来说，最理想的接线方式是把阀型避雷器和变压器直接并联，这样作用在变压器上的电压就是避雷器的残压。但变电所电气设备具体布置时，由于变压器与母线间还有其它开关设备，且相互间有一定的安全距离的要求，因此避雷器与变压器间必然会出现一段距离 l。设变压器与避雷器的安装距离如图 9-28 所示。

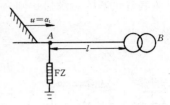

图 9-28　避雷器与主变压器
的电气距离

如入侵波为斜角波头其值为 $u = \alpha t$，波速为 V，以波头到达避雷器的时间为起始时间，避雷器与变压器的电气距离为 l，行波由避雷器传到变压器的时间为 τ，$\tau = \dfrac{l}{V}$，行波在变压器入口处产生全反射。

当 $t \leqslant 2\tau$ 时，变压器的反射波尚未达到避雷器上，此时避雷器上的电压值为：

$$u_{\mathrm{P}} = \alpha t \tag{9-67}$$

当 $t > 2\tau$ 时，由于变压器的反射波的作用，此时避雷器上的电压

$$u_{\mathrm{P}} = \alpha t + \alpha(t - 2\tau) = 2\alpha(t - \tau) \tag{9-68}$$

变压器上的过电压

$$U_{\mathrm{B}} = 2\alpha(t - \tau) \tag{9-69}$$

由式（9-68）和式（9-69）可知在 $t \geqslant 2\tau$ 时，变压器上的电压等于避雷器上的电压。

在 $t > 2\tau$ 时，避雷器上的电压达到放电电压时，开始放电。此后避雷器处的电压即为残压。

在放电的一瞬间，幅值为 αt 的过电压行波，已经过避雷器，并继续向变压器移动，再经过时间 τ 到达变压器，并产生全反射，此时变压器所受的最大过电压值为：

$$u_{\mathrm{Bmax}} = 2\alpha t \tag{9-70}$$

变压器所受的最大过电压与避雷器放电电压之间的差为：

$$u_{\mathrm{Bmax}} - u_{\mathrm{P}} = 2\alpha t \tag{9-71}$$

避雷器能对主变压器可靠地保护，则 u_{Pmax} 应小于或等于变压器的最高允许冲击电压 u_{By}，即：

$$u_{\mathrm{Bmax}} \leqslant u_{\mathrm{Bal}} \tag{9-72}$$

将 $\tau = \dfrac{l}{V}$ 及式（9-72）之值代入式（9-71）整理后得最大保护范围距离为：

$$l = \frac{u_{\mathrm{Bal}} - u_{\mathrm{P}}}{\dfrac{2\alpha}{V}} \tag{9-73}$$

故最大保护距离和行波陡度有关，保护距离随陡度的减小而增大。因此变电所母线上如果有多条出线或线路上有架空地线时，都将使得 α 减小，而使保护最大距离增加。阀型避

雷器与变电所电气设备之间的最大安装距离如表 9-3 所示。

阀型避雷器与被保护设备间的最大电气距离　表 9-3

电压等级 (kV)	装设避雷线 的 范 围	到变压器或电压互感器距离 (m)				到其它电器的距离 (m)
		进 线 回 路 线				
		一 回	二 回	三 回	四回以上	
35	进线段	25	35	40	45	按到变压器距离增加 35% 计算
	全 线	55	80	85	105	
60	进线段	40	65	75	85	
	全 线	80	110	130	145	
110	全 线	90	135	155	175	

避雷器与主变压器过电压保护接线图如图 9-29 所示。

避雷器与 3～10kV 主变压器的最大允许电气距离如表 9-4 所示。

避雷器与 3～10kV 主变压器的最大允许电气距离

表 9-4

雷季经常运行的进线路数	1	2	3	4 及以上
最大允许电气距离 (m)	15	23	27	30

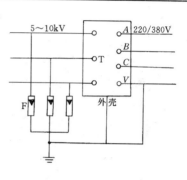

图 9-29　电力变压器的防雷
保护及其接地系统
T—电力变压器；F—阀式避雷器

（二）避雷器与变电所防雷进线段的保护接线

对于全线无避雷线的 35kV 变电所进线，当雷击于附近的架空线时，冲击波的陡度，必然会超过变电所电气设备绝缘所能允许的程度，流过避雷器的电流也会超过 5kA，当然这是不允许的。所以，这种线路靠近变电所的一段进线上必须装设避雷装置。在进线保护段装设避雷装置后，当保护段发生雷击时，由于进线段本身的阻抗作用，流过避雷器的电流幅值将得到限制，行波陡度也得到降低。图 9-30 所示为 35～110kV 进线，未沿全线装设避雷线时防雷保护接线图。

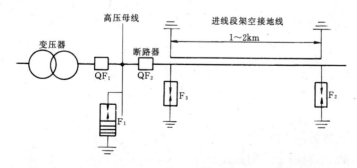

图 9-30　35～110kV 变电站进线保护标准方案

其中 1～2km 避雷线的作用是为了防止在变电所进线附近落雷时，造成大的雷电入侵

319

波，同时还起着削弱外来入侵波陡度的作用。对于一般线路，无需装设管式避雷器F_2，当线路的耐冲击绝缘水平特别高，致使变电所中阀式避雷器通过的雷电流可能超过5kA时，其进线保护段首端（线路端）应装设管型避雷器F_2，并使F_2处的接地电阻尽量降低到10Ω以下。

当线路进出线的断路器或隔离开关在雷季可能经常断开而线路侧又带有电压时，为避免开路末端的电压上升为行波幅值的2倍，以致使开关电器的绝缘支柱对地放电，在线路带电压情况下引起工频短路，烧毁支座，可设管式避雷器F_3。

对于35～60kV，容量为3150～5000kVA的变电所，可根据供电的重要性和当地雷电活动的强弱，适当简化防雷保护接线。即进线段的避雷线可减少到500～600m，但进线端应装设管型避雷器或火花间隙，其接地电阻不应大于5Ω。由阀型避雷器到主变压器的距离不应超过40m，其保护接线如图9-31所示。

容量为3150kVA以下的35kV非重要负荷的变电所，可用图9-32接线。

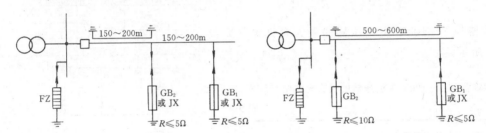

图9-31　35kV变电所进线保护接线　　　图9-32　3150kVA以下35kV变电所进线保护接线

容量为1000kVA及以下的变电所可用更为简化的保护接线，如图9-33所示。

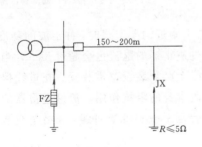
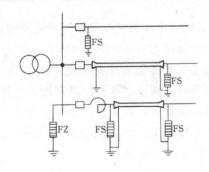

图9-33　1000kVA及以下35kV
变电所简化保护接线

图9-34　3～10kV变配电所雷电
侵入波的保护接线

对于3～10kV工厂变电所，常用图9-34接线进行防雷保护。架空线路终端经一段电缆引入变电所，阀式避雷器装在架空线路终端与电缆连接处，避雷器接地线与电缆金属外皮相连。

（三）直配电机防雷保护的接线

高压电动机的定子绕阻是采用固体介质绝缘的，其冲击耐压试验值大约只有同电压级的电力变压器的1/3左右。加之长期运行后，固体绝缘介质还要受潮、腐蚀和老化，会进一步降低其耐压水平，因此高压电动机对雷电侵入波的防护，不能采用普通的阀式避雷器，而要采用专用于保护旋转电机用的 FCD 型磁吹阀式避雷器或具有串联间隙的金属氧化物避雷器。

直配电机的防雷保护接线方式应根据电机容量、当地雷电活动的强弱和对供电可靠性的要求，综合考虑确定。

1. 单机容量在 1500～6000kW 时的保护接线

对单机容量为 1500～6000kW 或少雷区 6000kW 及以下的直配电机，可采用图 9-35 的保护接线方式

这是利用架空进线段、管型避雷器、电缆进线段、磁吹避雷器和并联保护电容器配合起来共同保护直配电机的。

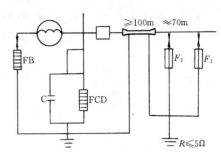

图 9-35　直配电机的保护接线方式

当雷电波沿线路侵入时，管型避雷器 F_1 首先击穿，于是电缆首端的外皮和导线被电弧短接。由于雷电流的频率很高，强烈的趋肤效应使雷电流沿电缆外皮流过，而该电流的磁场在芯线里感应的电势将阻止电流从芯线通过，因而限制了流过电缆芯线及磁吹避雷器 FCD 的雷电流，降低了电机母线的雷电压。FCD 磁吹避雷器主要作用是保护电机主绝缘，并联保护电容器 C 用来限制雷电流陡度。F_1 阀型避雷器是为了防止三相同时侵入雷电波时在电机中点出现危险过电压。

装 F_2 是考虑到当雷电流太强时，有可能使 FCD 的电流超过 3kA，这时 F_2 放电，充分发挥电缆的限流作用。

2. 单机容量为 300～1500kW 时的保护接线

单机容量为 300～1500kW 的直配电机，可采用图 9-36 所示的保护接线，其各保护元件作用与图 9-35 相同，只是电机容量小，对可靠性要求相对降低。架空和电缆进线保护段长度相应缩短。

3. 单机容量在 300kW 以下时的保护接线

对 300kW 及以下的直配电机，根据具体情况及运行经验，采用图 9-37 保护接线，图中 FB 用普通阀型避雷器，保护电容 C 每相取 1.5～2μf，保护间隙为 JX_1 和 JX_2。

对单机容量很小的高压直配电机及 380V 经架空线路供电的低压电机，可采用图 9-38 简化保护接线。

对低压电机，FB 用低压阀型避雷器，电容 C 每相取 0.5～1μf，保护间隙可用线路终端杆绝缘子铁脚接地代替。

（四）3～10kV 配电柱上油开关及配电变压器防雷保护接线

3～10kV 配电线路的柱上油开关和配电变压器，由于其绝缘较弱，应用数量大，本身价值不高，故一般采用下列措施：

1. 柱上断路器和负荷开关

在雷雨季节经常运行在闭路状态应在其一侧装设一组避雷器和保护间隙；对于在雷雨季节经常开路运行，且两侧带电的，应在其两侧分别装设避雷器或保护间隙，其保护接线图如图 9-39 所示。

避雷器或保护间隙的接地线应与柱上断路器等设备的金属外壳连接，且接地电阻不应

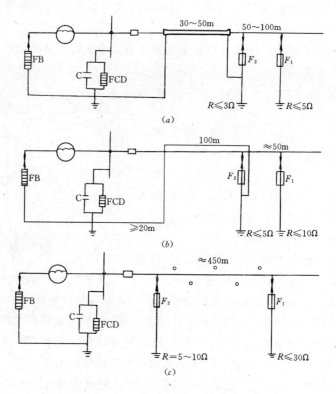

图 9-36　300～1500kW 直配电机的保护接线

(a) 线路引入段用直埋电缆；(b) 线路引入段用架空地线保护；

(c) 线路引入段用避雷针保护

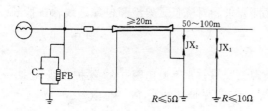

图 9-37　300kV 及以下直配电机的保护接线

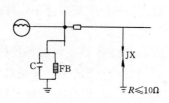

图 9-38　高压小容量及低压电机的保护接线

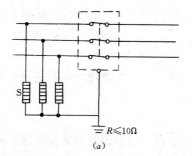

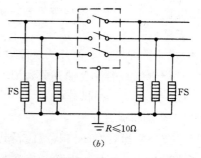

图 9-39　柱上断路器防雷保护接线图

(a) 雷雨季节经常闭路运行时的保护接线；(b) 雷雨季节经常断路运行时的保护接线

大于 10Ω。

2. 配电变压器的防雷保护接线

3～10kV 配电变压器，应用三相阀型避雷器保护，也可用两相阀型避雷器一相保护间隙，但要注意同一配电网中保护间隙应装在同一相导线上，以防雷击时间隙放电造成的相间短路。其保护接线图分别如图 9-40 和图 9-41 所示。

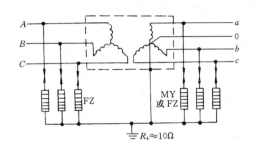
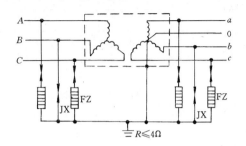

图 9-40　用三相阀型避雷器保护配电变压器　　图 9-41　用两相避雷器和一相间隙保护配电变压器

保护装置应尽量靠近变压器安装，以提高保护效果，其接地线应与变压器低压侧中性点及金属外壳连接在一起接地，以保证当变压器高压侧遭雷击，使避雷器放电时，变压器绝缘上仅承受避雷器的残压。

第四节　电气设备接地

一、电流对人体作用及有关概念

人身接触带电导体或因绝缘损坏而带电的电气设备的金属外壳，都可能造成触电事故，导致人身伤亡。

触电对人体组织的破坏过程是很复杂的，一般讲，电流对人体的伤害，大致分为两种类型，即电击和电伤。电击是指电流通过人体的内部，影响呼吸、内脏和神经系统，造成人体内部组织的损伤和破坏，导致残废或死亡，这又叫内伤。在触电死亡的事故统计中，多数是由电击造成的，所以，电击是最危险的一种。电伤，又叫外伤，主要是指电弧对人体表面的烧伤。当烧伤面积不大时，不致于有生命危险。在高压电的触电事故中，这两种情况同时都存在，对于低压来讲，主要是指电击。

（一）触电的因素

电击对人体的伤害程度，与下面的一些因素有关：

1. 流过人身的电流

流过人身的电流又叫人身触电电流，它是直接影响人身安全的重要因素。流过人身的电流越大，对人体组织的破坏作用也就越大。多数试验证明，对于工频交流，1mA 左右的电流通过人身，便开始有麻刺和疼痛的感觉。当其达到 25mA 时，将会使人感觉麻痹或剧痛，甚至呼吸困难，自己不能摆脱电源。如果电流再大些，而且不能及时切断电源，势必有生命危险。通常取 8～10mA 作为人身触电的长期极限安全电流值，各种不同电流值对人体的伤害情况见表 9-5。

电流类别 电流（mA）	50 Hz 交流	直 流
0.6～1.5	开始有感觉，手指有麻刺	没有感觉
2～3	手指有强烈麻刺，颤抖	没有感觉
5～7	手部痉挛	感觉痒、刺痛、灼热
8～10	手已难于摆脱带电体，但是还能摆脱，手指尖部到手腕有剧痛	热感觉增强
20～25	手迅速麻痹，不能摆脱带电体，剧痛，呼吸困难	热感觉增强较大，手部肌肉不强烈收缩
50～80	呼吸麻痹，心房开始震颤	有强烈热感觉，手部肌肉收缩，痉挛，呼吸困难
90～100	呼吸麻痹，持续 3s 或更长时间则心脏麻痹，心室颤动	呼吸麻痹
300 及以下	作用时间 0.1s 以上，呼吸和心脏麻痹，肌体组织遭到电流的热破坏	

上述数据指的是一般情况，具体对于每个人来讲，可能有较大出入。有的人比较敏感，即使比上述电流小很多，也会有危险，有的人则完全相反，伤害较小。不仅如此，女人对电流的敏感性，往往比男人高，危害也比较大。

2. 人身电阻

对于低压电网来讲，人身电阻决定人身触电电流大小，决定人身触电的危险程度。

人身电阻是指电流所经过的人身组织的电阻之和。它包括两个部分，即体内电阻和皮肤电阻。体内电阻是指由肌肉组织、血液和神经等组成，其电阻较小，并且基本上不受外界的影响，一般不低于 500Ω。皮肤电阻，是指皮肤表面角质层的电阻，它是人身电阻的重要组成部分。皮肤电阻，是指皮肤表面角质层的电阻，它是人身电阻的重要组成部分。因为皮肤表面角质层是一层不完善的电介质，厚度约为 0.005～0.2mm，电阻较大，而且并不固定，常受外界条件的影响。如果皮肤表面角质层完好，而且皮肤干燥，并在低电压作用下，其电阻值可高达 10kΩ 以上，当条件变坏时，如角质层损伤，皮肤受潮，多汗或有导电性的粉尘等，其电阻值便会急剧降低。

3. 作用于人身的电压

流经人身的电流，与作用于人身的电压高低有着直接的关系，如图 9-42 所示。这是因为人身电阻并不是固定不变的，随着电压的增高，人体皮肤表面的角质层有类似介质击穿作用，使人身电阻急剧下降，同时人身电流便迅速增大，形成严重的触电事故。当电压增高到

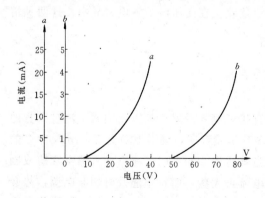

图 9-42　流经人身的电流和外加电压的关系
a—潮湿的手；b—干燥的手

一定程度，角质层将被完全击穿，此时皮肤就失去保护作用，人身电阻便只等于体内电阻，似乎与所加电压无关。然而在电流的强烈刺激下，人的机体对电流的反应，又可能引起血液循环系统的机能变化，使血管收缩，截面减小，体内电阻有可能增加。因此，人身电流与外加电压很难成线性关系。

4. 触电的持续时间

电流对机体的作用，决定于许多相互关联的因素，其中主要是电流的强度和持续的时间，在短暂（指持续时间低于 $1\sim3s$）的电流作用下，一般讲触电的时间越长，允许的人身电流值就越小。允许的人身触电时间 t 和电流 I_R 之间的关系曲线如图9-43所示。在我国人身触电安全参数通常是按 $30mA \cdot s$ 计算的，也就是说人身触电电流与触电时间的乘积大于 $30mA \cdot s$，便可认为是安全的。

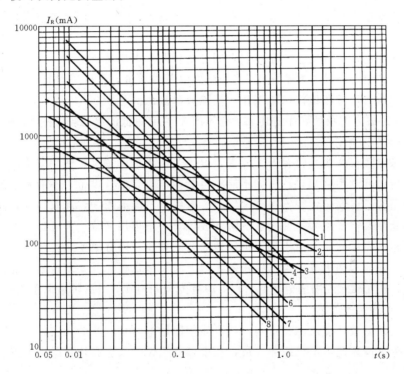

图 9-43 允许的人身触电时间 t 和电流 I_R 之间的关系曲线

1—按美国塔里采尔公式 $I_R=165/\sqrt{t}$ 绘制的曲线；2—按美国塔里采尔和李氏公式 $I_R=116/\sqrt{t}$ 绘制的曲线；3—按1962年日内瓦国际会议公式 $I_R=65/\sqrt{t}$ 绘制的曲线；4—按西德克和平奥西朴卡公式 $I_R=70/t$ 绘制的曲线；5—苏联基色列夫和契尔金公式 $I_R=50/t$ 绘制的曲线；6—按德国奥西朴卡公式 $I_R=30/t$ 绘制的曲线；7—按原苏联基谢列夫公式 $I_R=18/t$ 绘制的曲线；8—按国际电工委员会公式 $I_R=10+10/t$ 绘制的曲线

（单位：I_R—mA；t—s）

5. 电流类型及频率

不同频率的电流对人体的伤害也不一样，一般讲，直流的危险性比交流小，$50\sim60Hz$ 是对人体伤害较严重的频率，当电流的频率超过 $2000Hz$ 时，对心肌的影响就很小了，因此，医生常用高频电流给病人治病。但是，也必须指出，在高频电压的冲击过程中，也有可能发生人身触电死亡事故。

6. 人身电流的途径

一般认为，电流通过心脏、肺部和中枢神经系统，其危害程度较其它途径要大。实践也已证明，电流从一手到另一手或从手到脚流过，触电的危害最为严重，这主要是因为电流通过心脏，引起心室颤动，使心脏停止工作，直接威胁着人的生命安全。因此，应特别注意，勿让触电电流经过心脏。当然，这并不是说，电流从一只脚到另一只脚流过，就没有危害。因为人体的任何部位触电，都可能形成肌肉收缩及脉搏和呼吸神经中枢的急剧失调，从而丧失知觉，形成触电伤亡事故。

（二）防止触电、保证电气安全的措施

（1）加强安全教育，要求所有供、用电人员重视电气安全，严格遵守操作规程，克服麻痹大意思想。加强电气安全培训。

（2）建立建全规章制度，建立和健全岗位责任制，严格持证上岗。

（3）做到"精心设计、精心施工"，保证供电工程质量，严格工程验收。

（4）加强运行违维和检修试验工作，消除故障隐患。

（5）对容易触电的场所和手提电器，应采用36V或更低的电压，在易燃、易爆场所，应采用密闭或防爆电器。

（6）确保电气安全用具符合安全要求，电气工作人员应按规定使用安全用具。

（7）宣传和普及用电知识，例如不能私自装拆电线和电气设备；不能私自加大熔断器规格，严禁用铁丝或铜丝代替铅锡合金熔丝；电线上不能凉衣物，凉衣物的铁丝也不能靠近电线；不能在架空线路和室外变电所附近放风筝，不得用鸟枪或弹弓打电线上的鸟，不许爬电杆；移动电器的插座应用带保护接地插孔的插座，电灯要使用拉线开关，不要用湿手去摸灯头、开关和插头等；当电线断落在地上时不可走近，并要划定禁止通行区，尽快处理；当发生电气故障或因漏电而起火时，应首先切断电源，然后再采取正确的灭火措施。

（三）触电的急救处理

对触电人如急救处理及时和正确，就可能使因触电而呈假死的人获救，反之，必带来不可弥补的后果，因此，不仅医务人员，从事电气工作的人也必须熟悉和掌握。

1. 脱离电源

如果发现有人触电，应首先使人脱离电源。具体方法是：

（1）如果开关距离救护人员较近，应迅速拉开开关，切断电源。

（2）如果开关距离救护人员较远，可用绝缘手钳或装有干燥木柄的刀、斧、铁锹等将电线切断，或用干燥的木棒、衣物作工具拉开触电人，也可用单手拉住触电人干燥的衣物使其脱离电源。

（3）对高压触电人，使用的绝缘工具必须符合相应的电压的安全要求。如触电人在较高地点触电（例如在电杆上），须采取安全措施，防止触电人脱离电源后从高处摔下受伤。

2. 急救处理

当触电人脱离电源后，应依据具体情况迅速对症救治，同时尽快派人请医生前来抢救。

（1）如触电人伤害不严重，神志尚清醒，只有些心慌、四肢发麻，全身无力，应使其安静休息，不要走路，并应严密细致观察其病变；

（2）如触电人伤害较严重，失去知觉，停止呼吸，但心脏微有跳动时，应采取胸外心脏挤压法；如果虽有呼吸，但心脏停止跳动时，应采取胸外心脏挤压法；

（3）如果触电人伤害相当严重，心跳和呼吸都已停止，应采取口对口人工呼吸和人工胸外挤压心脏两种方法同时进行。如果现场只有一人抢救时，可交替使用两法，先心脏挤压 4~8 次，然后口对口吹气 2~3 次再进行心脏挤压，如此循环连续操作。

3. 人工呼吸和心脏挤压

当人触电后一旦出现假死现象，应即迅速施行人工呼吸或心脏挤压。

人工呼吸法通常采用的有仰卧压胸法，俯卧压背法，口对口吹气法，胸外心脏挤压法等。后两法效果较好。

二、工作接地与保护接地

电力系统和电气设备的接地，按其作用不同分为：工作接地，保护接地，重复接地和接零，防雷电接地，隔离接地，静电接地和防腐接地等。本节主要介绍工作接地和保护接地。

（一）工作接地

为保证电力系统和电气设备在正常和事故情况下可靠地运行，人为地将电力系统的中性点（如发电机和变压器的中性点）及电气设备的某一部分（如避雷针和避雷线的接地引下线）直接或经消弧线圈、电阻、击穿熔断器等与地作金属连接，称为工作接地。

电力系统的工作接地又有两种方式，一种是中性点直接接地称大电流接地系统，一种是中性点不接地或经消弧线圈接地，称小电流接地系统。在超高压电力系统中，通常多采用大电流接地系统，以防止系统发生接地故障引起过电压，并能避免单相接地后继续运行而形成的不对称性，且可以降低电气设备的绝缘水平。建筑供电系统采用的 6~10kV 系统均为中性点不接地或小电流接地系统。但在 380/220V 低压系统多采用中性点接地系统。

各种工作接地都有各自的功能。例如电源中性点的直接接地，能在运行中维持三相系统中相线对地电压不变；电源中性点经消弧线圈的接地，能在单相接地时消除接地点的断续电弧，防止系统出现过电压。

（二）保护接地

电气设备的金属外壳可能因绝缘损坏而带电，为防止这种电压危及人身安全而人为地将电气设备的金属外壳与大地作金属联接称为保护接地。

保护接地的型式有两种：一种是设备的外露可导电部分经各自的 PE 线（保护线）分别直接接地，我国过去称为保护接地；另一种是设备的外露可导电部分经公共的 PE 线或 PEN 线（三相四线制系统中的中性线与保护线共用一根导线）接地，我国过去称为保护接零。

供电系统的电气设备接地方式有 TN 系统（包括 TN-S，TN-C-S，TN-C 三类），TT 系统和 TI 系统，共三种五类。

第一个字母说明低压系统的对地关系：T 表示中性点直接接地；I 表示所有带电部分与大地绝缘（或经人为中性点接地）。

第二个字母表示用电设备外露可导电部分的对地关系：T 表示外露可导电部分直接接地，而与低压系统任何接地点无关；N 表示外露可导电部分与低压系统接地点有直接的电气连接（交流低压系统的接地点通常是中性点。

第二个字母后面的字母则表明中性线与保护线的组合情况：S 表示整个系统的中性线与保护线是分开的；C 表示整个系统的中性线与保护线是共用的，即 PEN 线；C-S-系统中有一部分中性线与保护线是共用的。

1. TN 系统

TN 系统的电源中性点直接接地，并引出有 N 线，属三相四线制系统。系统上各种电气设备的所有外露可导电部分（正常运行时不带电），必须通过保护线与低压配电系统的中性点相连。当其设备发生单相接地故障时，就形成单相接地短路，其过电流保护装置动作。按中性点与保护线的组合情况，TN 系统分以下三种形式：

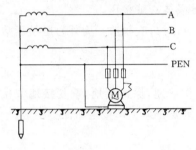

图 9-44　TN-C 系统

（1）TN-C 系统。这种系统的 N 线和 PE 线合为一根 PEN 线，所有设备的外露可导电部分均与 PEN 线相连。当三相负荷不平衡或只有单相用电设备时，PEN 线上有电流通过，其系统图如图 9-44 所示。

在该系统中，如一相绝缘损坏、设备外壳带电，则由该相线、外壳、保护中性线形成闭合回路。只要导线截面及开关保护装置选择恰当，能够保证将故障设备脱离电源，保障安全。因而 TN-C 系统通常用于三相负荷比较平衡、而且单相负荷容量比较小的工厂、车间的供配电系统中。在中性点直接接地 1kV 以下的系统中均采用保护接零。

（2）TN-S 系统。这种系统的 N 线和 PE 线是分开的，所有设备的外露可导电部分均与公共 PE 线相连，在正常情况下，保护线 PE 上没有电流，故设备外壳不带电。其系统图如图 9-45 所示。

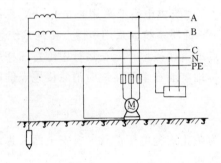

图 9-45　TN-S 系统

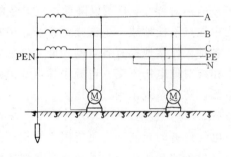

图 9-46　TN-C-S 系统

这种系统的优点在于公共 PE 线在正常情况下没有电流通过，因此不会对接于 PE 线上的其它设备产生电磁干扰，但这种系统消耗的材料多，增加了投资，因此，这种系统多用于环境条件较差、对安全可靠性要求较高及设备对电磁干扰要求较严的场合。

（3）TN-C-S 系统。在这种保护系统中，中性线与保护线有一部分是共同的，局部采用专设的保护线，其系统图如图 9-46 所示。

这种系统兼有 TN-C 和 TN-S 系统的特点，常用于配电系统末端环境条件较差或有数据处理等设备的场所。

2. TT 系统

TT 系统的中性点直接接地，而电气设备外露可导电部分（金属外壳）通过与系统接地点（此接地点通常指中性点）无关的接地体直接接地。其系统图如图 9-47 所示。

如果设备的外露可导电部分未接地，则当设备发生一相接地故障时，外露可导电部分就要带上危险的相电压。接地后其短路电流为：

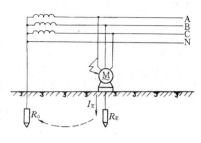

图 9-47　TT 系统

$$I_E = \frac{U_\phi}{R_0 + R_E + R} \qquad (9\text{-}74)$$

在低压中性点直接接地系统中，通常考虑变压器低压侧中性点的接地电阻 R_0 为 4Ω，电气设备的接地电阻 R_E 也为 4Ω。而接地相的导线电阻 R 可略去不计，故在 380/220V 系统中，由碰壳接地所形成的单相接地短路电流 $I_E = \frac{220}{4+4} = 27.5\text{A}$。如果电气设备容量较大，其额定电流也就较大，则 27.5A 的单相故障电流通常不足以使故障设备的过电流保护装置动作，切除故障设备。结果会使电气设备外壳上的对地电压 $U_B = I_E R_E = \frac{R_E U_E}{R_0 + R_E}$ (V)，如果这个电压超过允许的安全接触电压 65V，则人体若触及设备外壳时就不安全。为了保证 U_E 在安全电压以下，只要限制 R_E 的大小就能保证 U_E 在安全电压范围内。

若欲使 $U_E \leqslant 50\text{V}$，则 $\frac{R_E U_\phi}{R_0 + R_E} \leqslant 50$，简化后，$R_E \leqslant \frac{50 R_0}{U_\phi - 50}$，将 $U_\phi = 220\text{V}$，$R_0 = 4\Omega$ 代入计算，$R_E \leqslant 1.17\Omega$。

同时，变压器低压侧中性点的对地电压为 $U_0 = 220 - 50 = 170\text{V}$，如有人碰触与中性点连接的导线是危险的。要想把接地电阻做到 1.17Ω 是昂贵的，技术上也不合理。因此，为保障人身安全，这种系统应考虑装设灵敏的触电保护装置。

TT 系统由于所有设备的外露可导电部分都是经各自的 PE 线分别直接接地的，各自的 PE 线间无电磁联系，因此也适于对数据处理、精密检测装置等供电；同时，TT 系统又与 TN 系统一样属三相四线制系统，接用相电压的单相设备也很方便，如果装设灵敏的触电保护装置，也能保证人身安全，因而这种系统在国外应用较广泛，而在我国则通常采用接保护中性线保护，很少采用 TT 系统。但用长远的眼光看，这种系统在我国也有推广应用的前景。

3. IT 系统

在 IT 系统中，系统的中性点不接地或经阻抗接地，正常运行时不带电的外露可导电部分如电气设备的金属外壳必须单独接地、成组接地，或集中接地，传统称为保护接地。其系统图如图 9-48 所示。

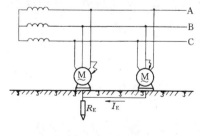

图 9-48　IT 系统

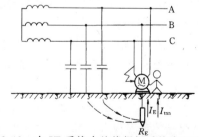

图 9-49　在 IT 系统中绝缘损坏时故障电流的通路

这种系统的设备如发生单相接地故障时，其外露可导电部分将呈现对地电压，并经设备外露可导电部分的接地装置（如采取中性点经阻抗接地时而形成单相接地故障电流。如果电网中性点不接地时，则此故障电流安全为电容电流。如图 9-49 所示。

IT 系统属小电流接地系统，该系统的一个突出优点就在于当发生单相接地故障时，其三相电压仍维持不变，三相用电设备仍可暂时继续运行，但同时另两相的对地电压将由相电压升高到线电压，并当另一相再发生单相接地故障时，将发展为两相接地短路，导致供电中断，因而该系统要装设绝缘监测装置或单相接地保护装置。

IT 系统的另一个优点是其所有设备的外露可导电部分，与 TT 系统一样，都是经各自的 PE 线分别直接接地，各台设备的 PE 线间无电磁联系，因此也适用于对数据处理、精密检测装置等供电。IT 系统在我国矿山、冶金等行业应用相对较多，在建筑供电中应用较少。

（三）重复接地

在 TN 系统中，为提高安全程度应当采用重复接地，以 TN-C 系统为例，如图 9-50 所示，在没有重复接地的情况下，在 PE 或 PEN 线发生断线并有设备发生一相接地故障时，接在断线后面的所有设备的外露可导电部分都将呈现接近于相电压的对地电压，即 $U_E=U_\varphi$，这是很危险的。如果进行了重复接地，如图 9-51 所示，则在发生同样故障时，断线后面的 PE 线或 PEN 线的对地电压 $U'_E=I_E \cdot R'_E$。假设电源中性点接地电阻 R_E 与重复接地电阻 R'_E 相等，则断线后面一段 PE 线或 PEN 线的对地电压 $U'_E=U_\varphi/2$，其危险程度大大降低。当然实际上由于 $R'_E > R_E$，故 $U'_E > U_\varphi/2$，对人还是有危险的，因此，PE 线或 PEN 线的断线故障应尽量避免。施工时，一定要保证 PE 线和 PEN 线的安装质量。运行中也要特别注意对 PE 线和 PEN 线状况的检视，根据同样的理由，PE 线和 PEN 线上一般不允许装设开关或熔断器。

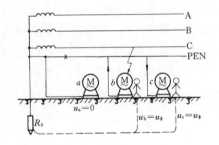
图 9-50　无重复接地时中性线断线时的情况

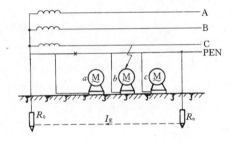
图 9-51　有重复接地时中性线断裂的情况

下列地方应进行必要的重复接地：

1. 在架空线的干线和分支线的终端及沿线每一公里处，如终端前一处接地不超过 50m，则不需重复接地。

2. 电缆或架空线在引入车间或大型建筑物处。

三、民用建筑低压配电系统接地故障保护

民用建筑低压配电系统中接地故障通常包括相线与大地、相线与 PE 线或 PEN 线以及相线与设备的外露可导电部分之间的短路等。

接地故障的危害很大，在有的场合，接地故障电流很大，必须迅速切断电路，以保证线路的短路热稳定性，否则将会因过电流引起火灾和爆炸，带来严重后果。在有的场合，接地故障电流较小，但故障设备的外露可导电部分又可能呈现危险的对地电压，如不及时切除故障或提供报警信号，就有可能发生人身触电事故，因此对接地故障必须引起足够的重视，切实采取接地故障的保护措施。

（一）民用建筑低压供电系统接地故障保护的要求

民用建筑低压供电系统接地故障保护的装设，应与配电系统的接地型式和故障回路的阻抗值相适应。当发生接地故障时，除了应满足短路热稳定度的要求外，还应迅速切断故障电路，或者迅速发出报警信号以便及时排除故障，防止发生人身触电伤亡和火灾爆炸事故。

从确保人身安全的角度考虑，接地故障保护装置的动作电流 $I_{\mathrm{op(E)}}$ 应保证故障设备外露可导电部分的对地电压 $U_{\mathrm{E}} \leqslant 50\mathrm{V}$，这 50V 是我国规定的一般正常环境条件下允许持续接触的安全电压，如设备外露可导电部分的接地电阻为 R_{E}（单位为 Ω），则接地故障保护的动作电流（单位为 A）应为：

$$I_{\mathrm{op(E)}} \leqslant U_{\mathrm{E}}/R_{\mathrm{E}} = 50\mathrm{V}/R_{\mathrm{E}} \tag{9-75}$$

对于三相四线制系统（包括 TN 系统和 TT 系统）来说，式（9-75）适用于切断故障电路的接地故障保护装置如低压熔断器、低压断路器及专用的触电保护器（漏电断路器）。其动作时间的要求为：

（1）对只接有固定设备的公共 PE 线和 PEN 线，其保护装置动作时间 $t_{\mathrm{op(E)}} \leqslant 5\mathrm{s}$；

（2）对接有手握设备和移动设备的公共 PE 线和 PEN 线，为确保人身安全，其保护装置动作时间 $t_{\mathrm{op(E)}} \leqslant 0.4\mathrm{s}$。

对三相三线制系统（TT 系统），式（9-75）只适用于发出声光信号的单相接地保护装置。这种系统在另一相又发生接地故障时，应切断故障电路，其接地故障保护装置如低压熔断器、低压断路器及专用的漏电断路器的动作电流（单位为 A）应为

$$I_{\mathrm{op(E)}} \leqslant \sqrt{3}\, U_{\mathrm{E.N}}/2\,|Z_{\varphi-\mathrm{PE}}| \tag{9-76}$$

式中　$U_{\mathrm{E.N}}$——线路对地的额定电压（相电压）（V）；

$|Z_{\varphi-\mathrm{PE}}|$——包括相线和 PE 线在内的故障回路阻抗（Ω）。

上式是考虑到使保护装置动作的故障电流实际上是两相接地短路电流，作用的电压为线电压，即 $\sqrt{3}\, U_{\mathrm{E.N}}$，而故障回路是两个不同相的线路，因此，故障回路总阻抗，应为一个故障线路阻抗 $|Z_{\varphi-\mathrm{PE}}|$ 的 2 倍。而保护动作时间规定，为 $t_{\mathrm{op(E)}} \leqslant 0.4\mathrm{s}$。

（二）漏电保护器及应用

漏电保护器有漏电开关和漏电断路器，根据不同要求装设于民用建筑供电系统中防止接地故障造成危害。

1. 漏电开关

漏电开关分带过载和短路保护和不带过载、只带短路保护两种。为尽量缩小停电范围，可采用分段保护方案。将额定漏电动作电流大于几百毫安至几安培的漏电开关装在电源变压器低压侧，主要对线路和电气设备进行保护。将漏电动作电流大于几十毫安至几百毫安的漏电开关装在分支电路上，保护人体间接触电及防止漏电引起火灾。在线路末端的用电设备处和容易发生触电的场所装设额定漏电动作电流 30mA 及以下的漏电开关，对直接触碰带电导体的人体进行保护。

漏电开关多用在有家用电器（电冰箱、洗衣机、电风扇、电熨斗、电饭锅等）的线路

中。并用于带有金属外壳的手持式电动工具、露天作业用易受雨淋、潮湿等影响的移动用电设备（如工地使用的搅拌机、水泵、潜水泵、电动锤、传送带及农村加工农村产品的用电设备，脱粒机等）的线路中。以及在易燃易爆场所的电气设备和照明线路中。

漏电开关按工作原理分电压动作型、电流动作型、电压电流动作型、交流脉冲型和直流动作型等。因为电流动作型的检测特性好、用途广，可用于全系统的总保护，又可用于各干线、支路的分支保护，因而目前得到了较广泛的应用。

2. 漏电断路器

漏电断路器又称漏电保护器或触电保护器。按工作原理分为电压动作型和电流动作型两种，但通用的为电流动作型。电流动作型的漏电保护器主要由主开关、零序电流传感器、放大鉴幅电子电路和脱扣装置等构成。零序电流传感器可安装在变压器中性点与接地极之间，组成全系统保护，也可装设在干线或分支线上，组成干线或分支支路保护，其保护原理图如图 9-52 所示。

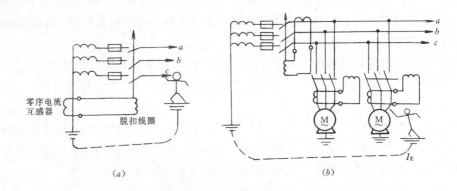

图 9-52　电流动作型漏电保护器工作原理图

(a) 全网总保护；(b) 支干线保护

(1) 全网总保护　图 9-52 (a) 表示全网总保护时的接线。故障电流 I_E 经大地通过变压器接地极返回变压器中性点。使零序电流传感器一次侧有激磁电流通过，在环型铁芯中产生磁通，该磁通在二次线圈上产生对应于一次电流大小的感应电压信号。电压信号经处理、放大、鉴幅，当达到规定值时使脱扣线圈跳闸，从而断开主开关切断故障。

(2) 支干线保护　干线或分支回路保护时的接线如图 9-52 (b) 所示，在正常工作情况下，主电路各相电流的相量和等于零，即：

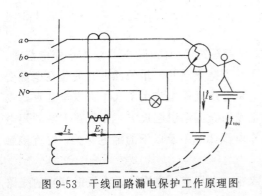

图 9-53　干线回路漏电保护工作原理图

$$\dot{I}_a + \dot{I}_b + \dot{I}_c + \dot{I}_0 = 0 \qquad (9\text{-}77)$$

因此零序电流互感器的次级线圈没有信号输出。但当有漏电或发生触电时，三相电流的相量和不等于零，即：

$$\dot{I}_a + \dot{I}_b + \dot{I}_c + \dot{I}_0 \neq 0 \qquad (9\text{-}78)$$

这时，零序电流互感器的次级线圈就有信号输出，并使漏电保护器的脱扣线圈动作，断开主开关，迅速切断电源，如图 9-53 所示。

从漏电故障发生时零序电流传感器检测到漏电电流到主开关切断电源，全过程约需100ms，可有效起到触电保护人身安全作用。

采用电流动作型漏电保护器，可以按不同对象分片、分级保护，故障跳闸时只切断与故障有关部分，正常线路不受影响，从而实现选择性切除故障支路。

有关漏电开关和漏电继电器的技术性能、类型、选用方法、各种型式接地系统中使用时的正确接线、安装时的注意事项和处理方法均可参考有关手册和产品说明书。

第五节　接地电阻计算及其测量

一、接地装置的装设

（一）对地电压、接触电压、跨步电压

1. 对地电压

电气设备从接地外壳及接地体到 20m 以外的零电位之间的电位差称为接地时的对地电压。表示接地体及其周围各点的对地电压的曲线称为对地电压曲线。单根接地体有电流流过时的电位分布图如图 9-54 所示。接地电阻越小，则对地电压越小。

2. 接触电压

在接地回路里，人体同时触及具有不同电压的两点，加在人体两点之间的电压差称为接触电压 u_{tou}，如图 9-54 所示。当人站在地上手触碰远离接地体 20m 以上的带电设备外壳时，如略去接地线的电阻，则手足间承受的接触电压最大，其值为漏电设备对地电压与人所站立的地面电压之差，近似为接地体的对地电压。

3. 跨步电压

跨步电压是指人的双脚站在具有不同电位的地面上时，在人的两脚间所承受的电位差。显然跨步电压与跨步大小有关。

计算跨步电压时，人的跨距一般取 0.8m。由图 9-54 可见距接地体越近，跨步电压越大，离开接地体 20m 以外时，跨步电压为零。

（二）接地电阻及其要求

1. 接地电阻

接地电阻是接地体的散流电阻与接地线和接地体电阻的总和。工频接地电流流经接地装置所呈现的接地电阻称为工频接地电阻；雷电流流经接地装置所呈现的接地电阻称为冲击接地电阻。接地电阻的大小主要取决于接地装置的结构和土壤的导电能力，故其主要与土壤电阻、接地线、接地体等因素有关。

（1）土壤电阻　土壤电阻的大小用土壤电阻率来衡量。土壤电阻率就是 1cm³ 的正立方体土壤的电阻值。

影响土壤电阻率的因素很多，如土壤的含水量、温度、化学成份等。而土壤的含水量和温度均受季节的影响，故土壤电

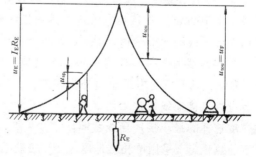

图 9-54　对地电压 u_E、接触电压 u_{tou}、跨步电压 u_{sp} 示意图

阻率很不稳定，因此在设计接地装置前应进行测定，为使实测的数值能反应最恶劣条件下的最大土壤电阻率，应将实测的数值 ρ_0 乘上如表 9-6 所示的修正系数。即

$$\rho = \rho_0 \psi \tag{9-79}$$

根据土壤性质决定的换算系数　　　　　　　　　　　　　　表 9-6

土壤性质	深度/m	含水量最大 ψ_1	中等含水量 ψ_2	干燥、测前降雨不大 ψ_3
粘　　土	0.5～0.3	3	2	1.5
粘　　土	0.8～3	2	1.5	1.4
陶　　土	～2	2.4	1.36	1.2
砂砾盖以陶土	～2	1.8	1.2	1.1
园　　田	～2	—	1.32	1.2
黄　　沙	～2	2.4	1.56	1.2
杂以黄沙的沙砾	～2	1.5	1.3	1.2
泥　　炭	～2	1.4	1.1	1.0
石 灰 石	～2	2.5	1.51	1.2

设计时，如无实测数值也可参考表 9-6 作为初步估算，但建成后必须进行实测校验。

为使接地电阻达到所要求的数值，可采取以下措施：

1）外引接地法。即将接地装置埋设在附近土壤电阻率较低的地方，但连接线不宜过长，连接的地干线最少两根。

2）深埋接地体法。即将接地体埋于地下深处较潮湿、地下层 ρ 较小的地方。

3）化学处理法。即在接地体周围土壤中加入食盐、木炭屑、炉灰等。但这种方法宜少用，因为充填物质不但易于流失而且腐蚀接地体和接地引下线。

4）换土法。即在埋设接地装置的周围用电阻率低的粘土、黑土替换电阻率高的土壤。

5）扩大接地网的占地面积。

（2）接地线　为节约金属、减少投资，可利用能满足要求的自然导体作接地线，而不必再装设人工接地线，在建筑施工中可用作自然接地线的有建筑物的金属结构、金属管道、配电装置外壳、电缆外皮及没有可燃和爆炸危险的工业管道等。

采用自然接地线时一定要保证可靠的电气连接。在建筑物金属结构的接合处，除以焊牢部分外，对于用螺栓等连接的必须采用跨接焊接。作接地干线用的其跨接线采用扁钢，截面不得小于 $100mm^2$，作接地支线用的其跨接线所用扁钢截面不得小于 $48mm^2$，对于暗敷管道和用来接零线的明敷管道，其接合处的跨接线可用直径不小于 6mm 的圆钢。利用电缆金属外皮作接地线时，一般应有两根，否则应与电缆平行敷设一根直径为 8mm 圆钢或 $4\times12mm$ 扁钢，其两端与电缆金属外皮相连作为辅助接地线。

装设人工接地线通常采用型钢，较少考虑用有色金属，并要保证接地线的金属强度。按机械强度选择的最小接地导线截面如表 9-7 所示。对中性点接地系统的接地线应校验短路情况下的热稳定（采用单相接地电流 $I_K^{(1)}$ 校验），对中性点不接地的小电流接地系统，按地上部分 150℃、地下部分 100℃ 来考虑接地线，选择接地时按下式进行换算以检验其是否超过容许值。

$$I_t = I_N \sqrt{\frac{t_t - t_0}{t_N - t_0}} \tag{9-80}$$

式中　t_t——接地线的规定允许温度；

　　　t_0——周围介质温度；

　　　t_N——导体的额定温度；

　　　I_N——按额定温度 70℃ 考虑时查出的接地线额定电流；

　　　I_t——温度按 150℃ 考虑时，该接地线的接地电流允许值（A）。

按机械强度选择的最小接地导线截面　　　　　　　　　表 9-7

导体类别	钢			铜导线	铝导线
	在建筑物内	在户外装置	在地下	mm²	mm²
圆　　　钢	$\phi5$	$\phi6$	$\phi6$	—	—
扁　　　钢	8×3	12×4	12×4	—	—
角　　　钢	边厚 3mm	边厚 2.5mm	边厚 4mm	—	—
钢　　　管	壁厚 2.5mm	壁厚 2.5mm	壁厚 3.5mm	—	—
露天敷设之裸导体				4	4
绝缘导体				1.5	2.5
电缆接地芯线或具有公共保护包皮的多芯导线的接地芯线				1	1.5

此外，设计时也可根据运行经验简单估算，如对系统的接地干线其载流量不小于相线允许值的 50%，由分支线供电的单独用电设备，接地支线应不低于相线容许载流量的 1/3，但接地线截面一般不超过：钢为 100mm²，铜为 25mm²，铝为 35mm²。因到了这样的强度均能满足机械强度和热稳定的要求。

敷设在腐蚀性较强场所的接地线应适当加大截面或采取防腐措施。

接地线电阻通常较小，与接地体散流电阻相比通常可略去不计。

（3）接地体电阻　接地体本身的电阻也很小，与散流电阻相比，可以忽略不计。但接地电阻的数值主要取决于接地体选择的好坏。

2. 对接地电阻的要求

对于 TT 系统和 IT 系统中电气设备外露可导电部分的保护接地电阻 R_E，应满足在接地电流 I_E 通过 R_E 时产生的对地电压 $U_E \leqslant 50V$（安全电压值）。如果漏电继电器的动作电流 $I_{op(E)}$ 取为 30mA，即可知 $R_E \leqslant 50V/0.03A = 1667\Omega$。这一接地电阻值很大，是容易满足要求的。但为确保安全，在不同的情况下电力系统对接地电阻的要求不一样。电力系统不同接地装置所要求的接地电阻见表 9-8 所示。

（三）接地体装设

1. 一般要求

在接地体设计时，应首先充分利用自然接地体，以节约投资，节省钢材。如果实地测量所利用的自然接地体电阻已能满足要求，而且这些自然接地体又能满足热稳定条件时，就不必再装设人工接地体。

部分电力装置要求的工作接地电阻值　　　　　　　表 9-8

序号	电力装置名称	接地的电力装置特点	接地电阻
1	1kV 以上大电流接地系统	仅用于该系统的接地装置	$R_g \leqslant \dfrac{2000}{I_k^{(1)}}\Omega$ 当 $I_k^{(1)} > 4000A$ 时 $R_g \leqslant 0.5\Omega$
2	1kV 以上小电流接地系统	仅用于该系统的接地装置	$R_g \leqslant \dfrac{250}{I_g}\Omega$ 且 $R_g \leqslant 10\Omega$
3		与 1kV 以下系统共用的接地装置	$R_E \leqslant \dfrac{120}{I_g}\Omega$ 且 $R_g \leqslant 10\Omega$
4	1kV 以下系统	与总容量在 100kVA 以上的发电机或变压器相连的接地装置	$R_g \leqslant 4\Omega$
5		上述（序号4）装置的重复接地	$R_g \leqslant 10\Omega$
6		与总容量在 100kVA 及以下的发电机或变压器相连的接地装置	$R_g \leqslant 10\Omega$
7		上述（序号6）装置的重复接地	$R_g \leqslant 30\Omega$
8	建筑物防雷装置	第一类防雷建筑物（防感应雷）	$R_{sh} \leqslant 10\Omega$
9		第一类防雷建筑物（防直击雷及雷电波侵入）	$R_{sh} \leqslant 10\Omega$
10		第二类防雷建筑物（防直击雷感应雷及雷电波侵入共用）	$R_{sh} \leqslant 10\Omega$
11		第三类防雷建筑物（防直击雷）	$R_{sh} \leqslant 30\Omega$
12			
13	供电系统防雷装置	保护变电所的独立避雷针	$R_E \leqslant 10\Omega$
14		杆上避雷器或保护间隙（在电气上与旋转电机无联系者）	$R_E \leqslant 10\Omega$
15		同上（但与旋转电机有电气联系者）	$R_E \leqslant 5\Omega$

注：R_g—工频接地电阻；R_{sh}—冲击接地电阻；$I_k^{(1)}$—流经接地装置的单相短路电流，单位为 A。

电气设备的人工接地装置的布置，应使接地装地附近的电位分布尽可能地均匀，以降低接触电压和跨步电压，保证人身安全。如接触电压和跨步电压超过规定值时，应采取措施。

2. 自然接地体的利用

自然接地体主要有：地下水管道、非可燃、非爆炸性液、气金属管道；行车的钢轨；敷设于地下而数量不少于两根的电缆金属外皮；建筑物的钢结构和钢筋混凝土基础的钢筋等。利用自然接地体时，一定要保证良好的电气连接，在建筑物钢结构的接合处，除已焊接者外，凡用螺栓连接或其它连接的，都要采用跨接焊接，而且跨接线尺寸不得小于规定值。

3. 人工接地体的装设

(1)单根人工接地体的装设。人工接地体有垂直埋设和水平埋设两种基本结构型式，如图 9-55 所示。

最常用的垂直接地体为直径50mm、长2.5m的钢管。如果采用直径小于50mm的钢管，则由于钢管的机械强度较小，易弯曲，不适于采用机械方法打入土中，直径大于50mm，散流电阻降低作用不大，例如增加到φ125mm，比φ50mm时散流电阻仅减少15%，而钢材却贵了很多，不经济。长度小于2.5m，散流电阻增加很多，长度大于2.5m，散流电阻减小不明显。实践证明采用垂直装设长2.5m，直径50mm的管形接地体最为经济合理。此外，还可垂直埋设角钢、水平埋设扁钢和圆钢等。

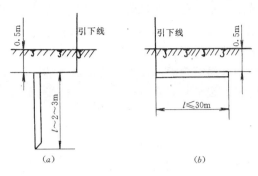

图 9-55 人工接地体

(a) 垂直埋设的棒形接地体；(b) 水平埋设的带形接地体

为了减少外界温度、湿度变化对散流电阻的影响，管的顶部距地面一般要求不小于500～700mm。

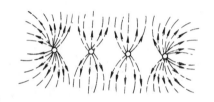

图 9-56 接地体通过电流时的屏蔽作用

(2) 多根接地体的装设。在建筑供电系统中，单根接地体接地电阻有时不能满足要求，常将多根垂直接地体排列成行并以钢带并联起来，构成组合式接地装置。当多根接地体相互靠拢时，由于相互间磁场影响，入地电流的流散受到排挤，其电流分布如图9-56所示。这种影响入地电流流散的作用，称为屏蔽效应。由于这种屏蔽效应，使得接地装置的利用率下降，所以垂直接地体的间距一般不宜小于接地体长度的2倍，水平接地体的间距一般不宜小于5m。

(3) 环路接地体及接地网的装设。由上所述，采用单根接地体，电位分布很不均匀，人体仍不免受到触电威胁，当单根接地体干线断线，则接地装置不起作用。采用多根并列接地体由于屏蔽作用也存在着一定的缺陷，因而在建筑供电系统特别是工厂接地体中广泛采用环路接地体，其布置如图9-57所示。

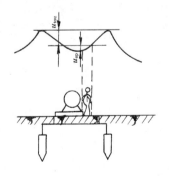
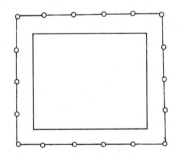

图 9-57 环路接地体及其电位

环路接地体沿墙壁外侧每隔一定距离埋设接地的钢管（如厂房特别宽大，中间还加装互相平行的均压带，一般距离为4～5m），并用扁钢把钢管联接成一个整体。环路接地体的电位分布比较均匀,在环路网路内设备发生碰壳接地时,尽管设备对地电压仍很高,但由于接地网络内环路接地体电位分布比较均匀,可使接触电压和跨步电压大大减少。从而使触电危险得以减轻。为使环路接地体电位分布更均匀,常将许多自然接地体,如自来水管、建筑物的金属结构等同接地网络联成一体。但流有可燃性气体、可燃或可爆液体的管道严禁作为接地装置。

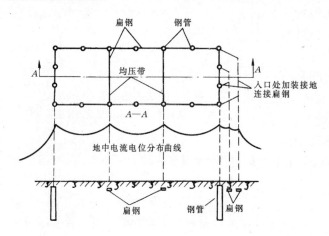

图 9-58 加装均压带以使电位分布均匀

由图 7-57 可见,接地环路外侧对地电压曲线还较陡,为尽量使地面的电位分布均匀,减小接触电压和跨步电压,特别在进行保护接地的变电所为使人安全进出变电所门口,可在地下埋设深帽檐或均压带,也可在外侧埋设一些各自独立的扁钢并连于地网。人工接地网外缘应闭合,外缘各角应作成圆弧型。35~110/6~10kV 变电所敷设水平均压带的接地网如图 9-58 所示。

为了减小建筑物的接触电压,接地体与建筑物的基础间应保持不小于 1.5m 的水平距离,一般取 2~3m。变电所进出口路面应铺设砂石或沥青路面以保证安全。

4. 防雷装置的接地要求

避雷针宜装设独立的接地装置,而且避雷针及其接地装置,与被保护的建筑物和配电装置及其接地装置之间应按设计规范规定保持足够的安全距离,以免雷击时发生反击闪络事故。

为了降低跨步电压,防护直击雷的接地装置距离建筑物出入口及人行道,不应小于 3m。当小于 3m 时应采取下列措施:

(1) 水平接地体局部深埋不小于 1m;

(2) 水平接地体局部包以绝缘体,例如涂厚 50~80mm 的沥青层;

(3) 采用沥青碎石路面,或在接地装置上面敷设厚 50~80mm 的沥青层,其宽度超过接地装置 2m。

二、接地装置计算

(一) 人工接地体工频接地电阻的计算

不同类型的接地体的接地电阻各不相同,其相应计算公式可查阅有关的设计手册。对几种特定的人工接地体工频接地电阻可按如下公式计算:

1. 单根垂直管型接地体的接地电阻 (Ω)

$$R_{E(1)} \approx \rho / l \tag{9-81}$$

式中 ρ——土壤电阻率 ($\Omega \cdot m$);

l——接地体长度 (m)。

2. 多根垂直管型接地体的接地电阻 (Ω)

n 根垂直接地体并联时，由于接地体间屏蔽效应的影响，使得总的接地电阻 $R_E < R_{E(1)}/n$。实际总的接地电阻（Ω）：

$$R_{Eg} = \frac{R_{E(1)}}{n \cdot \eta_E} \tag{9-82}$$

式中　η_E——接地体的利用系数，垂直管型接地体的利用系数如表 9-9 所示，利用管间距离 a 与管长 l 之比及管数 n 去查；由于该表所列 η 未计连接扁钢的影响，所以实际的利用系数比表列数值略高。

垂直管形接地体的利用系数值　　　　　　　　　　　　　　　表 9-9

管间距离与管子长度之比 a/l	管子根数 n	利用系数 η	管间距离与管子长度之比 a/l	管子根数 n	利用系数 η
1		0.84~0.87	1		0.67~0.72
2	2	0.90~0.92	2	5	0.79~0.83
3		0.93~0.95	3		0.85~0.88
1		0.76~0.80	1		0.56~0.62
2	3	0.85~0.88	2	10	0.72~0.77
3		0.90~0.92	3		0.79~0.83

注：敷设成一排时（未计入连接扁钢的影响）

3. 单根水平带形接地体的接地电阻（Ω）

$$R_{E(1)} \approx 2\rho/l \tag{9-83}$$

式中　ρ——土壤电阻率（Ω·m）；

　　　l——接地体长度（m）。

4. n 根放射形水平接地带（$n \leqslant 12$，每根长度 $l \approx 60$m）的接地电阻（Ω）：

$$R_E \approx 0.062\rho/(n + 1.2) \tag{9-84}$$

式中　ρ——土壤电阻率（Ω·m）。

5. 环形接地带的接地电阻（Ω）：

$$R_E \approx 0.6\rho/\sqrt{A} \tag{9-85}$$

式中　ρ——土壤电阻率（Ω·m）；

　　　A——环形接地带所包围的面积（m²）。

6. 考虑水平接地体时组合接地体的总接地电阻

组合接地体是用水平接地体（扁钢）连接的，考虑到扁钢与接地体间也有屏蔽作用，设扁钢的利用系数为 η_b，扁钢长度为 l，则其电阻为：

$$R_{Eb} = \frac{R'_{Eb}}{\eta_b} \tag{9-86}$$

式中　R_{Eb}——长度为 L 的扁钢考虑利用数时的电阻值（Ω）；

　　　R'_{Eb}——长度为 l 的扁钢，未考虑利用系数前的电阻值（Ω）；

　　　η_b——水平接地体（扁钢）的利用系数。

由垂直接地体及水平接地体所组成的组合式接地体总的人工接地电阻 R_{EM} 为

$$R_{EM} = \frac{R_{Eg} \cdot R_{Eb}}{R_{Eg} + R_{Eb}} \tag{9-87}$$

由此得：

$$R_{Eg} = \frac{R_{EM} \cdot R_{Eb}}{R_{Eb} - R_{EM}} \tag{9-88}$$

一般以垂直接地体为主的组合式接地装置，在计算时可不单独计算水平接地体的接地电阻，但考虑到它的作用，垂直接地体电阻值可减少 10％ 左右，这样从供电系统对接地电阻的要求值 R_E，直接求出垂直组合接地体的数目 n：

$$n = \frac{0.9 R_{E(1)}}{R_E \cdot \eta_E} \tag{9-89}$$

设计时根据已知条件可查出 R_E 的要求值，只要算出单根接地体接地电阻 $R_{E(1)}$，再查出多根接地体的屏蔽系数 η_E，可初步决定垂直组合接地体的数目 n，简单方便。

如能初步算出自然接地体的散流电阻 $R_{E \cdot Zh}$，又知道接地电阻的要求值 R_E，而自然接地体达不到要求时，必须考虑装设人工接地体，其接地电阻 R_{EM} 可由下式确定：

$$R_{EM} = \frac{R_{E \cdot Zh} \cdot R_E}{R_{E \cdot Zh} - R_E} \tag{9-90}$$

这种计算方法是工程设计中一般所采用的。

（二）自然接地体工频接地电阻的计算

1. 电缆金属外皮及水管等的接地电阻（Ω）

$$R_E \approx 2\rho/l \tag{9-91}$$

式中　ρ——土壤电阻率（Ω·m）；

　　　l——电缆及水管等的埋地长度（m）。

2. 钢筋混凝土基础的接地电阻（Ω）

$$R_E \approx 0.2\rho/\sqrt[3]{V} \tag{9-92}$$

式中　ρ——土壤电阻率（Ω·m）；

　　　V——钢筋混凝土基础的体积（m³）。

（三）冲击接地电阻的计算

冲击接地电阻是指雷电流经接地装置泄放入地时的接地电阻，包括接地线电阻和地中散流电阻。由于强大的雷电流泄放入地时，当地土壤实际上被击穿并产生火花，使散流电阻显著降低。当然，由于雷电流陡度很大，具有高频特性，同时会使接地线的电感增大，但接地线阻抗比起散流电阻来毕竟小得多，因此冲击接地电阻一般是小于工频接地电阻的。接地装置冲击接地电阻与工频接地电阻的换算应按下式确定：

$$R_\sim = AR_i \tag{9-93}$$

式中　$R_\sim$——接地装置各支线的长度取值小于或等于

　　　　　　接地体的有效长度 l_e 或者有支线大于 l_e 而取其等于 l_e 时的工频接地电阻（Ω）；

　　　A——换算系数，其数值宜按图 9-59 确定；

　　　R_i——所要求的接地装置冲击接地电阻（Ω）。

图 9-59 中的 l_e 为接地体有效长度，按下式计算，单位为 m。

$$l_e = 2\sqrt{\rho} \tag{9-94}$$

式中 ρ——土壤电阻率（$\Omega \cdot m$）。

图 9-59 中的 l 为接地体的实际长度，按图 9-60 所示的方法计算。如有多段长度 l_1、l_2……时，则总的实际长度 $l = l_1 + l_2 + \cdots\cdots$

环绕建筑物的环形接地体应按以下方法确定冲击接地电阻：

（1）当环形接地体周长的一半大于或等于接地体的有效长度 l_e 时，引下线的冲击接地电阻应为从与该引下线的连接点起沿两侧接地体各取 l_e 长度算出的工频接地电阻（换算系数 $A=1$）。

（2）当环形接地体周长的一半 l 小于 l_e 时，引下线的冲击接地电阻应为以接地体的实际长度算出工频接地电阻再除以 A 值。

与引下线连接的基础接地体，当其钢筋从与引下线的连接点量起大于 20m 时，其冲击电阻应为以换算系数 $A=1$ 和以该连接点为圆心、20m 为半径的半球体范围内钢筋体的工频接地电阻。

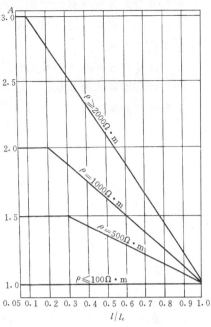

图 9-59　换算系数 A

（四）接地装置的计算程序及示例

接地装置的计算程序如下：

（1）按设计规范要求确定允许的接地电阻值 R_E；

（2）实测或估算可以利用的自然接地体接地电阻 $R_{E \cdot Zh}$；

（3）按式（9-90）计算需要补充的人工接地体接地电阻 R_{EM}。

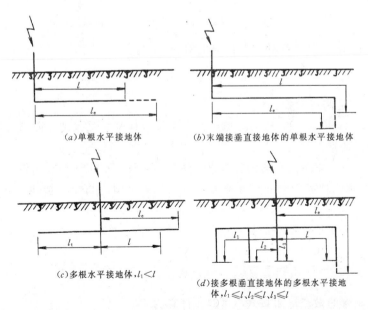

（a）单根水平接地体

（b）末端接垂直接地体的单根水平接地体

（c）多根水平接地体，$l_1 < l$

（d）接多根垂直接地体的多根水平接地体，$l_1 \leqslant l$、$l_2 \leqslant l$、$l_3 \leqslant l$

图 9-60　接地体有效长度的计量

如不计自然接地体接地电阻，则 $R_{EM}=R_E$；

（4）在装设接地体的区域内初步安排接地体的布置，并按一般经验试选，初步确定接地体和连接导线的尺寸；

（5）计算单根接地体的接地电阻 $R_{E(1)}$；

（6）计算接地体的数量。

当考虑水平接地体影响时可按式（9-89）计算，当不考虑水平接地体影响时，按下式计算

$$n = \frac{R_{E(1)}}{\eta_E R_{EM}} \qquad (9-95)$$

（7）检验短路热稳定性。对于大电流接地系统中的接地装置，应进行单相短路热稳定性校验，由于钢线的热稳定系数 $C=70$，因此计算满足单相短路热稳定度的钢接地线的最小允许截面为

$$A_{\min} = I_K^{(1)} \cdot \sqrt{t_K}/70 \qquad (9-96)$$

式中　$I_K^{(1)}$——单相接地短路电流（A）；

　　　t_K——短路电流持续时间（s）。

【例 9-4】　某车间变电所要求接地电阻不大于 4Ω。已知当地土壤为粘土，在中等含水量时测得 $\rho_0=60\Omega \cdot m$。变电所有 50m2in 水管可作自然接地体，试计算接地装置。

【解】　1. 计算最大土壤电阻率。查表 9-6 得其换算系数 $\psi_2=2$；

$$\rho = \rho_0 \psi = 60 \times 2 = 120 (\Omega \cdot m)$$

2. 计算自然接地体的接地电阻

由手册查得 $\rho=100\Omega \cdot m$ 时，每千米 2in 水管的散流电阻为 0.37Ω。50m2in 水管的散流电阻 $R'_{E \cdot Zh}$ 为：

$$R'_{E \cdot Zh} = 0.37 \times \frac{1000}{50} = 7.4 (\Omega)$$

$\rho=120\Omega \cdot m$ 时，水管的实际散流电阻 $R_{E \cdot Zh}$ 为：

$$R_{E \cdot Zh} = 1.12 \times 7.4 = 8.29 (\Omega)$$

式中 1.12 是修正系数。

因 $R_{E \cdot Zh}=8.9\Omega > 4\Omega$，故需考虑敷设人工接地体来满足接地电阻的要求。

3. 接地网的选择

采用 $\phi 50mm \times 2500mm$ 的钢管垂直接地为主，用 $40mm \times 4mm$ 扁钢水平连接的组合式接地装置，管顶距地面 700mm，水平敷设的扁钢离地面 750mm。接地棒环形排列，绕变电所周界敷设。

4. 计算人工接地体所需的接地电阻

$$R_{EM} = \frac{R_E \cdot R_{E \cdot Zh}}{R_{E \cdot Zh} - R_E} = \frac{4 \times 8.29}{8.29 - 4} = 7.73 (\Omega)$$

5. 单根钢管的散流电阻按式（9-81）计算为：

$$R_{E(1)} = \frac{\rho}{l} = \frac{1.2 \times 10^4}{100 \times 2.5} = 48 (\Omega)$$

6. 确定接地棒的根数 n

由 $R_{E(1)}/R_{EM}=48/7.73\approx6.2$

考虑利用系数，初选为 10 根和 $2/l=2$，即管距 $2=2l=2\times2.5=5\mathrm{m}$。

由 $n=10$，$2/l=2$，环形排列，查手册得利用系数 $\eta_E=0.7$。再复核 n

由式（9-95）得：

$$n=\frac{R_{E(1)}}{\eta_E R_{EM}}=\frac{48}{7.73\times0.7}=8.87（根）$$

取为 10 根。

此处，水平接地体的影响未予考虑。

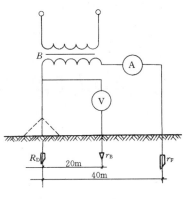

图 9-61　电流表—电压表测量接地电阻

三、接地电阻的测量

接地电阻测量常用的方法有电流表——电压表测量法和专用仪器测量法。

1. 电流表——电压表测量法

用电流表——电压表法测量接地电阻，其原理图如图 9-61 所示。

图中 B 为测量用的变压器，R_D 为被测接地体，r_F 是辅助接地体，r_B 是接地棒，应采用直径为 25mm，长为 0.5m 的镀锌圆钢。用的电压表 Ⓥ 应选用高内阻的，设读数为 U_V；电流表 Ⓐ 的读数为 I_D，则接地电阻 R_D 可近似地认为是 U_V 和 I_D 之比，即 $R_D=U_V/I_D$。

此种方法需要必要的准备工作，测量手续也较麻烦，但是其测量范围广，测量精度高，故仍然被经常采用。尤其测量小接地电阻的接地装置。测量时要注意把 r_B、r_F、R_D 排在一条直线上，也可将三者布置成三角形。

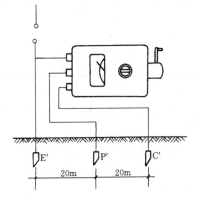

图 9-62　接地摇表测接地电阻

2. 接地电阻测量仪测量法

用接地电阻测量仪测量接地电阻其测量原理图如图 9-62 所示。

接地电阻测量仪又称接地摇表，其工作原理与电工摇表相近。图中 P' 和 C' 分别表示电压和电流探测针，要把它们与接地极排成一条直线。

测量前，首先要将被测的接地体和接地线断开，再将仪表水平摆放，使指针位于中心线的零位上。否则要用"调零螺丝"调节。还要合理选择倍率盘的倍率，使被测接地电阻的阻值等于倍率剩以指示盘的读数。

测量时，转动摇把并逐渐加快，这时仪器指针如果偏转较为缓慢，说明所选倍率适当，否则要加大倍率；在升速过程中随时调整指示盘，使其指针位于中心线的零位上，当摇把转速达到 120r/min，并且指针平稳指零时，则停止转动和调节，这时倍率盘的倍数乘以指示盘的读数就是接地电阻的阻值，例如倍率盘的倍率是"10"，指示盘的读数为 0.3，则接地电阻阻值为 $10\times0.3=3（\Omega）$。

测量接地电阻时，因接地体和辅助接地体周围都有较大的跨步电压，所以在 30～50m 范围内禁止人、畜进入。

第十章　供配电系统的无功功率补偿

第一节　电能节约和无功功率补偿

一、电能节约的意义

现代社会中，电能以其容易输送、分配，易于其他形式的能量相互转换，控制简单等特点而应用十分广泛；它已成为国民经济和人民生活必不可缺少的二次能源。电能作为国民经济发展的重要物质基础，电力工业发展的快慢将影响到其他部门的发展速度。现在随着我国经济的发展，电能的需求量不断增加。比如：工农业方面生产力提高所需增加的电能，新上的许多规模大、耗电多的工业企业所需增加的电力容量，人民文化生活水平不断提高，家用电器日益增多使民用电量逐渐增加等等。一般来说，电力消费增长速度要快于国民经济的增长速度。

但从我国的能源供应状况来看，由于我国能源开发相对不足，电能的供给长期处于缺乏状态，这在一定程度上制约了我国的工业生产中力的有效的发挥。虽然我国已把中源建设作为长远的战略性重点，尤其是确定加速电力工业的发展，但在短期内还难以改变电能供应和需求的矛盾。电能的节约使用在目前显得尤其重要。

另外，以能源的使用来看，提高能源的有效利用率，降低能源的消耗就等于增加了能源的供给。世界上各国都在努力提高能源利用的经济性，节能被称为"第五能源"。我国目前在电能使用中不合理的损耗和浪费还很大，很多企业产品如钢铁、炼油、水泥等单位电耗比发达国家高很多。这与我国企业使用的设备性能差、生产工艺落后、生产管理工作薄弱等等有很大的关系。从降低能耗，促使用电合理化，提高电能使用的经济效益的角度可挖掘的潜力还很大。因此从我国当前的实际情况出发，对于电力在开发和节约并重的同时，现阶段突出节约电中的作用，对近期国民经济的健康发展具有十分重要的意义。

二、电能节约的一般措施

工业企业及民用电力的节约使用，提高电能利用的经济性，从我国国情出发可以从以下几个方面采取措施。

（一）实行电力使用的科学化管理

1. 充分调动广大群众节约电能的积极性

由于节约电能是一项社会性工作，因此必须调动社会各方面的力量，大力宣传节电的意义，为节电献计献策；及时总结交流节约电能的先进技术与经验；对节电的贡献者和电能的浪费者做到有奖有惩。

2. 建立和健全电能的管理机构

电能的节约、计划、安全的使用涉及面很广，同时又有很强的政策性。因此要进行统一全面的管理，建立起一套完整的机构，把用电管理与组织管理，管电与管生产结合起来。例如，在企业内部，根据情况可以相应的在厂级成立专门的用电管理（或能源管理机构）；

车间成立节能领导小组；班组设立兼职的电管员，分级负责。

3. 建立起有效的节电管理制度

节约电能需要科学配套的管理制度作为工作有效开展的保证。基本的节电管理制度一般有：耗电定额管理制度，节电奖励制度，电能计量，仪表管理制度，用电设备管理制度等。其中耗电定额管理制度在工业企业的节电管理制度中占有重要地位。耗电定额是某条件下单位产品或单位工作量的标准的或理论上的电能消耗量，耗电定额管理就是把耗电定额作为基准对实际的用电单耗实行控制，以便其达到经济合理的水平。耗电定额管理制度作为一种科学的管理方法它还可以促使企业生产技术及管理水平的提高。

4. 实行计划用电

在我国电力供应紧张的形势下，实行计划用电，对缓解电力供需矛盾举足轻重，它是保证我国经济发展必须坚持的长期方针。

计划用电就是按照国民经济发展的需要，以国家对电力统一分配的具体政策和规定为依据，组织国民经济各行业，各部门对发电，供电和用电实行综合平衡，统一管理，分配指标，节约使用，发挥电力资源最大经济效益。

对电力用户而言，实行计划用电就是认真执行电网下达的用电指标，制订具体的行动方案与工作计划，做好内部电能的分配工作，采取必要的限电、节电措施确保指标的完成。用户内部供电系统所涉及的各单位、部门、车间、班组各级都要根据上级下达的用电指标制订计划用电、节约用电行动计划，在执行过程中要加强管理严格考核。

5. 实行负荷调整

由于电能不能大量的储存，发电、供电和用电是同时进行的。这就要求电力的生产与使用要保持瞬时的平衡，即系统瞬间生产的电力必须等于瞬间消耗的电力，如不能保持一致将会使电网的频率发生变化而影响系统的稳定性运行。从电力用户的角度来说就是用电负荷增加电厂的出力要求相应的增加，用电负荷减小，电厂的出力也要求相应减少。但是从实际来看，如果各用户最大负荷集中时间出现，势必产生一个用电负荷的高峰，系统就必须发出足够的电力与之相平衡。这对目前系统有限的发电能力而言有很大的压力；同时，用电高峰过去之后系统还得减少发电机出力。当各用户用电负荷大量减少时，会形成一个用电的低谷期，系统中的发电机除减小出力之外还要停掉部分机组与之相适应，这将导致发电、供电设备使用效率的降低。因此为保证电网安全可靠、经济合理地运行，必须进行负荷调整。

负荷调整包括两个方面：一是调整系统中各电厂在不同时间的出力，以适应电力用户在不同时间的负荷要求，一般称为调峰；二是调整用户的用电时间，使系统在不同时间的电力需求与发电出力相一致，这称为调荷。因工矿企业的用电在系统中所占比重大，所以调整负荷主要针对工矿企业而进行。调整负荷包括：每天负荷的调整，调整的办法有错开上下班时间、错开就餐时间、调整企业内部负荷、增加夜班班次等；周负荷的调整，有把不同行业的休息日在一周内错开的办法等等；年负荷的调整，则可以根据企业会在冬季造成用电高峰的特点，安排一些企业在夏秋两季进行生产，组织已完成任务的企业在冬季进行设备大修，停产让电，以减小冬季负荷高峰等。

实行负荷调整压低了负荷高峰，填补了负荷的低谷，使得负荷平稳。一方面提高了发电供电设备的利用率，降低了发电成本；一方面使用户可以合理使用电气设备，提高负荷率，减少设备投资，减少损耗节约电费支出。

（二）降低供配电系统电能传输过程中的损耗

电能在输送和分配过程中，通过导线和变压器等设备时，会产生功率及电能损耗。通常把线路的损耗占输入电能（或功率）的百分比叫做线路损失率，简称线损率。线损率的大小受到线路的长度、线路中使用设备的规格、型号和数量及线路中通过负荷大小等等因素的影响。它是电网中衡量输送分配电能效率的一项重要的技术经济指标，降低线损是节约电能的一项重要措施。通常降低线损率，从技术角度可从两个大方面考虑：

1. 降低输电线路的损耗，主要方法有：

（1）提高电网运行的电压水平。在同一使用要求下升高电压，输送电流将会相应减小，如电压升高一倍，需要的电流会减小到原来的 $1/2$，电路中的功率损耗 $\Delta P = 3I^2r = \dfrac{Q^2 + P^2}{U^2} r$ 可减为原来的 $1/4$。因此根据实际情况升高运行的电压水平可降低线路的电力及电能损耗；

（2）提高系统的功率因数。减少电源送出的无功，可以降低线路的电能损耗。这是节约电能的重要手段；

（3）合理选择供电位置。将变、配电所及配电变压器尽量靠近负荷中心，减少线路的迂回，以较短的距离向大的用电负荷供电，可降低配电系统的电能损耗；

（4）合理选择导线截面。在条件允许下可以选择偏大一些的截面以减少线路损耗。对长距离的，接近于最大容量下运行的线路尤其要注意这一点；

（5）合理的确定线路的运行方式。如采用双回路并联工作，将开环的配电网变为闭环的配电网运行等。使负荷电流合理经济的分担，达到总损耗最小的目的。

2. 减少变压器的损耗，一般方法有：

（1）通过系统正确的设计，合理地选择设备和装置的电压，以减小系统中变压器的数量从而达到降低变压器损耗的目的。

（2）灵活的调整负荷和系统的运行方式，让变压器工作在经济的运行状态。低负荷时，空载的变压器应退出运行，并列运行的变压器在条件允许下可切除一台。对负荷率长期偏低的变压器则考虑以小换大。

（3）逐步淘汰损耗大的变压器，采用新型低损耗的变压器。例如采用新型的冷轧硅钢片的 SL_7 系列铝成变压器或 S_7 系列铜成变压器与旧型号热轧硅钢片的变压器相比，由于变压器损耗低，会产生比较明显的节能效果。

（4）加强变压器运行维护工作，努力提高检修质量。

让设备保持在最佳状态运行也是节电工作内容之一。在变压器正常运行时，当班人员应认真执行巡检制度，监视变压器的电流和温度是否在允许范围内，检查变压器有无渗漏油，油色、油位是否正常等等。变压器出现故障应即时修理，带病运行一方面影响供电安全，一方面将可能增加变损。变压器的维护修理，尤其是大修中要保证检修质量，防止因质量不过关而造成变压器损耗增加。

（三）采用技术手段挖掘生产环节，市政生活领域的节电潜力

可以采用的技术途径通常有：

1. 改造原有的设备

作为电解消耗者的用电设备在不影响使用性能的前提下，进行改造以提高工作效率减少损耗，是节约电解的重要手段。例如：对交直流电焊机进行改进，加上空载自停装置，在焊接停止、电焊机进入空载状态时，经一段短暂的延时后切断电焊机，可以节约大量的空载损耗电能。又如：建筑物中使用的通风空调系统，因系统中使用风扇的叶片转速，在空气密度、风扇尺寸及风量分配系统一定的条件下其变化与所需的功率之间是三次方的关系，即：

$$P_2 = \left(\frac{n_2}{n_1}\right)^3 \cdot P_1 \tag{10-1}$$

式中　P_1——为风扇原有的功率；

　　　P_2——为风扇从转速 n_1 变到 n_2 时所需的功率。

所以通过减少通风量（如 5%）就可收到明显的节电效果（14%）。用这种方法节约电能可采取重新选取电动机功率，改变皮带轮或使用变速电动机等来达到目的。

2. 采用新技术，选用新材料、新设备

科学的不断进步，社会对节约能源的要求，致使大量的节能新技术，性能优良的、节能的新设备和新材料不断出现。这些新技术、新设备和新材料在实际中的应用往往会产生明显的节能效果，因此要重视其推广和应用。例如：作为重要动力设备的异步电动机、新型的 Y 系列节能产品要比旧型号 JO_2 电动机效率提高 0.4%，大量替代旧型号产品节电效果显著。又如：新型的节能紧凑型荧光灯，7W 的照度就相当于 40W 白炽灯的照度，它的平均寿命要比白炽灯高出 2 倍，如能普遍推广，节约的电能相当可观。

3. 改进操作方法，改革落后的生产工艺

对某一生产过程来讲，客观上总存在着一个耗电量最小的操作程序，因此实际中不断改进操作是节电的一条有效手段；另外，在产品的生产制造中，生产工艺不仅决定着产品的质量也影响着产品电耗的多少，所以节约电能也要以生产工艺的改革上下手。例如：在变压器的制造工艺中采用冲剪后的退火工艺，能使硅钢片单位重量的耗电减少 6% 左右等等。

4. 提高设备的运行维护检修水平

加强设备的运行维护，让设备在最佳状态下工作，提高设备的检修水平，降低用电损耗，减少机械摩擦损耗，消灭供气、供网、供水、供热等的跑、冒、滴、漏现象能取得很好的节电效果。所以它也是节约电能，合理利用电能的一项重要工作。

5. 综合利用能源

能源的综合利用是提高能源使用效率，节约能源重要手段。例如：在企业利用余热发电，其提高了热能的利用率，也节约了电网对企业的电能输送量。又如：在设计建筑物时，如能充分考虑自然条件（阳光、风、气温等），则可以节约大量的采暖、制冷、通风、照明的电能使用量等。

三、采用无功功率补偿设备提高功率因数

（一）无功补偿的必要性

电力系统中使用的输变电设备及电力用户的用电设备，如电力变压器、电抗器、感应电动机、电焊机、高频炉、日光灯等大部分具有电感的特性。它们按照电磁感应原理工作，在建立交变磁场时需从电力系统中吸收无功功率。但无功功率并不是实际作功的功率，电力系统中的发电设备在其发出的视在功率为一定时，无功功率需求的增加，将会造成发出的有功功率的下降而影响发电机的出力。同时，无功功率在系统的输送中会造成许多不利的影响：（1）无功功率在通过电网时，会引起线路及设备的有功损耗。因此在输送有功功率为一定时，增加无功功率会使总电流增加而引起供电线路及设备的有功功率损耗相应的增加。电网中由于无功功率变化而引起的有功损耗的增加量可以用一个折算系数 K_J，即无功功率经济当量来反映。K_J 可定义为电网中某一点增加或减少一千乏的无功功率而对应从电源到此点的有功损耗变化的数值，单位为 kW/kvar。一般的由发电机直配的电力用户 $K_J=0.02\sim0.04$；经过两级变压的电力用户 $K_J=0.05\sim0.08$；经三级变压功电力用户 $K_J=0.1\sim0.15$。（2）电网的电压损失将会随着无功功率的增加而增加，这给电网电压的调整带来困难。（3）在电网输送有功不变下，无功增加而使总电流增加，会使供电系统中的如变压器、断路器、导线以及测量仪器、仪表等等的一次、二次设备的容量、规格尺寸增大，从而使投资费用增加。

由于无功功率对供电系统有着如上诸多不利的影响，因此降低无功功率的输送量，提高功率因数是系统及用户保证供电质量，保证经济、合理地供电的需要。功率因数的高低是衡量系统供电状况的一项重要的经济指标。目前，我国供电部门按功率因数的高低征收电费。规定 $\cos\varphi$ 在 $0.85\sim0.90$ 为不奖不罚界限，当 $\cos\varphi$ 大于 $0.85\sim0.90$ 时给予奖励，小于 $0.85\sim0.90$ 则要罚款，在 $\cos\varphi$ 很低时供电部门要停止供电。

（二）提高自然功率因数

提高功率因数首先应考虑不增加额外投资的方法，也就是在不添置任何补偿设备的前提下，通过适当的措施减少无功功率需求量而达到提高功率因数的目的。这被称为是提高自然功率因数。根据调查统计显视，在无功功率总消耗中，感应电动机和变压器要占到80%左右，余下则消耗在输电线路及其他感应设备中。因此提高自然功率因数可以通过合理选择感应电动机，使用中限制感应电动机的空载运行，用小容量电动机代替负荷不足的大容量电动机，对负荷不足的电动机用降低外加电压的方法，在生产工艺条件允许下使绕线式异步电动机同步化运行或用同步电动机代替异步电动机；以最佳负荷率选择变压器并依据其在运行中进行调整等等方法达到目的。

（三）设置无功补偿装置

供电部门对用户功率因数的要求，单单依靠提高自然功率因数的办法通常不能满足要求，必须要用人工补偿装置才行。为提高因数而设置的并联补偿装置一般有同步调相机和静电电容器。

同步调相机是一种专门的同步电动机，可以通过对其励磁电流的调节来达到补偿系统无功的目的。同步调相机输出的无功为无级调节方式，调节的范围相对较大（以额定容性无功为基准单位"1"），调节范围在 $1\sim-0.5$ 之间。并且同步调相机在端电压下降10%以内，无功输出不变；当端电压下降10%以上，无功输出与电压成正比下降时，可有强行励磁的手段增加无功输出。但同步调相机单位 kvar 的造价高，而且每发出 1kvar 的无功功率其有功功率损耗高（有功损耗百分率为 $0.5\%\sim3\%$），基建安装要求高，不易扩建，运行、维护、检修也比较复杂。所以一般宜用于电力系统内枢纽变电所及地区总降变电所。

并联的静电电容器是一种专门用于提高电力系统及负荷的功率因数以及调整电压的电力电容器。并联电力电容器安装简单、容易扩建，运行维护检修工作量小，输出单位无功的有功损耗小（有功损耗百分率小于 0.3%），因此广泛应用于工厂企业及民用供配电系统。并联电力电容器的规格品种很多，其按安装方式分为户内式和户外式，按相数分为单相和三相式，按额定电压分为高压和低压电容器等。

人工补偿装置的补偿容易可按下式计算：

$$Q_c = P_{av}(\text{tg}\varphi_1 - \text{tg}\varphi_2) = P_{av}\Delta q_c \tag{10-2}$$

式中　P_{av}——平均负荷（kW）；

　　　$\text{tg}\varphi_1$——补偿前自然功率因数 $\cos\varphi_1$ 对应的正切值；

　　　$\text{tg}\varphi_2$——补偿后功率因数 $\cos\varphi_2$ 对应的正切值；

　　　Δq_c——补偿率（kvar/kW），见表 10-1。

补　偿　率（kvar/kW）　　　　　　　　表 10-1

$\cos\varphi_1$ \ $\cos\varphi_2$	0.80	0.82	0.84	0.86	0.88	0.90	0.92	0.94	0.96	0.98	1.00
0.50	0.98	1.04	1.09	1.14	1.20	1.25	1.31	1.37	1.44	1.52	1.73
0.52	0.89	0.94	1.00	1.05	1.11	1.16	1.22	1.28	1.35	1.44	1.64
0.54	0.81	0.86	0.91	0.97	1.02	1.08	1.14	1.20	1.27	1.36	1.56
0.56	0.73	0.78	0.83	0.89	0.94	1.00	1.05	1.12	1.19	1.28	1.43
0.58	0.66	0.71	0.76	0.81	0.87	0.92	0.98	1.04	1.11	1.20	1.41
0.60	0.58	0.64	0.69	0.74	0.80	0.85	0.91	0.97	1.04	1.13	1.33
0.62	0.52	0.57	0.62	0.67	0.73	0.78	0.84	0.90	0.97	1.06	1.27
0.64	0.45	0.50	0.56	0.64	0.67	0.72	0.78	0.84	0.91	1.00	1.20
0.66	0.39	0.44	0.49	0.55	0.60	0.66	0.71	0.78	0.85	0.94	1.14
0.68	0.33	0.38	0.43	0.48	0.54	0.60	0.65	0.72	0.79	0.88	1.08
0.70	0.27	0.32	0.38	0.43	0.49	0.54	0.60	0.66	0.73	0.82	1.02
0.72	0.21	0.27	0.32	0.37	0.43	0.48	0.54	0.60	0.67	0.76	0.97
0.74	0.16	0.21	0.26	0.31	0.37	0.43	0.48	0.55	0.62	0.71	0.91
0.76	0.10	0.16	0.21	0.26	0.32	0.37	0.43	0.50	0.56	0.65	0.86
0.78	0.05	0.11	0.16	0.21	0.27	0.32	0.38	0.44	0.51	0.60	0.80
0.80	—	0.05	0.10	0.16	0.21	0.27	0.33	0.39	0.46	0.55	0.75
0.82	—	—	0.05	0.10	0.16	0.22	0.27	0.33	0.40	0.49	0.70
0.84	—	—	—	0.05	0.11	0.16	0.22	0.28	0.35	0.44	0.65
0.86	—	—	—	—	0.06	0.11	0.17	0.23	0.30	0.39	0.59
0.88	—	—	—	—	—	0.06	0.11	0.17	0.25	0.33	0.54
0.9	—	—	—	—	—	—	0.06	0.12	0.19	0.28	0.48

式 (10-2) 中的平均负荷 P_{av} 也可用计算负荷 P_c 乘以负荷系数 α 代替，则得：

$$Q_c = \alpha P_c(\text{tg}\varphi_1 - \text{tg}\varphi_2) \tag{10-3}$$

式中　α——负荷系数，取 0.7～0.8。

另外，由于同步调相机及弹电电容器只适用于一段时间内无功负荷变动的次数不多，变化的速率不快的场合，属于静态的补偿。对于无功变动的次数每小时能达到几十次，变化的幅值较大，变动速率≤1s，这样的"无功冲击负荷"则要采用静止型无功补偿装置。其主要由电抗器、电容器及交流电子开关组成。它可以通过调节自身的感性或电容电流，快速补偿变化的无功功率。因此静止无功补偿装置适用于对工业大型电弧炉、冷热连轧机、电气化铁道等剧烈变动的无功负荷进行动态补偿。

第二节　电力电容器的设置

一、电力电容器的装设位置

实际中广泛应用的补偿无功的并联电力电容器，其装设的位置因不同的补偿方式而不同。电力电容器的补偿方式通常分为三种：个别补偿、分组补偿和集中补偿。个别补偿就是将电力电容器装设在需要补偿的电气设备附近，使用中与电气设备同时运行和退出，如图 10-1 所示。

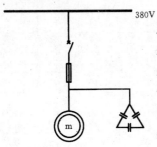

图 10-1　电容器
个别补偿示意

个别补偿处于供电的末端负荷处，它可补偿安装地点前面所有高、低压输电线路及变压器的无功功率，能最大限度地减少系统的无功输送量，使得整个线路和变压器的有功损耗减少，及导线的截面、变压器的容量、开关设备等的规格尺寸降低，它有最好的补偿效果。其缺点是：（1）普遍采用时总体投资费用大。（2）由于设置地点分散，不便于统一管理。（3）其处于工作现场附近易受到周围不良环境的影响。（4）因设备退出运行时也同时切除电容器，所以利用率低。个别补偿适合于长期平稳运行的，无功需求量大的设备设置。

对感应电动机进行个别补偿时，为避免发生过补偿，其补偿容量大小一般应以空载时电动机的功率因数补偿至 1 所需的无功为准，以便当电动机带负荷时，仍可取得滞后的功率因数角。电动机补偿电容的最大容量见表 10-2。

个别补偿电动机电容器的最大容量　　　　　　　　　　　表 10-2

电动机额定功率（kW）＼电动机转速（r/min）	500	600	750	1000	1500	3000
7.5	7.0	5.0	4.5	3.5	3.0	2.5
11	9.0	7.5	6.5	4.5	3.0	3.5
15	11.5	8.5	7.5	6.0	4.0	5.0
18.5	14.5	10.0	8.5	6.5	5.0	6.0
22	15.5	12.5	10.0	8.5	7.0	7.0
30	18.5	15.0	12.5	10.0	8.5	8.5
37	23.0	18.0	15.0	12.5	11.0	11.0
45	26.0	22.0	18.0	15.0	13.0	13.0
55	33.5	27.0	22.0	18.0	17.0	17.0
75	38.0	33.0	29.0	25.0	22.0	21.5
90	45.0	40.0	33.0	29.0	26.0	25.0
110	52.5	45.0	36.0	33.0	32.5	32.5

分组补偿,即对用电设备组,每组采用电容器进行补偿。其利用率比个别补偿大,所以电容器总容量也比个别补偿小,投资比个别补偿小。但其对从补偿点到用电设备这段配电线路上的无功是不能进行补偿的。分组补偿如图 10-2。

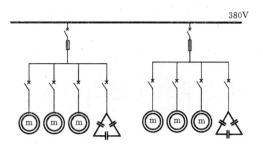

图 10-2　分组补偿示意

集中补偿的电力电容器通常设置在变、配电所的高、低压母线上。如图 10-3。将集中补偿的电力电容器设置在用户总降变电所的高压母线上,这种方式投资少,便于集中管理;同时能补偿用户高压侧的无功以满足供电部门对用户功率因数的要求。但其对母线后的内部线路没有无功补偿。

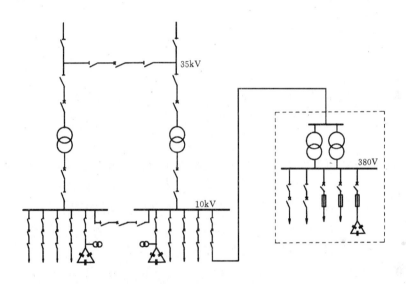

图 10-3　集中补偿示意

电力电容器设置在低压母线上能补偿母线前面变压器,高压配电线路及系统的无功。

各种补偿形式的补偿效率可用图 10-4 表示。

工厂及民用供配电系统中电力电容器常采用高、低压混合补偿形式,以互相补充,发挥各补偿方式的特点。在配电网中由于补偿点的分散性,因此对电力电容器及补偿容量有一个合理分配的问题。如图 10-5 所示,在放射式配电网中 $R_1 \sim R_n$ 为各条放射线路的计算电阻,$Q_1 \sim Q_n$ 为补偿前线路上的无功负荷,$Q_{c1} \sim Q_{cn}$ 为各线路无功补偿的容量。补偿后各线路所需无功为 $Q'_1 \sim Q'_n$,并且有:

$$\begin{cases} Q'_1 = Q_1 - Q_{c1} \\ Q'_2 = Q_2 - Q_{c2} \\ \vdots \\ Q'_n = Q_n - Q_{cn} \end{cases} \tag{10-4}$$

现在设补偿前无功总需求为:

$$Q_\Sigma = Q_1 + Q_2 + \cdots + Q_n = \sum_{i=1}^{n} Q_i \tag{10-5}$$

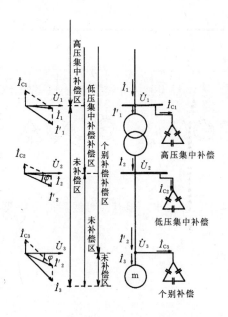

图 10-4 各补偿形式补偿效果

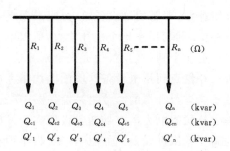

图 10-5 放射式配电网络
无功补偿分布示意图

总无功补偿容量：

$$Q_{c\Sigma} = Q_{c1} + Q_{c2} + \cdots + Q_{cn} = \sum_{i=1}^{n} Q_{ci}$$

(10-6)

此放射式网络总的等值电阻为：

$$R_{eq} = \cfrac{1}{\cfrac{1}{R_1} + \cfrac{1}{R_2} + \cdots + \cfrac{1}{R_n}} = 1 \Big/ \sum_{i=1}^{n} \frac{1}{R_i}$$

(10-7)

当我们按照有功功率损耗最小的条件来确定无功补偿容量在网络中的分配时，可得到下列式子：

$$Q'_1 \cdot R_1 = Q'_2 \cdot R_2 = \cdots = (Q_\Sigma - Q_{c\Sigma}) \cdot R_{eq}$$

即： $$(Q_1 - Q_{c1}) \cdot R_1 = (Q_2 - Q_{c2}) \cdot R_2 = \cdots = (Q_\Sigma - Q_{c\Sigma}) \cdot R_{eq}$$ (10-8)

则各条线路上分配的最合理的无功补偿容量为：

$$Q_{ci} = Q_i - \frac{(Q_\Sigma - Q_{c\Sigma}) \cdot R_{eq}}{R_i}$$

(10-9)

式中 $i = 1$、2、3…n。

如配电网络为树干式结构，同样可以按照功率损耗最小的原则定出各线路的无功补偿分配值。如图 10-6 这样一个单树干式网络，干线上各段电阻为 R_{g1}、R_{g2}……R_{gn}。补偿容量的分配由电源侧逐步向后进行。分支点 1 处可看成有两条支路：支路 R_1 和从分支点 1 往后树干网络的等效支路 R_{eq1}。R_{eq1} 为分支点 1 后网络的等效支路的等值电阻。其补偿前无功需求为：

$$Q_{eq1} = Q_\Sigma - Q_1 \qquad (10\text{-}10)$$

无功补偿量为：

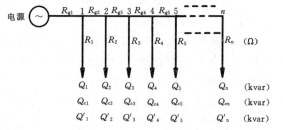

图 10-6 树干式配电网络无功
补偿分布示意图

$$Q_{ceq1} = Q_{c\Sigma} - Q_{c1}$$

(10-11)

电损耗最小的原则可得：

$$(Q_1 - Q_{c1}) \cdot R_1 = (Q_{eq1} - Q_{ceq1}) \cdot R_{eq1} \tag{10-12}$$

即：

$$(Q_1 - Q_{c1}) \cdot R_1 = \left[(Q_\Sigma - Q_1) - (Q_{c\Sigma} - Q_{c1}) \right] \cdot R_{eq1}$$

$$Q_{c1} = \frac{Q_1 R_1 - \left[Q_\Sigma - Q_{c\Sigma} - Q_1 \right] \cdot R_{eq1}}{R_1 + R_{eq \cdot 1}} \tag{10-13}$$

上述结果可推广到第 i 条支路无功补偿容量的确定：

$$Q_{ci} = \frac{Q_i R_i \left[(Q_\Sigma - Q_{\Sigma i}) - (Q_c - Q_{c\Sigma i}) \right] \cdot R_{eqi}}{R_i + R_{eqi}} \tag{10-14}$$

式中　Q_{ci}——第 i 条支路无功补偿容量（kVar）；

$\quad\quad Q_i$——第 i 条支路补偿前无功功率（kVar）；

$\quad\quad R_i$——第 i 条支路的计算电阻（Ω）；

$\quad\quad R_{eqi}$——分支点 i 之后网络的等值电阻（Ω）。

$Q_{\Sigma i} = \sum\limits_{j=1}^{i} Q_j$，为包括第 i 条支路在内前面各支路补偿前无功功率总和（kvar）。

$Q_{c\Sigma i} = \sum\limits_{k=1}^{i-1} Q_{ck}$，为分支点 i 之前各支路无功补偿量之和（kvar）。

二、电力电容器的接线、保护、控制

（一）电力电容器的接线

并联电力电容组的基本接线分为星形和三角形两种。除外还有从星形和三角形派生出的双星形和双三角形接线，如图 10-7 所示。

通常电力电容器组接成三角形为多。采用三角形接线时各相电容器承受电网额定电压，三相容抗的不平衡不会影响各相电容器组的工作电压。它可以补偿不平衡负荷，在任一相电容器断线时仍可补偿三相线路。它可构成 $3n$ 次谐波通路，有利于消除系统 $3n$ 次谐波。但在采用三角形接法，当一相电容器全击穿时，将形成两相短路故障，短路电流很大可能会造成故障电容器爆裂扩大事故。因此对高压、电容量较大的电容器组宜采用星形接法，以在一相电容器全击穿时有较小的故障电流。高压电容器组的典型接线见图 10-8。整个高压电容器装置通常由补偿电容器、串联电抗器、放电线圈（或电压互感器），断路器、隔离开关，熔断器，电流互感器、继电保护等组成。串联电抗器主要为限制电容器组投入系统产生的涌流而设置。放电线圈除承担电容器组放电任务外，其 2 次线圈一般还兼作测量与保护用。当无专门放电线圈时，可用满足要求的电压互感器代替。

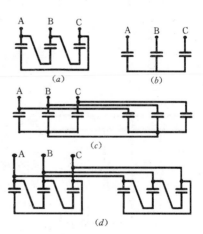

图 10-7　电力电容器接线类型

（a）三角形；（b）星形；（c）双星形；（d）双三角形

低压电力电容器多为三相式的并且电容器内部已连接成三角形，带内部熔丝。典型接线如图 10-9。图中的白炽灯作为放电电阻使用。从延长灯泡寿命，减少功耗角度采用两个灯泡串联后接成星形。

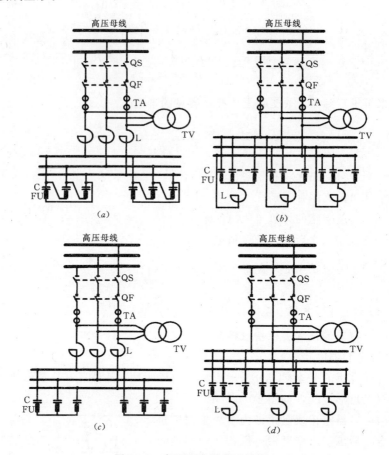

图 10-8　高压电容器典型接线

（二）电力电容器的保护

从电力电容器的保护装置类型看，可分为熔断器保护和继电保护。

熔断器通常作为单台或一组中的几台电容器的保护。当整个电容器的容量较小时，也可用熔断器替代继电保护装置而作为主要保护使用。采用熔断器保护电容器时，熔体的额定电流的选择要躲过电容器合闸时的冲击电流，其可按下式计算：

$$I_{\text{FU·N}} = K \cdot I_{\text{C·N}} \qquad (10\text{-}15)$$

式中　K——可靠系数。对限流式熔断器为单台保护时取 1.5～2.5，为一组保护时取 1.3～1.8；

$I_{\text{C·N}}$——为电容器的额定电流。

电容器的继电保护装置见第七章第四节。

（三）电容器的控制

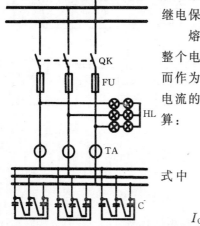

图 10-9　低压电容器典型接线

电力电容器的控制可采用手动投切控制和自动控制。

手动投切电容器组简单、经济,它最适合于无需频繁操作、长期投入运行的电容器组。

由于供电系统中的负荷总在不断变化,系统中补偿无功的电容器组从保证供电质量,保证电网运行经济性,必须要根据负荷的情况不继进行投切,防止在负荷低谷期发生部分线路过补偿及电压过高现象。我们把系统中全部电容器组分为两部分,一部分用于补偿系统基本无功功率,其无需经常投切,可采用手动控制。另一部分需根据无功变化的情况进行较频繁的投切控制,这部分电容器组从减少人工操作量,提高控制精确度的角度要采用自动投切装置进行控制。自动投切对高压电容组通常装置装设在断路器工次控制回路中实现用高压断路器进行自动控制;对低压电容器通常装置用接触器进行分组控制。自动投切装置可以根据变电所母线电压的高低进行控制或根据负荷电流大小进行投切或根据每月负荷固定变化进行昼夜时间的定时投切控制或按照无功功率方向的变化进行自动控制等。图 10-10 是常见的低压自动补偿屏的原理图。它的无功自动补偿控制器根据检测负荷的大小及功率因数的高低,通过补偿屏中的各个接触器去控制各组电容器的投切,保持功率因数在合理的水平上。

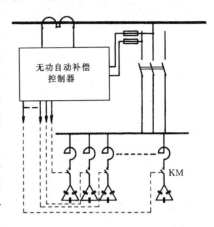

图 10-10 电容器低压自动补偿原理图

对电容器控制方式选用的基本原则是:

(1) 由于自动无功补偿控制投资大,运行维护较复杂,所以能不用的地方或采用效果不大的地方尽量不用自动补偿而采用手动补偿控制。

(2) 由于采用高压电容器自动投切对切换设备要求高,价格贵,而且国内产品质量尚不稳定,因此在高、低压电容器自动补偿效果相同的情况下,宜采用低压自动无功补偿。

第十一章 城网小区规划及施工现场临时用电

第一节 城网小区规划概述

城市小区电力网线路（以下简称城网小区）是城市小区范围的为小区供电的各级电压的送电、配电网的总称。城市小区供电规划是城市规划的一个重要组成部分，应由当地供电部门、城市规划管理部门共同负责，结合城市总体规划和电力系统规划进行。城市小区供电规划必须根据城市小区发展规划相互密切配合，同步实施。小区规划还必须根据小区发展各阶段的负荷预测和电力平衡对电力系统有关部分提出具体的供电需要。供电规划的编制应从实际出发，实事求是地调查分析现有供电状况，根据需要和可能，从改造和加强现有供电情况入手，研究负荷增长规律，做到新建与改造相结合，逐步扩大供电能力，做到远近期结合，技术经济合理。供电规划的建设项目应按城市规划的要求，节约占地，实行综合开发，统一建设。

供电规划所需的基础资料有：动力资料（水利资源、热源资源、电力系统现状及其发展资料等）、自然资料（包括地形、气象、水文、地质、雷电日数等）、以及城市规划资料等。

供电规划文件由说明书和图纸两部分组成，其主要内容有：规划小区（地段）各网建设的具体供电范围，负荷密度和建设高度等控制指标，总平面图布置、工程管线综合规划。

随着城市建设的迅速发展，新建和改建的建筑小区（或建筑群）不断的涌现，其小区的用电量正不断的增长。所以小区供电规划应加以全面重视。

第二节 小区规划的基本要求

一、供电可靠性

依据负荷性质、负荷密度、用电量大小等因素考虑供电可靠性，由于具体情况不同，各小区规划中提出不同时期的具体要求，要逐步提高供电可靠性。

小区供电首先要满足重要用户对供电可靠性要求，对大城网可进一步考虑一个变电所全停电时，通过操作切换能继续向用户供电，不过负荷，不限电；还可考虑市中心区低压配电网，当一台配电变压器或一条主干低压配电线路停电时，能由邻近线路接带全部或大部分负荷。

二、经济效益

供电规划应达到一定的经济效益，经济效益包括供电部门的财务性经济效益，也包括用户的、地区的社会经济效益，其主要内容有：各规划期的综合供电能力，并计算新增每千瓦供电能力所需投资额；充分、合理利用、改造旧设备取得的经济效益；各规划期间网架结构预期达到的供电可靠性水平（如减少用户停电小时数）；城网结构改造后提高电压质量和降低线损的预期效果；城网与系统电力网相互配合取得的经济效益；满足城市建设与环境保护要求而取得的社会经济效益，如促进国民经济发展、加速市政建设、节约用地、城市美化、绿化等。

供电规划设计应对多个方案进行计算，比较各方案的工程投资、运行费。电力工业建设总投资的年回收率（每年实际收益与建设总投资之比）暂定为 0.1，城网供电设施的经济使用年限可定为 20～25 年。

三、远期规划的适应性

远期供电规划中不定因素很多，变化较大，宜以建立与之相适应的具有一定供电能力的规划网架。在电源点和负荷分布的地理位置无大变动时，即使负荷增长速度有变化，通常只影响规划网架建设进度和顺序，可保持网架格局基本不变；城网建设中的线路走向、变电所占地面积和土建设施等应按远期规划的规模一次划定建成，但主要设备如主变压器、线路回数等可以分期建设。

四、规划年限

城网规划年限一般规定为近期（5 年）、中期（10 年）、远期（20 年）三个阶段；近期规划着重解决当前存在的问题，近期规划是年度计划的依据；中期规划应与近期规划相衔接，应着重将网络结构有步骤地过渡到规划网架，并对大型建设项目进行可行性研究，规划期间如发现系统电力网或远期负荷有较大变动时，应对在中期规划中修正；远期规划城网发展的设想，主要应研究规划网架的结构，使规划网架有更好的适应性和经济性，一般每 5 年修订一次。

五、小区规划设计的主要内容

（1）小区网架现状的分析，存在的问题，改造和发展的重点方面；

（2）预测小区各项用电水平，确定全区负荷和负荷密度；

（3）选择供电电源点，进行电力平衡；

（4）进行网络结构设计，方案比较及有关计算（包括可靠性水平、无功电源布置、电压调整方案以及通信、远动自动化的规模等）；

（5）估算投资，材料和主要设备需要量；

（6）确定变电所地点，线路走廊和分期建设步骤；

（7）综合经济效益分析；

（8）绘制小区规划地理位置总平面图，编制规划说明书。

第三节 负 荷 预 测

负荷预测是供电规划设计的基础，应在经常性调查分析的基础上进行预测，应充分研究本地区用电量和负荷的历史发展规律，并适当参考国内外同类城市地区的历史和发展资料，进行校核；负荷预测数字应分近期、中期和远期，近、中期应按年分列，远期可只列规划期末的数字；考虑到预测中的各种不定因素，预测数字也可用高、低两个幅值，幅值范围不宜太大。

一、负荷预测应收集的资料

负荷预测应收集的资料一般应包括以下内容：

（1）城市建设总体规划中有关人口规划、产值规划、城市居民收入和消费水平、市区内各功能区（如工业、商业、住宅、文教、港口码头、风景旅游等区域）的改造和发展规划；

（2）市计划委员会和各大用户的上级主管部门提供的用电发展规划；

（3）系统电力网发电规划的有关部分；

（4）全市及分区统计的历史用电量和负荷，典型日负荷曲线及潮流图；

（5）重点变电所、大户变电所和有代表性的配电所负荷纪录和典型日负荷曲线；

（6）按行业分类统计的历史售电量；

（7）大工业用户的历史用电量、负荷、主要产品产量用电单耗；

（8）计划新增用电的大户名单、用电容量、时间和地点；

（9）现有供电设备或线路过负荷情况，因限电对生产造成的影响等资料；

（10）国家及地方经济建设发展中的重点工程项目及用电发展资料。

二、负荷预测方法

负荷预测有两种基本方法。一种方法是从电量预测转化为负荷；另一种方法是计算市内各区现有负荷密度入手预测，再推算城网的总负荷。两种方法可以互相校核。

市内各分区应根据负荷性质、地理位置和城市功能区等情况进行适当划分，分区面积要照顾到电网结构形式。

电量的预测法很多，通常有：产量单耗法；产值单耗法；用电水平法；按部门分项分析叠加法；大用户调查；年平均增长率法；回归分析法；时间序列预测法；经济指标相关分析法；电力弹性系数法；国际比较法等。

（一）产量单耗法

年用电量用下式计算：

$$W_n = \sum_{i=1}^{n} A_i D_i \times 10^{-4}（万度）\tag{11-1}$$

式中　W_n——年用电量（万度）；

　　　A_i——某种产品的用电单耗，度/实用单位；

　　　D_i——某种产品产量（相同实用单位）。

（二）产值单耗法

年用电量按下式计算

$$W_n = \sum_{i=1}^{n} A_i M_i \times 10^{-4}（万度）\tag{11-2}$$

式中　W_n——年用电量（万度）；

　　　M_i——某种产品或全部产品的产值（不应重复计算产值）（万元）；

　　　A_i——相应产品单位产值电耗（度/万元）。

（三）用电水平法

一般以人口，或建筑面积或功能分区总面积进行计算。当以人口进行计算时，所得的用电水平即相当于人均电耗；如以面积进行计算时，所得的用电水平即相当于负荷密度。

年用电量用下式计算：

$$W_n = S \cdot d (万度) \tag{11-3}$$

式中　W_n——年用电量（万度）；

　　　S——指定计算范围内的人口数或建筑面积（$10^4 m^2$）或土地面积（km）；

　　　d——用电水平指标，下列资料可供参考；

农业区用电水平 $d = 3.5 \sim 28$ 万度 /$(km)^2$；

中小工业区用电水平 $d = 2000 \sim 4000$ 万度 /$(km)^2$；

大工业用电水平 $d = 3500 \sim 5600$ 万度 /$(km)^2$；

人均用电水平 d 如表 11-1 所列。

我国人均用电水平 d（度/人年）及平均增长率 α　　　　　表 11-1

人均用电水平指标	1980 年	$\alpha\%$	1985 年	$\alpha\%$	1990 年	$\alpha\%$	2000 年
市政生活用电	124	4.75	156.4	5.6	205.4	6.2	374.8
人口 100 万以上大城市	235	10	378.5	10	609.5	7.5	1260
一般工业城市	180	6.2	243	9.3	379	4.7	600
全国人均电耗	302	2.48	341	5.84	453	9.15	1087

（四）按部门分项分析叠加法

按规定，各部门统一划为农业、工业、交通运输及市政生活（包括商业服务）四大项，每大项下又分为若干小项：

（1）农业划分为：排灌、井灌、农副产品加工、乡镇工业、生活用电及其他等五小项。如采用产量单耗法进行预测，农村小康水平设想人均用电可达 200～300 度/人年。

（2）工业划分为：黑色金属、有色金属、煤炭、石油、化学、机械、建材、纺织、造纸、食品及其他等共十一项，采用产值单耗法进行预测。

（3）交通运输划分为：港口及电铁两项，按发展及运输量规划，采用吨公里用电单耗法进行预测。

（4）市政生活划分为：上下水道、非工业动力、生活照明、商业及其他等五小项，采用表 11-1 中人均用电水平指标进行预测。

（五）大用户调查法

大用户调查法就是对大用户直接调查出一批具有一定用电水平的代表性大户，逐一进行研究分析，就能预测今后（一般为 10 年）的用电水平和需要电量。一般情况下，大用户都有自己的五年计划、十年计划的发展规划，我们可按其生产计划预测用电量。

各大用户所占用电量比例较大，一般可达 80% 以上，可反映出各行业用电量的增长水平；大用户是重点，抓住重点，经调查研究进行补充修正，可以取得较合实际用电量的预测工作。

（六）年平均增长率法

设 m 为基准年份，n 为预测年限，则 $(m+n)$ 为预测年份。先依据从 $(m-n)$ 年到 m 年的用电量历史资料求出用电量的平均增长率 α。设 Δ 为不同国民经济发展时期对电力工业发展速度的不同要求而提出的修正量，则：

$$\alpha = \sqrt[n]{\frac{W_m}{W_{(m-n)}}} + \Delta - 1$$

预测年份的用电量为:

$$W_{(m+n)} = W_m(1 + \alpha)^n \qquad (11\text{-}4)$$

式中　$W_{(m+n)}$——预测年份用电量;

　　　　α——用电量年增长率;

　　　　Δ——用电修正量;

　　$(m+n)$——预测年份;

　　$(m-n)$——年间用电量历史资料。

（七）回归分析法

根据用电历史资料确定下述回归方程中的参数 c、d,然后预测 T_n 年份的年用电量 W_n:

$$W_n = c + d(T_n - T_0)^2 \qquad (11\text{-}5)$$

式中　　　　T_0——基准年份;

　　　　　　T_n——预测年份;

　　$(T_n - T_0)$——预测年限。

（八）时间序列预测法

一般按时间序列趋势进行预测的数学模型有三种:直线性,即 $y = a + bt$;指数型,即 $y = ab^t$;抛物线型,即 $y = a + bt + ct^2$。如果逐增减量大致相同,即每年以接近相同的增减量变化,那就可以用直线型方程去解;如果每年的增减百分数大致相同,这说明每年以接近的发展速率递减或递增变化,那就可用指数型方程求解;如果每年增减量之间相差的数值大致相同,则用抛物线型方程求解。

根据现象的发展趋势进行预测,其中以最小二乘法趋势线配合的方法其准确性较高。若有一组历史统计数据,画在座标纸上,如果图上出现的点子,其发展趋势接近于一条直线,则数学模型可表达为:

$$y = a + bt \qquad (11\text{-}6)$$

式中　y——预测电量;

　　　t——自变量,如年份;

　a、b——常数。

a、b 常数可用最小二乘法求得:

$$a = \frac{\Sigma y_i - b\Sigma t_i}{n}$$

$$b = \frac{n\Sigma t_i y_i - \Sigma t_i \Sigma y_i}{n\Sigma t_i^2 - (\Sigma t_i)^2}$$

式中　n——所用历史资料时期的期数;

　　　y_i——预测量;

　　　t_i——历史年代（或期数）的序列量。

若有一组历史统计数据，画在坐标纸上，图上出现的点发展趋势接近指数曲线，则数学模型为 $y=ab^{t_j}$，要求出 a、b 两常数之值，可在方程两边配对称，即

$$\log y=\log a+t_i\log b \tag{11-7}$$

这已将指数方程变成直线方程，用最小二乘法求得：

$$\log a=\frac{\Sigma\log y_i-\log b\Sigma t_i}{n}$$

$$\log b=\frac{n\Sigma t_i\times\log y_i-\Sigma t_i\Sigma\log y_i}{n\Sigma t_i^2-(\Sigma t_i)^2}$$

把 $\log a$ 和 $\log b$ 求出后代入式（11-7），将各年年序号代入 t_i 中就可求出预测年的数值。

（九）经济指标相关分析法

将电用量的增长视为人口及其他经济部门发展所带来的结果，因此可采用与各个影响因素有关的年平均增长率相关原理对用电量的发展进行预测，具体用下式求得：

$$W_n=b_0+b_1x_1+b_2x_2+b_3x_3+b_4x_4 \tag{11-8}$$

式中　　W_n——预测年份的用电量；

　　　　b_0——常数项；

x_1、x_2、x_3、x_4——分别表示对电量有影响的工业、农业、商业、人口等的年平均增长率（或实际量）；

b_1、b_2、b_3、b_4——相应的相关系数，如果该因数对用电量增长的影响不是主要的，或者甚微，则最后求出的相关系数值将很小或接近于零。

（十）电力弹性系数法

电力弹性系数是国民经济生产总值（或工农业生产总值）的增长速度与用电量增长速度之间保持一定合理的比值。即

$$电力弹性系数\ E=\frac{总用电量的平均增长率\ \alpha_y}{工农业总产值的平均年增长率\ \alpha_x}$$

设 X 为工农业总产值，Y 为总用电量，n 为预测年限，m 为基准年份，用平均年增长率来表示其发展速度，则得下式：

$$\left.\begin{array}{l}Y_{(m+n)}=Y_m(1+\alpha_y)^n\\X_{(m+n)}=X_m(1+\alpha_x)^n\end{array}\right\} \tag{11-9}$$

E 可以从过去的记录数据中得到，如在 $(m-n)$ 年由与 $(m+n)$ 年内有相近的年增长率，则有：

$$E=\frac{\sqrt[n]{Y_m/Y_{(m-n)}}-1}{\sqrt[n]{X_m/X_{(m-n)}}-1} \tag{11-10}$$

预测几年后的年用电量 $Y_{(m+n)}$ 就可以根据基准年用电量 Y_m 和预测年限内工农业总产值的年增长率 α_x 求出：

$$Y_{(m+n)}=Y_m(1+E\alpha_x)^n \tag{11-11}$$

此式的预测误差在于用的 E 是预测前期的电力弹性系数，它与预测年限内的 E 值不相

同。为减少误差，需用预测时期计划规定的发展速度相对值，按式（11-10）求出的 E 进行修正。

1960～1980 年主要国家的电力弹性系数 E

表 11-2

国 家	中 国	美 国	苏 联	日 本	德 国	英 国
E 值	1.73	1.89	1.30	1.20	1.70	2.40

表 11-2 是世界主要国家的电力弹性系数 E 值。从表中可看到各国的电力弹性系数值均大于 1，说明工业国的电力工业发展速度高于国民经济发展速度，即采取电力工业优先发展的方针。

（十一）国际比较法

国际比较法就是将自己预测的结果，同采用外国预测方法进行预测所得结果进行比较，分析差距及其原因，是有一定的参考价值。

上面介绍的方法（一）到（六）是直观法，是直接的统计方法，其计算误差是随年份而累进，故不宜用于电量的远期预测，而较实用于近期预测。方法（七）、（八）是各国电力工业较普遍应用的方法。（八）到（十）的负荷预测方法，其误差较小，且是一次性的，所以是值得推广的先进方法。方法（十一）是供参考和对照用的。

城市电网最大负荷的预测值可用年供电量的预测值除以年综合最大负荷利用小时数而求得。年供电量的预测值等于年用电量与地区线损电量预测值之和。年综合最大负荷利用小时数，可由平均日负荷率、月不平衡负荷率和季不平衡负荷率三者连乘积再乘 8760 而求得。

负荷密度是按市内分区面积以每平方公里的平均负荷千瓦数表示。适用于城市内分散的用电负荷预测。

负荷预测应按电压等级进行，可使城市电网结构的规划设计更加合理。

第四节　架空配电线路的结构和一些基本要求

在第四章中，对架空线路的结构已作了说明，是由电杆、导线、横担、金具、绝缘子和拉线等组成。这节内容再作一些补充。

一、导线的型号、结构及选用

架空线路所用的导线有铜绞线（TJ）、铝绞线（LJ）和钢芯铝绞线（LGJ）等。截面积在 16mm² 及以上的裸导线用多股线绞制而成。它的优点是可挠性强，便于施工。铜绞线一般制成 7 股、12 股、19 股和 37 股四种，铝绞线一般制 7 股和 19 股两种。

铜是较好的导电材料，具有较好的导电率及较高的机械强度。对于抵抗气候变化及化学作用的性能较强。铜露置于空气中，其表面氧化而变为一层赤红色的一氧化铜或黑色的二氧化铜，对于铜导线起保护作用。它和铁或钢因氧化而腐蚀脱落大小相同。铜因产量较小，应尽量少用。

铝是略逊于铜的导电材料，它的机械强度也较小，架设线路时垂度也较大，因此，铝绞线仅在档距不超过 100～125m 的线路中采用，常在电压不超过 35kV、档距较小的地方电网和工矿电力网中使用。

钢芯铝线（LGJ）是钢和铝绞制而成，其中间部分为钢绞线，用于增强导线的机械强度。它适用于 35～220kV、档距较大的输电线路。

钢导线的导电率较差，但机械强度高。在工程上主要用它作为高压送电线路的架空地线。钢导线的表面必须涂上一层锌，以防止其生锈。

二、电杆的种类和选用

电杆是架空线路的重要组成部分。电杆应具有足够的机械强度，造价要低，使用寿命要长。

（一）电杆按其材质分为木杆、金属杆和水泥杆

木杆的重量轻、施工方便、成本低。但易腐朽、使用年限短（约 5～15 年），而木材是重要的建筑材料，一般不宜多用；金属杆（铁杆、铁塔）较坚固，使用年限长，但消耗钢材多，且易生锈腐蚀，造价和维护费用大，多用于 35kV 以上架空线路；水泥杆（钢筋混凝土杆）使用寿命较长（40～50 年），造价较低，但因笨重，施工费用较高。为节约木材和钢材，水泥杆是目前使用最广泛的一种。

（二）电杆按其在线路中的作用分为六种结构型式

1. 直线杆（中间杆）

位于线路的直线段上，只承受导线的垂直荷重和侧向的风力，不承受沿线路方向的导线拉力。

2. 耐张杆（又叫承力杆）

位于线路直线段上的数根直线杆之间，或位于有特殊要求的地方（如架空导线需要分段架设等处）。这种电杆在断线事故和架线中紧线时，能承受一侧导线的拉力，所以耐张杆的强度（指配钢筋）比直线杆大得多。

3. 转角杆

用于线路改变方向的地方，它的结构应根据转角的大小而定，转角杆可以是直线杆型的，也可以耐张杆型的。如果是直线杆型的，就要在拉线不平衡的反方向一面装设拉线。

4. 终端杆

位于线路的始端与终端，正常情况下，除受导线自重和风力外，还要承受单方向的不平衡拉力。

5. 跨越杆

用于铁路、河流、道路和电力线路等交叉跨越处的两侧。由于它比普通电杆高、承受力较大，故一般要增加人字或十字拉线补强。

6. 分支杆

位于干线与分支线相联接处，在主干线路方向上有直线杆型和耐张杆型两种，在分支方向侧则为耐张杆型，应能承受分支线路导线的全部拉力。

各种杆型在线路中特征及应用示例如图 11-1 所示。

三、绝缘子的选用

绝缘子用来固定导线，并使导线对地绝缘。此外绝缘子还要承受导线的垂直荷重和水平拉力，所以它应有良好的电气绝缘性能和足够的机械强度。

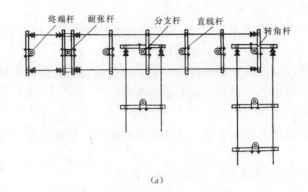

(a)

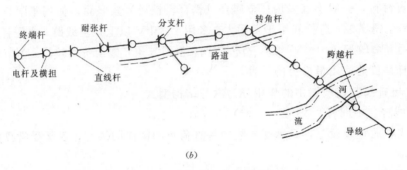

(b)

图 11-1 各种杆型在线路中的应用

(a) 各种电杆的特征；(b) 各种杆型在线路中应用

最常用的有针式（直脚）绝缘子（图 11-2）和悬式绝缘子（图 11-3）两种。前者主要用于低压和 3～10kV 的高压线路上，后者主要用于 35kV 及以上的高压线路上。

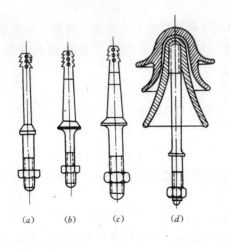

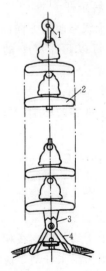

图 11-2　针式（直脚）绝缘子

(a) 普通型直脚；(b) 和 (c) 加强型；

(d) 直脚绝缘子的剖面图

图 11-3　悬式绝缘子

1—悬环；2—盆式绝缘子；

3—鼻套；4—支持线夹

针式绝缘子固定在横担上,横担通过支撑固定在电杆上。横担有木横担和铁横担两种,高压线路上常用的横担形式见图11-4。支撑多用铁制的扁铁或元铁均可。支撑种类见图11-5所示。

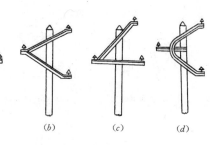

图 11-4　高压线路中常见的横担形式

(a) 丁字形;(b) 叉骨形;(c) 之字形;(d) 弓箭形

四、拉线的种类及选用

架空线路的电杆在架线以后,会发生受力不平衡现象,因此必须用拉线稳固电杆。拉线按用途和结构可分以下几种:普通拉线(又称尽头拉线),用于线路的耐张终端杆、转角杆和分支杆,主要起拉力平衡的作用;转角拉线,用于转角杆,主要起拉力平衡作用;人字拉线(又称两侧拉线),用于基础不坚固和交叉跨越高架杆或较长的耐张段(两根耐张杆之间)中间的直线杆上,主要作用是在狂风暴雨时保持电杆平衡,以免倒杆、断杆;高桩拉线(又称水平拉线),用于跨越道路、渠道和交通要道处,高桩拉线应保持一定的高度,以免妨碍交通;自身拉线(又称弓形拉线),为了防止电杆受力不平衡或防止电杆弯曲,因地形限制不能安装普通拉线时,可采用自身拉线。

拉线的种类如图11-6所示,拉线金具如图11-7所示。

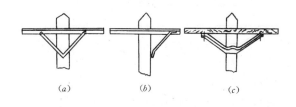

图 11-5　支撑种类

(a) 扁形双撑;(b) 元铁单撑;(c) 三角元宝撑

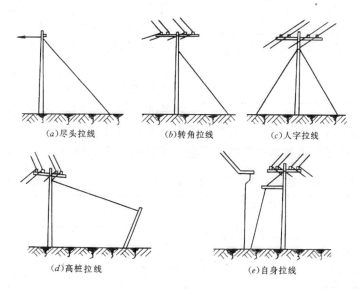

(a)尽头拉线　　(b)转角拉线　　(c)人字拉线

(d)高桩拉线　　　　(e)自身拉线

图 11-6　拉线的种类

五、架空配电线路敷设的一般要求

架空线路应综合考虑运行、施工、交通条件和路径长度等因素;应尽量少占农田;应

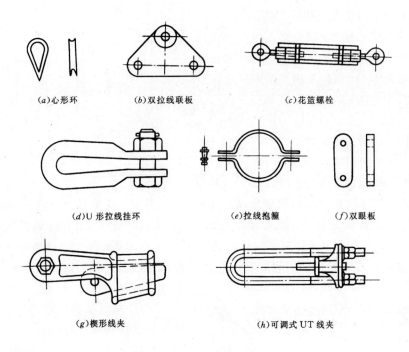

(a)心形环　　　(b)双拉线联板　　　　　(c)花篮螺栓

(d)U 形拉线挂环　　　(e)拉线抱箍　　　(f)双眼板

(g)楔形线夹　　　　　(h)可调式 UT 线夹

图 11-7　拉线金具

尽量减少与其他设施的交叉和跨越建筑物；接近爆炸物、易燃物和可燃气（液）体的厂房、仓库、贮罐等设施时，应符合《爆炸和火灾危险环境电力装置设计规范》（GB50062－92）；在离海岸 5km 以内的沿海地区或工业区，据腐蚀性气体和尘埃产生腐蚀作用的不同，选用不同防腐性能型钢芯钻绞线；架空线路不应采用单股的铝线或铝合金线，高压线路不用单股铜线，架空线路导线截面要保证导线的最小允许截面积。

架空线路的导线与地面的距离，在最大计算弧垂情况下，不应小于表 11-3 所列数据值。

导线与地面的最小距离(m)　　　表 11-3

线路经过地区	线路电压（kV）		
	35	3～10	<3
居民区	7.0	6.5	6.0
非居民区	6.0	5.5	5.0
交通困难地区	5.0	4.5	4.0

架空线路的导线与建筑物之间的距离不应小于表 11-4 所列数值。

架空导线与街道行道树间的距离，不应小于表 11-5 所列数据。

导线与建筑物间的最小距离(m)　　　表 11-4

线路经过地区	线路电压（kV）		
	35	3～10	<3
导线跨越建筑物垂直距离（最大计算弧垂）	4.0	3.0	2.5
边导线与建筑物水平距离（最大计算风偏）	3.0	1.5	1.0

注：架空线路不应跨越屋顶为易燃材料的建筑物，对
　　其它建筑物也应尽量不跨越。

导线与街道行道树间的最小距离(m)　　　表 11-5

线路电压（kV）	35	3～10	<3
最大计算弧垂情况下的垂直距离	3.0	1.5	1.0
最大计算风偏情况下的水平距离	3.5	2.0	1.0

35kV 及以下的架空导线的排列，一般采用三角形排列或水平排列；多回路线路的导线，宜采用三角、水平混合排列或垂直排列；10kV 及以下架空线路的档距应据运行经验确定,如无可靠运行资料时，一般采用表 11-6 所列数值；10kV 及以下架空配电线路的线间距离，不应小于表 11-7 所列数值。

10kV 及以下架空线路档距(m)　　表 11-6

地　区	线路电压（kV）	
	3～10	3 以下
城　区	40～50	40～50
郊　区	50～100	40～60

架空配电线路的最小线间距离(m)　　表 11-7

线路电压	档　距　（m）					
	≤40	50	60	70	80	90
1～10kV	0.6	0.65	0.7	0.75	0.85	0.9
≤1kV	0.3	0.4	0.45	0.5	—	—

注：1. 表中所列数值适用于导线的各种排列方式。

2. 靠近电杆的两根导线间的水平距离，不应小于 0.5m。

第五节　建筑施工现场供配电

建筑施工现场，从广义上说，它相当一个工厂，它的产品是建筑物或构筑物。但是，它与一般工业生产不同：它没有通常意义的厂房，须要"露天"作业；工作条件受地理位置和气候条件影响而千差万别；施工设备，尤其是用电施工设备有相当大的移动性；另一方面，施工现场用电设施多属于临时设施，具有"暂设"的特点。因此，怎样依据施工现场特点搞好建筑施工现场的供配电是本节讨论的目的。

一、建筑施工现场临时用电的施工组织设计

临时用电施工组织设计是施工现场用电管理的第一项技术性原则。规定临时用电设备在 5 台及 5 台以上或设备总容量在 50kW 及 50kW 以上者,应编制临时用电施工组织设计。其主要内容以下：

（一）现场勘探

现场勘探工作包括了解现场地形、地貌和正式工程位置；了解上水、下水管线路径；了解建筑材料堆放的场所；了解生产、生活的暂设建筑物位置；了解各用电设备的装设位置等。

（二）确定电源进线和变电所、配电室、总配电箱、分配电箱等的装设位置及线路走向。

（三）负荷计算

进行负荷计算时，一般宜采用需要系数法。如果施工现场设备有起动时显著影响电压波动的个别大功率用电设备，或该设备运行时造成"高峰负荷"，则可用二项法确定计算负荷。

（四）选择变压器容量、导线截面和电器的类型、规格。

（五）绘制电气平面图、立面图和接线系统图

对于所有临时用电设施的施工组织设计，均绘制电气平面图，对于变（配）电所工程，

还应绘制立面图和接线系统图，作为临时用电工程的唯一依据。

（六）制定安全用电技术措施和电气防火措施

制定安全用电技术措施和电气防火措施应根据施工现场的实际情况。凡是属于易发生触电危险的部位，例如地下工程的用电设备、各类水泵、手持式电动工具和易导电场所的用电设备等均应编制具体的电气安全技术措施。对于电气设备周围易产生电气火灾的因素，例如易燃、易爆物及火源等应编制具体的电气防火措施。

二、建筑施工现场用电量计算

施工现场的用电量的大小是选择电源容量的重要依据。施工现场的用电量是由动力设备用电量和照明用电量两大部分组成。施工现场的用电量一般按下列的需要系数法计算：

$$S = K_1 \frac{\Sigma P_1}{\eta \cos\varphi_1} + K_2 \Sigma S_2 + K_3 \frac{\Sigma P_3}{\cos\varphi_3} + K_4 \frac{\Sigma P_4}{\cos\varphi_4} \tag{11-12}$$

式中
    S——施工现场总用电量（kVA）；

    P_1、ΣP_1——P_1表示动力设备上电动机的额定功率（铭牌上标注的功率）。ΣP_1表示所有动力设备上电动机额定功率之和（kW）；

    ΣP_3——室内照明总功率（kW）；

    ΣP_4——室外照明和电热设备总功率（kW）；

    S_2、ΣS_2——S_2表示电焊机的额定容量。ΣS_2表示所有电焊机额定容量之和（kVA）；

    $\cos\varphi_1$、$\cos\varphi_3$、$\cos\varphi_4$——分别为电动机、室内和室外照明负载的平均功率因数；其中$\cos\varphi_1$与同时使用电动机的数量有关，见表11-8；$\cos\varphi_3$和$\cos\varphi_4$与照明光源的种类有关，当白炽灯占绝大多数时，可按1.0计算；

    η——电动机的平均效率，一般为0.75～0.93；

    K_1、K_2、K_3、K_4——需要系数。考虑各用电设不同时候，有些动力设备和电焊设备也不同时满载。此系数的大小视具体情况而定，表11-8的需要系数供参考。

施工现场用电设备的 $\cos\varphi$ 及需要系数值   表 11-8

用电设备名称	数 量	需要系数 K	功率因数 $\cos\varphi$	备 注
电动机	10 台以下	0.7	0.68	
	11～30 台	0.6	0.65	
	30 台以上	0.5	0.60	
电焊机	10 台以下	0.6	交、直流电焊机分别为 0.45、0.89	
	10 台以上	0.5	交、直流电焊机分别为 0.40、0.87	
室内照明		0.8	1.0	
室外照明和电热设备		1.0	1.0	

使用公式（11-12）计算前两项时，可参考表11-8；计算后两项时，可分别参考表11-9和表11-10。如果照明用电量所占的比重很小，也可不用计算后两项，而只要在动力用量即式（11-12）中的前两项之和之外，再加上10%作为照明的用电量即可。

序　号	用电定额	容量 (W/m²)	序　号	用电定额	容量 (W/m²)
1	混凝土及灰浆搅拌站	5	13	锅炉房	3
2	钢筋室外加工	10	14	仓库及棚仓库	2
3	钢筋室内加工	8	15	办公楼、试验室	6
4	木材加工锯木及细木作	5～7	16	浴室、盥洗室、厕所	3
5	木材加工模板	3	17	理发室	10
6	混凝土预制构件厂	6	18	宿　舍	3
7	金属结构及机电修配	12	19	食堂或俱乐部	5
8	空气压缩机及泵房	7	20	诊疗所	6
9	卫生技术管道加工厂	8	21	托儿所	9
10	设备安装加工厂	8	22	招待所	5
11	发电站及变电所	10	23	学　校	6
12	汽车库或机车库	5	24	其他文化福利	3

室外照明用电参考资料　　　　　　　　　　　　表 11-10

序号	用电名称	容量 (W/m²)	序号	用电名称	容量 (W/m²)
1	人工挖土工程	0.8	7	卸车场	1.0
2	机械挖土工程	1.0	8	设备堆放、砂石、木材、钢筋、半成品堆放	0.8
3	混凝土浇灌工程	1.0	9	车辆行人主要干道	2000W/km
4	砖石工程	1.2	10	车辆行人非主要干道	1000W/km
5	打桩工程	0.6	11	夜间运料（夜间不运料）	0.8 (0.5)
6	安装及铆焊工程	2.0	12	警卫照明	1000W/km

【例 11-1】　某建筑工程施工现场动力用电情况：TQ60/80 塔式起重机一台总功率为 55.5kW（五台电动机）、JJM-3 型卷扬机二台（7.5kW×2），J-400A 型混凝土搅拌机二台（7.5kW×2），HW-20 型蛙式夯土机四台（1.5kW×4），钢筋调直、弯曲切断机各一台（5.5 +3+5.5）kW，MJ106 木工圆锯（5.5kW）一台，交、直流电焊机各一台，BX_3—500—2（38.6kVA），AX_5—500（26kW），试求此施工现场的总用电量。

【解】

1. 根据各施工机械设备的型号，找出各施工机械设备的总功率。

2. 计算所有施工机械设备的总功率和容量。

$$\Sigma P_1 = 55.5 + 7.5 \times 2 + 7.5 \times 2 + 1.5 \times 4 + 5.5 + 3 + 5.5 + 5.5$$
$$= 111(\text{kW})$$

共有电动机 17 台，平均效率 η 可按 0.86 计算，从表 11-8 中可见需要系数 $K_1=0.6$；功率因数 $\cos\varphi_1=0.65$。

所有施工机械设备的总用电量 S_1 为：

$$S_1 = K_1 \frac{\Sigma P_1}{\mu \cos\varphi_1} = 0.6 \frac{111}{0.86 \times 0.65} = 119(\text{kVA})$$

3. 计算电焊设备的总容量

电焊设备的需要系数 K_2 从表 11-8 中查得为 0.6，所以电焊设备的总容量为：

$$K_2 \cdot \Sigma S_2 = 0.6 \times \left(38.6 + \frac{26}{0.89} \right) = 40.7 (\text{kVA})$$

4. 计算室内、外照明设备和电热设备的总容量 S_h

由于题中没给出照明的有关资料，也没有电热设备，所以按前两项之和的 10% 进行估算：

$$S_h = (119 + 40.7) \times 10\% = 16 (\text{kVA})$$

5. 施工现场的总用电量 S 为：

$$S = S_1 + K_2 \Sigma S_2 + S_h = 119 + 40.7 + 16 = 176 (\text{kVA})$$

此 S 数据是选择变压器容量、选择有关供电线路和设备的重要依据。

三、建筑施工现场的临时电源设施

为保证施工现场供电可靠、合理、节能，就要求恰当地选择临时电源，并按规范要求安装与维护。

(一) 施工现场临时用电电源的选择

(1) 利用永久性的供电设施。对于较大工程，临时电源的规划应尽量与永久性供电方案统一考虑，即在全面开工前，首先要完成永久性供电设施，包括送电线路、变电所和配电室等，使能由永久性配电室引接施工临时电源。

(2) 借用就近的供电设施。当施工现场附近的供电设施只能供给一部分电力时，则需自行扩大原有供电设施的容量以弥补其不足。

(3) 当施工现场用电量大，附近的供电设施无力承担时，利用附近的高压电力网，向供电部门申请安装临时变压器。

(4) 施工现场位于边远地区，如市政工程、道路桥梁工程或管线工程等，其施工地点随着工程进展而转移，取得电源较困难，这时应建立临时电站。如柴油发电站、列车发电站、水力或火力发电站等。

(二) 配电变压器电压等级选择

变压器原副边电压的选择与用电量的多少、用电设备的额定电压以及距离高压电力网的远近等有关。

变压器高压侧的电压等级选择原则是：尽量与当地的高压电力网电压一致；用电量在 2000kVA 以下时，输送距离在 15km 以内，以 10kV 为宜；用电量在 2000～10000kVA，输送距离较长 (20～50km)，以 35kV 为宜。

变压器的低压侧的电压等级依用电设备的额定电压而定。

(三) 配电变压器的额定容量选择

施工现场变压器的额定容量一般据施工现场的总用电量选择即可，但考虑到变压器全天运行中有负载变化，变压器的负荷率的取值范围宜在 70%～80%。

四、施工现场与外电线路的安全距离及其防护

在施工现场内的外电高、低压线路，是工程开工前就有的，其具体位置较为复杂，为防止施工人员触电事故，就有一个安全距离与防护的问题。

安全距离主要是依据空气间隙放电特性确定的。在输配电线路中，空气间隙的放电主

要是受静电感应和强电场的影响。通过空气间隙的放电特性试验，按照统计规律得出一个长期最大工作电压和最大过电压（大气过电压、内部过电压）下相对应的不至引起间隙放电的最小空气间隙。安全距离的规定就是以这个最小空气间隙为基础，适当考虑观测误差、环境条件影响因素、安全裕度等确定的。在施工现场中，安全距离问题主要指在建工程（含脚手架具）的外侧边缘与外电架空线路的边线之间最小安全操作距离和施工现场的机动车道与外电架空线路交叉时的最小安全垂直距离，如表 11-11 和表 11-12 所列数值。

在建工程（含脚手架具）的外侧边缘与外电架空线
的边线之间的最小安全操作距离(m)　　　　　　　表 11-11

外电线路电压（kV）	1 以下	1～10	35～110	154～220	330～500
最小安全操作距离（m）	4	6	8	10	15

施工现场的机动车道与外电架空线路交叉时的最小垂直距离(m)　　　　表 11-12

外线路电压（kV）	1 以下	1～10	35
最小垂直距离（m）	6	7	7

施工现场的工程位置往往不是可以任意选择的，如果由于受施工现场在建工程位置限制而无法保证规定的安全距离，这时为了确保施工安全，则必须采取设置防护性遮栏、栅栏，以及悬挂警告标志牌等防护措施。显然，外电线路与遮栏、栅栏之间也有安全距离问题，各种不同电压等级的外电线路至遮栏、栅栏等防护设施的安全距离，如表 11-13 所列数值。

带电体至遮栏、栅栏的安全距离(cm)　　　　　　　　表 11-13

外电线路的额定电压（kV）		1～3	6	10	35	60	110	220j	330j	500j
线路边线至栅栏的安全距离	屋内	82.5	85	87.5	105	130	170			
	屋外	95	95	95	115	135	175	265	450	
线路边线至网状遮栏的安全距离	屋内	17.5	20	22.5	40	65	105			
	屋外	30	30	30	50	70	110	190	270	500

五、低压线路接地系统

低压线路接地系统分为 TT 系统、TN—C 系及 TN—S 系统，这部分内容已在第九章第四节讲过。但对施工现场用电采用哪种系统，这里再作进一步的说明。

TT 系统在施工现场低压线路中，当设备运行发生单相碰壳时，要达到安全接触电压 65V，则设备接地装置的电阻为 1.67Ω，这是很难做到的。在稍干燥的中等土壤电阻率（ρ=300Ω·m）地区就得要超过 200kg 的钢材，施工现场若设备多，累加起来会消耗掉大量的钢材。因此 TT 系统在施工现场是很不经济的，而只有采用 TN 系统，TN 系统又分 TN—C 系统和 TN—S 系统，究竟哪种形式更安全可靠？应作进一步分析。

TN—C 系统是工作零线与保护零线合一的形式，它存在一些显著的缺陷：当三相负载不平衡时，在零线上出现零序电流，零线对地呈现电压，当三相负载不平衡严重时，可能导致触电事故；通过漏电保护器的工作零线不能作为电气设备的保护零线，其主要原因是保护零线任何情况下不可以断线，否则会引致更加严重的触电事故；对于接有二极触电保护器的单相电路上的设备，其金属外壳的保护零线严禁与该电路的工作零线相连接，也不应由二极触电保护器的电源侧接引保护零线；重复接地装置的连接线，是禁止与通过触电保护器的工作零线相连接。原因是当负载不平衡时，触电保护器的零序电流互感器能检测出从工作零线通过大地连接的电流，会发生触电保护器没有真正漏电而产生误动作。

为此，要克服 TN—C 系统的缺陷，只有采用 TN—S 系统、为提高可靠性，此系统仍要设置重复接地，在较大的施工现场，重复接地装置不应小于三处，一般情况下，每处的重复接地电阻要求小于 10Ω。

六、建筑施工现场建筑机械设备的防雷

施工现场建筑机械防雷是参照第三类工业建、构筑物的防雷规定设置防雷装置。但是一般建、构筑物的使用寿命在 50 年以上，而建筑机械在施工现场的使用周期一般都在五年以内，因此需要考虑年计算雷击次数 N 的具体数值如何。按规定 $N \geq 0.01$ 次/年，工业第三类和民用第二类的建、构筑物要防雷；若将建筑机械的使用周期同建、构物的使用寿命相比较，那么放宽到按 $N \geq 0.1$ 次/年在该处的机械设备设置防雷装置就可以了，这是因为它们的落雷次数相等。所以对于建筑机械的防雷，结合一些其它因素，可按 $N \geq 0.03$ 次/年来确定防雷的建筑机械的高度。以减少施工现场的计算工作量，可参考使用表 11-14。

施工现场内机械设备安装防雷装置的规定　　　　　表 11-14

地区现场平均雷暴日（d）	机械设备高度（m）	地区现场平均雷暴日（d）	机械设备高度（m）
≤15	≥50	≥40＜90	≥20
＞15＜40	≥32	≥90 及雷电特别严重地区	≥12

七、建筑施工现场低压配电线路

建筑施工现场内一般不许架设高压电线，必要时，应按当地电业局规定，使高压电线和它经过的建筑物或工作地点保持安全距离，并且加大电线的安全系数，或者在它下边增设保护网；在电线入口处，还应设带避雷器的油开关装置。

1. 施工现场供电线路敷设的基本要求

针对施工现场用电特点，主干线多采用架空线，其架空线路的基本要求如下：

（1）架空线必须采用绝缘导线，不得成束架空敷设，严禁敷设在树上作为电杆使用、架线应有专用的电杆、横担、绝缘子。

（2）架空线路的档距不得大于 35m，线间距不得小于 30mm；架空线路与施工建筑物的水平距离不得小于 1m；与地面的垂直距离不得小于 6m；跨越建筑物时与其顶部的垂直距离不得小于 2.5m。

（3）电杆应完好无损，不得有倾斜、下沉及杆基积水等现象；沟槽沿线的架空线路，其电杆根部与槽、坑边沿应保持安全距离，必要时应采取加固措施。

（4）塔式起重机附近的架空线路，应在臂杆回转半径及被吊物 1.5m 以外，达不到此要求时，应采取有效的防护措施。

（5）所有固定设备的配电线路，均不得沿地面敷设，地埋敷设时必须穿管（直埋电缆除外）。

（6）高层建筑施工用的动力及照明干线垂直敷设时，应采用护套缆线；当每层设有配

电箱时，缆线的固定间距每层应不少于两处；直接引至最高层时，每层不应少于一处。

（7）架空线路的相序排列要一致。同一横担架设时，导线相序排列为：面向负荷从左侧起是 L_1、N、L_2、L_3；当和保护零线在同一横担架设时，导线相序排列为：面向负荷从左侧起是 L_1、N、L_2、L_3、PE；当动力线、照明线在两个以上横担上分别架设时，上层横担，面向负荷从左侧起是 L_1、L_2、L_3，下层横担，面向负荷从左侧起是 L_1（L_2、L_3）、N、PE；在两个横担上架设时，最下层横担面向负荷，最右边的导线是保护零线 PE。

2. 建筑施工现场导线选择

导线选择要经过负荷计算，对较长的线路一般用电压损失选，后用发热条件校验；对较的线路一般用发热条件选，后用电压损失校验；不管用哪种方法选导线，最后都得满足机械强度要求。

（1）因施工现场不允许使用裸导线，因此其架空线和进户线必须选用 BXF 或 BLXF 型号，并满足按机械强度允许的导线最小截面要求。

（2）敷设在有剧烈震动场所的电线、电缆应为铜芯的，经常移动的导线应为橡套铜芯软线电缆。

（3）电缆的额定电压应等于或大于所在回路中的额定电压，当电缆截面积相同而电压等级高者，应允许载流量因绝缘增厚而下降。

八、施工现场常用电气设备的设置和使用要求

施工现场常用电气设备主要有：配电箱、照明和动力等设备。

（一）配电箱

配电箱是施工现场中的一种临时用电设备，如动力、照明和电焊等设备，而设置的电源设施。施工现场的一切电用设备，不论负荷大小，都应安装适宜的配电箱。

配电箱设置原则为：动力和照明设备的配电箱在考虑负荷中心的前提下，一般应分别设置；当动力负荷容量较小、数量较少时也可以和照明设备合用一个配电箱；当电焊机数量较多时，应专门设置电焊机群的配电箱；对于容量较大的设备，如塔式起重机等要单独设置配电箱；对特殊用途的配电箱，如用于消防、警卫照明配电箱应单独设置。

配电箱内应有控制电器（如刀开关、组合开关等），保护电器（熔断器等），或兼有控制与保护作用的电器的自动开关。为了安全起见，一般配电箱都应装设漏电开关，至少在总配电箱和动力与照明公共的配电箱内必须装设四极漏电开关。配电箱内必须装设工作零线、保护零线的端子板。配电箱内各分支回路，应标注回路名称。

施工现场使用的配电箱一般为铁制的，但小容量的配电箱也可以是不制的，在现场制作。其制作的基本要求为：应具有防雨、雪功能；与地面、墙体接触部位，均应涂防腐油；超过 30A 以上木制配电箱必须加包铁皮；箱外应喷涂红色或用红色"电"字做标记；重要的配电箱应加锁；导线穿过铁板时需装橡皮护圈，穿过木板时需加瓷管；配电箱的金属构架、铁皮、铁箱体及电器的金属外壳均做保护接零或保护接地，总配电箱或较大型配电箱应考虑保护接零系统的重复接地。

（二）照明设备

照明设备是由电光源和灯具组成的。在施工现场内，与人的接触最为经常和普遍，针对施工现场的特点，提出下列要求：

（1）前面说到配电箱一般应装设漏电开关，所以照明配电箱也应装漏电保护开关；配

电箱中所有正常不带电的金属部件作保护接零（施工现场多采用保护接零系统），所以，灯具的金属外壳应接保护接零。

（2）工地办公室、宿舍、工作棚的临时设施；照明线路应分开，用瓷瓶固定；通过墙壁处，用过墙管保护。

（3）照明线路的相线必须经过开关才能进入照明设备，螺口灯头的中心触头必须与相线连接，其螺口部分必须与工作零线联接。

（4）对露天临时灯：应采用防水式灯具；灯具线与干线的接头，两线应错开 150mm 以上，临时灯线路距地面高度不应低于 2.5m，线间距离在 60mm 以上，并应用瓷瓶等固定，不允许沿地或多根导线绑在一起敷设。

（5）对临时手提灯：采用带网罩的手提灯，配线应采用橡套软线；地沟或锅炉等内使用手提灯时，应采用双线圈的隔离变压器，其电压不得超过 36V。

（三）动力及其他电气设备的设置和使用要求

（1）凡露天使用的电气设备，应有良好的防雨性能或有妥善的防雨措施，以免线圈受潮。

（2）所有电气设备的外壳，应按规定有保护接零或保护接地（施工现场一般采用保护接零），同一网路内不允许一部分电气设备采用保护接零，另一部分电气设备采用保护接地。

（3）每台电动机应装设控制和保护设备，不允许一个开关同时控制两台及以上的设备。

（4）配电箱至电机及其附属设备的配线，应穿铁管等内予以保护，并应设有防水弯头。

（5）凡移动式设备及手持电动工具，必须装设漏电保护装置，而且应定期检查；电源线必须使用三芯（单相）或四芯（三相）橡套缆线；接线时，缆线护套应进入设备的接线盒并加固定。

（6）采用潜水泵排水时，其半径 30m 水域内不得有人作业。

（7）电焊机一次电源线宜采用橡套缆线，其长度一般不应大于 3m，当采用一般绝缘导线时应穿塑料管或胶皮管保护；露天使用的电焊机除有防潮措施外，机下应使用干燥物体垫起。

（8）施工现场的消防电源，必须引自电源变压器二次总闸或现场电源总闸的外侧，其电源线宜采用暗敷设。

附 表

附表 1

10kVSL7系列三相铝绕低损耗节能电力变压器技术数据

额定容量 (kVA)	联接组别	额定电压 (kV)		损耗 (W)		阻抗电压 (%)	空载电流 (%)	重量 (kV)			外形尺寸 (mm)			轨距 (mm)
		高压	低压	空载	短路			油	器身	总重	长	宽	高	
30	Y，yno	6，6.3，10	0.4	150	800	4	2.8	0.85	1.81	3.11	1010	620	1165	400
50		6，6.3，10	0.4	190	1150	4	2.6	1.23	2.70	4.71	1110	685	1285	400
63		6，6.3，10	0.4	220	1400	4	2.5	1.32	2.94	5.15	1150	690	1305	550
80		6，6.3，10	0.4	270	1650	4	2.4	1.47	3.29	5.79	1200	785	1485	550
100		6，6.3，10	0.4	320	2000	4	2.3	1.67	3.82	6.72	1280	795	1530	550
125		6，6.3，10	0.4	370	2450	4	2.2	2.01	4.12	7.75	1300	840	1540	550
160		6，6.3，10	0.4	460	2850	4	2.1	2.40	5.10	9.27	1340	860	1660	550
200		6，6.3，10	0.4	540	3400	4	2.1	2.65	5.83	10.49	1380	870	1700	550
250		6，6.3，10	0.4	640	4000	4	2.0	2.99	6.77	12.11	1420	880	1770	660
315		6，6.3，10	0.4	760	4800	4	2.0	3.53	8.14	14.42	1470	900	1870	660
400		6，6.3，10	0.4	920	5800	4	1.9	4.41	9.66	17.55	1530	1230	2000	660
500		6，6.3，10	0.4	1080	6900	4	1.9	4.85	11.18	20.10	1610	1240	2040	660
630		6，6.3，10	0.4	1300	8100	4.5	1.8	6.99	15.49	27.07	1670	1520	2300	820
800	Y，yno 或 Y，d11	6，6.3，10	0.4 或 3.15，6.3	1540	9900	4.5，5.5	1.5	7.99	17.95	31.38	2005	1730	2640	820
1000		6，6.3，10		1800	11600	4.5，5.5	1.2	10.28	22.06	39.03	2160	1810	2900	820
1250		6，6.3，10		2200	13800	4.5，5.5	1.2	11.25	25.69	45.60	2180	1830	2945	1070
1600		6，6.3，10		2650	16500	4.5，5.5	1.1	13.06	30.60	55.11	2050	2050	3150	820

10kV S7 系列三相铜线低损耗节能电力变压器技术数据

附表 2

额定容量 (kVA)	联接组别	电压 (kV)		损耗 (W)		阻抗电压 (%)	空载电流 (%)	重量 (kV)			外形尺寸 (mm)			轨距 (mm)
		高压	低压	空载	短路			油	器身	总重	长	宽	高	
30		10,6.3,6	0.4	150	800	4	3.5	0.79	1.32	2.89	1025	500	1000	400
50		10,6.3,6	0.4	190	1150	4	2.8	1.03	1.97	3.92	1075	500	1110	400
63		10,6.3,6	0.4	220	1400	4	2.8	1.23	2.35	4.71	1125	600	1150	550
80		10,6.3,6	0.4	270	1650	4	2.7	1.32	2.88	5.49	1175	600	1180	550
100		10,6.3,6	0.4	320	2000	4	2.6	1.62	3.24	6.33	1250	620	1250	550
125		10,6.3,6	0.4	370	2450	4	2.5	1.67	3.53	6.82	1285	700	1305	550
160		10,6.3,6	0.4	460	2850	4	2.4	1.81	4.32	8.04	1290	610	1335	550
200		10,6.3,6	0.4	540	3400	4	2.4	2.30	5.37	9.91	1370	680	1410	550
250	Y，yno	10,6.3,6	0.4	640	4000	4	2.3	2.60	5.79	10.89	1430	750	1435	660
315		10,6.3,6	0.4	760	4800	4	2.3	2.89	6.91	12.85	1500	840	1480	660
400		10,6.3,6	0.4	920	5800	4	2.1	3.58	8.36	15.54	1595	930	1455	660
500		10,6.3,6	0.4	1080	6900	4	2.1	3.87	9.81	17.85	1710	1020	1670	660
630		10,6.3,6/10	0.4/6.3	1300	8100	4.5	2.0	5.34	12.55	23.39	1745	900	1880	660
800		10,6.3,6/10	0.4/6.3	1540	9900	4.5/5.5	1.7	6.42	16.03	28.93	1765	1200	2285	820
1000		10,6.3,6/10	0.4/6.3	1800	11600	4.5/5.5	1.4	8.34	19.22	36.14	2095	960	2695	820
1250		10,6.3,6/10	0.4/6.3	2200	13800	4.5/5.5	1.4	9.81	23.03	42.56	2195	1090	2720	820
1600		10,6.3,6/10	0.4/6.3	2650	16500	4.5/5.5	1.3	10.79	27.26	49.72	2435	1180	2770	820

SGZ型干式有载调压变压器技术数据（沈阳变压器产品）

型号	额定容量 (kVA)	系统最高电压 (kV)	联接组号	绝缘水平 工频耐压 AC (kV)	绝缘水平 冲击耐压 (kV)	阻抗电压 (%)	额定电压 高压 (kV)	额定电压 低压 (kV)	额定电流 高压 (A)	额定电流 低压 (A)	短路损耗 (kW)	空载损耗 (kW)	无外壳 总重 (kg)	有外壳 总重 (kg)
SGZ-630/10TH	630	11.5	Y Y$_{no}$	28	60	6	$10\ {+6 \times 2.5\%}/{-4 \times 2.5\%}$	0.4	36.31	909.1	8.1	2.45	2540	3160
SGZ-800/10TH	800	11.5	Y Y$_{no}$	28	60	6		0.4	46.18	1154.4	9.7	2.95	3000	3680
SGZ-1000/10TH	1000	11.5	Y Y$_{no}$	28	60	6		0.4	57.73	1443	11.3	3.45	3660	4270
SGZ-1250/10TH	1250	11.5	Y Y$_{no}$	28	60	6		0.4	72.16	1804	13.3	4.03	4300	4940
SGZ-1600/10TH	1600	11.5	Y Y$_{no}$	28	60	6		0.4	92.4	2309	15.8	4.77	5210	5905
SGZ-2000/10TH	2000	11.5	Y Y$_{no}$	28	60	6		0.4	115.5	2886	18.6	5.60	6180	6900

某些高压断路器基本数据

类型	型号	额定电压 (kV)	额定电流 (A)	动稳定电流 i_{max} (kA)	动稳定电流 I_{max} (kA)	热稳定电流 1s	热稳定电流 4s	热稳定电流 5s	额定切断电流 (kA)	断流容量 10kV型 (MVA)	断流容量 35kV以上型 (MVA)	配用操作机构类型	固有分闸时间 (s)	合闸时间 (s)	重量 无油 (kg)	重量 油 (kg)
少油式	SN10-10/630	10	630	40		16(2s)			16	300		CD10 I	≤0.06	≤0.2	100	6
	SN10-35/1000	35	1000	40			16		16		1000	CD10	≤0.06	≤0.25	240	15
	SW2-35/1000	35	1000	45	26		16.5		16.5		1000	CT3-XG	≤0.06	≤0.4	1100	100
	SW2-60I/1000	63	1000	67	39		20		16.5		4000(60kV)	CD5-370G Ⅱ X	≤0.06	≤0.5	1500	110
	SW3-110G/1200	110	1200	41			15.8	15.8	15.8		3000(110kV)	CD5-XG	≤0.07	≤0.4	3150	450
多油式	DN3-10/400	10	400	37	21.5		14.5		11.6	200		CD2	≤0.08	≤0.15	86	14
	DN1-10G/800	10	800	25	15			10(10s)	5.8	100		CS2,CD13	≤0.1	≤0.25	150	40
	DW11-10/630	10	630	63			25		20			CD15-X	≤0.09	≤0.5	900	200
	DW5-10G/200	10	200	7.4	4.2	4.2		2.9	2.9	50		—	—	—	150	60
	DW6-35/400	35	400	19	11	11		6	5.6		350	CS2,CD2,CT4-G	≤0.1	≤0.27	690	360

类型	型号	额定电压 (kV)	额定电流 (A)	动稳定电流 (kA) imax	动稳定电流 (kA) Imax	热稳定电流 (kA) 1s	热稳定电流 (kA) 4s	热稳定电流 (kA) 5s	额定切断电流 (kA)	断流容量 (MVA) 10kV型	断流容量 (MVA) 35kV以上型	配用操作机构类型	固有分闸时间 (s)	合闸时间 (s)	重量 (kg) 无油	重量 (kg) 油
六氟化硫式	LN2-10/600	10	600	30			11.6		11.6	200			≤0.05	≤0.2	—	—
	LN2-35/1250	35	1250	40			16		16			CT12-Ⅱ	≤0.06	≤0.15	—	—
	LW7-35/1600	35	1600	63			25		25			CT14 CT-35	≤0.06	≤0.1	—	—
真空式	ZN-10/600	10	600	44		8(2s)	17.3	8.7	390			≤0.05	≤0.2		—	—
	ZN-35/630	35	630	20				8				≤0.06	≤0.2		—	—
	ZN5-10/630	10	630	50		20(2s)	25	20				≤0.07	≤0.1		—	—
产气式和电磁式	QW1-10/200	10	200				2.9		2.9				≤0.12		95	—
	QW1-35/200	35	200	8.4			2.9	3.3	3.3			CS1-XG	≤0.08		330	—
	CN2-10/600	10	600	30	17		11.6			200		CD2,CD10	≤0.05	≤0.15	300	—

注：高压断路器型号的含义

型号特征

- S—少油断路器
- D—多油断路器
- K—空气断路器
- Q—产气式断路器
- Z—真空断路器
- L—六氟化硫断路器
- C—电磁式空气断路器（磁吹式）

安装条件

- N—户内
- W—户外

设计序号

额定断流容量（MVA）

额定电流（A）

派生标志

- C—带有手车装置
- G—改进型
- D—带有电磁操动机构
- Ⅰ.Ⅱ.Ⅲ—改型

额定电压（kV）

某些户内隔离开关基本数据　　　　　　　　　　　　附表 5

型　号	额定电压(kV)	额定电流(A)	极限通过电流(kA) i_{max}	极限通过电流(kA) I_{max}	热稳定电流(kA) 1s	热稳定电流(kA) 5s	热稳定电流(kA) 10s	配用操动机构型号	重量(kg)
GN1-10/2000	10	2000	85				36	CS6-2	
GN1-35/400	35	400	50			14	10		
GN1-35/600	35	600	50			20	11		
GN2-10/1000	10	1000	80	47			26	CS6-2	
GN2-10/2000	10	2000	85	50			36	CS6-2	87.5
GN2-10/3000	10	3000	90	53		44		CS7	
GN2-35/400	35	400	50				10	CS6-2	112.2
GN2-35/600	35	600	50				14	CS6-2	118.2
GN2-35T/400	35	400	52		30	14	10	CS6-2T	100
CN5-10/200	10	200	25.5			10	7		6
CN5-10/400	10	400	52			14	10	CS6-1T	6.5
GN5-10/1000	10	1000	75			20	6		
GN6-10T/200	10	200	25.5	14.7		10	7	CS6-1	25
GN6-35/1000	35	1000	75		43	30			

注：隔离开关型号的含义

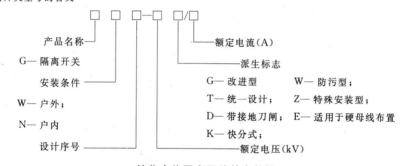

产品名称　　　G—隔离开关
安装条件　　　W—户外;　N—户内
设计序号
额定电流(A)
派生标志
　　G—改进型　　W—防污型;
　　T—统一设计　Z—特殊安装型;
　　D—带接地刀闸　E—适用于硬母线布置
　　K—快分式
额定电压(kV)

某些户外隔离开关基本数据　　　　　　　　　　　　附表 6

型　号	额定电压(kV)	额定电流(A)	极限通过电流(kA) i_{max}	极限通过电流(kA) I_{max}	热稳定电流(kA) 4s	热稳定电流(kA) 5s	热稳定电流(kA) 10s	配用操动机构型号	重量(kg)
GW1-6/200	6	200	15	9	7			CS3-1	36
GW1-6/600	6	600	35	25	20		14	CS8-1	47.4
GW1-10/200	10	200	15		7			CS8-1	60
GW1-10/400	10	400	21	15	14		10	CS8-1	61.5
GW1-10/600	10	600	35	25	20		14	CS8-1	
GW2-35D/600	35	600	50	29			10	CS8-2D	75
GW5-35GD/600	35	600	42		20			CS8-6D	
GW5-35GK/600	35	600	50	29				CS1-XG	92
GW5-60GD/600	60	600	50	29		14		CS-G	360
GW5-60G/1000	60	1000	50	29		14		CS-G	360
GW5-110GD/600	110	600	50	29		14		CS-G	465
GW5-110GK/600	110	600	50	29		14		CS1-XG	465
GW9-10（单极）	10	200	15	9	5			CS3	
		400	21	12	10			CS6-2	
		600	35	20	4				

某些负荷开关的主要技术数据

型号	额定电压 (kV)	额定电流 (A)	额定断流容量 (MVA)	最大开断电流 (kA)	极限通过电流 (kA)		热稳定电流 (kA)		固有分闸时间不大于 (s)	重量 (kg)	操作机构	外形尺寸 (mm)		
					有效值	峰值	4s	5s				高	宽	深
FN2-10/400	10	400	25	1200	14.5	25		8.5		44	CS4,CS4-T	450	932	586
FN2-10R/400	10	400	25	1200	14.5	25		8.5		44	CS4,CS4-T		932	586
FN3-6/400	6	400	20	1950	14.5	25		8.5		42	CS3,CS3-T 及 CS2	662	850	590
FN3-6R/400	10	400	20	1950	14.5	25		8.5		58			850	590
FN3-10/400	10	400	25	1450	14.5	25		8.5		42		662	850	590
FN3-10R/400	10	400	25	1450	14.5	25		8.5		58			850	590
FN4-10/600	10	600	50	3000		7.5	3		0.05	75	电磁	810	560	365

注：FN2-10/400型由沈阳市第三开关厂生产，FN2-10R/400型由太原电器开关厂生产，FN3型由北京第三、西安高压开关厂生产，FN3型由上海华通、重庆红岩电器开关厂生产，FN4型由无锡太湖开关厂生产。

负荷开关型号的含义

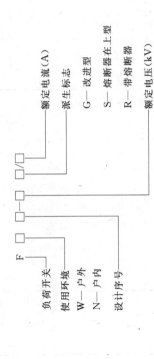

F □ □ — □ □ / □

负荷开关
使用环境 W—户外 N—户内
设计序号
派生标志 G—改进型 S—熔断器在上型 R—带熔断器
额定电压(kV)
额定电流(A)

FW 型户外产气式负荷开关基本数据 　　附表 8

型　号	额定电压 (kV)	额定电流 (A)	最大开断电流 (kA)	极限通过电流 (kA) 有效值	峰值	热稳定电流 (kA) 4s	5s	重量 (kg)	操作机构	外形尺寸 (mm) 高	宽	深	生产单位
FW1-10/400	10	400	800					80					沈阳高压开关厂
FW2-10G/200	10	200	1500	8	14	7.9	7.8	164	绝缘棒或绳索	810	530	412	沈阳市第三电器开关厂
FW2-10G/400		400	1500	8			12.7	168					
FW4-10/200	10	200	800	8.7	15	5.8		157	绝缘棒或绳索	557	640	630	上海华通开关厂
FW4-10/400		400	800	8.7				174					
FW5-10/200	10	200	1500		10	4		75	绝缘棒或绳索	760	900	850	沈电、无开、太电、红电、上瓷

高压熔断器的技术数据 　　附表 9

型　号	额定电压 (kV)	量高工作电压 (kV)	额定电流 (A)	最大开断电流 (kA)	最小开断电流 I	最大三相开断容量 (MVA)
RN$_1$-10	10	11.5	25；50 100；150 200	11.6	1.3	200
RN$_2$-10	10	11.5	0.5	50	1.3	1000
RN$_3$-10	10	11.5	50；75 200	12	1.3	200
RW$_3$-10	10	11.5	50；60 100；200	3；4.5 4.8；6	1.3	50；75 80；100
RW$_3$-10Z	10	11.5	100；200	6，12	1.3	60/75；100/125
RW$_4$-10	10	11.5	50；100 200	4.3；5.7 11.5	1.3	75；100 200
RN$_1$-35	35	40.5	7.5；10 20；30 40	3.5	1.3	200
RN$_2$-35	35	40.5	0.5	17	1.3	1000
RN$_3$-35	35	40.5	7.5	3.5	1.3	200
RW$_3$-35H	35	40.5	0.5；7.5	28；9.9	1.3	2000；600
RW$_5$-35	35	40.5	100；200	6.6；13.2	1.5；2.3	400；800

注：1. 型号中尾部字母 Z 表示重合闸，H 表示限流电阻；

2. 最大开断电流值、最大三相断流容量值与额定电流值依次相对应；

3. RN$_3$ 型是户内高压限流熔断器，RN$_3$-10 可与 FN$_3$-10R 配用。

部分高压开关柜的型号及规格

开关柜型号＼技术数据	类别型式	电压等级(kV)	额定电流(A)	主开关型号	操动机构型号	电流互感器型号	电压互感器型号	高压熔断器型号	避雷器型号	接地开关型号	外形尺寸(mm:长×宽×高)	生产厂
GFC-10A	单母线手车式	10	1000	SN10-10 Ⅰ、Ⅱ	CD10 CT8	LCJ-10		RN1-10 RN2-10			800×1250×2000	福州第一开关厂
GFC-10B			630—2500	SN10-10 Ⅰ Ⅱ Ⅲ	CD10 Ⅱ Ⅲ	LZX-10 LQZQ-10					800×1500×2200 1000	天津市 辽阳市开关厂
GFC-18G′				SN10-10 ⅠC ⅡC ⅢC	CD10 CD14	LZB6-10 LZX-10					1000×1500×2200	湖南开关厂
GC₂-10(F)			630—2500	SN10-Ⅰ、Ⅱ、Ⅲ ZNⅠ、Ⅱ-10 LN1-10	CD10 Ⅱ Ⅲ CT8-1	LFX-10 LMZ-10	JDZ-10 JDZJ-10	RN2-10 RN3-10	FS FZ FCD3	JN10(G)	840 1000×1500×2185 1200	四川电器厂、潍坊开关厂、长城开关厂
GG1A-10(F)	单母线固定式		600—3000	SN10-10 FN3-10	CD10 CT8 CS3,CS7	LMC-10 LDZ-10 LO-10 LA-10					1200×1200 1800 2800	各地开关厂
VC-10			630,1250	VK-10J/M25	电动弹簧储能	AKS AKV	VKV				800×1540×2300	广州南洋开关厂
BA/BB-10			630—2500	HB-六氟化硫	KHB弹簧储能			RN2-10 RN3-10	FS FZ FCD3		800×1120 ×1800(1000)	上海华通开关厂

注:开关柜型号的含义

```
┌─┐┌─┐┌─┐┌─┐┌─┐┌─┐┌─┐
│1││2││3││4││5││6││7│
└─┘└─┘└─┘└─┘└─┘└─┘└─┘
```

1 分类代号
　G——高压"开关""柜"
2 型号特征
　G——"固"定式
　F——"封"闭式
　C——手"车"式
　H——"活""动"式
　B——"保""护"用
　K——"矿"用
　S——"双""母"线
　N——"农""户"用
　W——"户""外"用
3 设计序号
4 方案号
5 主开关操动机构型式
　代号
　D——电磁操动机构
　T——弹簧储能操作机构
　S——手动操作机构
6 派生代号
　A——第一次改进
　B——第二次改进
　C——第三次改进
　Z——真空断路器
　P——旁路母线

附表 11

部分互防型高压开关柜的型号及规格

开关柜型号	类别型式	电压等级 (kV)	额定电流 (A)	主开关型号	操动机构型号	电流互感器型号	电压互感器型号	高压熔断器型号	避雷器型号	接地开关型号	外形尺寸 (mm:长×宽×高)	生产厂
JYN₁-35	单母线移开式	35	1000	SN10-35	CD10 CT8	LCZ-35	JDJ2-35 JDZJJ2-35	RN2-35 RW10-35	FZ-35 FYZ1-35		1818×2400×2925	四川电器厂，天津市开关厂，福州第一开关厂
JYN₂-10		10	630—2500	SN10-10 I II III	CD10 CT8	LZZB6-10 LZZQB6-10	JDZ6-10 JDZJ6-10	RM2-10		JN-10I	840×1500×2200 1000	沈阳市开关厂，天津市开关厂，上海电器设备制造厂，柳州开关厂，湖南开关厂，上海华通开关厂
KYN-10			630—2500	SN10-10 I II III	CD10 CT8	LDJ-10	JDZ-10 JDZJ-10	RN2-10	FCD3	JN-10	800×1650×2200 1500 1800	天津市开关厂，广州南洋电器厂，昆明开关厂，长城开关厂，福州第一开关厂、西安电器制造厂
KGN-10	单母线固定式		630,1000	SN10-10 I II III	CD10 CT8	LA-10 LAJ-10					1180×1600×2800	潍坊开关厂，长城开关厂，福州第一开关厂，西安电器设备制造厂

技术数据 开柜型号	类别 型式	电压等级 (kV)	额定电流 (A)	主开关型号	操动机构 型号	电流互感器 型号	电压互感器 型号	高压熔断器 型号	避雷器 型号	接地开关 型号	外形尺寸 (mm:长×宽×高)	生产厂
GFC-15(F)	单母线手车式	10	630,1500	SN10-10 I II ZN3-10	CD10 CT8	LZXZ-10 LMZD-10	JDZ-10 JDZJ-10	RN2-10	FCD3	JN-10	800×1500×2200 2100	锦州新生开关厂
GFC-7B(F)			630,1000	SN10-10 I II Ⅲ ZN3-10 ZN5-10	CD10 CT8	LZJC-10 LJ1-10	JDE-10 JDEJ-10	RN1-10 RN2-10	FS FZ FCD3		840×1500×2200	苏州开关厂

注:开关柜型号的含义

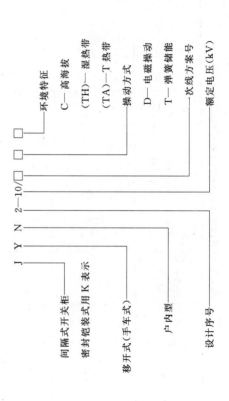

J Y N 2-10/□□—□—□

- J——间隔式开关柜
密封铠装式用K表示
- Y——移开式(手车式)
- N——户内型
- 2-10/——额定电压(kV)
- 设计序号
- 次线方案号
- 操动方式 D——电磁操动 T——弹簧储能
- 环境特征 C——高海拔 (TH)——湿热带 (TA)——干热带

电流互感器技术数据

型 号	额定电流比 (A)	级次组合	准确级次	二次负荷 (Ω)					10%倍数		热稳定倍数 1s	动稳定倍数	可穿过的铝母线尺寸 (mm²)
				0.5 级	1 级	3 级	10 级	D 级	二次负荷 (Ω)	倍数			
LM1-0.5	5,10,15,30,50,75, 150/5		0.5	0.2	0.3								
LMK1-0.5	20,40,100,200/5												25×3
													25×3
	300/5												30×4
	400/5												40×5
LMZ1-0.5	5,10,15,20,30,40, 50,75,100,150,200/5		0.5	0.2	0.3								25×3
LMS-0.5	300/5		1										30×4
	400/5												40×5
LQ-0.5	5～300/5		0.5	0.2					0.2	6	50	100	
	400/5									4			
	600,750/5									6			
LQC-0.5	5～750/5		0.5	0.4	0.6				0.4	6	50	70	

续表

型号	额定电流比 (A)	级次组合	准确级次	二次负荷 (Ω) 0.5级	1级	3级	10级	D级	10%倍数 二次负荷 (Ω)	10%倍数 倍数	1s 热稳定倍数	动稳定倍数	可穿过的铝母线尺寸 (mm²)
LM-0.5	800/5		3							13			
	1000/5									17			
	1500/5									21			
	2000/5		1							33			
	3000/5								0.8	32			
	4000/5									40			
	5000/5									42			
LA-10	5,10,15,20/5	0.5/3及1/3	0.5	0.4						<10			
	30,40,50,75/5		1		0.4					<10	90	160	
			3			0.6				≥10			
	100,150,200/5	0.5/3及1/3	0.5	0.4						<10			
	300~400/5		1		0.4					<10	75	135	
			3			0.6				≥10			
	500/5	0.5/3及1/3	0.5	0.4						<10			
			1		0.4					<10	60	110	
			3			0.6				≥10			
	600~1000/5	0.5/3及1/3	0.5	0.4						<10			
			1		0.4					<10	50	90	
			3			0.6				≥10			

注:符号说明:L—电流互感器;Q—线圈式;M—母线式;A—穿墙式;K—塑料外壳绝缘;Z—浇注绝缘;C—瓷绝缘;S—塑料绝缘。型号后的数字(kV)指可用于该电压等级及以下。

LQJ-10 型电流互感器技术数据　　　　　　　　　　附表 13

型号	额定电流比 (A)	级次组合	第一铁芯 准确级次	第一铁芯 额定容量 (V·A)	第一铁芯 额定负载 (Ω)	第二铁芯 准确级次	第二铁芯 额定容量 (V·A)	第二铁芯 额定负载 (Ω)	额定负载时10%倍数	1s热稳定倍数	动稳定倍数 5～100 (A)	动稳定倍数 150～400 (A)
LQJ-10	5～100/5	0.5/3	0.5		0.4	3		1.2	>6	90	225	
	150～400/5	0.5/3	0.5		0.4	3		1.2	>6	75		160
	5～400/5	0.5/1	0.5	15	0.6	1	30	1.2	>6	65～70	150～200	150
		0.5/3	0.5	15	0.6	3	30	1.2				
	5～400/5	1/3	1	15	0.6	3	30	1.2	>6	70～80	150～250	150～165
		1/1	1	15	0.6	1	15	0.6				
LQJC-10	150～400/5	0.5/C	0.5	15	0.6	C	30	1.2	9	65～70	150～200	150
		1/C	1	15	0.6	C	30	1.2				

注：1. 符号意义：L—电流互感器；Q—线圈式；J—环氧树脂浇注；C—供差动保护用；10—用于 10kV 及以下电压等级。

2. 此型电流互感器供安装在各种高压配电装置内（如 GG-1A 型高压开关柜）。

电压互感器技术数据　　　　　　　　　　附表 14

型号	额定电压 (kV) 原线圈	额定电压 (kV) 副线圈	额定电压 (kV) 辅助线圈	副线圈额定容量 (V·A) 0.5级	副线圈额定容量 (V·A) 1级	副线圈额定容量 (V·A) 3级	最大容量 (V·A)	试验电压 (kV) 高压线圈	试验电压 (kV) 低压线圈	20℃时的电阻 (Ω) 原线圈	20℃时的电阻 (Ω) 副线圈	连接组
JDG-0.5	0.22	0.1		25	40	100	200	6	2			
	0.38	0.1										
	0.5	0.1										
JDG4-0.5	0.22	0.1		15	25	50	100	3	2			
	0.38	0.1										
	0.5	0.1										
JDG-3	3	0.1		30	50	120	240					
JDZ-3	3	0.1		30	50	120	240					
JDZ-6 JDZ1-6	1			30	50	100	200					
	3	0.1		30、25*	50、40*	100	200					
	6			50	80	200	200 400					
JDZ-10 JDZ1-10	10	0.1		50 (80)	80 (150)	200 (300)	400 (500)					
JDZJ-3	3/$\sqrt{3}$	0.1/$\sqrt{3}$	0.1/3	30	50	80	100					

型 号	额定电压(kV)			副线圈额定容量(V·A)			最大容量(V·A)	试验电压(kV)		20℃时的电阻(Ω)		连接组
	原线圈	副线圈	辅助线圈	0.5级	1级	3级		高压线圈	低压线圈	原线圈	副线圈	
JDZJ-6 JDZJ1-6	$1/\sqrt{3}$ $3/\sqrt{3}$ $6/\sqrt{3}$	$0.1/\sqrt{3}$	0.1/3	40(30) 25* 50	60(50) 40* 80	150(120) 100* 200	300(200) 200* 400					
JDJZ-10 JDJZ1-10	$6/\sqrt{3}$ $10/\sqrt{3}$	$0.1/\sqrt{3}$	0.1/3	30 50*	50 80*	120 200*	200 400*					
JSJB-6	3 6	0.1		50 80	80 150	200 320	400 640	24 32				
JSJB-10	10	0.1		120	200	480	960	42				
JDJ-6 JDJ-10 JDJ-35	6 10 35	0.1		50 80 150	80 150 250	200 320 600	400 640 1200	32 42 95		1920 2840 9040	0.445 0.096	
JSJW-6 JSJW-10	6 10	0.1	0.1/3	80 120	150 200	320 480	640 960	32 42		1100 1730	0.164 0.15	
JDJJ-35	$35/\sqrt{3}$	$0.1/\sqrt{3}$	0.1/3	150	250	600	1200	95	2			1/1/1—12—12
JCC-110 JCC1-110 JCC2-110	$110/\sqrt{3}$ $100/\sqrt{3}$ $100/\sqrt{3}$	$0.1/\sqrt{3}$ $0.1/\sqrt{3}$ $0.1/\sqrt{3}$	0.1 0.1/3 0.1	500 500 500	1000 1000 1000	2000 2000 2000	200 200 200	2 2 2				1/1/1—12—12
JCC-220 JCC1-220 JCC2-220	$220/\sqrt{3}$ $220/\sqrt{3}$ $220/\sqrt{3}$	$0.1/\sqrt{3}$ $0.1/\sqrt{3}$ $0.1/\sqrt{3}$	0.1 0.1 0.1	500 500 500	1000 1000 1000	2000 2000 1000	400 400 400	2 2 2				1/1/1—12—12

注:1. 型号含义:J—电压互感器(第一字母);Y—电压互感器;D—单相;S—三相;G—干式;J—油浸式(第三字母);C—串级式(第二字母);C—瓷绝缘(第三字母);Z—环氧树脂浇注绝缘;W—五柱三卷;J—接地保护用(第四字母)。

2. 表中括号内的数字为上海互感器厂的产品数据,有 * 者为"1"型产品数据。

架空裸导线的最小截面

附表 15

导 线 种 类	最小允许截面/mm²		备 注
	高压（至 10kV）	低 压	
铝及铝合金线 钢芯铝线	35 25	16 16	* 与铁路交叉跨越时应为 35mm²

绝缘导线线芯的最小截面

附表 16

用 途 或 敷 设 方 式			线芯最小截面/mm²	
			铜 芯	铝 芯
照 明 用 灯 头 引 下 线			1.0	2.5
敷设在绝缘支持件上的绝缘导线，其支持点间距 L 为	室 内	L≤2m	1.0	2.5
敷设在绝缘支持件上的绝缘导线，其支持点间距 L 为	室 外	L≤2m	1.5	2.5
		2m<L≤6m	2.5	4
		6m<L≤15m	4	6
		15m<L≤25m	6	10
穿管敷设，槽板，护套线扎头明敷；线槽			1.0	2.5
PE 线和 PEN 线	有机械保护时		1.5	2.5
	无机械保护时		2.5	4

裸铜、铝及钢芯铝绞线的允许载流量

（按环境温度＋25℃最高允许温度＋70℃）

附表 17

铜 线			铝 线			钢 芯 铝 线	
导线型号	载流量（A）		导线型号	载流量（A）		导线型号	屋外载流量（A）
	屋 外	屋 内		屋 外	屋 内		
TJ-4	50	25	—	—	—	—	—
TJ-6	70	35	LJ-10	75	55	—	—
TJ-10	95	60	LJ-16	105	80	LGJ-16	105
TJ-16	130	100	LJ-25	135	110	LGJ-25	135
TJ-25	180	140	LJ-35	170	135	LGJ-35	170
TJ-35	220	175	LJ-50	215	170	LGJ-50	220
TJ-50	270	220	LJ-70	265	215	LGJ-70	275
TJ-60	315	250	LJ-95	325	260	LGJ-95	335
TJ-70	340	280	LJ-120	375	310	LGJ-120	380
TJ-95	415	340	LJ-150	440	370	LGJ-150	445
TJ-120	485	405	LJ-185	500	425	LGJ-185	515
TJ-150	570	480	LJ-240	610	—	LGJ-240	610
TJ-185	645	550	LJ-300	680	—	LGJ-300	700
TJ-240	770	650	LJ-400	830	—	LGJ-400	800
TJ-300	890	—	LJ-500	890	—	LGJQ-330	745
TJ-400	1085	—	LJ-625	1140	—	LGJQ-480	925

导体额定温度 （℃）	实际环境温度（℃）时的载流量校正系数											
	−5	0	+5	+10	+15	+20	+25	+30	+35	+40	+45	+50
80	1.24	1.20	1.17	1.13	1.09	1.04	1.00	0.95	0.90	0.85	0.80	0.74
70	1.29	1.24	1.20	1.15	1.11	1.05	1.00	0.94	0.88	0.81	0.74	0.67
65	1.32	1.27	1.22	1.17	1.12	1.06	1.00	0.94	0.87	0.79	0.71	0.61
60	1.36	1.31	1.25	1.20	1.13	1.07	1.00	0.93	0.85	0.76	0.66	0.54
55	1.41	1.35	1.29	1.23	1.15	1.08	1.00	0.91	0.82	0.71	0.58	0.41
50	1.48	1.41	1.34	1.26	1.18	1.09	1.00	0.89	0.78	0.63	0.45	—

注：一般决定导线允许载流量时，周围环境温度均取＋25℃作为标准，当周围环境温度不是25℃时，其载流量乘以温度校正系数 K_t，由下式确定：$K_t = \sqrt{(t_1 - t_0) / (t_1 - 25)}$，式中 t_0—敷设处实际环境温度，℃；t_1—导线及电缆长期允许工作温度，℃。

导线型号	TJ-10	TJ-16	TJ-25	TJ-35	TJ-50	TJ-70	TJ-95	TJ-120	TJ-150	TJ-185	TJ-240	TJ-300
电 阻 （Ω/km）	1.34	1.20	0.74	0.54	0.39	0.28	0.20	0.158	0.123	0.103	0.078	0.062
线间几何均距 （m）	感 应 电 抗 （Ω/km）											
0.4	0.355	0.333	0.319	0.308	0.297	0.283	0.274					
0.6	0.381	0.358	0.345	0.336	0.325	0.309	0.300	0.292	0.287	0.280		
0.8	0.399	0.377	0.363	0.352	0.341	0.327	0.318	0.310	0.305	0.298		
1.0	0.413	0.391	0.377	0.366	0.355	0.341	0.332	0.324	0.319	0.313	0.305	0.298
1.25	0.427	0.405	0.391	0.380	0.369	0.355	0.346	0.338	0.333	0.320	0.319	0.312
1.50	0.438	0.416	0.402	0.391	0.380	0.366	0.357	0.349	0.344	0.338	0.330	0.323
2.0	0.457	0.437	0.421	0.410	0.398	0.385	0.376	0.368	0.363	0.357	0.349	0.342
2.5		0.449	0.435	0.424	0.413	0.399	0.390	0.382	0.377	0.371	0.363	0.356
3.0		0.460	0.446	0.435	0.423	0.410	0.401	0.393	0.388	0.282	0.374	0.376
3.5		0.470	0.456	0.445	0.433	0.420	0.411	0.408	0.398	0.392	0.384	0.377
4.0		0.478	0.464	0.453	0.441	0.428	0.419	0.411	0.406	0.400	0.392	0.385
4.5			0.471	0.460	0.448	0.435	0.426	0.418	0.413	0.407	0.399	0.392
5.0				0.467	0.456	0.442	0.433	0.425	0.420	0.414	0.406	0.399
5.5					0.462	0.448	0.439	0.433	0.426	0.420	0.412	0.405
6.0					0.468	0.454	0.445	0.437	0.432	0.428	0.418	0.411

LJ 型裸铝绞线的电阻和电抗 附表 20

绞线型号	LJ-16	LJ-25	LJ-35	LJ-50	LJ-70	LJ-95	LJ-120	LJ-150	LJ-185	LJ-240	LJ-300
电 阻 (Ω/km)	1.98	1.28	0.92	0.64	0.46	0.34	0.27	0.21	0.17	0.132	0.106
线间几何均距 (m)	电 抗 （Ω/km）										
0.6	0.358	0.345	0.336	0.325	0.312	0.303	0.295	0.288	0.281	0.273	0.267
0.8	0.377	0.363	0.352	0.341	0.330	0.321	0.313	0.305	0.299	0.291	0.284
1.0	0.391	0.377	0.366	0.355	0.344	0.335	0.327	0.319	0.313	0.305	0.298
1.25	0.405	0.391	0.380	0.369	0.358	0.349	0.341	0.333	0.327	0.319	0.302
1.5	0.416	0.402	0.392	0.380	0.370	0.360	0.353	0.345	0.339	0.330	0.322
2.0	0.434	0.421	0.410	0.398	0.388	0.378	0.371	0.363	0.356	0.348	0.341
2.5	0.448	0.435	0.424	0.413	0.399	0.392	0.385	0.377	0.371	0.362	0.355
3	0.459	0.448	0.435	0.424	0.410	0.403	0.396	0.388	0.382	0.374	0.367
3.5			0.445	0.433	0.420	0.413	0.406	0.398	0.392	0.383	0.376
4.0			0.453	0.441	0.428	0.419	0.411	0.406	0.400	0.392	0.385

LGJ 型钢芯铝绞线的电阻和电抗 附表 21

导线型号	LGJ-16	LGJ-25	LGJ-35	LGJ-50	LGJ-70	LGJ-95	LGJ-120	LGJ-150	LGJ-185	LGJ-240	LGJ-300	LGJ-400
电 阻 (Ω/km)	2.04	1.38	0.95	0.65	0.46	0.33	0.27	0.21	0.17	0.132	0.107	0.082
几何均距 (m)	电 抗 （Ω/km）											
1.0	0.387	0.374	0.359	0.351	—	—	—	—	—	—	—	—
1.25	0.401	0.388	0.373	0.365	—	—	—	—	—	—	—	—
1.5	0.412	0.400	0.385	0.376	0.365	0.354	0.347	0.340	—	—	—	—
2.0	0.430	0.418	0.403	0.394	0.383	0.372	0.365	0.358	—	—	—	—
2.5	0.444	0.432	0.417	0.408	0.397	0.386	0.379	0.372	0.365	0.357	—	—
3.0	0.456	0.443	0.428	0.420	0.409	0.398	0.391	0.384	0.377	0.369	—	—
3.5	0.466	0.453	0.438	0.429	0.418	0.406	0.400	0.394	0.386	0.378	0.371	0.362

ZLQ，ZLQ₁，ZLL 型油浸纸绝缘铝芯电力电缆

在空气中敷设时允许载流量（A） 附表 22

芯数×截面 (mm²)	1~3kV，$t_1=+80℃$				6kV，$t_1=+65℃$				10kV，$t_1=+60℃$			
	25℃	30℃	35℃	40℃	25℃	30℃	35℃	40℃	25℃	30℃	35℃	40℃
3×2.5	22	21	20	19								
3×4	28	26	25	24								
3×6	35	33	31	30								
3×10	48	46	43	41	43	40	37	34				
3×16	65	62	58	55	55	51	48	43	55	51	46	41
3×25	85	81	76	72	75	70	65	59	70	65	59	53
3×35	105	100	95	90	90	84	78	71	85	79	72	64
3×50	130	124	117	111	115	107	99	91	105	98	89	79
3×70	160	152	145	136	135	126	117	106	130	120	110	98
3×95	195	185	176	166	170	159	148	134	160	148	135	121
3×120	225	214	203	192	195	182	169	154	185	171	156	140
3×150	265	252	239	226	225	210	196	178	210	194	177	158
3×180	305	290	276	260	260	243	225	205	245	227	207	185
3×240	365	348	330	311	310	290	268	244	290	268	245	219

注：ZLQ——油浸纸绝缘铝芯铅包电力电缆，适于敷设在室内沟道中，不能承受机械外力。

　　ZLQ——油浸纸绝缘铝芯铅包带黄麻外层电力电缆。适于地沟敷设，不能承受机械外力。

　　ZLL——纸绝缘铝芯裸铅包电力电缆，适于架空敷设或敷设在户内地沟、管道中，不能承受机械外力。

ZLQ₂₀，ZLQ₃₀，ZLL₁₂，ZLL₁₃₀型油浸纸绝缘电力电缆

在空气中敷设时的允许载流量（A） 附表 23

芯数×截面 (mm²)	1~3kV，$t_1=+80℃$			6kV，$t_1=+65℃$			10kV，$t_1=+60℃$			35kV，$t_1=+50℃$		
	25℃	30℃	35℃	25℃	30℃	35℃	25℃	30℃	35℃	25℃	30℃	35℃
3×2.5	24	23	22									
3×4	32	30	29									
3×6	40	38	36									
3×10	55	52	49	48	45	41						
3×16	70	66	63	65	61	56	60	55	50			
3×25	95	91	85	85	79	73	80	74	67			
3×35	115	109	104	100	93	86.5	95	88	80			
3×50	145	138	131	125	117	108	120	111	101	120	107	93
3×70	180	171	163	155	145	134	145	134	122	150	134	116
3×95	220	200	190	190	177	164	180	166	152	180	161	139
3×120	255	243	230	220	206	190	206	189	173	205	183	158
3×150	300	286	271	255	238	220	235	217	198	235	210	182
3×180	345	328	312	295	275	255	270	250	228	207	211	209
3×240	410	390	370	345	322	299	325	300	275	—	—	—

注：ZLQ₂₀——油浸纸绝缘铝芯铅包裸钢带铠装电力电缆，适于敷设在户内地沟及管道内，能承受机械外力，但不能承受大的拉力。

　　ZLQ₃₀——油浸纸绝缘铝芯铅包裸细钢丝铠装电力电缆，可敷设在户内或矿井中，能承受机械外力并能承受相当拉力。

　　ZLL₁₂——纸绝缘铝芯铝包裸钢带铠装一级防腐电力电缆，可直接埋地敷设，能承受机械外力，但不能承受拉力。

　　ZLL₁₃₀——纸绝缘铝芯铝包裸细钢丝铠装一级防腐电力电缆，可敷设在对铝护套（包）有腐蚀作用的地沟、管道中，或敷设于矿井中，能承受机械外力及相当的拉力。

ZLQ₂，ZLQ₃，ZLQ₅，ZLL₁₂，ZLL₁₃型油浸纸绝缘

电力电缆埋地敷设时允许载流量（A）

芯数×截面 (mm²)	1kV，$t_1 = +80℃$			6kV，$t_1 = +65℃$			10kV，$t_1 = +60℃$		
	15℃	20℃	25℃	15℃	20℃	25℃	15℃	20℃	25℃
3×2.5	30	29	28						
3×4	39	37	36						
3×6	50	48	46						
3×10	67	65	62	61	57	54			
3×16	88	84	81	78	74	70	73	70	65
3×25	114	109	105	104	99	93	100	95	89
3×35	141	135	130	123	116	110	118	112	105
3×50	174	166	160	151	143	135	147	139	130
3×70	212	203	195	186	175	165	170	160	150
3×95	256	244	235	230	217	205	209	198	185
3×120	289	276	265	257	244	230	243	230	215
3×150	332	318	305	291	276	260	277	262	245
3×185	376	360	345	330	312	295	310	294	275
3×240	440	423	405	386	366	345	367	348	325

注：ZLQ₂——纸绝缘铝芯铅包钢带铠装电力电缆，可埋设在土壤中，能承受机械外力，但不能承受大的拉力。

　　ZLQ₃——纸绝缘铝芯铅包细钢丝铠装电力电缆，可埋设在土壤中，能承受机械外力及相当的拉力。

　　ZLQ₅——纸绝缘铝芯铅包粗钢丝铠装电力电缆，可敷设在水中，能承受较大的拉力。

　　ZLL₁₂——见附表 21 的说明。

　　ZLL₁₃——纸绝缘铝芯铅包细钢丝铠装一级防腐电力电缆，可敷设在对铝护套有腐蚀的土壤中及水中，能承受机械外力及相当的拉力。

电缆埋地多根并列时的电流校正系数

电 缆 根 数	1	2	3	4	5	6	7	8
电缆外皮间距 100mm	1	0.9	0.85	0.8	0.78	0.75	0.73	0.72
200mm	1	0.92	0.87	0.84	0.82	0.81	0.80	0.79
300mm	1	0.93	0.9	0.87	0.86	0.85	0.85	0.84

矩形导体的允许载流量（交流量/直流量）

（按环境温度＋25℃最高允许温度＋70℃计）

附表 26

母线尺寸 (mm)	铜母线载流量（A）			铝母线载流量（A）			钢带载流量	
	每相或每极的铜排数			每相或每极的铝排数			尺寸 (mm)	载流量 (A)
	1	2	3	1	2	3		
15×3	210	—	—	165	—	—	16×2.5	55/70
20×3	275	—	—	215	—	—	20×2.5	60/90
25×3	340	—	—	265	—	—	25×2.5	75/110
30×4	475	—	—	365/370	—	—	20×3	65/100
40×4	625	—/1090	—	480	—/855	—	25×3	80/120
40×5	700/705	—/1250	—	540/545	—/965	—	30×3	95/140
50×5	860/870	—/1525	—/1895	665/670	—/1180	—/1470	40×3	125/190
50×6	955/966	—/1700	—/2145	740/745	—/1315	—/1655	50×3	155/230
60×6	1125/1145	1740/1990	2240/2495	870/880	1355/1555	1720/1940	60×3	185/280
80×6	1480/1515	2110/2630	2720/3220	1150/1170	1630/2055	2100/2460	70×3	215/320
100×6	1810/1875	2470/3245	3170/3940	1425/1455	1935/2515	2500/3040	75×3	230/340
60×8	1320/1345	2160/2485	2790/3020	1245/1040	1680/1840	2180/2330	80×3	245/365
80×8	1690/1755	2620/3095	3370/3850	1320/1355	2040/2400	2620/2975	90×3	275/410
100×8	2080/2180	3060/3810	3930/4690	1625/1690	2390/2945	3050/3620	100×3	305/460
120×8	2400/2600	3400/4400	4340/5600	1900/2040	2650/3350	3380/4250	20×4	70/115
60×10	1475/1525	2560/2725	3300/3530	1155/1180	2010/2110	2650/2720	22×4	75/125
80×10	1900/1990	3100/3510	3990/4450	1480/1540	2410/2735	3100/3440	25×4	85/140
100×10	2310/2470	3610/4325	4650/5385	1820/1910	2860/3350	3650/4160	30×4	100/165
120×10	2650/2950	4100/5000	5200/6250	2070/2300	3200/3900	4100/4860	40×4	130/220
							50×4	165/270
							60×4	195/325
							70×4	225/375
							80×4	260/430
							90×4	290/480
							100×4	325/535

注：导体扁平布置时，当导体宽度在 60mm 以下时，载流量应按表列数值减少 5%，当宽度在 60mm 以上应减少 8%。

绝缘导线明敷、穿钢管和穿塑料管时的允许载流量

1.BLX 和 BLV 型铝芯绝缘线明敷时的允许载流量/A（导线正常最高允许温度为 65℃）

芯线截面/mm²	BLX 型铝芯橡皮线				BLV 型铝芯塑料线			
	环境温度							
	25℃	30℃	35℃	40℃	25℃	30℃	35℃	40℃
2.5	27	25	23	21	25	23	21	19
4	35	32	30	27	32	29	27	25
6	45	42	38	35	42	39	36	33
10	65	60	56	51	59	55	51	46
16	85	79	73	67	80	74	69	63
25	110	102	95	87	105	98	90	83
35	138	129	119	10	130	121	112	102
50	175	163	151	138	165	154	142	130
70	220	206	190	174	205	191	177	162
95	265	247	229	209	250	233	216	197
120	310	280	268	245	283	266	246	225
150	360	336	311	384	325	303	281	257
185	420	392	363	332	380	355	328	300
240	510	476	441	403	—	—	—	—

2. BLX 和 BLV 型铝芯绝缘线穿钢管时的允许载流量/A（导线正常最高允许温度为 65℃）

导线型号	线芯截面/mm²	2根单芯线 环境温度				2根穿管 管径/mm		3根单芯线 环境温度				3根穿管 管径/mm		4~5根单芯线 环境温度				4根穿管 管径/mm		5根穿管 管径/mm	
		25℃	30℃	35℃	40℃	G	DG	25℃	30℃	35℃	40℃	G	DG	25℃	30℃	35℃	40℃	G	DG	G	DG
BLX	2.5	21	19	18	16	15	20	19	17	16	15	15	20	16	14	13	12	20	25	20	25
	4	28	26	24	22	20	25	25	23	21	19	20	25	23	21	19	18	20	25	20	25
	6	37	34	32	29	20	25	34	31	29	26	20	25	30	28	25	23	20	25	25	32
	10	52	48	44	41	25	32	46	43	39	36	25	32	40	37	34	31	25	32	32	40
	16	66	61	57	52	25	32	59	55	51	46	32	32	52	48	44	41	32	40	40	(50)
	25	86	80	74	68	32	40	76	71	65	60	32	40	68	63	58	53	40	(50)	40	
	35	106	99	91	89	32	40	94	87	81	74	32	(50)	83	77	71	65	40	(50)	50	
	50	133	124	115	105	40	(50)	118	110	102	93	50	(50)	105	98	90	83	50		70	
	70	164	154	142	130	50	(50)	150	140	129	118	50	(50)	133	124	115	105	70		70	
	95	200	187	173	158	70		180	168	155	142	70		160	149	138	126	70		80	
	120	230	215	198	181	70		210	196	181	166	70		190	177	164	150	80		80	
	150	260	243	224	205	70		240	224	207	189	70		220	205	190	174	80		100	
	185	295	275	255	233	80		270	252	233	213	80		250	233	216	197	80		100	
BLV	2.5	20	18	17	15	15	15	18	16	15	14	15	15	15	14	12	11	15	15	15	20
	4	27	25	23	21	15	15	24	22	20	18	15	15	22	20	19	17	15	20	20	20
	6	35	32	30	27	15	20	32	29	27	25	15	20	28	26	24	22	20	26	25	25
	10	49	45	42	38	20	25	44	41	38	34	20	25	38	35	32	30	25	25	25	32
	16	63	58	54	49	25	25	56	52	48	44	25	32	50	46	43	39	32	32	32	40
	25	80	74	69	63	25	32	70	65	60	55	32	32	65	60	58	51	40	40	32	(50)
	35	100	93	86	79	32	40	90	84	77	71	32	40	80	74	69	63	50	(50)	40	
	50	125	116	108	98	40	50	110	102	95	87	40	(50)	100	93	86	79	50	(50)	50	
	70	155	144	134	122	50	50	143	133	123	113	40	(50)	127	118	109	100	70		70	
	95	190	177	164	150	50	(50)	170	158	147	134	50		152	142	131	120	70		70	
	120	220	205	190	174	50	(50)	195	182	168	154	50		172	160	148	136	80		80	
	150	250	233	216	197	70	(50)	225	210	194	177	70		200	187	173	158			80	
	185	285	266	246	225	70	(50)	255	238	220	201	70		230	215	198	181			100	

3. BLX 和 BLV 型铝芯绝缘线穿硬塑料管时的允许载流量/A（导线正常最高允许温度为 65℃）

导线型号	线芯截面/mm²	2 根单芯线 环境温度				2 根穿管 管径/mm	3 根单芯线 环境温度				3 根穿管 管径/mm	4~5 根单芯线 环境温度				4 根穿管 管径/mm	5 根穿管 管径/mm
		25℃	30℃	35℃	40℃		25℃	30℃	35℃	40℃		25℃	30℃	35℃	40℃		
BLX	2.5	19	17	16	15	15	17	15	14	13	15	15	14	12	11	20	25
	4	25	23	21	19	20	23	21	19	18	20	20	18	17	15	20	25
	6	33	30	28	26	20	29	27	25	22	20	26	24	22	20	25	32
	10	44	41	38	34	25	40	37	34	31	25	35	32	30	27	32	32
	16	58	54	50	45	32	52	48	44	41	32	46	43	39	36	32	40
	25	77	71	66	60	32	68	63	58	53	32	60	56	51	47	40	40
	35	95	88	82	75	40	84	78	72	66	40	74	69	64	58	40	50
	50	120	112	103	94	40	108	100	93	85	50	95	88	82	75	50	50
	70	153	143	132	121	50	135	126	116	106	50	120	112	103	94	50	65
	95	184	172	159	145	50	165	154	142	130	65	150	140	129	118	65	80
	120	210	196	181	166	65	190	177	164	150	65	170	158	147	134	80	80
	150	250	233	216	197	65	227	212	196	179	75	205	191	177	162	80	90
	185	282	263	243	223	80	255	238	220	201	80	232	216	200	183	100	100
BLV	2.5	18	16	15	14	15	16	14	13	12	15	14	13	12	11	20	25
	4	24	22	20	18	20	22	20	19	17	20	19	17	16	15	20	25
	6	31	28	26	24	20	27	25	23	21	20	25	23	21	19	25	32

导线型号	线芯截面 /mm²	2 根单芯线 环境温度 25℃	30℃	35℃	40℃	2 根穿管 管径 /mm	3 根单芯线 环境温度 25℃	30℃	35℃	40℃	3 根穿管 管径 /mm	4～5 根单芯线 环境温度 25℃	30℃	35℃	40℃	4 根穿管 管径 /mm	5 根穿管 管径 /mm
BLV	10	42	39	36	33	25	38	35	32	30	25	33	30	28	26	32	32
	16	55	51	47	43	32	49	45	42	38	32	44	41	38	34	32	40
	25	73	68	63	57	32	65	60	56	51	40	57	53	49	45	40	50
	35	90	84	77	71	40	80	74	69	63	40	70	65	60	55	50	65
	50	114	106	98	90	50	102	95	88	80	50	90	84	77	71	65	65
	70	145	135	125	114	50	130	121	112	102	50	115	107	99	90	65	75
	95	175	163	151	138	65	158	147	136	124	65	140	130	121	110	75	75
	120	206	187	173	158	65	180	168	155	142	65	160	149	138	126	75	80
	150	230	215	198	181	75	207	193	179	163	75	185	172	160	146	80	90
	185	265	247	229	209	75	235	219	203	185	75	212	198	183	167	90	100

注：1. 绝缘导线全型号的表示号和含义：

B L X—500—1×50

绝缘导线
铝芯
橡皮绝缘（V－塑料绝缘）
额定电压 /V
单芯
额定截面 /mm²

2. BX 和 BV 型铜芯绝缘线的允许载流量约为同截面的 BLX 和 BLV 型铝芯绝缘线的允许载流量的 1.3 倍。

3. 表 2 中的钢管 G—焊接钢管，管径按内径计；DG—电线管，管径按外径计。

4. 表 2 和表 3 中 4～5 根单芯线穿管的载流量，是指三相四线制的 TN-C 系统，TN-S 系统及 TN-C-S 系统中的相线载流量，其中性线（N）或保护中性线（PEN）可有不平衡电流通过。如果表 3 供电给三相平衡负荷，另一导线为单纯的保护线（PE 线），则虽有四根线穿管，但其载流量应按三根线载流量考虑，而管径则仍按四根线穿管确定。

5. 管径的国际单位制（SI 制）与英制的近似对照如下表：

SI 制，mm	15	20	25	32	40	50	65	70	80	90	100
英制，in	$\frac{1}{2}$	$\frac{3}{4}$	1	$1\frac{1}{4}$	$1\frac{1}{2}$	2	$2\frac{1}{2}$	$2\frac{3}{4}$	3	$3\frac{1}{2}$	4

室内明敷及穿钢管的铝、铜芯绝缘导线的电阻和电流　　　　　　　　　　　附表 28

导线截面/mm²	铝，Ω/km			铜，Ω/km		
	电阻 R_0（65℃）	电抗 X_0		电阻 R_0（65℃）	电抗 X_0	
		明线间距 100mm	穿管		明线间距 100mm	穿管
1.5	24.39	0.342	0.14	14.48	0.342	0.14
2.5	14.63	0.327	0.13	8.69	0.327	0.13
4	9.15	0.312	0.12	5.43	0.312	0.12
6	6.10	0.300	0.11	3.62	0.300	0.11
10	3.66	0.280	0.11	2.19	0.280	0.11
16	2.29	0.265	0.10	1.37	0.265	0.10
25	1.48	0.251	0.10	0.88	0.251	0.10
35	1.06	0.241	0.10	0.63	0.241	0.10
50	0.75	0.229	0.09	0.44	0.229	0.09
70	0.53	0.219	0.09	0.32	0.219	0.09
95	0.39	0.206	0.09	0.23	0.206	0.09
120	0.31	0.199	0.08	0.19	0.199	0.08
150	0.25	0.191	0.08	0.15	0.191	0.08
185	0.20	0.184	0.07	0.13	0.184	0.07

GL—$\frac{11、15}{21、25}$型电流继电器的主要技术数据及其动作特性曲线　　　　　　附表 29

1. 主要技术数据

型　　号	额定电流/A	整　定　值		瞬动电流倍数	返回系数
		动作电流/A	10 倍动作电流的动作时间/s		
GL—11/10，—21/10	10	4，5，6，7，8，9，10	0.5，1，2，3，4	2～8	0.85
GL—11/5，—21/5	5	2，2.5，3，3.5，4，4.5，5			
GL—15/10，—25/10	10	4，5，6，7，8，9，10	0.5，1，2，3，4		0.8
GL—15/5，—25/5	5	2，2.5，3，3.5，4，4.5，5			

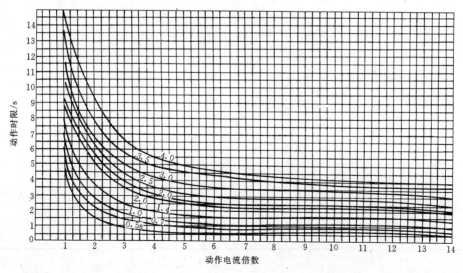

系　列	型　号	额定电压（V）	定额电流（A）	寿命（次）		通　断　能　力（kV）						保护特征
				机寿	电寿	300V		660V		1000V		
						瞬时	延时	瞬时	延时	瞬时	延时	
DW15	DW15-200	380	200	18000	2000	25/50	5	10	5			半导体型：长延时，短延时，瞬动； 电磁式：长延时，瞬动 200～630A，短延时最长为 0.2s，1000～4000A 短延时，最长为 0.4s
	DW15-400		400	9000	1000	25/50	8	15	8			
	DW15-630		630	9000	1000	30/50	12.6	20	10			
	DW15-1000		1000	4500	500	40	30					
	DW15-1600		1500	4500	500	40	30					
	DW15-2500		2500	3500	500	60	40					
	DW15-2400		4000	3500	500	60	60					
DWX15	DWX15-200	380	200	10000	2000	50		20				电磁：过载长延时，可保护电动机，可用于配电； 瞬动：限流
	DWX15-400		400	9000	1000	50		25				
	DWX15-630		630	9000	1000	70		25				
ME（引进德 AEG）	ME-630	660	630	20000	1000	40	40	40	40			半导体型：长延时、短延时、瞬动，具有过载、短路闭锁； 机械型：长延时、瞬动、短延时，具有过载短路闭锁信号； 还有闭锁电磁铁，用于瞬时点动接通； 特点：分断容量高，短延时与瞬动分断容量相同，上下连线分断容量一样
	ME-800		800	20000	1000	40	40	40	40			
	ME-1000		1000	20000	1000	40	40	40	40			
	ME-1200		1250	20000	500	40	40	40	40			
	ME-1600		1600	20000	500	40	40	40	40			
	ME-1605		1900	20000	500	40	40	40	40			
	ME-2000		2000	10000	500	60	60	60	60			
	ME-2500		2500	10000	500	60	60	60	60			
	ME-2505		2900	10000	500	60	60	60	60			
	ME-3200		3200	10000	500	80	80	80	80			
	ME-3205		3900	10000	500	80	80	80	80			
	ME-4000		4000	3000	150	100	100	80	80			
	ME-4005		5000	3000	150	100	100	80	80			
MEY（引进德 AEG）	MEY-630	660	630			100		50				电磁式：长延时、瞬动、限流
	MEY-1000		1000			100		50				
	MEY-2000		2000			100		50				

系列	型号	额定电压 (V)	定额电流 (A)	寿命（次）机寿	寿命（次）电寿	通断能力（kV）300V 瞬时	300V 延时	660V 瞬时	660V 延时	1000V 瞬时	1000V 延时	保护特征
AE（引进日本）	AE-1000S	660	1000	3500	1500			30	36			具有半导体脱扣器、长延时、短延时、瞬动，能实现三段保护，最大额定电流为80%、90%、100%；脱扣指示，过电流报警；接地故障保护；接地电流脱扣器闭锁电磁铁；具有MCR脱扣器
	AE-1250S		1250	3500	1500			30	36			
	AE-1600S		1600	3500	1500			42	42			
	AE-2000S		2000	3500	1500			42	42			
	AE-2500S		2500	3500	1500			42	42			
	AE-3000S		3200	3700	300			50	50			
	AE-4000S		4000	3700	300			65	65			
	AE-5000A		5000	3700	300			65	65			
AH（引进日本）	AH-6B	660	600	10000	1000	40		30	22			具有半导体脱扣器；长延时、短延时、瞬动；具有接地保护；具有MCR脱扣器
	AE-10B		1000	5000	500	50		30	30			
	AE-16B		1600	2500	500	65		45	30			
	AE-20CH		2000	2500	500	70		30	30			
	AE-30CH		3200	2000	100	85		50	42			
	AE-40C		4000	2000	100	120		35	60			
WE（引进西门子）	3WE-1	660	630	20000				40		20		具有电磁脱扣器；长延时、短延时、瞬动；具有电子式：长延时、短延时、瞬动；具有短路锁扣装置
	3WE-2		800	20000				40		20		
	3WE-3		1000	20000				40		20		
	3WE-4		1250	20000				50		20		
	3WE-5		1600	20000				50		20		
	3WE-6		2000	10000				60		20		
	3WE-7		2500	10000				60		20		
	3WE-8		3150	10000				60		20		
	3WE-9		4000	10000				60		20		
DW12	DW12-250	380	2500	5000	500	70						具有电磁式钟表延时脱扣器；长延时、短延时、瞬动；特点：额定容量大
	DW12-3200		3200	5000	500	70						
	DW12-5000		5000	5000	500	100						
	DW12-6300		6300	5000	500	100						

新型自动开关主要技术数据及系列号

附表 31

系　列	额定电流 (A)	脱扣器额定电流 (A)	通　断　能　力		极　　数
			额定电压 (V)	通断电流 (kA)	
TO	100	15、20、30、40、50、60、75、100	AC380	18	3
			AC440	12	
	225	125、150、175、200、225	AC380	25	
			AC440	20	
	400	250、300、350、400	AC380	30	
			AC440	25	
	600	450、500、600	AC380	30	
			AC440	25	
TG	30	15、20、30	AC380	30	3
			AC440	30	
	100	15、20、30、40、50、60、75、100	AC380	30	
			AC440	25	
	225	125、150、175、200、225	AC380	42	
			AC440	30	
	400	250、300、350、400	AC380	42	
			AC440	30	
	600	450、500、600	AC380	50	
			AC440	35	
TS	100	15、25、50、75、100	AC500	15	3
	250	125、150、175、225、250	AC500	20	
	400	300、350、400	AC500	30	
TL	100	15、20、30、40、50、60、75、100	AC380	180	3
			AC440	120	
	225	125、150、175、200、225	AC380	180	
			AC440	120	
TH	50	6、10、15、20、30、40、50	AC240 380 415 DC125	1~5	1、2、3
PX-200C	63	6、10、16、20、25、32、40	240（220） 415（380）	6	1、2、3、4

注：上表主要为嘉兴电气控制设备厂数据，C45N60 系列数据基本与 PX-200C 同。

低压熔断器基本技术数据

型 号	熔管额定电流 (A)	装在管内的熔体额定电流 (A)	交流 380V 时		注
			分断能力 (A)	功率因数	
RM-7	15	6, 10, 15	2000	0.7	此型为密封灭弧管式熔断器
	60	15, 20, 25, 30, 40, 50, 60	5000	0.55	
	100	60, 80, 100	20000	0.4	
	200	100, 125, 160, 200	20000	0.4	
	400	200, 240, 260, 300, 350, 400	20000	0.35	
	600	400, 450, 500, 560, 600	20000	0.35	
RM-10	15	6, 10, 15	1200		此型为密封灭弧管式熔断器
	60	15, 20, 25, 35, 45, 60.	3500		
	100	60, 80, 100	10000		
	200	100, 125, 160, 200	10000		
	350	200, 225, 260, 300, 350	10000		
	600	350, 430, 500, 600			
	1000	600, 700, 850, 1000	12000		
RL-1	15	2, 4, 6, 10	2000		此型为螺旋式熔断器
	60	20, 25, 30, 35, 40, 50, 60	5000	≥0.3	
	100	60, 80, 100	20000		
	200	100, 125, 150, 200	50000		
RT0	50	5, 10, 15, 20, 30, 40, 50			此型为填充料式熔断器
	100	30, 40, 50, 60, 80, 100			
	200	80, 100, 120, 150, 200		0.3	
	400	150, 200, 250, 300, 350, 400			
	600	350, 400, 450, 500, 550, 600			
	1000	700, 800, 900, 1000			

FS 系列普通阀型避雷器（低压、配电和电缆头用）及 FCD 系列磁吹阀型避雷器（保护旋转电机用）的电气特性

型　号	额定电压（有效值 kV）	灭电弧电压（有效值 kV）	工频放电电压（有效值 kV）	冲击放电电压（预放电时间 1.5～30μs）（kV，幅值）不大于	残压（波形 10/20μs）不大于（kV，幅值）		直流电压下电导电流	
					3kA	5kA	试验电压（kV）	μA
FS-0.22	0.22	0.25	0.6～1.0	2.0	1.3	—	—	—
FS-0.38	0.38	0.50	1.1～1.6	2.7	2.6	—	—	—
FS-0.5	0.5	0.50	1.15～1.65	3.6	3.5	—	—	—
FS-2	2	2.5	5～7	15	10	11	—	—
FS-3	3	3.8	9～11	21	16	17	3	不大于10
FS-6	6	7.6	16～19	35	28	30	6	
FS-10	10	12.7	26～31	50	47	50	10	
FS₄-3GY	3	3.8	9～11	21	—	17	—	—
ES₄-6GY	6	7.6	16～19	35	—	30	—	—
ES₄-10GY	10	12.7	26～31	50	—	50	—	—
FS₄-15GY	15	20.5	42～52	78	—	67	—	—
FCD-2	2	2.3	4.5～5.7	6	6	—	—	—
FCD-3	3	3.8	7.5～9.7	9.5	9.5	—	—	—
FCD-4	4	4.6	9～11.4	12	12	—	—	—
FCD-6	6	7.6	15～18	19	19	—	—	—
FCD-10	10	12.7	25～30	31	31	—	—	—
FCD-13.2	13.2	16.7	33～39	40	40	—	—	—
FCD-15	15	19	37～44	45	45	—	—	—

注：型号中 GY 为高原地区用。

FZ 系列普通阀型避雷器的电气特性（发电站和变电站用）

型号	额定电压（kV 有效值）	灭电弧电压（kV 有效值）	工频放电电压（kV 有效值）	冲击放电电压（预放电时间 1.5~20μs）不大于（kV，幅值）	残压（波形为 10/20μs）不大于（kV，幅值）		基本元件的电导电流	
					5kA	10kA	直流试验电压（kV）	μA
FZ-2	2	2.3	4.5~5.5	10	10	11	—	—
FZ-3	3	3.8	9~11	20	14.5	(16)	4	400~600
FZ-4	4	4.6	—	—	20	22	—	—
FZ-6	6	7.6	16~19	30	27	(30)	6	400~600
FZ-10	10	12.7	26~31	45	45	(50)	10	400~600
FZ-15	15	20.5	42~52	78	67	(74)	16	400~600
FZ-20	20	25	49~60.5	85	80	(88)	20	400~600
FZ-30J	—	25	56~67	110	83	(91)	24	400~600
FZ-30	30	38	80~91	116	121	(134)	36	400~600
FZ-35	35	41	84~104	134	134	(148)		
FZ-40	40	50	98~121	154	160	(176)		
FZ-60	60	70.5	140~173	220	227	(250)		
FZ-110J	110	100	224~268	310	332	(364)		
FZ-110	110	126	254~312	375	375	(440)		
FZ-154J	154	141	306~372	420	466	(512)		
FZ-154	154	177.5	352~441	500	575	(634)		
FZ-220J	220	200	448~536	630	664	(728)		

注：1. 型号中的 J 表示中点接地系统用；
2. 括号中为参考值。

型　　号	额定电压 （kV）	标称容量 （kvar）	额定频率 （Hz）	相　　数
BW0.23-5-1	0.23	5	50	1
BW0.23-5-3				3
BW0.4-14-1	0.4	14	50 或 60	1
BW0.4-14-3	0.4	14	同上	3
BW0.4-16-1	0.4	16	50	1
BW0.4-16-3	0.4	16	50	3
BW3.15-18-1	3.15	18	50	1
BW6.3-18-1	6.3	18	50	1
BW6.3-18-1G	6.3	18	50	1
BWF6.3-30-1	6.3	30	50	1
BWF6.3-30-1G	6.3	30	50	1
BWF6.3-40-1	6.3	40	50	1
BWF6.3-50-1W	6.3	50	50	1
BWF6.3-60-1	6.3	60	50	1
BGF6.3-80-1	6.3	80	50	1
BGF6.3-100-1	6.3	100	50	1
BW10.5-18-1G	10.5	18	50	1
BW10.5-18-1	10.5	18	50	
BWF10.5-30-1	10.5	30	50	1
BWF10.5-30-1G	10.5	30	50	
BWF10.5-40-1	10.5	40	50	
BWF10.5-50-1W	10.5	50	50	1
BWF10.5-60-1	10.5	60	50	1
BGF10.5-80-1	10.5	80	50	1
BGF10.5-100-1	10.5	100	50	1
BWF11/$\sqrt{3}$-30-1	11/$\sqrt{3}$	30	50	1
BWF11/$\sqrt{3}$-30-1G	11/$\sqrt{3}$	30	50	1
BWF11/$\sqrt{3}$-50-1	11/$\sqrt{3}$	50	50	1
BWF11/$\sqrt{3}$-50-1W	11/$\sqrt{3}$	50	50	1
BWF11/$\sqrt{3}$-60-1	11/$\sqrt{3}$	60	50	1
BGF11/$\sqrt{3}$-80-1	11/$\sqrt{3}$	80	50	1
BGF11/$\sqrt{3}$-100-1	11/$\sqrt{3}$	100	50	1
BWF11/$\sqrt{3}$-100-1	11/$\sqrt{3}$	100	50	1
BWF11/$\sqrt{3}$-100-1W	11/$\sqrt{3}$	100	50	1
BWF11/$\sqrt{3}$-200-1W	11/$\sqrt{3}$	200	50	1
BWF11/$\sqrt{3}$-334-1W	11/$\sqrt{3}$	334	50	1
BWF11-50-1	11	50	50	1
BWF11-60-1	11	60	50	1
BGF11-80-1	11	80	50	1
BGF11-100-1	11	100	50	1

注：1. 型号中，第一字母"B"代表并联；第二字母"W"代表烷基苯油，"G"代表硅油；第三字母"F"代表膜纸复合；

2. 型号中，末尾字母"G"代表高原型，"W"代表全户外型，全户外型采用不锈钢板外壳；

3. 型号中，第一个数字表示额定电压（kV），第二个数字表示标称容量（kvar）；第三个数字代表相数。

主 要 参 考 文 献

1 韩风主编．建筑电气设计手册．第一版．北京：中国建筑工业出版社，1991
2 徐永根主编．工业与民用配电设计手册．第二版．北京：水利电力出版社，1994
3 耿毅主编．工业企业供电．北京：冶金工业出版社，1985
4 周鸿昌主编．工厂供电．第一版．北京：中国建筑工业出版社，1981
5 苏文成主编．工厂供电．第一版．北京：机械工业出版社，1993
6 戴延年主编．建筑电气设计与应用．第一版．北京：水利电力出版社，1992
7 刘介才主编．工厂供电．第二版．北京：机械工业出版社，1990
8 陈一才主编．高层建筑电气设计手册．第一版．北京：中国建筑工业出版社，1990
9 李宗纲主编．工厂供电设计．第一版．长春：吉林科学技术出版社
10 郎禄平主编．建筑自动消防系统．第一版．西安：西安交通大学出版社，1994
11 张瑞武主编．智能建筑．第一版．北京：清华大学出版社，1996.
12 覃考．用微型计算机提取电网故障信息的方法，电力系统自动化，1985
13 覃考．电网故障信息提取方法．电工技术，1996
14 刘思亮．施工现场配电线路．见：徐荣杰主编．施工现场临时用电技术．沈阳：辽宁人民出版社，1989
15 闻良生主编．工厂企业供电．北京：中国轻工业出版社，1994
16 （美）J.L.布列克勃恩等著．继电保护的应用．陈志强译．北京：水利电力出版社，1984